NATIONAL GEOGRAPHIC

Unsere erde

Niedersachsen
9|10
Differenzierende Ausgabe

Herausgegeben von
Martina Flath
Ellen Rudyk

in Zusammenarbeit
mit der Verlagsredaktion

Cornelsen

Autorinnen und Autoren: Peter Fischer, Martina Flath, Lynnette Jung, Rolf Krüger,
Susanne McClelland, Ellen Rudyk, Johanna Schockemöhle
Redaktion: Michael Kunz
Atlasteil: Michael Kunz
Webcodes: Sebastian Fischer, Cloppenburg
Bildredaktion: Elke Schirok
Grafik: Silke Bachmann, Volkhard Binder, Daniela Bühnen, Franz-Josef Domke,
Elisabeth Gallas, Otto Götzl, Dieter Stade
Karten: Oliver Hauptstock, cartomedia, Dortmund; Peter Kast, Ingenieurbüro für
Kartografie, Wismar; Conrad Franke, Berlin

Umschlaggestaltung: Zweimanns, Immenstadt
Layout: Visuelle Gestaltung Katrin Pfeil, Mainz
Technische Umsetzung: CMS – Cross Media Solutions GmbH, Würzburg
Titelfoto: Geschäftszentrum von Singapur
(© xPACIFICA/Corbis, Fotograf: Justin Guariglia)

www.cornelsen.de
www.oldenbourg-bsv.de

Die Internet-Adressen und -Dateien, die in diesem Lehrwerk angegeben sind, wurden
vor Drucklegung geprüft. Der Verlag übernimmt keine Gewähr für die Aktualität und
den Inhalt dieser Adressen und Dateien oder solcher, die mit ihnen verlinkt sind.

1. Auflage, 2. Druck 2017

Alle Drucke dieser Auflage sind inhaltlich unverändert und können
im Unterricht nebeneinander verwendet werden.

„National Geographic" ist eine eingetragene Marke der National Geographic Society;
für die deutsche Ausgabe lizenziert durch National Geographic Deutschland
(G+J/RBA GmbH & Co KG), Hamburg, 2009

Druck: Firmengruppe APPL, aprinta Druck, Wemding

ISBN 978-3-06-064433-9
ISBN 978-3-06-065001-9 (E-Book)

PEFC zertifiziert
Dieses Produkt stammt aus nachhaltig
bewirtschafteten Wäldern und kontrollierten
Quellen.
www.pefc.de
PEFC/04-32-0928

Inhaltsverzeichnis

Arbeitsaufträge und ihre Bedeutung

Arbeitsaufträge haben einen bestimmten Zweck: Sie helfen dir, die Materialien in deinem Erdkundebuch richtig zu erschließen und zu bearbeiten. Dabei werden deine Fähigkeiten und Fertigkeiten, also deine Kompetenzen trainiert.

Wenn du die Arbeitsaufträge bearbeitet hast, kannst du selbst kontrollieren, ob du alles richtig gemacht hast. Am Anfang einer Doppelseite steht im „check-it"-Kasten, was du wissen und können sollst.

Bereich Wissen und Kenntnisse		
Arbeitsauftrag	**Was von dir erwartet wird**	**Beispiele**
Beschreibe/ zeige auf	Merkmale und Sachverhalte mit eigenen Worten wiedergeben	Beschreibe das Modell des demographischen Übergangs. Zeige Auswirkungen des Klimawandels für Deutschland auf. Zeichne dazu eine Mindmap.
Nenne/ benenne	einen Sachverhalt ohne Erläuterung wiedergeben	Nenne die Hauptursachen für Kindersterblichkeit und erläutere, welche dieser Ursachen auf mangelhafte Ernährung zurückzuführen sind. Benenne Maßnahmen der Ein-Kind-Politik Chinas.
Lokalisiere	einen Ort, einen Fluss, ein Land usw. auf einer Karte finden	Lokalisiere Sydney und beschreibe die geographische Lage der Stadt.
Erkläre	Ursachen, Folgen und Gesetzmäßigkeiten von Sachverhalten verständlich darstellen	Erkläre die Entstehung von Braun- und Steinkohle sowie Erdöl und Erdgas.
Berichte	eine Aussage oder ein Problem erkennen und richtig wiedergeben	Recherchiert im Internet über die Grundlagen, Aufgaben sowie Aktionen des UN-Flüchtlingshilfswerks UNHCR und berichtet darüber.
Stelle dar/ lege dar	einen Sachverhalt sprachlich oder grafisch ausführlich aufzeigen	Stelle die Ursachen und Auswirkungen der chinesischen Bevölkerungspolitik in einem Fließdiagramm dar. Lege dar, wozu die Szenariotechnik eingesetzt wird.
Ordne ein/zu	einen Raum oder Sachverhalt in einen Zusammenhang stellen	Ordne die Bevölkerungsdiagramme Deutschlands den Grundformen zu.
Erläutere	einen Sachverhalt in seinen Verflechtungen darstellen	Erläutere die Rohstoffabhängigkeit Japans.
Charakterisiere	Merkmale nennen und die Besonderheiten eines Sachverhaltes beschreiben	Charakterisiere den Rohstoffverbrauch Deutschlands.
Vergleiche	Gemeinsamkeiten und Unterschiede gegenüberstellen	Vergleiche die Strukturdaten Malaysias mit denen von Kambodscha und Deutschland.
Unterscheide	Feststellen von Unterschieden zwischen zwei Sachverhalten	Benenne Unterschiede einer Zugfahrt in Deutschland und Bangladesch.

Bereich Methoden und Arbeitstechniken		
Arbeitsauftrag	**Was von dir erwartet wird**	**Beispiele**
Recherchiere	unbekannte Sachverhalte erforschen	Recherchiert im Internet über die Grundlagen, Aufgaben sowie Aktionen des UN-Flüchtlingshilfswerks UNHCR und berichtet darüber.
Analysiere/ untersuche	etwas systematisch untersuchen, auswerten und die Strukturen herausarbeiten	Analysiere die Entwicklung des Dienstleistungssektors in Deutschland und in Niedersachsen.
Informiere dich	selbstständig oder mit Hilfe Informationen suchen und zusammenstellen	Informiere dich über die Arbeitsbereiche von Preussag und TUI und vergleiche sie.
Interpretiere	Ursachen, Gründe, Bedingungen herausarbeiten	Analysiere und interpretiere die Diagramme entsprechend der Checkliste.
Erstelle	etwas zeichnerisch darstellen, z. B. ein Diagramm oder ein Wirkungsgefüge	Erstelle ein Liniendiagramm und erläutere dein Ergebnis. Erstelle ein Wirkungsgefüge zum Thema „Produktionsverlagerung nach Asien".
Führe durch	eine Untersuchung vornehmen, z. B. ein Experiment oder eine Befragung	Führt ein Brainstorming durch: Was bedeutet Hunger für mich? Diskutiert eure Ergebnisse und vergleicht diese mit **M 3**.

Werte aus	vorgegebene Texte oder Daten untergliedern und den Inhalt wiedergeben	Stelle die Klimadaten von Chittagong in einem Diagramm dar und werte es aus. Werte die Meinungen der Einwohner aus und erörtere deren unterschiedliche Meinungen zu Lagos.
Zeichne	einen Sachverhalt zeichnerisch darstellen, z. B. als Karte, Skizze oder Diagramm	Zeichne mithilfe der Daten Säulendiagramme und werte sie aus. Zeichne in eine Weltkarte die Reisewege der Jeans ein.

Bereich Beurteilen und Bewerten		
Arbeitsauftrag	**Was von dir erwartet wird**	**Beispiele**
Beurteile	eine Aussage oder Behauptung auf Richtigkeit und Angemessenheit prüfen	Beurteile, ob Malaysia bereits als ein „Schwellenland" bezeichnet werden kann.
Bewerte	zu einem Sachverhalt eine Bewertung vornehmen	Bewerte die Bedeutung der Wirtschaftsbündnisse für einen fairen Welthandel.
Nimm Stellung	zu einer Aussage eine eigene Meinung vertreten und begründen können	„Unsere Erde – Eine Welt oder eine geteilte Welt?" Nimm Stellung zu dieser Frage.
Prüfe/ überprüfe	Aussagen und Darstellungsweisen auf Richtigkeit untersuchen	Wenn die Wachstumsrate der Bevölkerung sinkt, nimmt die Bevölkerungszahl nicht unbedingt ab. Prüfe die Richtigkeit dieser Aussage und begründe deine Meinung. „Die Städte Oberhausen und Essen liegen im Herzen des Ruhrgebietes." Überprüfe diese Aussage und beschreibe die geographische Lage der beiden Städte.
Vergleiche/ unterscheide	Gemeinsamkeiten und Unterschiede gegenüberstellen	Vergleiche die Strukturdaten Malaysias mit denen von Kambodscha und Deutschland. Erörtere die Bedeutung der Global Player für die Globalisierung. Unterscheide dabei zwischen den Herkunftsländern der Global Player und den Zielgebieten der Direktinvestitionen.
Begründe	Argumente dafür und/oder dagegen entwickeln	Begründe die Notwendigkeit, Frauen in Entwicklungsländern Hilfe zu gewähren.
Entwickle/ mache Vorschläge/ entwirf	Sachverhalte miteinander verknüpfen und Vorstellungen entwerfen	Bildet Gruppen und erarbeitet Vorschläge zur nachhaltigen Nutzung der Ressourcen: Wasser, Bodenschätze, Energie. Diskutiert die Vorschläge in der Klasse. Entwirf ein Szenario zum Energiemix im Jahr 2050 in Deutschland, so wie du es dir vorstellst.
Erörtere/ diskutiere	Pro und Kontra abwägen	Erörtere die Probleme einer alternden bzw. jungen Gesellschaft. Diskutiert in der Klasse, ob Nahrungsmittelhilfen eine Lösung des Hungerproblems bewirken können.

Bereich Handeln und Anwenden		
Arbeitsauftrag	**Was von dir erwartet wird**	**Beispiele**
Präsentiere	einen Sachverhalt in verständlicher Form anderen vorstellen	Erörtere anhand eines Kontinents, einer Region oder eines Staates die Chancen und Gefahren der Globalisierung. Präsentiere die Ergebnisse der Klasse.
Gestalte	etwas mit verschiedenen Materialien anfertigen	Bildet Gruppen und informiert euch im Internet über den „Zukunftsstandort Phoenix". Gestaltet Werbeplakate zur Entwicklung dieses Standortes. Hebt darauf die besonders zukunftsträchtigen Bereiche (Berufe) hervor.

8

 **– dein Erdkundebuch**

Jedes Kapitel startet mit einem großen Bild, auf dem es viel zu entdecken gibt.

In der rechten Spalte erfährst du, was du zum Ende des Kapitels wissen und können solltest.

- Ein **roter Spiegelstrich** fordert dich dazu auf, dich in Räumen zu orientieren.
- Der **gelbe Spiegelstrich** zeigt dir, welches erdkundliche Wissen du beherrschen sollst.
- Der **grüne Spiegelstrich** gibt an, welche Methoden du in diesem Kapitel anwenden wirst.
- Der **blaue Spiegelstrich** zeigt dir, welche erdkundlichen Sachverhalte und Probleme du bewerten und beurteilen sollst.

Das klappt – eine **ausklappbare Kartenseite** zu Kapitelbeginn. Du klappst sie aus und kannst dich bei den einzelnen Themen des Erdkundebuches jederzeit orientieren, wo Städte, Landschaften, Flüsse und Länder liegen, wo Erdöl gefördert wird und welche Länder Entwicklungsländer sind.

Alles klar? Der „**check-it**"-Kasten zu Beginn jeder Themenseite zeigt dir, was du nach deren Bearbeitung können solltest. Ob dir das gelungen ist, kannst du mithilfe der Arbeitsaufträge selbst testen.

Wenn du so **1** gekennzeichnete Aufgaben nicht sofort lösen kannst – kein Problem! Im Anhang erhältst du dazu Lösungstipps.

Über den **Webcode** kannst du uns im Internet unter www.cornelsen.de/unsere-erde besuchen. Auf dieser Website findest du ein Feld, in das du die Zahlenkombination eingibst, die du unter dem Webcode findest, zum Beispiel UE644339-127. Klicke dann auf „Los" und schon sind wir zum jeweiligen Thema miteinander verbunden.

Webcode

Webcode eingeben

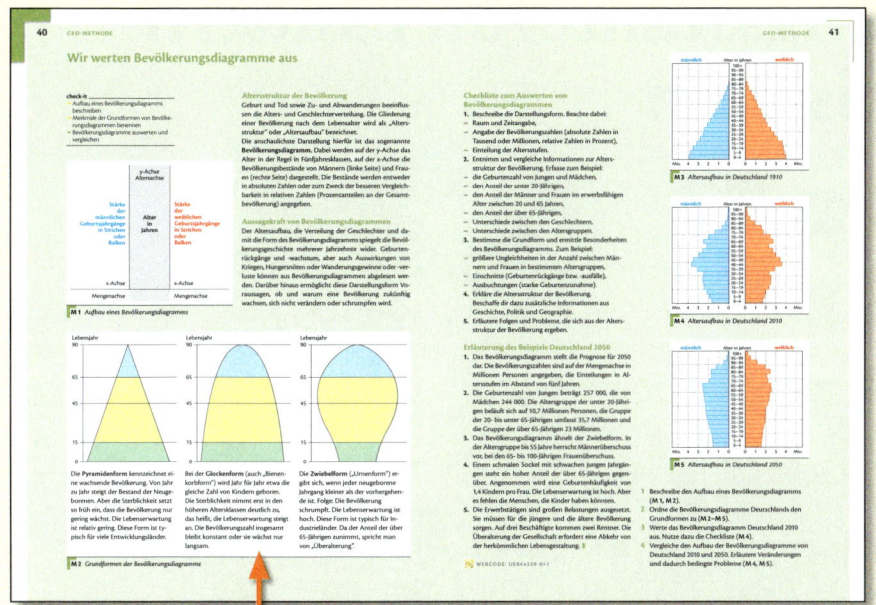

Geo-Methode

Hier kannst du Schritt für Schritt wichtige Methoden für das Fach Erdkunde lernen, zum Beispiel das Arbeiten mit WebGIS oder das Auswerten von Bevölkerungsdiagrammen.

Geo-Aktiv

Hier findest du Anregungen, selbst aktiv zu werden, zum Beispiel beim Entwickeln von Szenarien zur künftigen Welternährung oder beim Erkunden eines Unternehmens.

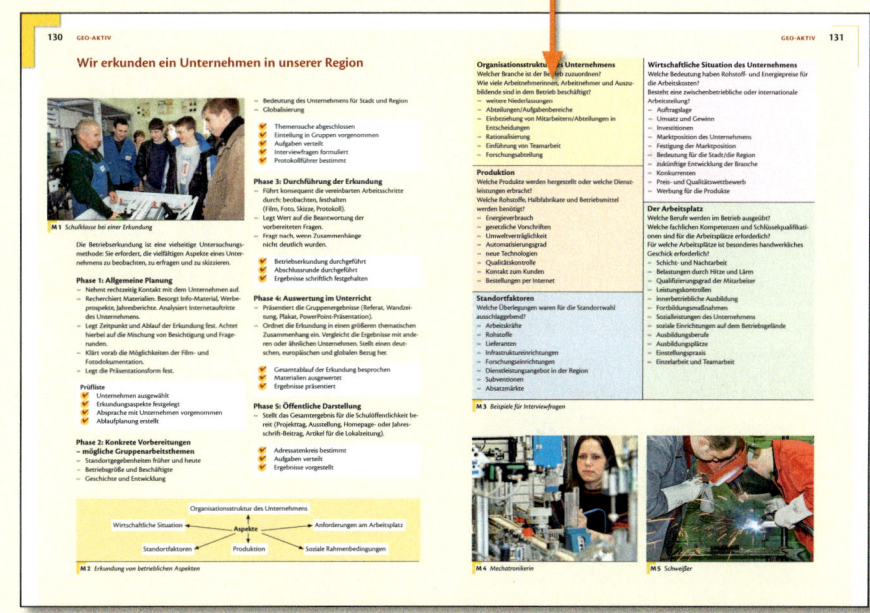

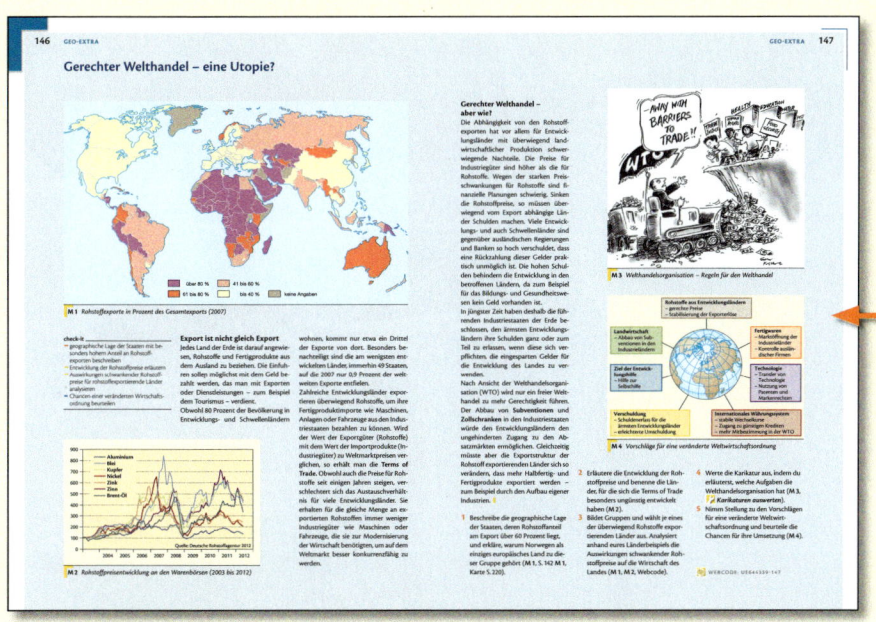

Geo-Extra

Diese Seiten beinhalten weiterführende Informationen zum Thema des jeweiligen Kapitels.

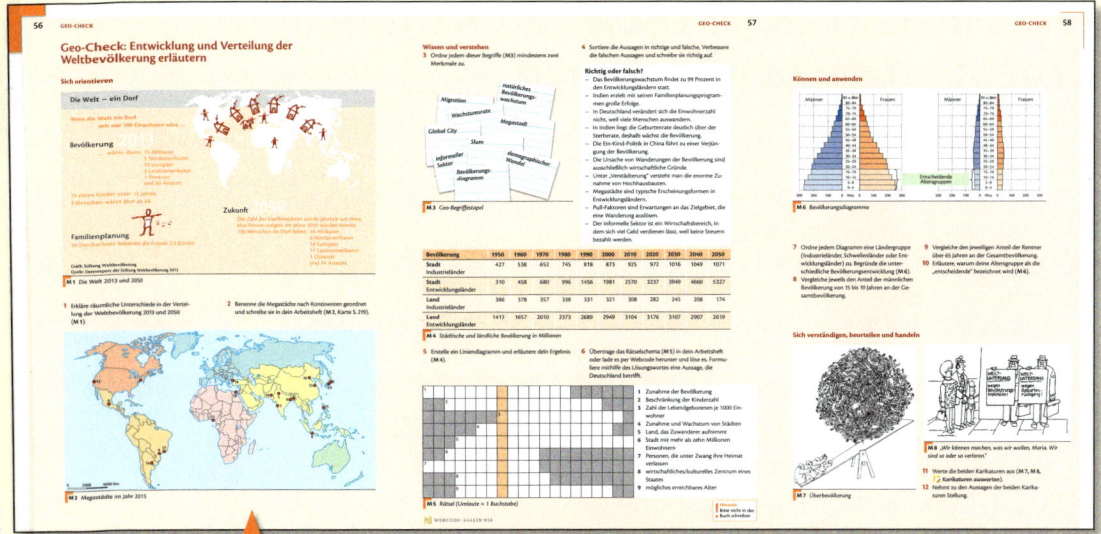

Geo-Check
Am Ende jedes Kapitels kannst du dein Wissen und Können testen.

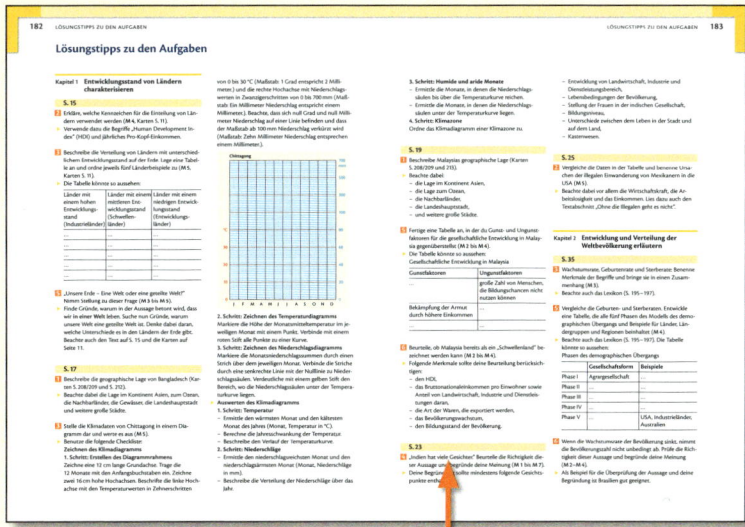

Im **Atlasteil** findest du zu allen wichtigen Themen im Buch die passende Atlaskarte. Welche Karte die richtige ist, erfährst du im Atlasregister.

Der Anhang bietet dir unterschiedliche Hilfen: **Lösungstipps** zu den Aufgaben, die so **3** gekennzeichnet sind, das **Lexikon,** um Begriffe zu erklären, und das **Sachregister,** um Inhalte des Buches zu suchen. Außerdem findest du Beschreibungen zu **Arbeitstechniken,** die dir vielleicht unbekannt und auf den Themenseiten mit einem **2**-Symbol gekennzeichnet sind.

Erde: menschliche Entwicklung und Bruttonationaleinkommen

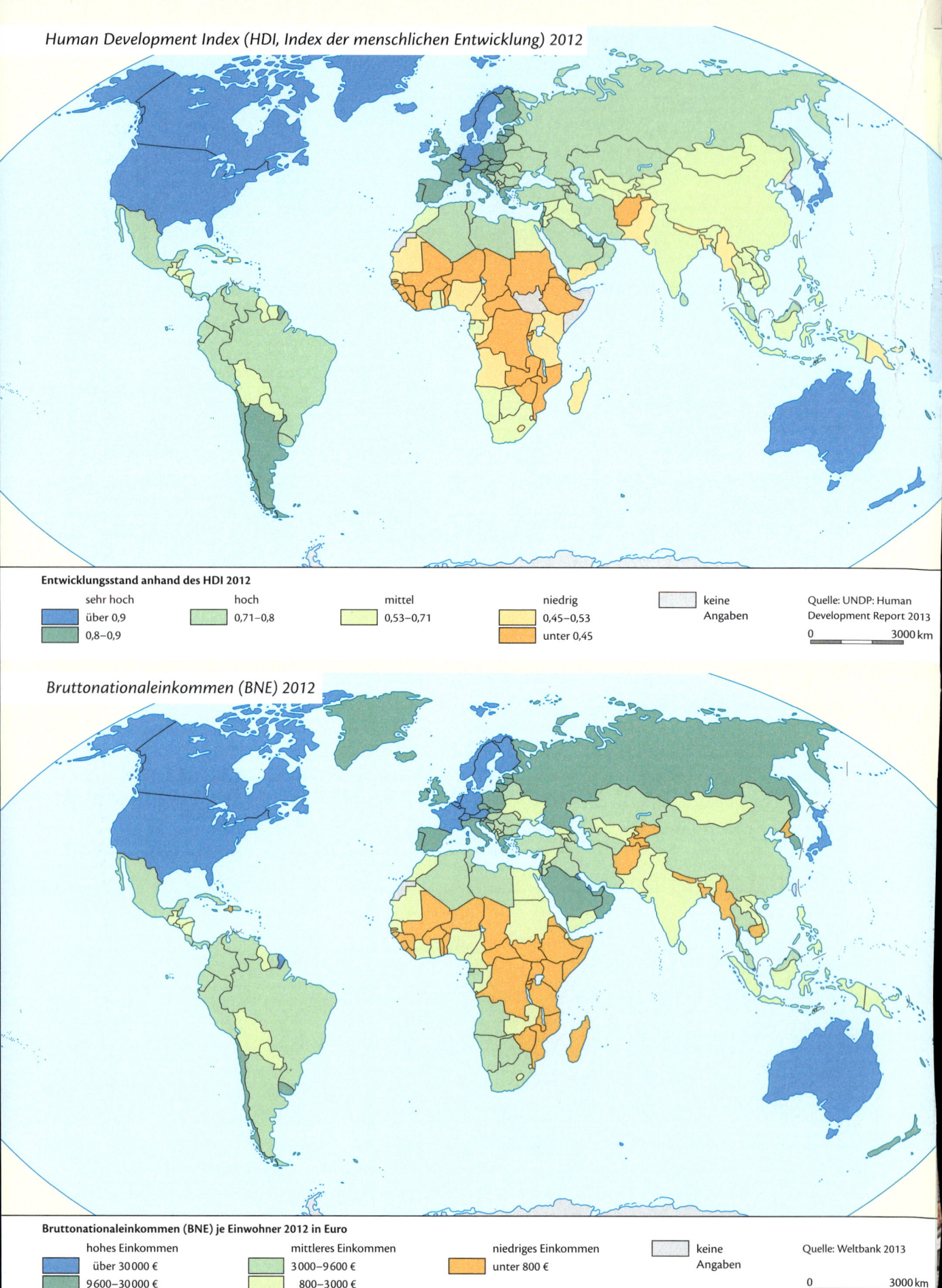

Human Development Index (HDI, Index der menschlichen Entwicklung) 2012

Entwicklungsstand anhand des HDI 2012

sehr hoch		hoch	mittel	niedrig		keine	Quelle: UNDP: Human
über 0,9		0,71–0,8	0,53–0,71	0,45–0,53		Angaben	Development Report 2013
0,8–0,9				unter 0,45			0 3000 km

Bruttonationaleinkommen (BNE) 2012

Bruttonationaleinkommen (BNE) je Einwohner 2012 in Euro

hohes Einkommen		mittleres Einkommen	niedriges Einkommen	keine	Quelle: Weltbank 2013
über 30 000 €		3 000–9 600 €	unter 800 €	Angaben	
9 600–30 000 €		800–3 000 €			0 3000 km

Eine Welt – viele Welten

Wir alle leben in dieser einen Welt, doch die „Eine Welt" ist längst noch nicht Wirklichkeit. Gegensätze und Ungleichheiten prägen die Welt.

In diesem Kapitel lernst du

- Länder und Regionen unterschiedlichen Entwicklungsstandes zu lokalisieren,
- die Merkmale von Entwicklungs- und Schwellenländern zu erläutern,
- Ziele, Formen und Projekte der Entwicklungszusammenarbeit darzulegen,
- Grenzregionen zu vergleichen,
- Räume zu analysieren.

Dabei nutzt du

- Karten,
- Grafiken,
- Bilder,
- Tabellen,
- Diagramme.

Du beurteilst und bewertest

- Maßnahmen zur Überwindung von Ungleichheiten,
- Möglichkeiten wirtschaftlicher und sozialer Entwicklung.

Links: Dhaka, Bangladesch
Rechts: Darling Harbour in Sydney, Australien

Unsere Erde – eine Welt?

M 1 *Reisen in Deutschland*

M 2 *Reisen in Bangladesch*

Was die „Eine Welt" trennt

Aber: Noch ist diese „Eine Welt" nicht in allen Teilen unserer Erde Wirklichkeit. Noch leben wir in einer Welt voller Ungleichheiten, Gegensätze und Konflikte. Die Menschen haben unterschiedliche Vorstellungen davon, welche Probleme vorrangig zu lösen sind und wie eine glückliche Zukunft aussehen soll. Für die Bestimmung des Entwicklungsstandes eines Landes gibt es verschiedene Kennzeichen: Die Weltbank legt mit dem jährlichen **Bruttonationaleinkommen** ausschließlich ein wirtschaftliches Kennzeichen zugrunde.

Das Entwicklungsprogramm der Vereinten Nationen (UNDP) berücksichtigt im **Human Development Index**, dem **HDI**, neben dem Bruttonationaleinkommen auch die durchschnittliche Lebenswartung, den Bildungsstand der Bevölkerung und deren Lebensstandard (Ernährung, gesundheitliche Versorgung, Zugang zu sauberem Trinkwasser).

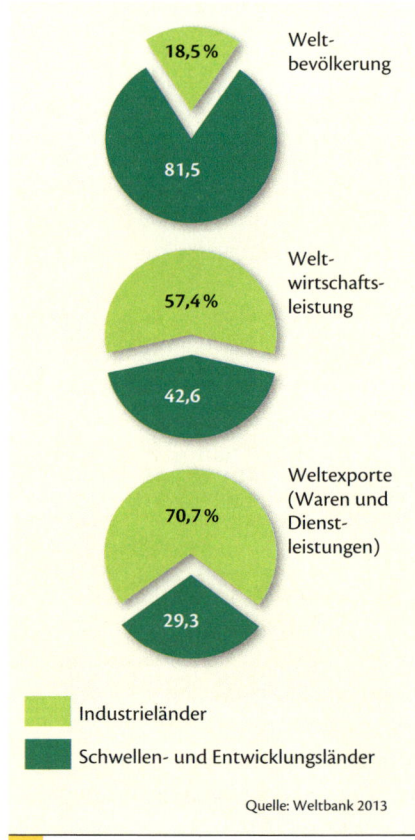

Weltbevölkerung
18,5 %
81,5

Weltwirtschaftsleistung
57,4 %
42,6

Weltexporte (Waren und Dienstleistungen)
70,7 %
29,3

Industrieländer
Schwellen- und Entwicklungsländer

Quelle: Weltbank 2013

M 3 *Geteilte Welt (Stand 2012)*

check-it
- Merkmale von Industrie-, Schwellen- und Entwicklungsländern vergleichen und erläutern
- Verteilung der Länder der Erde nach dem Entwicklungsstand beschreiben
- Ländereinteilung nach Weltbank und HDI erklären
- zu einer Frage Stellung nehmen

Unsere Welt ist politisch, wirtschaftlich und ökologisch eng vernetzt. Staatsgrenzen spielen kaum noch eine Rolle, Unternehmen finden überall Absatzmärkte für ihre Produkte, Menschen suchen ihren Arbeitsplatz weltweit. Die Erkenntnis vom zukünftig gemeinsamen, nachhaltigen Handeln aller Menschen („Global denken, lokal handeln") gilt dabei als Leitbild.

Vielfalt der einen Welt

Man unterteilt die Welt vorwiegend in drei Ländergruppen: Industrieländer, Schwellenländer und Entwicklungsländer. Da die verschiedenen Organisationen wie die Weltbank, die UN u. a. verschiedene Merkmale zur Abgrenzung verwenden, ist die Zuordnung der Länder zu den drei Gruppen nicht immer eindeutig.

Als **Industrieländer** bezeichnet man Länder mit einem hohen Anteil des Dienstleistungssektors (über 70 Prozent) sowie einer technologisch hoch entwickelten Industrieproduktion. Das jährliche Pro-Kopf-Einkommen liegt über 2 276 US-Dollar (Weltbank 2012). Weitere Merkmale sind eine geringe Auslandsverschuldung, niedrige Arbeitslosigkeit, eine gut ausgebaute Infrastruktur sowie ein hoher Bildungsstand und politische Stabilität.

Die Anzahl der **Schwellenländer** in der Welt, auch als „Newly Industrialized Countries" oder „Take-Off-Countries" bezeichnet, ist umstritten. Weltbank und Internationaler Währungsfonds nennen zehn, andere Institutionen bis zu dreißig Länder. Durch Umbau und Modernisierung der Wirtschaftsstrukturen stehen diese Länder an der Schwelle zum Industrieland. Vergleichsweise hohe wirtschaftliche Wachstumsraten, die Herstellung von hochwertigen Industrieprodukten und ein Pro-Kopf-Einkommen von über 1 000 US-Dollar im Jahr kennzeichnen die Schwellenländer. Andererseits verstärkt diese Entwicklung aber auch den Gegensatz von Arm und Reich in diesen Ländern.

In **Entwicklungsländern** mangelt es häufig an der Versorgung mit lebensnotwendigen Gütern und Dienstleistungen. Aufgrund hoher Geburtenraten, unzureichender Bildung und einer starken Ausrichtung auf die Landwirtschaft verfügt die Bevölkerung nur über ein geringes Pro-Kopf-Einkommen (unter 1 000 US-Dollar im Jahr). Armut, Hunger und Krankheiten sind die Folgen. Viele Menschen wandern in der Hoffnung, Arbeit zu finden, in die großen Städte ab. ▎

	Industrie-länder	Schwellen-länder	Entwicklungs-länder	Welt
Einwohner 2012 (in Mrd.)	1,302	4,898	0,846	7,046
Jährliches Bevölkerungs-wachstum 2011 (in %)	0,61	1,14	2,24	1,17
Geburtenrate je 1000 Einwohner 2011 (in %)	11,5	19,2	32,1	19,3
Sterberate je 1000 Einwohner 2011 (in %)	8,9	7,5	10,2	8,1
Anteil der städtischen Bevölkerung 2012 (in %)	80,2	49,5	28,2	52,6
Bruttonationaleinkommen je Einwohner 2012 (in €)	32 900	4 825	1 360	7 500
Anteil der Bevölkerung, die mit weniger als 2 US-$ pro Tag auskommen muss 2010 (in %)	–	38,3	74,3	–

Quelle: Weltbank 2013

M 4 *Aufteilung der Welt*

1 Benenne Unterschiede einer Zugfahrt in Deutschland und Bangladesch (**M 1**, **M 2**).

2 Erkläre, welche Kennzeichen für die Einteilung von Ländern verwendet werden (**M 4**, Karten S. 11).

3 Beschreibe die Verteilung von Ländern mit unterschiedlichem Entwicklungsstand auf der Erde. Lege eine Tabelle an und ordne jeweils fünf Länderbeispiele zu (**M 5**, Karten S. 11).

4 Vergleiche und erläutere die unterschiedlichen Merkmale von Industrie-, Schwellen-, Entwicklungsländern (**M 4**, Karten S. 11).

5 „Unsere Erde – Eine Welt oder eine geteilte Welt?" Nimm Stellung zu dieser Frage (**M 3** bis **M 5**).

WEBCODE: UE644339-015

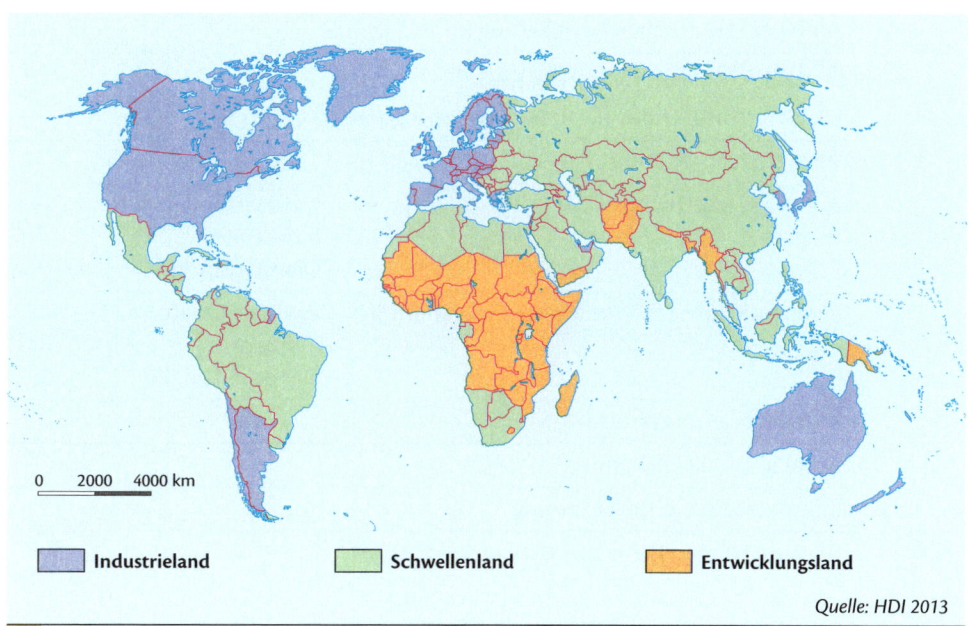

▪ Industrieland	▪ Schwellenland	▪ Entwicklungsland

Quelle: HDI 2013

M 5 *Die Welt nach dem Stand der menschlichen Entwicklung 2012*

Bangladesch – ein Entwicklungsland

M 1 *Überschwemmungsopfer in Bangladesch*

M 2 *Mädchen in einer Textilfabrik in Dhaka*

check-it
- geographische Lage von Bangladesch beschreiben
- Bangladesch als Entwicklungsland charakterisieren
- Bedeutung des Klimas für die Lebens- und Arbeitsbedingungen erklären
- Klimadiagramm erstellen und auswerten

Reich und Arm zugleich

Bangladesch, das Land der Bengalen, zählt weltweit zu den am dichtesten besiedelten Ländern. Städte wachsen rasant. In der Hauptstadt Dhaka leben fast 13 Millionen Menschen. Neben den Glaspalästen ausländischer Unternehmen stehen die Hütten der einheimischen Bevölkerung. Die Textilindustrie ist der Hauptarbeitgeber für die heranwachsende junge Bevölkerung. Diese ist aber abhängig von der Entwicklung der Absatzmärkte in den USA und Europa.

Bangladesch verfügt nur über wenige natürliche Ressourcen und ist auf Importe angewiesen, unter anderem von Energie, Dünger und Nahrungsmitteln.

	Bangladesch	Deutschland
Einwohner (in Mio.)	154,7	81,9
Bevölkerungsdichte (Einwohner je Quadratkilometer Landfläche)	1 074	237
Anteil der städtischen Bevölkerung (in %)	29	74
Jährliches Bevölkerungswachstum (in %)	1,2	0,1
Säuglingssterblichkeit (je 10 000 Lebendgeborene)	36,7	3,3
Wirtschaftskraft: Bruttonationaleinkommen (BNE) je Einwohner (in €)	646,1	33 854
Anteil am BNE (in %): – Landwirtschaft	17,5	0,9
– Industrie	28,5	27,9
– Dienstleistungen	54,0	71,2
Erwerbstätige nach Wirtschaftssektoren (in %): – Landwirtschaft	48,1	1,6
– Industrie	14,5	28,3
– Dienstleistungen	37,4	70,1
Alphabetisierungsrate (in %)	m 61 / w 52	99
Ärzte je 10 000 Einwohner	3,6	36,9
Internetnutzer je 100 Einwohner	5	83
Rang im Human Development Index (HDI) 2012	146	5

Quelle: Weltbank 2013/UNDP 2013

M 3 *Strukturdaten von Bangladesch 2012, zum Vergleich Deutschland*

Vor 15 Jahren fand Shahidul Mullah mit seiner Familie auf der Insel Char Bangla etwas Land und einen Platz zum Leben. In seiner Hütte gibt es weder Strom noch Fernsehen, noch kann er lesen. Er weiß nur, dass bald die Regenzeit kommt und die ganze Insel überschwemmt. Dann müssen die Arbeiten am neuen Stall und an der Hütte fertig sein. Hier wird Mullah mit seiner Familie ausharren, bis die Flut zurückgeht.

Von den Inselbewohnern lernte er, dass man in der Regenzeit Reis anpflanzt. Geht das Wasser zurück, baut man wieder Chilis und Rüben an – wie immer.

Mullah klagt, dass der Regen jedes Jahr immer unpünktlicher komme. Von einstmals drei Feldern besitzt er noch zwei. Noch reiche es täglich für eine Schale Dal, ein Brei aus Linsen und Zwiebeln, und ein wenig Reis. Manchmal komme ein Stück Fleisch oder ein Fisch hinzu. Nach der Arbeit gibt es für ihn ein Paket Paan, eine Mixtur aus Muskatnuss und Kalk, die beruhigt und die Sorgen vergessen lässt.

Wenn seine Frau mit den drei Kindern auf dem Weg zum Arzt ist, hofft er, dass sie vor der Regenzeit wiederkommen. Sonst muss er monatelang ohne seine Familie leben. Sein größter Wunsch ist es, dass seine Kinder einmal in Dhaka leben und arbeiten. Doch die kleine Inselschule sei nur während der trockenen Monate offen und für die Schule in der Stadt müsse man viel Geld bezahlen. Nur Gott könne ihm noch aus dieser Situation helfen.
(Spiegel online, Autor: Matthias Gebauer)

M 4 *Ein Leben ohne Alternative*

Monat	Temperatur (°C)	Niederschlag (mm)
Januar	19,4	8
Februar	21,3	28
März	25,1	64
April	27,2	150
Mai	27,9	264
Juni	27,7	533
Juli	27,4	597
August	27,3	518
September	27,6	320
Oktober	26,7	180
November	23,6	56
Dezember	20,0	15

M 5 *Klimadaten von Chittagong*

Die landwirtschaftliche Nutzfläche ist erschöpft. Überschwemmungen, ein hohes Wachstum der Städte und Industrialisierung verringern die Anbaufläche jährlich um etwa ein Prozent. Der Großteil der Bevölkerung lebt daher in ärmlichen Verhältnissen und leidet an Mangel- und Unterernährung, trotz der hohen landwirtschaftlichen Erträge auf dem fruchtbaren Schwemmland.

Auf 40 Prozent der Anbaufläche wird das Hauptnahrungsmittel Reis angebaut. Doch die Lebensmittelpreise sind stark gestiegen, allen voran der Reispreis. Die Exporteinnahmen aus dem Tee- und Juteanbau hingegen nehmen aufgrund sinkender Weltmarktpreise ab. 70 Prozent der Bauern besitzen maximal einen halben Hektar Land und müssen zusätzlich als Landarbeiter arbeiten, um ihre Familie ernähren zu können. Selbst die Kinder müssen Geld verdienen und so zum Einkommen beitragen. Nur zwei Drittel aller Kinder gehen in die Grundschule, obwohl deren Besuch kostenlos ist. Viele Erwachsene arbeiten als Saisonarbeiter in den Erdölstaaten des Nahen Ostens und überweisen einen Großteil des Lohnes zurück an ihre Familien.

Wer mehr als drei Hektar Land besitzt, gehört zur besitzenden Schicht und lebt von Pachteinnahmen oder als Händler und Geldverleiher. Bestechlichkeit ist in Bangladesch weit verbreitet und verstärkt die Armut großer Teile der Bevölkerung.

Wasser – Segen und Fluch zugleich

Die Lage im Delta von Brahmaputra, Ganges und Meghna beschert Bangladesch einen großen Wasserreichtum. Die regelmäßigen Überschwemmungen lagern fruchtbares Schwemmland ab. Zur Vergrößerung der Anbaufläche rodete man sogar einen Großteil der tropischen Regenwälder. Diese Überflutungen verursachen aber auch den Verlust von Ackerland, Siedlungen, Verkehrswegen und kosten Menschenleben. In der Regenzeit steht mehr als die Hälfte des Landes unter Wasser. Epidemien wie Cholera oder Malaria sind die Folge. Das Wasser ist verseucht – nicht zuletzt durch den hohen Einsatz von Chemikalien in der Landwirtschaft.

Bei Wirbelstürmen fließt das Wasser zudem nicht in den Golf von Bengalen ab. Bei Sturmfluten dringt Meerwasser ins Landesinnere und versalzt die Böden. All dies verringert die Ernteerträge. Zerstört werden auch die riesigen **Mangrovenwälder** an der Küste, die gerade Schutz gegen die Stürme bieten. Aus diesen Wäldern bezieht die Bevölkerung Honig, Muscheln, Krabben, Fische und Holz für den Eigenverbrauch und den Export.

1 Beschreibe die geographische Lage von Bangladesch (Karten S. 208/209 und S. 212).

2 Charakterisiere Bangladesch als ein Entwicklungsland (**M 1** bis **M 3**).

3 Stelle die Klimadaten von Chittagong in einem Diagramm dar und werte es aus (**M 5**).

4 Erkläre die Bedeutung des Klimas für die wirtschaftliche und soziale Situation der Bevölkerung (**M 1** bis **M 4**).

Malaysia – ein Schwellenland

M 1 *Petronas Towers in Kuala Lumpur*

check-it _____
- geographische Lage Malaysias beschreiben
- Daten vergleichen
- Industrialisierungspolitik Malaysias erklären
- Bedeutung des Bildungswesens erläutern
- Streifendiagramm auswerten
- Entwicklungsstand Malaysias beurteilen

Auf dem Weg von der Kronkolonie zu einer Industrienation

Malaysia exportierte während der Zeit als britische Kolonie fast nur agrarische und **mineralische Rohstoffe**. Nach der Unabhängigkeit 1948 und dem blutigen Dschungelkrieg hat das Land seit 1957 konsequent seine wirtschaftliche Entwicklung vorangetrieben. Dennoch gibt es eine große Zahl von Menschen, die die wenigen sich bietenden Chancen und Ressourcen nicht für sich nutzen können. Sie gehören politischen, ethnischen oder religiösen Minderheiten an oder leben in entlegenen Regionen Malaysias.

Kern des wirtschaftlichen Aufbaus war eine **Industrialisierungspolitik.** Da am Anfang kaum finanzielle Mittel zur Verfügung standen, begann man mit arbeitsintensiven Industrien wie der Textil- und Nahrungsmittelindustrie. Durch die Ausfuhr von Fertigwaren stiegen die Einnahmen des Landes. Die Abhängigkeit von Rohstoffexporten und Preisschwankungen nahm ab. Weitere Industrien folgten, die auch mithilfe ausländischer Unternehmen aufgebaut wurden.

Mittlerweile haben sich malaysische Unternehmen wie die Ölgesellschaft Petronas entwickelt, die selbst in ausländische Projekte investieren. Heute bestreitet das Land 90 Prozent der Exporte mit verarbeiteten Gütern und erwirtschaftet damit 80 Prozent des Bruttonationaleinkommens. Malaysia hat den Aufstieg vom britischen Rohstofflager über das Billiglohnland zum Hersteller und Exporteur von Hightech-Elektronik geschafft.

Mit dem Programm „Vision 2020" will das Land zu den Industrienationen der Welt aufschließen. Angesichts des jährlich um 4,5 Prozent steigenden Energiebedarfs schenkt man der Förderung **erneuerbarer Energien** besondere Aufmerksamkeit.

Die Abhängigkeit von Erdöl und Erdgas soll reduziert und der Einsatz von Biomasse, Sonnenenergie und Wasserkraft durch staatliche Subventionen soll gefördert werden.

	Malaysia	Kambodscha
Einwohner (in Mio.)	29,2	14,9
Bevölkerungsdichte (Einwohner je Quadratkilometer Landfläche)	87	83
Anteil der städtischen Bevölkerung (in %)	73	20
Jährliches Bevölkerungswachstum (in %)	1,7	1,8
Säuglingssterblichkeit (je 10 000 Lebendgeborene)	56	362
Wirtschaftskraft: Bruttonationaleinkommen (BNE) je Einwohner (in €)	7 538	677
Anteil am BNE (in %): – Landwirtschaft	10,1	36,7
– Industrie	40,7	23,5
– Dienstleistungen	59,2	39,8
Erwerbstätige nach Wirtschaftssektoren (in %): – Landwirtschaft	13,2	55,8
– Industrie	27,6	16,9
– Dienstleistungen	59,2	27,3
Alphabetisierungsrate (in %)	m 95 / w 91	m 83 / w 66
Ärzte je 10 000 Einwohner	11,9	2,3
Internetnutzer je 100 Einwohner	61	3
Rang im Human Development Index (HDI) 2012	64	138

Quelle: Weltbank 2013/UNDP 2013

M 2 *Strukturdaten von Malaysia 2012, zum Vergleich Kambodscha*

Erfolg durch Bildung

Dieser Aufstieg macht Malaysia zu einem der wohlhabenderen Länder Asiens.

Der Monatslohn eines Industriearbeiters stieg von 31 Euro im Jahr 1963 bis heute auf das Zehnfache. Immer mehr Familien verfügen so über ausreichende Mittel, wenigstens einem Kind nach elfjähriger Highschool-Pflichtzeit auch ein Studium zu ermöglichen.

Die Regierung gibt jedes Jahr bis zu 30 Prozent der Staatsausgaben für Bildung aus. Das kommt auch den Studenten an den zahlreichen staatlichen und privaten Hochschulen zugute. Von 2011 bis 2015 gilt der „10. Malaysiaplan", um das Land zu einer Wissensgesellschaft zu entwickeln.

Zu lösende Probleme

Staatliche Maßnahmen sollen dazu beitragen, Malaysia zu einem Land mit hohem Einkommen zu machen. Der Anteil der Menschen unterhalb der Armutsgrenze soll auf zwei Prozent sinken. Denn Armut ist immer noch das Hauptproblem.

Ein großer Teil der Bevölkerung lebt von der Landwirtschaft, die von Monokulturen und der schwankenden Nachfrage auf dem Weltmarkt geprägt ist. Die auf Export ausgerichteten **Plantagen** nehmen 40 Prozent der landwirtschaftlichen Nutzfläche ein. Hier werden **Cash-Crops** erzeugt, wie Kautschuk und Palmöl. Daneben existieren kleinbäuerliche Familienbetriebe, die in staatlichen Genossenschaften organisiert sind.

Die Anbaufläche für Ölpalmen wächst stetig. Das geschieht zulasten der tropischen Regenwälder, unter anderem um Europa mit Biokraftstoff zu beliefern. Zunehmend mehr Kraftwerke werden mit Pflanzenöl betrieben. Da das bei uns produzierte Rapsöl nicht ausreicht, bietet sich Palmöl als willkommene Ergänzung an.

M 3 Strategien zur Industrieentwicklung Malaysias

1 Beschreibe Malaysias geographische Lage (Karten S. 208/209 und 213).

2 Vergleiche die Strukturdaten Malaysias mit denen von Kambodscha und Deutschland (**M 2**, S. 16 **M 3**).

3 Erkläre die Strategien der Entwicklung Malaysias zu einer Industrienation (**M 3**).

4 Lege dar, welche Bedeutung das Bildungswesen für den Aufstieg des Landes hat.

5 Fertige eine Tabelle an, in der du Gunst- und Ungunstfaktoren für die gesellschaftliche Entwicklung in Malaysia gegenüberstellst (**M 2** bis **M 4**).

6 Beurteile, ob Malaysia bereits als ein „Schwellenland" bezeichnet werden kann (**M 2** bis **M 4**).

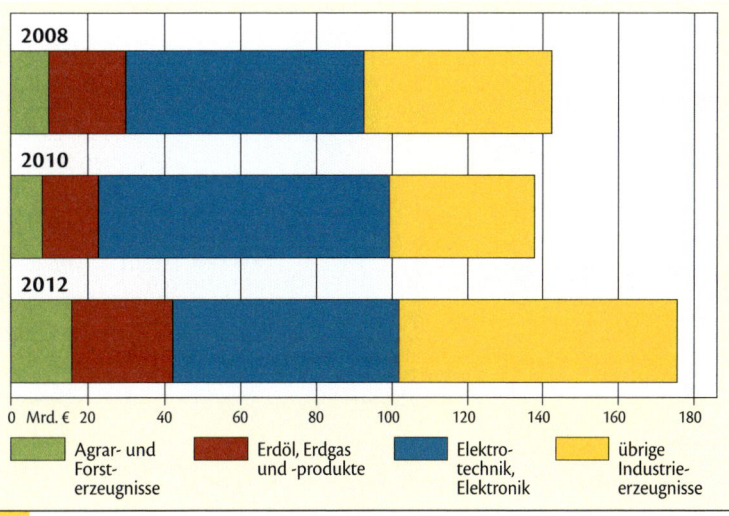

M 4 Entwicklung der Warenexporte

Wir analysieren einen Raum

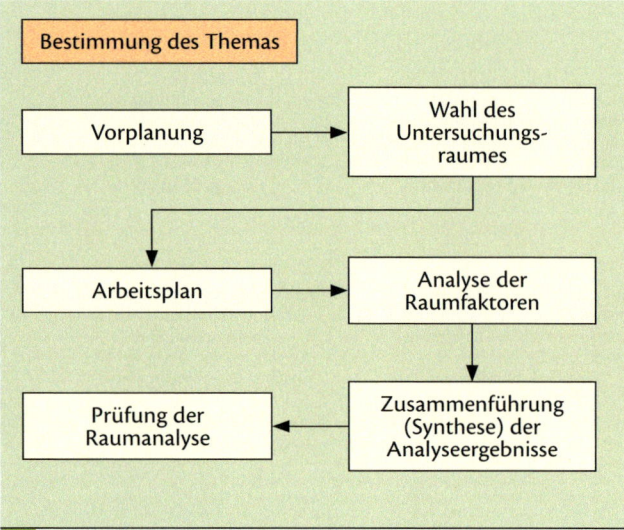

M 1 *Ablaufschema für eine Raumanalyse*

Was ist eine Raumanalyse?

Jeder Großraum ist in sich unterschiedlich, da er sich aus Teil-räumen zusammensetzt. Mithilfe einer Raumanalyse lassen sich Aufbau und Gliederung eines Raumes untersuchen. Es geht darum, herauszufinden, welche Naturfaktoren vorlie-gen und wie der Mensch den Raum verändert. Da die Raum-strukturen vielschichtig sind, müssen die wichtigsten Raum-faktoren zunächst einzeln betrachtet werden, bevor eine Gesamtschau erfolgen kann. Aus den Raumstrukturen können Schlussfolgerungen für die Entwicklung gezogen werden.

Checkliste zur Analyse eines Raumes

1. Wähle einen Raum aus.
2. Stelle einen Arbeitsplan auf.
   Formuliere eine Leitfrage oder ein Thema.
   Lege die Faktoren und Erscheinungen fest, die unter-sucht werden sollen.
3. Führe die Analyse durch.
   Sammle dazu Informationen aus Nachschlagewerken, zum Beispiel aus dem Fischer Weltalmanach, und aus dem Internet.
4. Werte die gewonnenen Ergebnisse aus und setze sie zueinander in Beziehung.
   Verfasse eine kurze Charakterisierung des untersuchten Raumes. Fertige zur Veranschaulichung Karten an. Erstelle Tabellen und Wirkungsgefüge.
5. Überprüfe, ob die Leitfrage richtig gestellt wurde und die analysierten Faktoren und Erscheinungen für die Raumanalyse ausreichen.

Checkliste zur Raumanalyse mithilfe einer Karte

Analyse:
1. Formuliere die Problemstellung.
2. Stelle die geographischen Gegebenheiten heraus.
3. Gliedere den Raum in Teilbereiche.

Synthese (Zusammenführung):
4. Erstelle eine räumliche Übersicht.
5. Stelle Bezüge zu der Problemstellung her.
   Verfasse einen Interpretationstext.
   Entwirf eine Interpretationsskizze zur Karte.

Bewertung:
6. Bewerte die Kartenaussage mit Bezug auf die Problem-stellung.

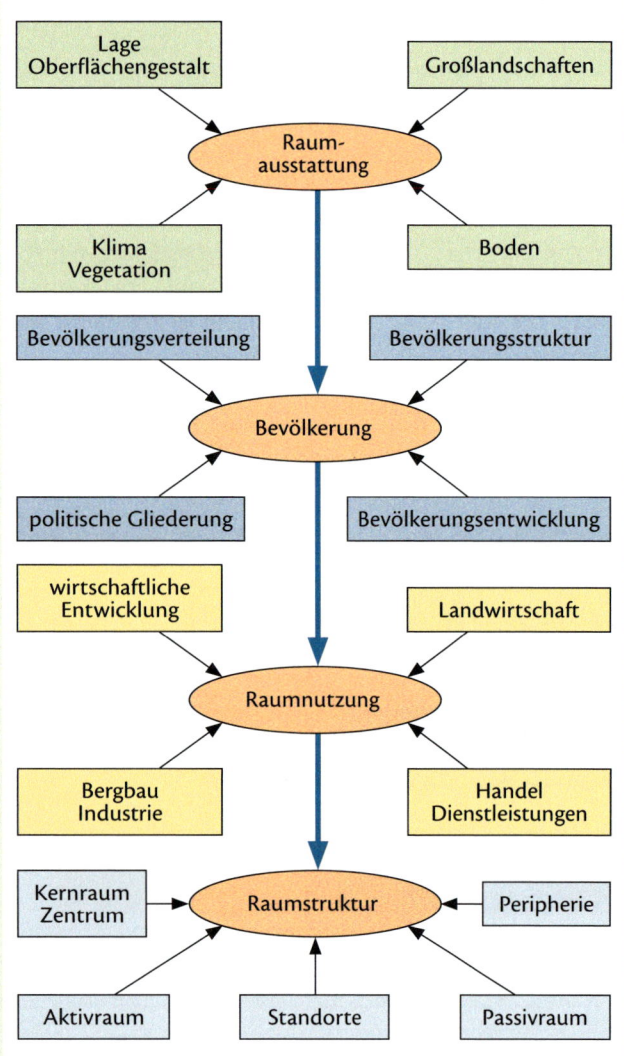

M 2 *Beispiel zur Planung einer Raumanalyse*

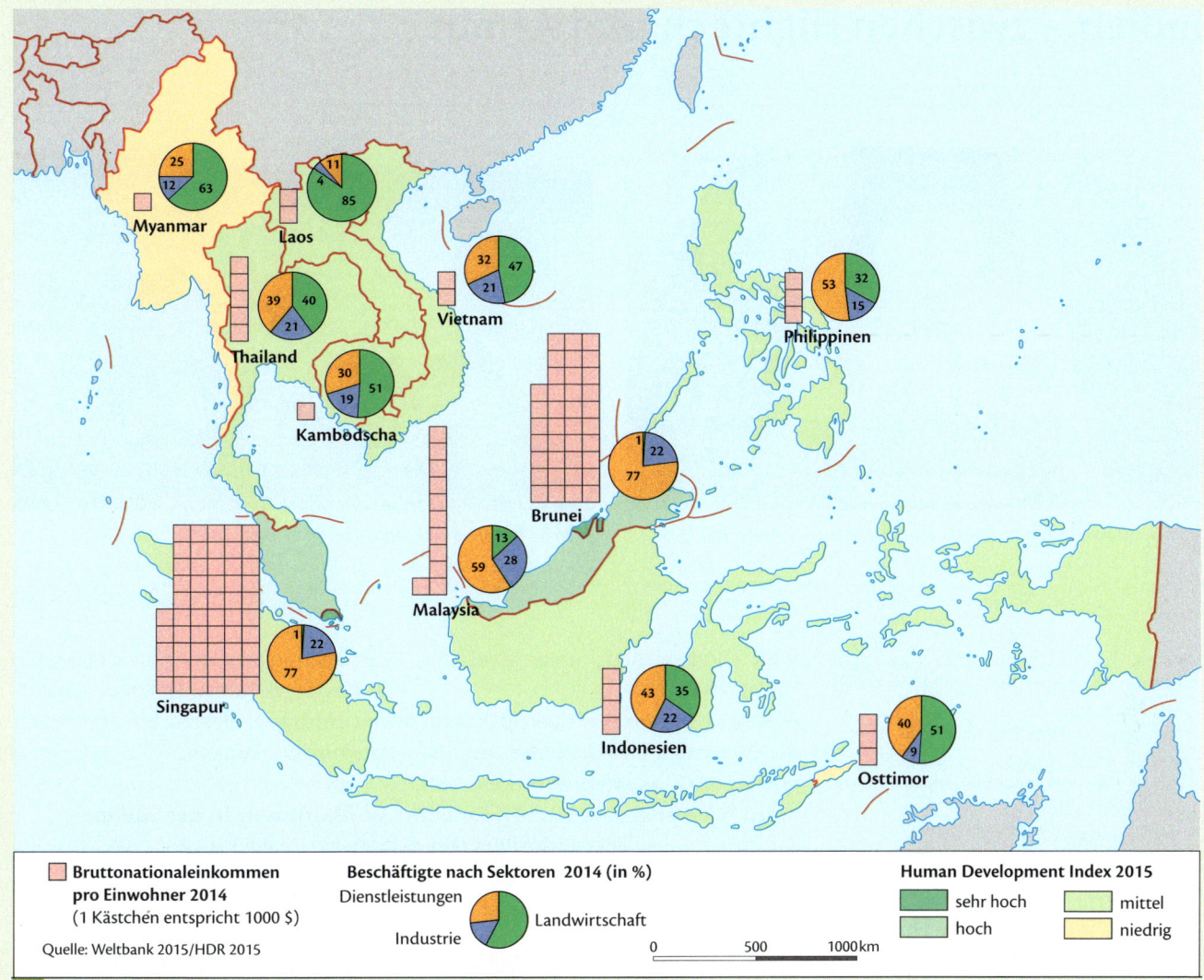

M 3 *Beispiel: Entwicklungsstand der Staaten Südostasiens*

1. Problemstellung:
Welche Entwicklungsunterschiede bestehen in Südostasien?

2. Geographische Gegebenheiten:
Der Großraum Südostasien umfasst eine Fläche von rund fünf Millionen Quadratkilometern. Von den elf Staaten liegen sechs auf dem asiatischen Festland, fünf gehören zur sogenannten „malaiischen Inselwelt".

3. Gliederung nach Teilbereichen:
a) Bruttonationaleinkommen je Einwohner in der internationalen Kaufkraft der Währung
Singapur bildet mit mehr als 61 000 US-Dollar die Spitze, gefolgt von Brunei. Malaysia und Thailand nehmen das Mittelfeld ein, während die übrigen Staaten sich zwischen 1 200 und 6 400 US-Dollar je Einwohner bewegen.

b) Beschäftigte nach Sektoren
Mit Ausnahme von Singapur, Brunei und Malaysia ist der Anteil der in der Landwirtschaft Beschäftigten sehr hoch. Er erreicht mit 90 bzw. 85 Prozent Höchstwerte in Osttimor und Laos. In einigen Ländern liegt der Anteil der in der Industrie Beschäftigten sehr niedrig. Malaysia hat den höchsten Anteil mit 27 Prozent. Bei den Beschäftigten im Dienstleistungssektor liegen Singapur und Brunei mit 77 Prozent gleichauf an der Spitze. Malaysia und die Philippinen folgen mit 59 bzw. 52 Prozent.

c) Human Development Index
Singapur und Brunei erreichen einen sehr hohen Wert. Auch Malaysia nimmt noch einen relativ hohen Stand ein. Die übrigen Länder fallen mit Ausnahme von Myanmar und Osttimor in die Gruppe mittlerer Entwicklungsstand.

4. Räumliche Übersicht
Südostasien stellt weder eine geographische noch eine wirtschaftliche Einheit dar. Es bestehen deutliche Entwicklungsunterschiede zwischen Ländern mit erheblichem Entwicklungsvorsprung und weniger entwickelten Staaten.

5. Bezüge zur Problemstellung
Die wirtschaftliche Entwicklung Südostasiens verläuft unterschiedlich. Während in den Zentren wie Singapur, Thailand und Malaysia Industrieproduktion und Dienstleistungen eine führende Rolle spielen, herrscht in den peripheren Räumen der Landwirtschaftssektor vor. Die weiter entwickelten Staaten Singapur, Malaysia, Thailand, Indonesien und die Philippinen werden deshalb auch als „Tigerstaaten" bezeichnet, in denen sich eine schnelle Industrialisierung vollzog. Die übrigen Staaten sind durch einen Entwicklungsrückstand gekennzeichnet.

6. Bewertung
Die Karte zeigt die Unterschiede zwischen den Staaten, aber nicht die Aktiv- und Passivräume in den Ländern. ▊

Indien – zwischen Hightech und Armut

M 1 *Indische Mars-Sonde (Raketenstart 5. Nov. 2013)*

M 2 *Bauer aus einem Dorf bei Bangalore*

check-it
- Lebens- und Arbeitsbedingungen in Indien kennzeichnen
- Merkmale der Entwicklung Indiens vergleichen
- Interesse an Indien mithilfe einer Werbeanzeige entwickeln
- eine Aussage beurteilen

Land der Gegensätze

Größte Demokratie der Welt, wachsende Wirtschaftsmacht, größter Filmproduzent („Bollywood") und Land mit der zweitgrößten Bevölkerung in der Welt – Indien sorgt immer wieder für Schlagzeilen.

Gleichzeitig leben aber über 30 Prozent der Menschen unterhalb der Armutsgrenze. 2012 mussten 80 Prozent von ihnen mit weniger als 2 US-Dollar am Tag auskommen. Ein Großteil des wirtschaftlichen Erfolges wird durch das Bevölkerungswachstum aufgezehrt.

In den Großstädten dehnen sich direkt neben modernen Hochhäusern und Technologieparks die **Slums** aus, in denen besonders die Zuwanderer aus dem ländlichen Raum und die Angehörigen der unteren Kasten unter einfachsten Bedingungen leben: Es fehlen Sanitäreinrichtungen, elektrischer Strom und sauberes Trinkwasser.

Willkommen in der Zukunft

Indiens Unabhängigkeit 1947 brachte den industriellen Aufstieg. Neben Textil-, Lederwaren-, Stahl- und Kunststoffindustrie gehören heute die Software- und Chipindustrie, die Weltraumtechnik sowie der Flugzeug- und Automobilbau zum Industrieprofil Indiens.

In jüngster Zeit gewinnt die Biotechnologie an Bedeutung. Von ihr erhofft man sich eine Steigerung der landwirtschaftlichen Erträge. An Universitäten und Instituten werden Jugendliche zu Informatikern, Technikern und Wissenschaftlern ausgebildet. Doch nur sieben Prozent der indischen Jugendlichen studieren. In Deutschland sind es 40 Prozent.

	Indien	Weltrang
Einwohner (in Mio.)	1 236,7	2
Bruttonationaleinkommen (in Mio. US-$)	1 824 734	10
Landwirtschaftliche Nutzfläche (in Tausend ha)	179 799	7
Reisproduktion (in Mio. t)	155,7	2
Anteil der Bevölkerung mit Zugang zu sauberem Trinkwasser (in %)	92	97
Anteil der Bevölkerung mit Zugang zu Sanitäreinrichtungen (in %)	34	139
Alphabetisierungsrate Männer (in %)	75,2	113
Alphabetisierungsrate Frauen (in %)	50,8	121
Jährlicher Stromverbrauch je Einwohner (in kWh)	626	108
Anzahl der Mobiltelefone je 1000 Personen	720	137
Anzahl der Telefone je 1 000 Personen	26	124

Quelle: Weltbank 2013

M 3 *Indiens Stellung in der Welt 2012*

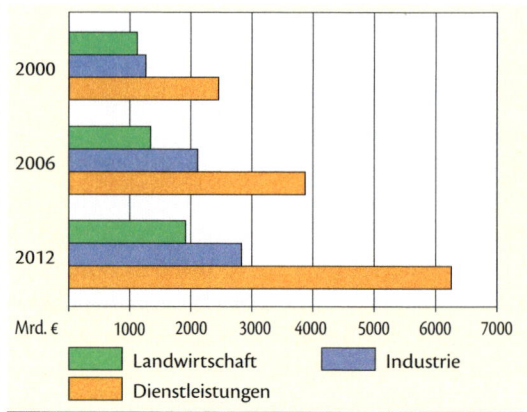

M 4 *Bruttonationaleinkommen Indiens*

Geboren in Delhi als Sohn einer Sozialarbeiterin und eines Rechtsanwaltes gehört er heute zu den Megastars der indischen Filmindustrie, bekannt als „Bollywood" (Bombay und Hollywood). Jährlich werden ca. 250 dieser bis zu vierstündigen Musicalfilme produziert. Nach dem frühen Tod seiner Eltern begann Shah Rukh Khan seine Karriere im Fernsehen. Als romantischer Held wurde er berühmt und wechselte zum Film. Mittlerweile ist er so erfolgreich, dass er mehrere eigene Produktionsfirmen besitzt und für viele Produkte Werbung macht. Sein Jahreseinkommen wird auf ca. 1,5 Mrd. Rupien geschätzt.

M 5 *Shah Rukh Khan*

Hanendra Paswam bereitet auf dem staubigen Boden seiner 15 m² großen Hütte mit seinem Gaskocher das Mittagessen zu. Der Zement bröckelt und das Dach rostet, doch er ist zufrieden und zu klein findet er es nicht. „Wir sitzen die meiste Zeit im Freien." Er ist Fahrer einer dreirädrigen Motorrikscha, verdient täglich 200 Rupien, das sind etwa 3 Euro. Nach Abzug von 70 Rupien pro Tag an den Rikschabesitzer verbleiben ihm noch 130 Rupien. Damit zählt er zu den bessergestellten Leuten. *Bidal Mahta*, ebenfalls einer von etwa 3,3 Mio. Slumbewohnern in Neu-Delhi, sammelt Müll. Mit Glück bringt ihm das am Tag 100 Rupien, häufig aber bettelt er um Lebensmittel und Geld. 300 Rupien Miete kostet seine löchrige Basthütte im Monat. Der Geruch von Autoabgasen, Urin und Fäkalien zieht herein.

M 6 *Auf der Schattenseite*

Diese Veränderungen tragen zur Verbesserung der Einkommen und zur Durchlässigkeit des **Kastenwesens** bei. Letzteres geschieht vor allem durch die zunehmende Arbeitsteilung und das Entstehen neuer Berufe, besonders in den städtischen Ballungsräumen. Dennoch: Man darf den Wandel nicht überbewerten, denn noch immer bestimmt die Kastenzugehörigkeit entscheidend die soziale Rolle, insbesondere der Menschen in den ländlichen Regionen.

Die indische Frau

Genauso vielschichtig ist die Situation der Frau in Indien. Traditionell ist sie stets von einem Mann abhängig, als Tochter vom Vater, als Ehefrau vom Ehemann und als Witwe von ihren Söhnen. Selten besuchen Mädchen eine Schule. Der Sohn ist der ganze Stolz der Familie, eine Tochter bedeutet durch die Mitgiftregelung den finanziellen Ruin. Die „Lösung" liegt häufig im „Selbstmord" der Frau. Jährlich verbrennen noch heute etwa 300 Frauen auf ungeklärte Weise zu Hause.

Aber: Die gesetzliche Gleichstellung der Frau und der mit dem wirtschaftlichen Aufstieg Indiens verbundene Einfluss der Medien verändern die Stellung der Frau in der indischen Gesellschaft, insbesondere bei der städtischen Mittelschicht. Viele Frauen besitzen eine Aus-

bildung, haben eine gut bezahlte Arbeit als Lehrerin, Ärztin oder Richterin und sind wirtschaftlich unabhängig. Die Ehemänner beteiligen sich aktiv an der Erziehung ihrer Kinder und freuen sich auch über die Geburt einer Tochter.

1 Kennzeichne die Lebens- und Arbeitsbedingungen in Indien (**M 1**, **M 2**, **M 5**, **M 6**).
2 Erkläre, welche Merkmale für Indien als ein Entwicklungsland sprechen und welche dafür, dass es auf dem Weg zur Industrienation ist (**M 3**, **M 4**, **M 6**).
3 Entwirf eine Werbeanzeige, um ausländische Unternehmen für eine Ansiedlung in Indien zu interessieren.
4 „Indien hat viele Gesichter." Beurteile die Richtigkeit dieser Aussage und begründe deine Meinung (**M 1** bis **M 7**).

WEBCODE: UE644339-023

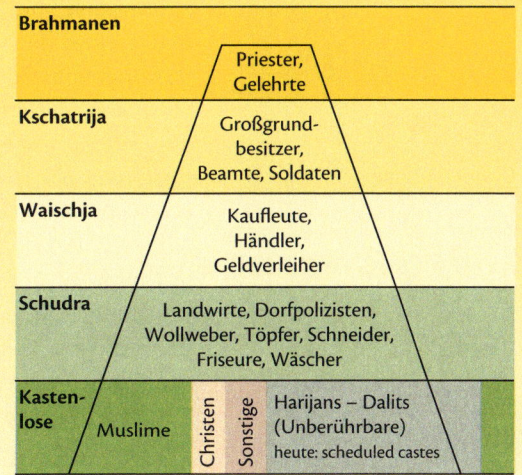

Das Kastenwesen ist durch die Rangordnung, die strikte Trennung und die Arbeitsteilung geprägt. Jeder Inder wird in eine Kaste hineingeboren, gehört ihr sein ganzes Leben an und gibt diese an seine Kinder weiter.

M 7 *Das indische Kastenwesen*

USA – Mexiko: wo Arm und Reich sich treffen

M 1 *Grenze zwischen den USA und Mexiko in Nogales, Arizona*

Sie sind meist nachts anzutreffen: Menschen, deren Füße bis auf die Knochen wund gelaufen sind. Sie schleichen sich auf mexikanischer Seite heran, warten eine Weile, kriechen dann unter dem Stacheldraht hindurch und verschwinden auf der amerikanischen Seite unbeobachtet im Dickicht der Kakteen und Büsche. Sie hatten Glück und entgingen den Blicken der weißen Männer mit Ferngläsern auf den Schießständen und den gepanzerten Wüstenfahrzeugen der Grenzpolizei.

(Hanna Engelmeier: www.bpb.de, Publikationen, USA-Heft Nr. 28, 2008, S. 28)

M 3 *Überwindung der Grenze*

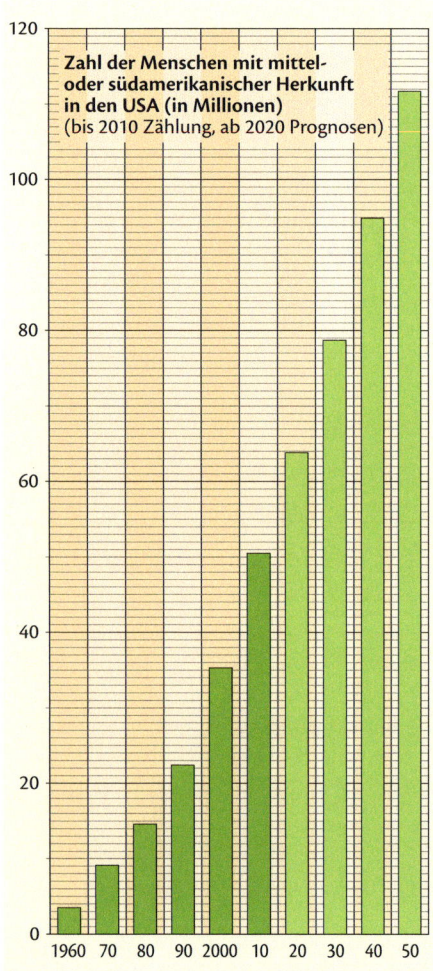

120

Zahl der Menschen mit mittel- oder südamerikanischer Herkunft in den USA (in Millionen)
(bis 2010 Zählung, ab 2020 Prognosen)

1960 70 80 90 2000 10 20 30 40 50

M 2 *Entwicklung der aus Mittel- und Südamerika stammenden Bevölkerung in den USA 1960 bis 2050*

check-it
- Grenzverlauf zwischen den USA und Mexiko lokalisieren
- Situation an der Grenze beschreiben
- Ursachen der Einwanderung benennen
- Auswirkungen der Migration für die USA und für Mexiko erläutern
- Daten vergleichen
- ein Entwicklungsprojekt beurteilen

Hightech-Wall gegen Arme

Eine etwa 3000 Kilometer lange, mit Zäunen und Mauern gesicherte Grenze trennt eines der reichsten Länder, die USA, von einem Schwellenland, Mexiko. Sie verläuft entlang des Rio Grande, durch Wüsten und Bergländer und ragt sogar ein Stück in den Pazifik hinein. Etwa 3000 Menschen aus Mexiko und Zentralamerika versuchen täglich, diese Grenze zu überwinden, die sie, wie sie glauben, von einem Leben in Wohlstand trennt. Freiwillige US-Amerikaner sichern daher zusammen mit der US-Grenzpolizei die Grenze vor den illegalen Migranten. Jährlich überwindet rund eine Million Menschen die Sperranlagen.

Ohne die Illegalen geht es nicht

Die US-Unternehmer dulden die Illegalen, für die sie keine Sozialabgaben zahlen müssen, um ihre Produkte kostengünstig zu vermarkten. Die Grenzpolizei aber nimmt die illegalen Migranten fest und schickt sie nach der Identifizierung wieder zurück. Doch: Mexikos Arbeitsmarkt kann diese meist jungen Menschen nicht aufnehmen. So versuchen sie erneut, das „gelobte Land" USA zu erreichen.

Die US-Regierung jedoch sieht ihre Wirtschaft und damit die Lebensqualität bedroht. Schlupflöcher im Grenzzaun werden mit Radarsystemen, Sensoren und hochauflösenden Kameras geschlossen und der Grenzzaun selbst verlängert.

Dabei profitieren beide Staaten von dieser Situation: Das Niveau der US-amerikanischen Wirtschaft wäre ohne die Billiglohnkräfte, die keine Gewerkschaft haben und keinen Mindestlohn verlangen, nicht zu halten. Besonders während der Ernte der kalifornischen Sonderkulturen wie Tomaten, Salate, Obst sind sie im Einsatz. Außerdem wird das ohnehin schwache Sozialsystem der USA nicht belastet, da die Illegalen keine Sozialleistungen erhalten. Zudem überweisen sie jährlich Millionen US-Dollar in die Heimat, die in die mexikanische Wirtschaft fließen.

Alle Reformversuche wie eine Legalisierung der mexikanischen Einwanderer sind gescheitert. Der Hightech-Wall wird höher und schwerer zu überwinden.

Hoffnung durch NAFTA

Mexiko trat 1994 der **Freihandelszone NAFTA** (North American Free Trade Agreement) bei, die 1989 von den USA und Kanada gegründet wurde. Damit wollte Mexiko Handelshemmnisse abbauen, den zwischenstaatlichen Handel fördern, die Wirtschaft durch Exportorientierung stärken und den Lebensstandard der Bevölkerung verbessern. „Ausverkauf Mexikos" nennen dies die Gegner, da nur die ausländischen Grundbesitzer davon profitieren würden.

Einige Hoffnungen wurden erfüllt: Die Wirtschaft Mexikos hat sich positiv entwickelt, die Produktvielfalt stieg, die Preise fielen, die Exporte wuchsen an.

Enttäuschte Hoffnungen

Die Disparitäten blieben: US-amerikanische Unternehmen drängen nach Mexiko und kaufen Grundstücke auf. Sie montieren in den **Maquiladoras** mit billigen Lohnarbeitern aus meist zollfrei importierten Vorprodukten das Endprodukt und exportieren es wieder in die USA. So produzieren sie kostengünstig und umgehen heimische Umweltauflagen. Die größten Verlierer sind die mexikanischen Bauern. Die Landwirtschaft ist mit den US-Konzernen nicht konkurrenzfähig. In der Agrarwirtschaft gingen Millionen Arbeitsplätze verloren.

Die Arbeitslosigkeit ist nach wie vor sehr hoch und auch die Bekämpfung von Bestechlichkeit war nicht sehr erfolgreich.

	Mexiko	USA
Landfläche (in Quadratkilometern)	1 943 950	9 147 420
Einwohner (in Mio.)	120,8	313,9
Bevölkerungsdichte (Einwohner je Quadratkilometer)	61	34
Anteil der städtischen Bevölkerung (in %)	78,4	82,6
Jährliches Bevölkerungswachstum (in %)	1,24	0,74
Säuglingssterblichkeit (je 10 000 Lebendgeborene)	13,4	6,4
Wirtschaftskraft: Bruttonationaleinkommen (BNE) je Einwohner (in €)	7 492	38 554
Anteil am BNE (in %): – Landwirtschaft	4,3	1,2
– Industrie	34,8	21,3
– Dienstleistungen	60,9	77,5
Erwerbstätige (in %): – Landwirtschaft	13,9	1,6
– Industrie	25,5	16,7
– Dienstleistungen	60,6	81,7
Arbeitslosenquote (in %)	5,3	8,9
Alphabetisierungsrate (in %)	m 94,4 / w 91,8	99

Quelle: Weltbank 2013

M 5 *Strukturdaten 2012*

1 Beschreibe den Verlauf und die Situation an der Grenze zwischen den USA und Mexiko (**M 1**, Karte S. 216/217).

2 Vergleiche die Daten in der Tabelle und benenne Ursachen der illegalen Einwanderung von Mexikanern in die USA (**M 5**).

3 Arbeitet in zwei Gruppen. Gruppe A stellt die Vorteile bzw. Nachteile des Nebeneinanders von Arm und Reich aus der Sicht der USA zusammen und erklärt diese. Gruppe B tut das Gleiche aus Sicht Mexikos. Ihr könnt eure Ergebnisse auch als Skizze darstellen (**M 2–M 4**).

M 4 *Mexikanischer Erntearbeiter in Kalifornien*

WEBCODE: UE644339-025

Entwicklungszusammenarbeit

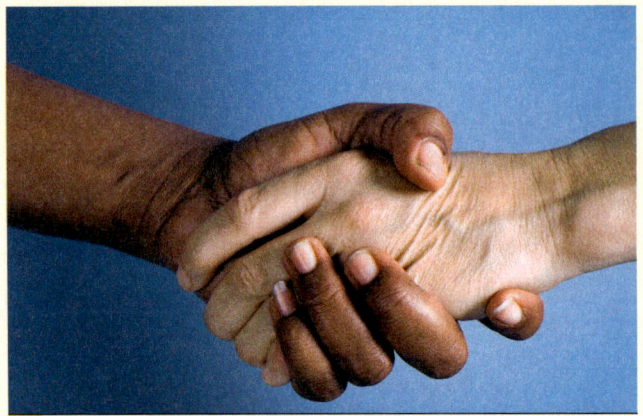

M 1 *Gemeinsam handeln*

Jeden Tag sterben mehr als 26 000 Kleinkinder – an Hunger, an Krankheiten, durch Gewalt und Kriege. Etwa 1,4 Milliarden Menschen auf der Welt müssen von weniger als 1,25 US-Dollar pro Tag leben [...]. Kein Staat kann diese und die vielen anderen brennenden Probleme der Gegenwart allein bewältigen. [...] Darum müssen wir auch den Herausforderungen gemeinsam entgegentreten – weltweit. [...] Deutschland zum Beispiel engagiert sich in enger Zusammenarbeit mit der internationalen Staatengemeinschaft für die Bekämpfung der Armut, für Frieden und Demokratie, für eine gerechte Gestaltung der Globalisierung und für den Erhalt der Umwelt und der natürlichen Ressourcen. [...] Keiner darf wegsehen, [...] wir sind nicht nur für das verantwortlich, was wir tun, sondern auch für das, was wir nicht tun. *(Bundesministerium für wirtschaftliche Zusammenarbeit, www.bmz.de)*

M 2 *Entwicklungszusammenarbeit – warum?*

M 3 *Bilaterale öffentliche Zusammenarbeit*

Öffentliche Entwicklungszusammenarbeit (ODA – Official Development Assistance) ist die Leistung, die von öffentlichen Stellen stammt und den sich entwickelnden Staaten zur Verfügung gestellt wird. Hauptziel der ODA ist die Förderung der ökonomischen und sozialen Entwicklung. *(www.bpb.de)*

M 4 *Öffentliche Entwicklungszusammenarbeit*

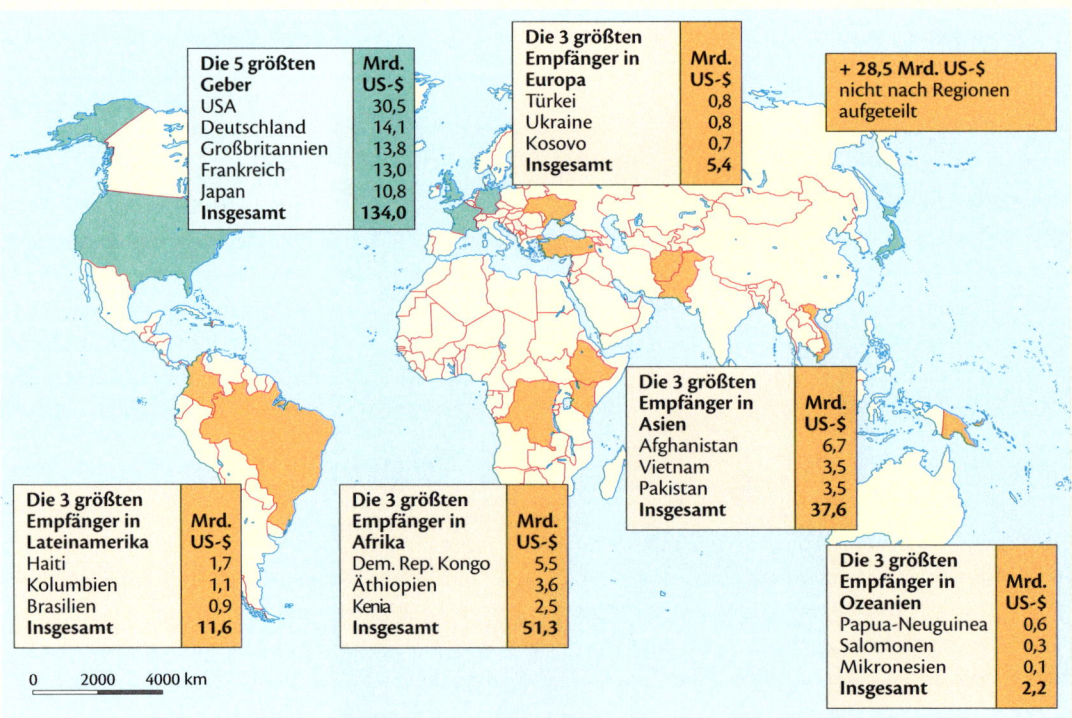

Die 5 größten Geber	Mrd. US-$
USA	30,5
Deutschland	14,1
Großbritannien	13,8
Frankreich	13,0
Japan	10,8
Insgesamt	**134,0**

Die 3 größten Empfänger in Europa	Mrd. US-$
Türkei	0,8
Ukraine	0,8
Kosovo	0,7
Insgesamt	**5,4**

+ 28,5 Mrd. US-$ nicht nach Regionen aufgeteilt

Die 3 größten Empfänger in Asien	Mrd. US-$
Afghanistan	6,7
Vietnam	3,5
Pakistan	3,5
Insgesamt	**37,6**

Die 3 größten Empfänger in Lateinamerika	Mrd. US-$
Haiti	1,7
Kolumbien	1,1
Brasilien	0,9
Insgesamt	**11,6**

Die 3 größten Empfänger in Afrika	Mrd. US-$
Dem. Rep. Kongo	5,5
Äthiopien	3,6
Kenia	2,5
Insgesamt	**51,3**

Die 3 größten Empfänger in Ozeanien	Mrd. US-$
Papua-Neuguinea	0,6
Salomonen	0,3
Mikronesien	0,1
Insgesamt	**2,2**

0   2000   4000 km

M 5 *Öffentliche Entwicklungshilfe 2012*

Erde: Bevölkerungswachstum und Geburtenrate

Veränderung der Bevölkerung 1950–2012

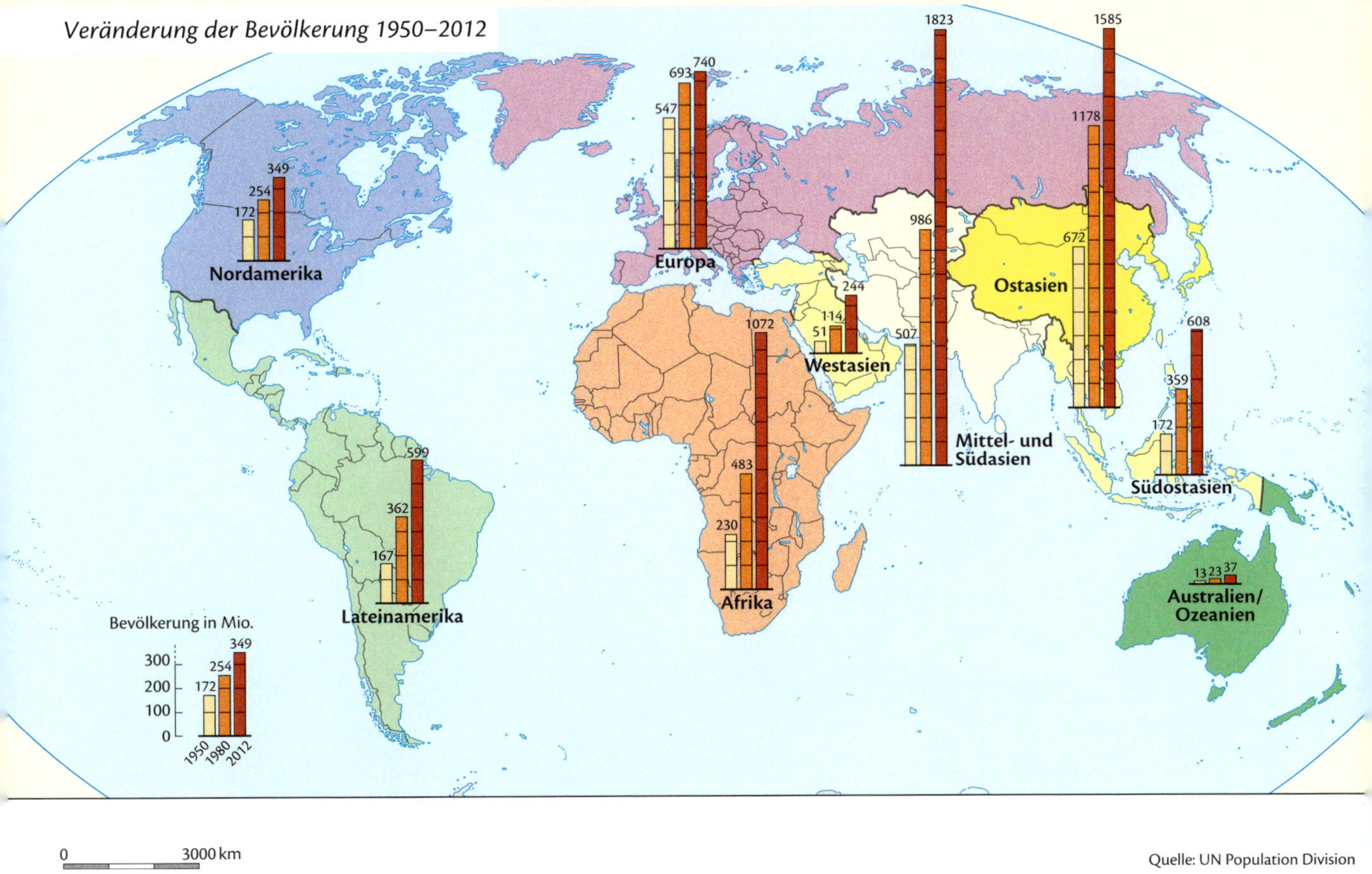

Nordamerika: 172, 254, 349

Europa: 547, 693, 740

Lateinamerika: 167, 362, 599

Afrika: 230, 483, 1072

Westasien: 51, 114, 244

Ostasien: 986, 1178, 1585 (672)

Mittel- und Südasien: 507, 1178, 1823

Südostasien: 172, 359, 608

Australien/Ozeanien: 13, 23, 37

Bevölkerung in Mio.

	1950	1980	2012
	172	254	349

300 · 200 · 100 · 0

0 ——— 3000 km

Quelle: UN Population Division

Geburtenrate 2013

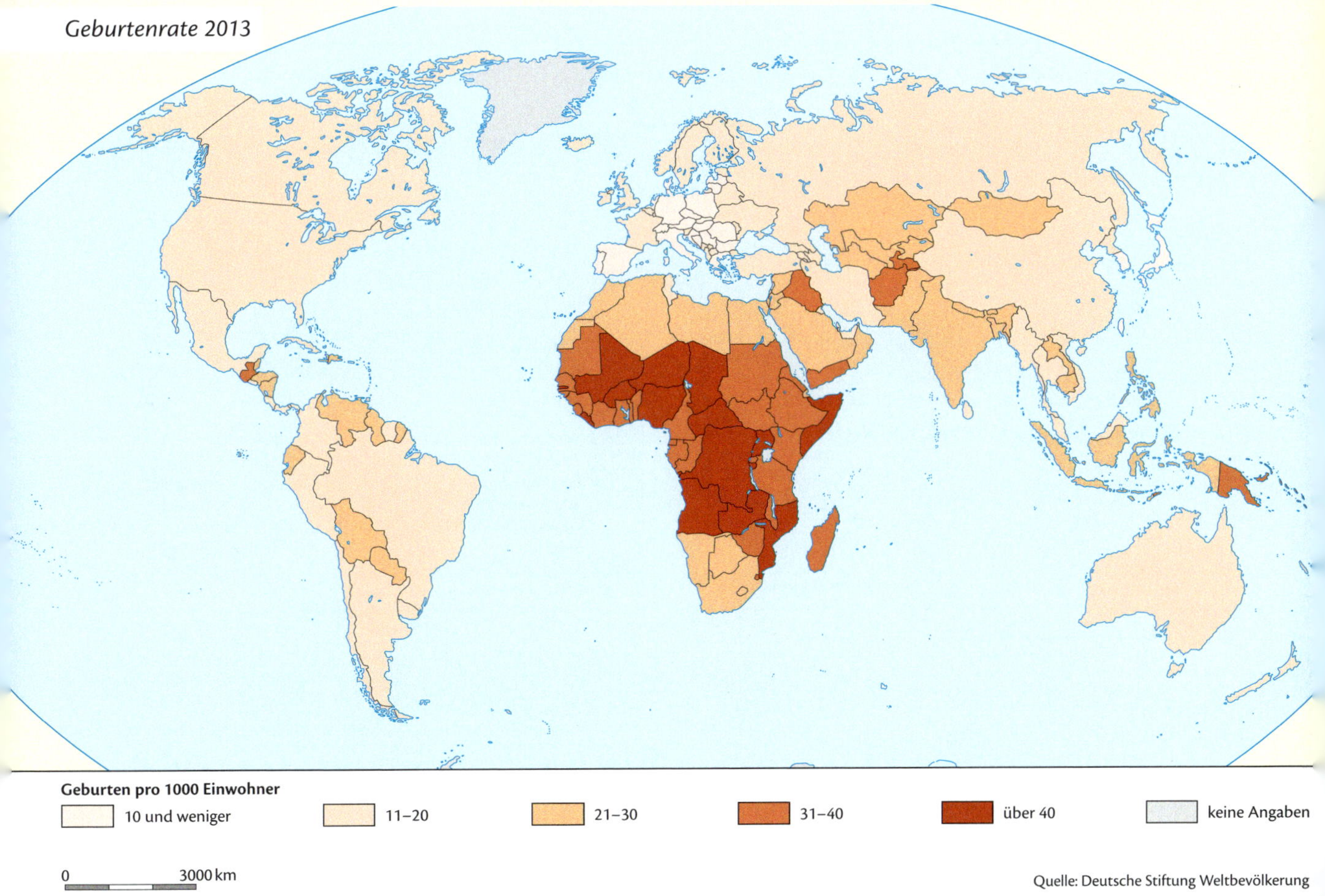

Geburten pro 1000 Einwohner

- 10 und weniger
- 11–20
- 21–30
- 31–40
- über 40
- keine Angaben

0 ——— 3000 km

Quelle: Deutsche Stiftung Weltbevölkerung

Können und anwenden

7 Fertige eine Raumanalyse zu Indien mithilfe von Karten an (**M 5**, Karten S. 208/209, 212).

– Wiederhole dazu die Checkliste auf S. 20.

– Eine mögliche Problemstellung könnte sein: Indien – Agrarland oder Schwellenland mit moderner Industrie?

– Nutze auch die Informationen auf S. 22/23.

Legende:

T T T	Tee	⚡	Wasserkraftwerk
🌱🌱🌱	Baumwolle	⚡	Wärmekraftwerk
🌿🌿🌿	Jute	☢	Kernkraftwerk
⦚⦚⦚	Zuckerrohr	◇	Fischereihafen
🍒🍒🍒	Kaffee	●—●	Erdölpipeline
🌴🌴🌴	Kautschuk		Erklärung der Bergbau- und Industrie-
⋔ ⋔ ⋔	Kokospalmen		signaturen in der Generallegende

——	Staatsgrenze	—·—·— Teilungslinie in Kaschmir
······	Grenze von Kaschmir	– – – Umstrittene Grenze

Bodenbedeckung:

- Tropischer Regenwald
- Trockenwald und Buschwald
- Feuchtsavanne
- Trockensavanne
- Halbwüste und Wüste
- Steppe
- Wald in der gemäßigten Zone
- Fels- und Eisregion
- Reisanbau
- Bewässerungskulturen
- Anbau tropischer Handelspflanzen
- Ackerland mit gemischtem Anbau (vorwiegend Weizen, Hirse und Reis)

M 5 *Indien: Wirtschaftskarte*

M 3 *Rätsel (Umlaute = 1 Buchstabe)*

Waagerecht

1 Wirtschaftssektor, in dem in Entwicklungsländern viele Menschen arbeiten

2 Herstellung von Wirtschaftsgütern

3 Sammelbegriff für: Wissen, Lernen, Lehren, Kenntnisse und Erkenntnisse

4 Gesamtheit aller in einem Staat lebenden Menschen

5 Gegenteil von Reichtum

Senkrecht

6 Zuwanderung von Ausländern in einen anderen Staat

7 deutsches Wort für „Export"

8 wirtschaftsstarkes und reiches Land

9 für viele Entwicklungsländer wichtiger Wirtschaftszweig

10 Land, das noch zu den Entwicklungsländern gehört, sich aber auf dem Weg zur Industrialisierung befindet

5 Löse das Rätsel (**M 3**). Die Buchstaben in den farbigen Feldern ergeben richtig angeordnet das Lösungswort. Es kennzeichnet eine besondere Art von Staat.

! Hinweis: Bitte nicht in das Buch schreiben

Sich verständigen, beurteilen und handeln

6 „Jeder kann etwas gegen die Armut tun!" Erörtere diese Aussage und diskutiere mit deinen Mitschülern die Chancen, Ungleichheiten im Entwicklungsstand auszugleichen.

M 4 *Hilfsorganisationen*

WEBCODE: UE644339-029

2 Entwicklung und Verteilung der Weltbevölkerung erläutern

Bevölkerungszunahme – eine Herausforderung
Auf der Erde leben 7 Milliarden Menschen. Jedes Jahr wächst die Weltbevölkerung um etwa 82 Millionen Menschen – so viele, wie Deutschland Einwohner hat. Mit 99 Prozent haben Entwicklungsländer den größten Anteil am Bevölkerungswachstum. Welche Probleme entstehen durch die wachsende Weltbevölkerung?

Geo-Check: Entwicklungsstand von Ländern charakterisieren

Sich orientieren

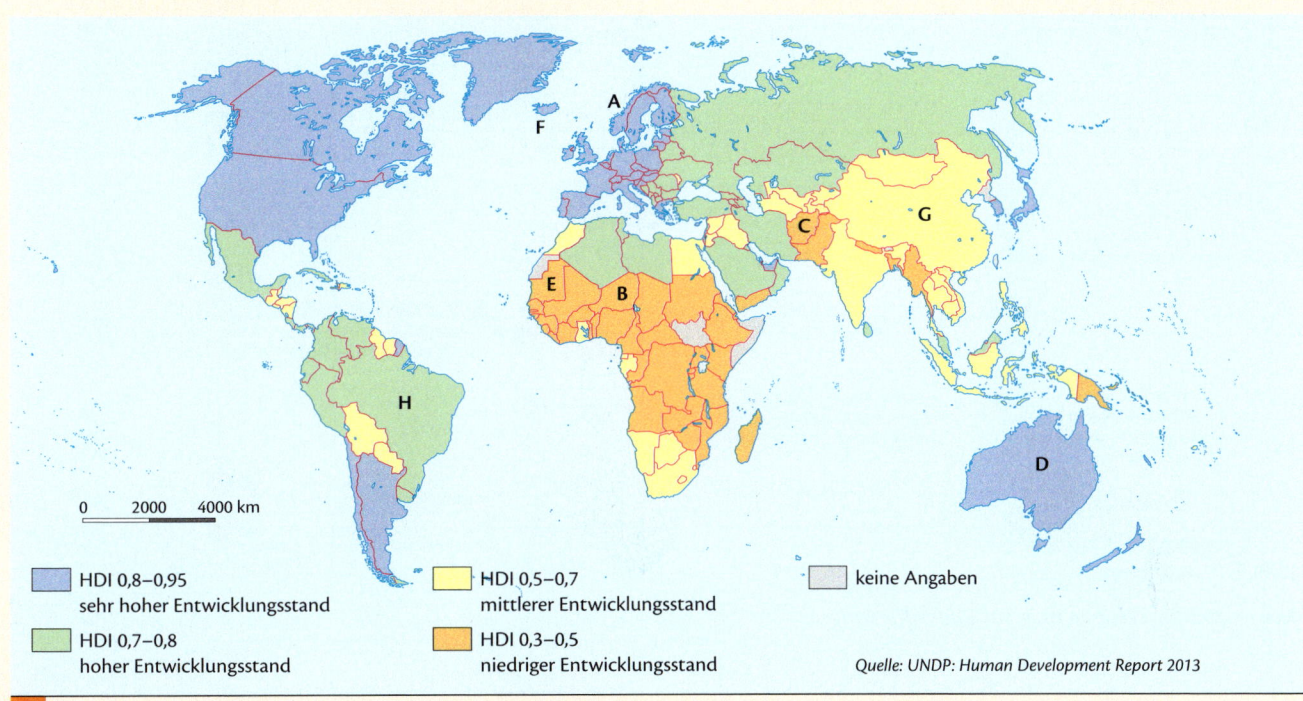

HDI 0,8–0,95
sehr hoher Entwicklungsstand

HDI 0,7–0,8
hoher Entwicklungsstand

HDI 0,5–0,7
mittlerer Entwicklungsstand

HDI 0,3–0,5
niedriger Entwicklungsstand

keine Angaben

Quelle: UNDP: Human Development Report 2013

M 1 *Weltkarte des Human Development Index (HDI) 2012*

1 Benenne die mit Buchstaben gekennzeichneten Staaten. Trage sie in eine Tabelle mit vier Spalten ein (**M 1**).

2 Fülle die Spalten aus. Trage bei Entwicklungsstand „sehr hoch entwickelt" oder „gering entwickelt" ein.

Buchstaben	Land	HDI-Wert	Entwicklungsstand
…	…	…	…

Wissen und verstehen

3 Ordne jedem dieser Begriffe (**M 2**) mindestens zwei Merkmale zu.

Eine Welt

öffentliche Entwicklungshilfe

Entwicklungszusammenarbeit

Migranten

Entwicklungsland

Schwellenland

Industrieland

Human Development Index

M 2 *Geo-Begriffestapel*

4 Sortiere die Aussagen in richtige und falsche. Verbessere die falschen Aussagen und schreibe sie richtig auf.

Richtig oder falsch?

– Wir leben in einer Welt voller Ungleichheiten.

– Der Human Development Index gibt die jährlichen Ausgaben eines Staates für die Bildung in Dollar an.

– Malaysia ist eines der ärmsten Länder Asiens, weil es zu wenig in Bildung investiert.

– Viele US-Unternehmen sind auf illegale Einwanderer aus Mexiko als billige Arbeitskräfte angewiesen.

– Entwicklungszusammenarbeit hilft Industrieländern, ihre Produkte in Entwicklungsländern besser zu verkaufen.

– In den Schwellenländern ist die Zunahme der landwirtschaftlichen Produktion sehr hoch.

– Indien ist ein Land großer Gegensätze zwischen Armut und Reichtum, Hightech und Landwirtschaft zur Selbstversorgung.

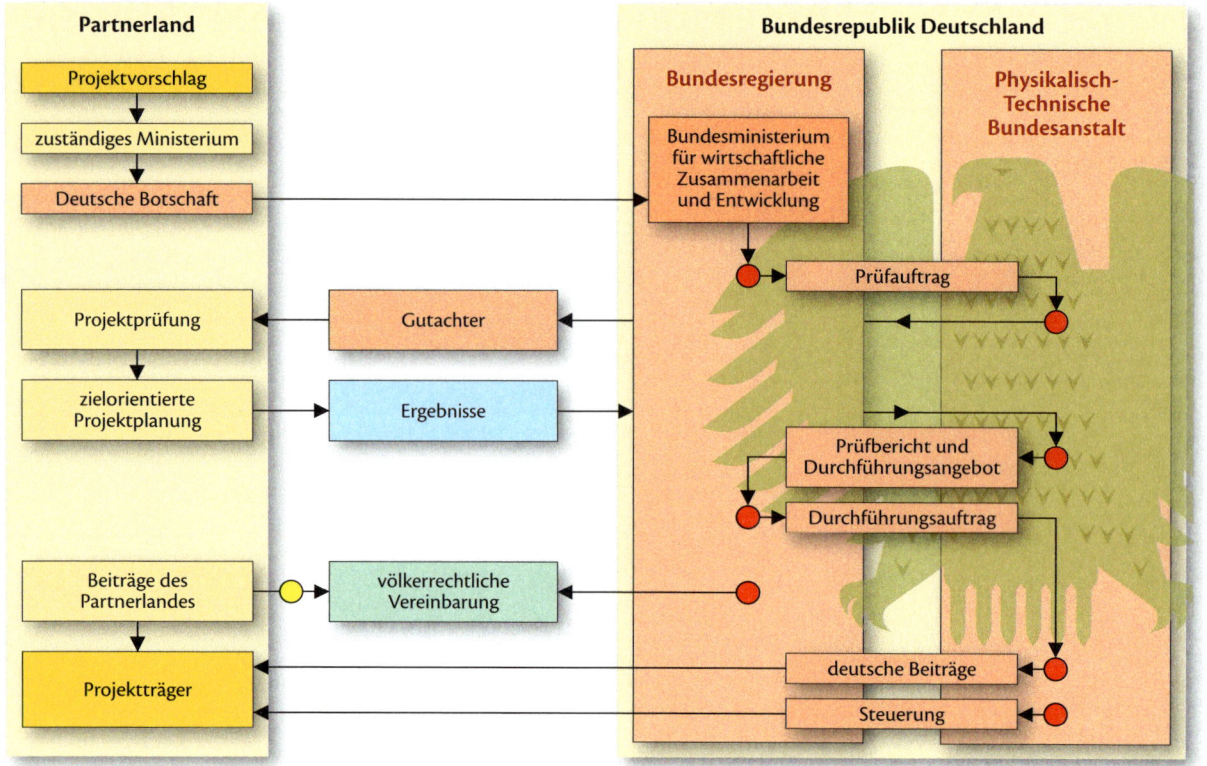

M 6 Vom Projektvorschlag zur Durchführung

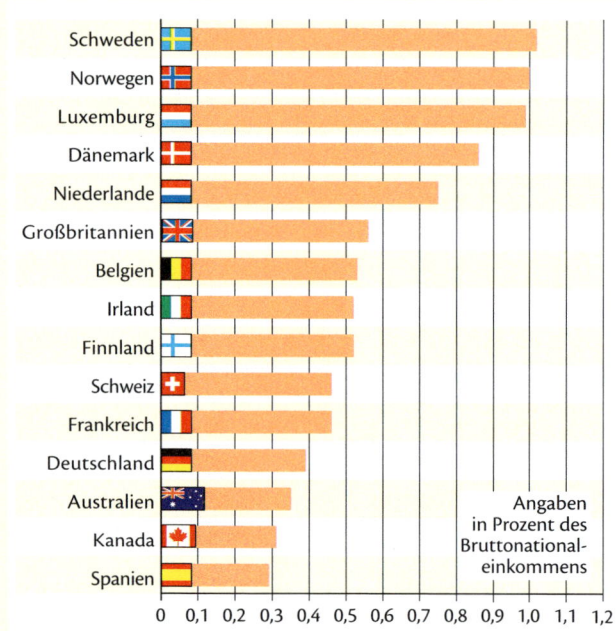

M 7 Öffentliche Entwicklungszusammenarbeit 2012 – TOP-15-Länder

M 8 Institutionen für Entwicklungszusammenarbeit

Ihr könnt

- die Begriffe „Entwicklungshilfe", „-zusammenarbeit" und „-politik" mithilfe des Internets vergleichen;
- Gründe, Ziele, Formen, Wege von Entwicklungszusammenarbeit erarbeiten (**M 1** bis **M 3, M 6, M 7**);
- die weltweite Entwicklung der öffentlichen Entwicklungszusammenarbeit erläutern (**M 4, M 5, M 8**);
- die Aussage „Die meisten europäischen Länder haben das Ziel verfehlt." erläutern;
- Gruppen zu einem Entwicklungsschwerpunkt (Armut, Bildung, Ernährung, Gesundheit, Umwelt, Wirtschaft) bilden und eine Präsentation erstellen;
- mithilfe des Internets beurteilen, inwieweit bei der Entwicklungszusammenarbeit Fortschritte erzielt worden sind.

In diesem Kapitel lernst du
- die Entwicklung der Weltbevölkerung zu beschreiben,
- regionale Unterschiede im Bevölkerungswachstum zu vergleichen und zu erklären,
- Bevölkerungsdiagramme auszuwerten,
- Folgen von Wanderungsbewegungen zu erklären,
- Merkmale der Bevölkerungsentwicklung in Deutschland zu charakterisieren,
- regionale Unterschiede in der Verstädterung zu vergleichen,
- Ursachen und Folgen der Verstädterung zu erläutern,
- Merkmale des informellen Sektors zu benennen.

Dabei nutzt du
- Karten,
- Grafiken,
- Bilder,
- Tabellen,
- Diagramme und
- Bevölkerungsdiagramme.

Du beurteilst und bewertest
- Maßnahmen zur Geburtenbeschränkung,
- Auswirkungen und Probleme einer alternden bzw. jungen Gesellschaft,
- Ursachen und Folgen des Wachstums der Weltbevölkerung,
- Folgen des Wachstums in Megastädten.

Muslimische Frauen in Nordindien

Die Weltbevölkerung wächst – aber weltweit ungleich

check-it

- Wachstum der Weltbevölkerung beschreiben und erklären
- Merkmale der Begriffe Wachstums-, Geburten- und Sterberate benennen
- Unterschiede im Bevölkerungswachstum erläutern
- Phasen im Modell des demographischen Übergangs benennen und mit der Wirklichkeit vergleichen
- thematische Karten und Diagramme auswerten

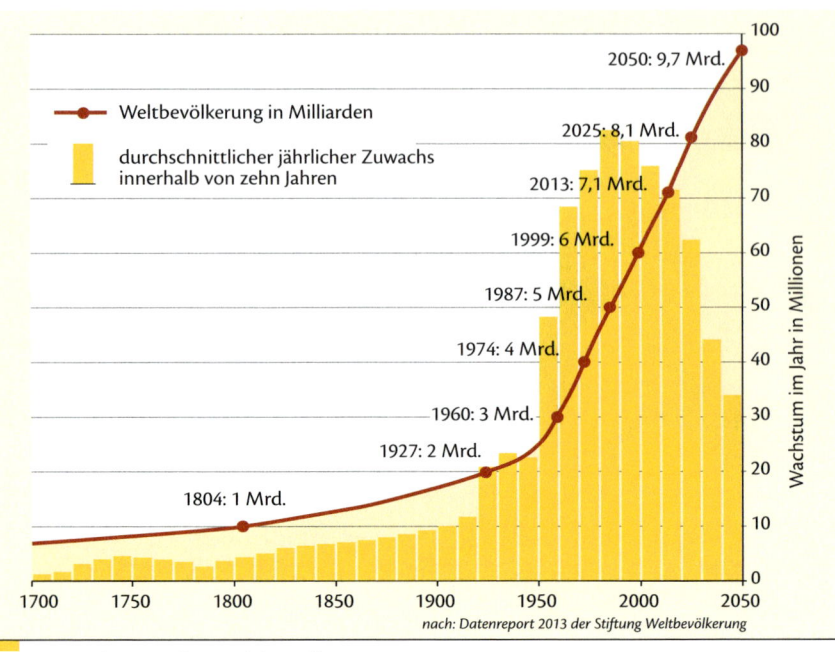

M 1 *Wachstum der Weltbevölkerung*

Sieben Milliarden Menschen

Ende Oktober 2011 lebten sieben Milliarden Menschen auf der Erde. Pro Sekunde kommen 2,6 Menschen hinzu. Pro Tag erblicken 225 000 Neugeborene das Licht der Welt. Das ergibt im Jahr fast 82 Millionen Menschen, was ungefähr der Bevölkerungszahl Deutschlands entspricht.

Ungleiche Entwicklung

Die Bevölkerung entwickelt sich in den Ländern der Welt unterschiedlich. Während in vielen **Industriestaaten** die Bevölkerungszahl stabil bleibt oder sogar rückläufig ist, wächst die Bevölkerungszahl in den **Entwicklungsländern** Asiens, Afrikas und Lateinamerikas. Die **Wachstumsrate** der Bevölkerung ergibt sich aus der Differenz zwischen **Geburtenrate** und **Sterberate**.

Hinsichtlich des Wachstums ist die Ausgangsgröße einer Bevölkerung (Grundgesamtheit) zu berücksichtigen, denn wo bereits viele Menschen leben, ist der absolute Bevölkerungszuwachs auch höher.

Ursachen des Wachstums

Die Ursachen des **Bevölkerungswachstums** in den Entwicklungsländern sind vielfältig. Hierzu gehört der Einfluss von Religionen, die Kinder als „Geschenk Gottes" sehen, sodass keine Familienplanung befürwortet wird. Familienplanung findet auch aufgrund fehlender Aufklärung und mangelhafter Bildung nicht statt. Kinder gelten zudem als zusätzliche Arbeitskräfte zur Einkommensverbesserung und zur wirtschaftlichen Absicherung der Eltern im Alter. Durch verbesserte hygienische sowie medizinische Verhältnisse ist die Säuglingssterblichkeit zurückgegangen. Der medizinische Fortschritt, bessere Ernährung und veränderte Lebensgewohnheiten haben die **Lebenserwartung** der Menschen erhöht.

Der demographische Übergang

Die Demographie ist die Wissenschaft, die sich mit der Bevölkerung befasst. Mitte des 20. Jahrhunderts erarbeiteten Demographen auf Basis der Daten von Industrieländern das **Modell des demographischen Übergangs.** Es beschreibt in Phasen die Entwicklung von Geburten- und Sterberaten. Das Sinken der Sterberate in der zweiten und dritten Phase erklärt sich nicht nur infolge medizinischer Fortschritte, sondern auch durch die Erhöhung der landwirt-

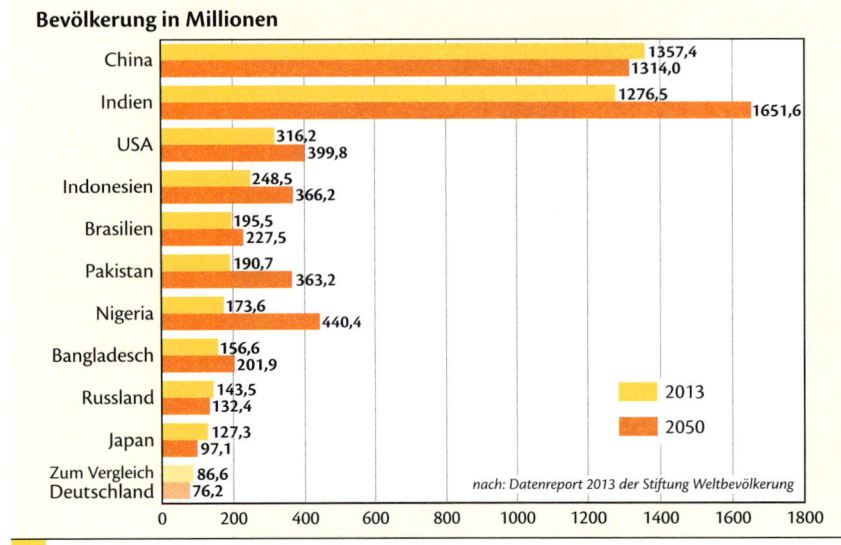

M 2 *Die bevölkerungsreichsten Länder der Welt*

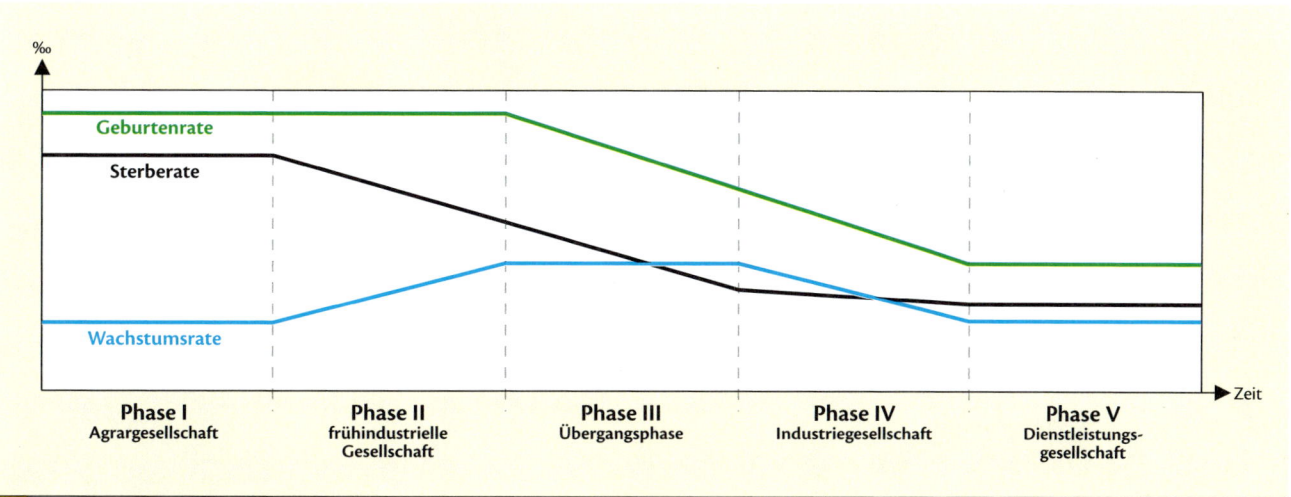

M 3 *Modell des demographischen Übergangs*

schaftlichen Produktivität sowie die damit verbundene bessere Nahrungsmittelversorgung. Die Geburtenraten sinken erst mit zeitlicher Verzögerung – vor allem ab der dritten Phase. Grund dafür ist der wachsende Wohlstand, wodurch sich die Einstellung zu Kindern ändert. Ab Phase vier sinkt die Sterblichkeitsrate aufgrund des relativ hohen Standes der medizinischen Versorgung nicht mehr. Das Tempo des Geburtenrückgangs verringert sich allmählich und die Geburtenrate bewegt sich wie die Sterberate auf konstantem Niveau ab der fünften Phase. Wenn die Wachstumsrate sinkt, geht damit nicht unbedingt die Bevölkerungszahl zu

rück. Ein Sinken der Wachstumsrate bedeutet nur, dass die Bevölkerungszahl weniger stark ansteigt.

1 Beschreibe das weltweite Bevölkerungswachstum und erkläre, warum seit Mitte des 20. Jahrhunderts von einer „Bevölkerungsexplosion" gesprochen wird (**M 1**, Karten S. 31).

2 Erläutere die Verteilung der Weltbevölkerung 1950, 2012 und 2050 (**M 2**, Karten S. 31).

3 Wachstumsrate, Geburtenrate und Sterberate: Benenne Merkmale der Begriffe und bringe sie in einen Zusammenhang (**M 3**).

4 Beschreibe das Modell des demographischen Übergangs (**M 3**).

5 Vergleiche die Geburten- und Sterberaten. Entwickle eine Tabelle, die alle fünf Phasen des Modells des demographischen Übergangs und Beispiele für Länder, Ländergruppen und Regionen beinhaltet (**M 4**).

6 Wenn die Wachstumsrate der Bevölkerung sinkt, nimmt die Bevölkerungszahl nicht unbedingt ab. Prüfe die Richtigkeit dieser Aussage und begründe deine Meinung (**M 2–M 4**).

🌐 WEBCODE: UE644339-035

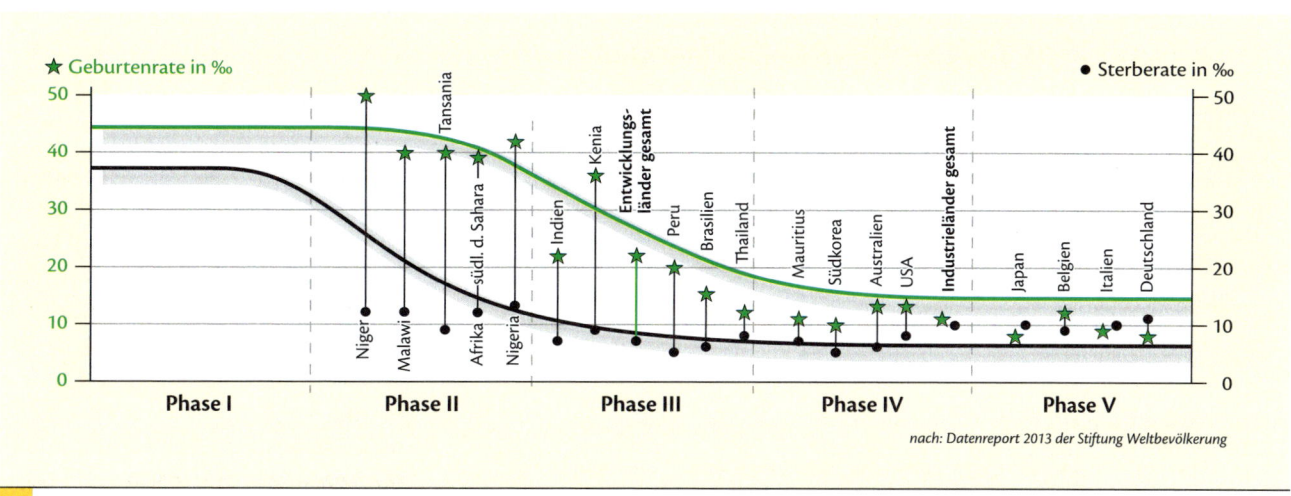

nach: Datenreport 2013 der Stiftung Weltbevölkerung

M 4 *Geburten- und Sterberaten (2012) von Ländern, Ländergruppen und Regionen*

Indien – Bevölkerungswachstum ohne Ende?

M 1 *Weltbevölkerungstag in Neu-Delhi 2002: Wunsch der Regierung – und Wirklichkeit*

check-it _____
- Indiens Bevölkerungswachstum beschreiben
- Ursachen und Auswirkungen des Bevölkerungswachstums erläutern
- Wirkungsgefüge anfertigen
- Diagramme auswerten
- Lösungsansätze zur Verringerung des Bevölkerungswachstums beurteilen

Auf dem Weg zum bevölkerungsreichsten Land

Indien ist nach China das bevölkerungsreichste Land der Erde. Die indische Bevölkerung zählt über 1,26 Milliarden Menschen und wächst jährlich um mehr als 16 Millionen. Damit hat Indien eine absolute Bevölkerungszunahme pro Jahr, mit der es an der ersten Stelle der Welt liegt – noch deutlich vor China mit etwa neun Millionen Menschen jährlich. Täglich kommen etwa 68 000 Kinder zur Welt. Prognosen der UN zufolge wird Indien nach 2025 China als bevölkerungsreichstes Land ablösen.

Laut einer Volkszählung von 2001 lebten noch 743 Millionen Menschen in ländlichen Regionen. Das Bevölkerungswachstum betrifft aber besonders stark die Millionenstädte.

Probleme des Wachstums

Das Bevölkerungswachstum verursacht viele gesellschaftliche und wirtschaftliche Probleme. Hierzu gehören Hunger und Armut der Bevölkerung sowie fehlende Wohnungen, Schulen, Lehrer und Arbeitsplätze. Durch den Zuwachs der Bevölkerung müssten beispielsweise jährlich drei bis vier Millionen Wohnungen gebaut, sieben bis acht Millionen neue Arbeitsplätze eingerichtet und zusätzlich mindestens eine halbe Million Lehrer/-innen ausgebildet werden. Das indische Gesundheitssystem ist unterfinanziert. Es fehlt an Ärzten und Medikamenten.

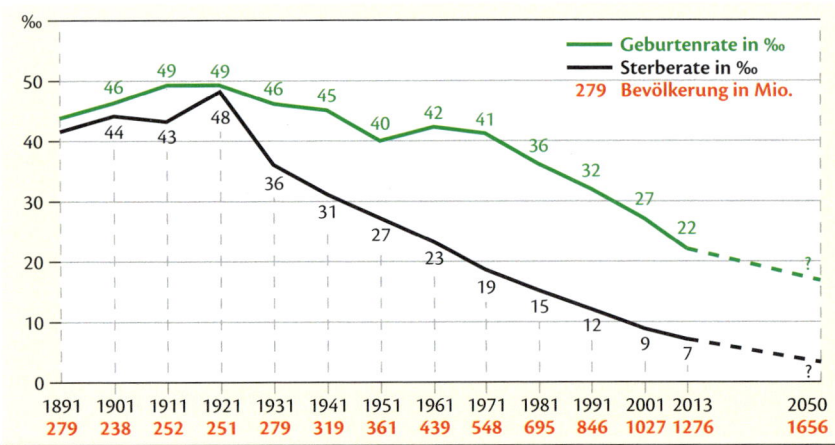

M 2 *Entwicklung der Geburten- und Sterberate in Indien*

	1891	1901	1911	1921	1931	1941	1951	1961	1971	1981	1991	2001	2013	2050
	279	238	252	251	279	319	361	439	548	695	846	1027	1276	1656

Geburtenrate in ‰
Sterberate in ‰
279 Bevölkerung in Mio.

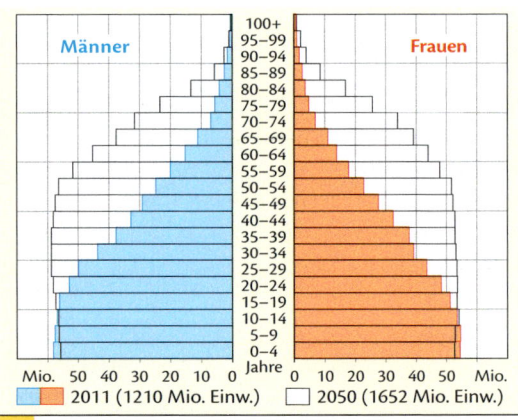

M 3 *Bevölkerungsdiagramme Indiens 2011 und 2050 (Prognose)*

Männer   Frauen
2011 (1210 Mio. Einw.)   2050 (1652 Mio. Einw.)

Ursachen des Wachstums

Das Bevölkerungswachstum ergibt sich vor allem aus der in den letzten Jahrzehnten verringerten Sterberate. Gründe hierfür waren beispielsweise bessere hygienische Verhältnisse, der gezielte Ausbau des Gesundheitswesens sowie die bessere Verteilung von Nahrungsmitteln im Falle von Hungersnöten. So ist in Indien mittlerweile die Lebenserwartung auf 64 Jahre gestiegen, die Mitte des 20. Jahrhunderts nur bei 40 Jahren lag. Die Geburtenrate sinkt im Vergleich zur Sterberate nur allmählich. Dies hängt unter anderem damit zusammen, dass Kinder auf dem Feld oder durch Arbeit in Handwerksbetrieben zum Familieneinkommen beitragen. Für die unteren Einkommensschichten sind Kinder eine Altersvorsorge, denn es gibt keine Rentenversicherung.

Ziel: Zwei-Kind-Familie

1947 brachte eine indische Frau im Durchschnitt sechs Kinder zur Welt. Indien war das erste Land, das sich schon 1952 für eine Politik aussprach, die das Bevölkerungswachstum senken sollte, unter anderem durch die Einführung von Verhütungsmitteln. Allerdings erreicht das staatliche Familienprogramm kaum die ländlichen Regionen. Seit dem Jahr 2000 gibt es eine Familienpolitik, die die Zwei-Kind-Familie durchsetzen soll. Dabei sind regionale Unterschiede zu berücksichtigen. In einigen Bundesstaaten im Süden des Landes wie Kerala oder Tamil Nadu werden im Durchschnitt weniger als zwei Kinder pro Frau geboren. In nördlichen Bundesstaaten wie Bihar oder Uttar Pradesh sind hingegen nach wie vor mehr als vier Kinder pro Frau zu verzeichnen.

Einen wichtigen Faktor bei der Familienplanung stellt die Bildung der Frauen und damit die Verbesserung ihres wirtschaftlichen sowie gesellschaftlichen Status dar. Durch Aufklärung können ungewollte Schwangerschaften verhindert werden. Zudem können Frauen durch eine gute Bildung qualifizierte Berufe ausüben, sodass sie eine größere Unabhängigkeit erlangen.

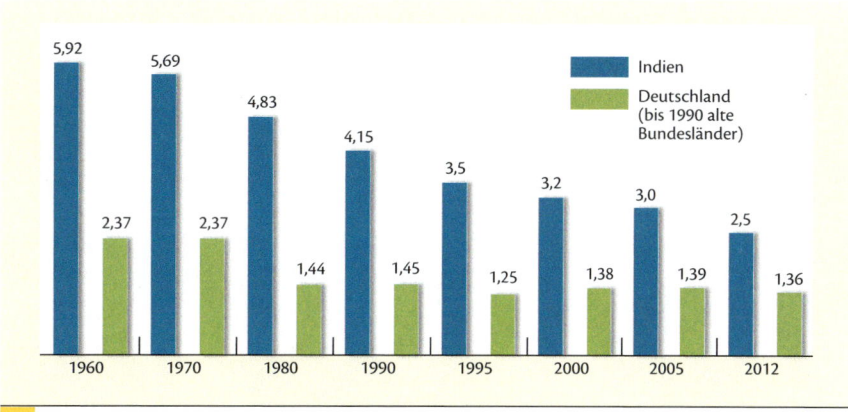

M 4 *Durchschnittliche Kinderzahl pro Frau*

Mädchen unerwünscht

Da die Töchter bei der Verheiratung grundsätzlich zur Familie des Mannes ziehen, sind Söhne für die Vorsorge notwendig. Sie werden aber auch für rituelle Handlungen bei der Bestattung der Eltern benötigt. Zudem ist die Verheiratung einer Tochter kostspielig, denn die Mitgift in Form von Geschenken für die Eltern des Bräutigams erreicht oft die Größenordnung eines Jahreseinkommens einer Familie. Die weibliche Diskriminierung führt so weit, dass trotz gesetzlichen Verbots weibliche Föten abgetrieben werden – in den letzten 20 Jahren etwa 10 Millionen.

1　Beschreibe das Bevölkerungswachstum in Indien seit 1901. Ermittle hierzu auch die Wachstumsrate und charakterisiere deren Verlauf (**M 2**).

2　Fertige ein Wirkungsgefüge über die Ursachen und Auswirkungen des Bevölkerungswachstums in Indien an (S. 22/23).

3　Erläutere die zukünftige Bevölkerungsentwicklung Indiens (**M 2**, **M 3**).

4　Beurteile die Erfolgsaussichten der Programme zur Familienplanung in Indien (**M 1**, **M 3** bis **M 5**).

WEBCODE: UE644339-037

M 5 *Indische Hochzeit*

Die Ein-Kind-Politik in China und ihre Folgen

M 1 *Chinesische Kindergruppe*

ab 1962:
erste staatliche Geburtenplanung mit folgenden Empfehlungen: späte Eheschließung, Zwei-Kind-Familie, größere Abstände zwischen Geburten.
ab 1979 bis vor wenigen Jahren:
konsequente Ein-Kind-Politik, die insbesondere bis 1983 mit massiven Übergriffen und Gewaltakten wie Zwangsabtreibungen und Zwangssterilisationen verbunden war; „Überzeugungsargumente" stellten Strafzahlungen in Form von Lohneinbehalten oder Geldstrafen dar, beispielsweise drei Jahresgehälter für die Geburt eines zweiten Kindes; innerhalb der Dorfkollektive wurden während der 1980er- und 1990er-Jahre Geburtenpläne erstellt, die den einzelnen Frauen und Ehepaaren bestimmte Zeiträume für die Geburt zuwiesen.
Ausnahmeregelungen (betrifft heute etwa zwei Drittel der Bevölkerung):
für nationale Minderheiten; seit 1984 auf dem Land: zweites Kind ist erlaubt, wenn das erste Kind ein Mädchen ist; seit 2004 in einigen Städten: Eltern, die beide aus Ein-Kind-Familien stammen und somit keine Geschwister haben, dürfen zwei Kinder bekommen, ohne dafür bestraft zu werden.

(Meyers Atlas China. Auf dem Weg zur Weltmacht. S. 74, Mannheim 2010, verändert)

M 2 *Bevölkerungspolitik in China*

check-it
— Maßnahmen, Ursachen und Folgen der Ein-Kind-Politik in China erläutern
— Ursachen und Folgen des Frauenmangels erörtern
— Fließdiagramm erstellen
— bevölkerungspolitische Maßnahmen beurteilen

Ursache der Bevölkerungspolitik

Ein unkontrolliertes Bevölkerungswachstum kann die wirtschaftliche Leistungskraft eines Landes übersteigen und dadurch zu Hungersnöten führen. Dies war in der chinesischen Vergangenheit immer wieder geschehen. Als die Kommunistische Partei 1949 in der Volksrepublik China die Herrschaft übernahm, ging sie zunächst davon aus, dass sie derartige Probleme bewältigen könnte. Zunächst stieg die Geburtenrate noch an. Die erste Phase der Geburtenkontrolle blieb wenig wirkungsvoll und erreichte nicht die ländlichen Regionen. In den 1970er-Jahren bekam eine chinesische Frau im Schnitt sechs Kinder.
Daher wurde 1979 das Ein-Kind-Gesetz als eine Maßnahme zur konsequenten **Bevölkerungspolitik** erlassen. Durch die Ein-Kind-Politik wächst die chinesische Bevölkerung erheblich langsamer. Die Zahl der Kinder pro Frau liegt heute bei 1,5 Kindern.

Mehr Jungen, weniger Mädchen

Die Ein-Kind-Politik hat jedoch ernste gesellschaftliche Probleme zur Folge. Das Geschlechterverhältnis zum Zeitpunkt der Geburt ist beim Menschen nicht ausgewogen. Im Weltdurchschnitt werden im Verhältnis 105 Jungen zu 100 Mädchen geboren. Mit dem Alter verändert sich das Verhältnis von einem Männerüberschuss zu einem Frauenüberschuss.
Das Geschlechterverhältnis kann manipuliert werden. Früher war es in China eine Schande, keinen männlichen Erstgeborenen zu haben. Daher wurden neugeborene Mädchen umgebracht, bis es männlichen Nachwuchs gab. In der Volksrepublik China wurde scharf dagegen angegangen.
Moderne medizinische Methoden der Geschlechtsbestimmung verführen zu Abtreibungen eines unerwünschten Geschlechts. Am einfachsten ist eine Ultraschalluntersuchung, die eine Geschlechtsbestimmung ab der 13. Schwangerschaftswoche ermöglicht.
In China verbieten verschiedene Gesetze aus den 1990er-Jahren, Mädchen abzutreiben, schlecht zu behandeln oder zu diskriminieren. Abtreibungen werden durch Bestechlichkeit dennoch vorgenommen. Zudem ist die Mädchen- und Frauensterblichkeit übermäßig hoch. In 15 Jahren werden bis zu 40 Millionen heiratsfähige Männer möglicherweise keine Ehefrau finden.

Zahl der männlichen Neugeborenen pro 100 weibliche Neugeborene	
19. Jahrhundert	130–150
1910	121,6
1932–1939	112,2
1950	107,5
1970	106,9
1980	106,6
1990	106,7
2000	107,5
2012	117,0

M 3 *Geschlechterverhältnis der Neugeborenen in China*

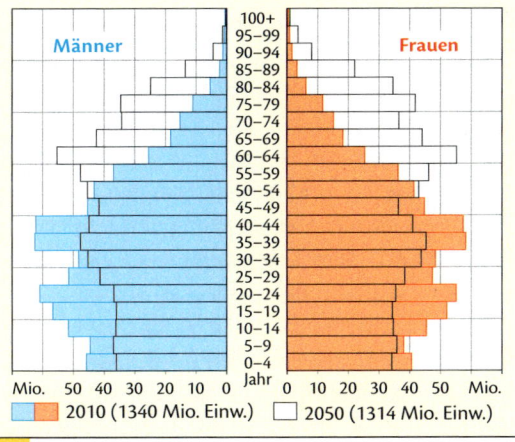

M 4 *Bevölkerungsdiagramme Chinas 2010 und 2050 (Prognose)*

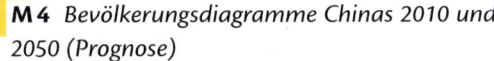

M 5 *Säuglingssterblichkeitsrate nach Geschlecht*

Mehr Alte, weniger Junge

Eines der größten zukünftigen Probleme Chinas ist die Gefahr einer Überalterung. Schon 1999 überschritt China die Schwelle zur alternden Gesellschaft. Diese ist laut UN-Definition erreicht, wenn der Anteil der über 60-Jährigen zehn Prozent übersteigt. Staatlichen Prognosen zufolge wird er 2050 auf 31 Prozent angestiegen sein. Die Versorgung der Alten wird dann zum größten gesellschaftlichen Problem werden. Der Anteil der Bevölkerung im erwerbsfähigen Alter geht zurück. Besonders betroffen sind die ländlichen Gebiete.

Die chinesische Regierung rückt deshalb von ihrer alten Bevölkerungspolitik ab. Schon 2007 verkündete der Minister für Bevölkerungsentwicklung und Geburtenplanung, dass China keine Ein-Kind-Politik mehr verfolgt. Seit 2010 wird Frauen über 35 Jahren ein zweites Kind erlaubt.

1 Benenne Maßnahmen der Ein-Kind-Politik Chinas (**M 1**).

2 Stelle die Ursachen und Auswirkungen der chinesischen Bevölkerungspolitik in einem Fließdiagramm dar (**M 2**, **M 3**, 🧩).

3 Vergleiche den Aufbau der Bevölkerung Chinas heute und 2050 (**M 4**).

4 Erläutere die Folgen, die sich aus dem Missverhältnis der Geschlechter in China ergeben (**M 3** bis **M 7**).

5 Beurteile die Maßnahmen der Bevölkerungspolitik in China (**M 1**–**M 6**).

[...] Die Provinz Jiangxi ist trauriger Spitzenreiter eines Negativrekords in China: [...] Auf 100 Mädchen werden 138 Jungen geboren, so hat die letzte Volkszählung ergeben. Dafür gibt es keine biologische Erklärung. Schuld ist die traditionelle Vorstellung, dass das Glück einer Familie vom männlichen Stammhalter abhängt. „Bei uns auf dem Land will fast jeder einen Jungen", sagt Bäuerin Xiao Hailan, „denn nur der kann den Familiennamen fortsetzen. Jungen sind kräftiger, besser geeignet für die schwere Arbeit auf dem Ackerboden. Ein Mädchen heiratet und geht weg. Schon deshalb können sich die Eltern im Alter nur auf die Söhne verlassen. Jedenfalls denken so die meisten Leute." [...] Trommeln kündigen den Besuch der Familienplanungsbeamten an. [...] „Für Mädchen sorgen" heißt ihre Kampagne. [...]

„Unsere Arbeit besteht darin, die Familien bei der Geburtenplanung zu beraten", doziert Xing Xuelin, Leiter der Kadertruppe. „Und über die staatliche Politik zur Unterstützung der Bauern aufzuklären. Familien mit Töchtern bekommen im Alter vom Staat eine zusätzliche Rente in Höhe von 120 Euro jährlich. Das hat vielen Bauern die Sorge um die Altersversorgung genommen." [...] Mädchen werden in Jiangxi seit neuestem vom Staat krankenversichert, für arme Familien ist sogar der Schulbesuch kostenlos. Und: Schwiegersöhne lockt man mit Geld, zur Familie der Frau zu ziehen. [...]

(Eva Corell: Propaganda gegen Jungen-Überschuss. Geburtenkontrolle in Chinas Provinz. Deutschlandradio vom 18.2.2006, gekürzt)

M 6 *Mädchen sind auch gut*

In China wird sich das Ungleichgewicht auf dem Heiratsmarkt ab 2010 verschärfen, um 2030 wird der Männerüberschuss wohl 20 Prozent erreichen. Dann könnten jedes Jahr 1,6 Millionen Männer unfreiwillig ledig bleiben. [...] Die heiratswilligen Männer werden sich zunächst immer jüngeren Frauen zuwenden und anschließend auf zwei Gruppen konzentrieren [...]: zum einen die Witwen [...], zum anderen auf die weit größere Gruppe der Geschiedenen. [...] Um den insbesondere in China wachsenden Frauenbedarf zu decken, organisieren sich transnationale Netze. Zum

Beispiel wandern immer mehr vietnamesische Frauen zur Heirat nach China aus. Gerade in den südchinesischen Provinzen herrscht akuter Frauenmangel. Außerdem sind die Heiratskosten [...] drastisch gestiegen. Für ärmere chinesische Familien ist es daher oft billiger, für den Sohn eine Frau aus dem Ausland zu kaufen, um die Mitgift zu sparen [bei den Chinesen ist es der Bräutigam, von dem die Braut eine Mitgift erhält].

(Isabelle Attané: Welt ohne Frauen. Le Monde diplomatique vom 7.7.2006, gekürzt, Übersetzer: Bodo Schulze, taz)

M 7 *In China boomt der Frauenhandel*

Wir werten Bevölkerungsdiagramme aus

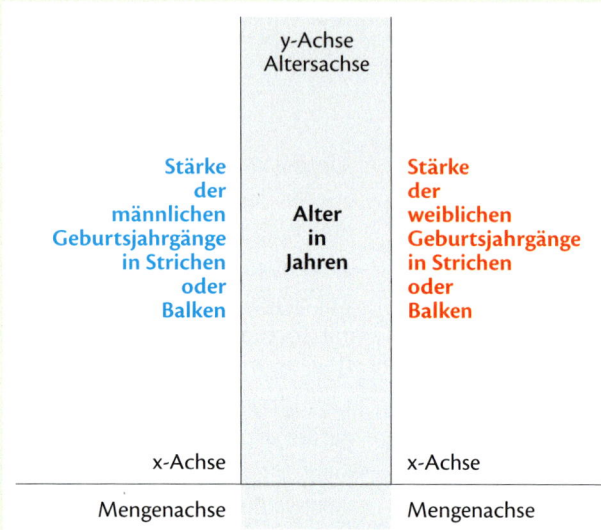

M 1 *Aufbau eines Bevölkerungsdiagramms*

Altersstruktur der Bevölkerung

Geburt und Tod sowie Zu- und Abwanderungen beeinflussen die Alters- und Geschlechterverteilung. Die Gliederung einer Bevölkerung nach dem Lebensalter wird als „Altersstruktur" oder „Altersaufbau" bezeichnet.

Die anschaulichste Darstellung hierfür ist das sogenannte **Bevölkerungsdiagramm.** Dabei werden auf der y-Achse das Alter in der Regel in Fünfjahresklassen, auf der x-Achse die Bevölkerungsbestände von Männern (linke Seite) und Frauen (rechte Seite) dargestellt. Die Bestände werden entweder in absoluten Zahlen oder zum Zweck der besseren Vergleichbarkeit in relativen Zahlen (Prozentanteilen an der Gesamtbevölkerung) angegeben.

Aussagekraft von Bevölkerungsdiagrammen

Der Altersaufbau, die Verteilung der Geschlechter und damit die Form des Bevölkerungsdiagramms spiegelt die Bevölkerungsgeschichte mehrerer Jahrzehnte wider. Geburtenrückgänge und -wachstum, aber auch Auswirkungen von Kriegen, Hungersnöten oder Wanderungsgewinne oder -verluste können aus Bevölkerungsdiagrammen abgelesen werden. Darüber hinaus ermöglicht diese Darstellungsform Voraussagen, ob und warum eine Bevölkerung zukünftig wachsen, sich nicht verändern oder schrumpfen wird.

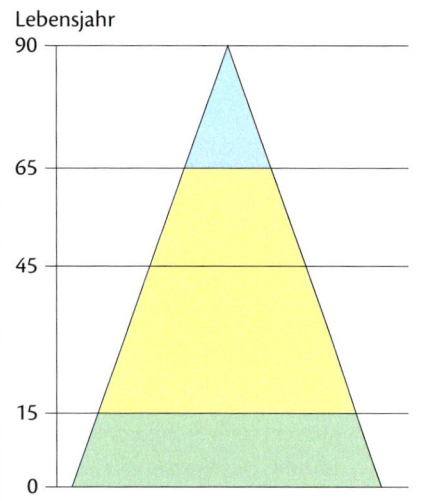

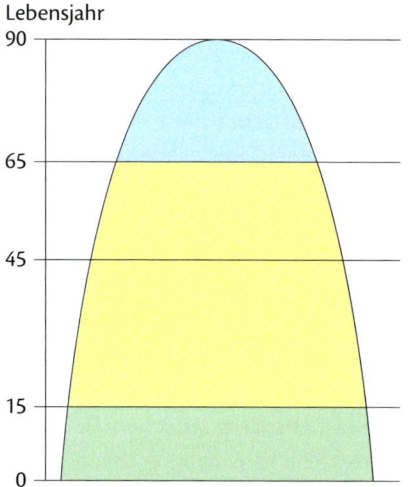

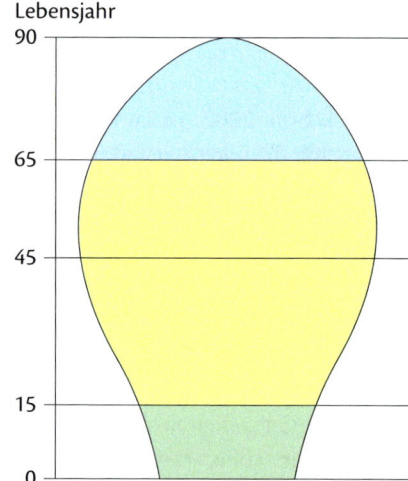

Die **Pyramidenform** kennzeichnet eine wachsende Bevölkerung. Von Jahr zu Jahr steigt der Bestand der Neugeborenen. Aber die Sterblichkeit setzt so früh ein, dass die Bevölkerung nur gering wächst. Die Lebenserwartung ist relativ gering. Diese Form ist typisch für viele Entwicklungsländer.

Bei der **Glockenform** (auch „Bienenkorbform") wird Jahr für Jahr etwa die gleiche Zahl von Kindern geboren. Die Sterblichkeit nimmt erst in den höheren Altersklassen deutlich zu, das heißt, die Lebenserwartung steigt an. Die Bevölkerungszahl insgesamt bleibt konstant oder sie wächst nur langsam.

Die **Zwiebelform** („Urnenform") ergibt sich, wenn jeder neugeborene Jahrgang kleiner als der vorhergehende ist. Folge: Die Bevölkerung schrumpft. Die Lebenserwartung ist hoch. Diese Form ist typisch für Industrieländer. Da der Anteil der über 65-Jährigen zunimmt, spricht man von „Überalterung".

M 2 *Grundformen der Bevölkerungsdiagramme*

Checkliste zum Auswerten von Bevölkerungsdiagrammen

1. Beschreibe die Darstellungsform. Beachte dabei:
- Raum und Zeitangabe,
- Angabe der Bevölkerungszahlen (absolute Zahlen in Tausend oder Millionen, relative Zahlen in Prozent),
- Einteilung der Altersstufen.

2. Entnimm und vergleiche Informationen zur Altersstruktur der Bevölkerung. Erfasse zum Beispiel:
- die Geburtzahl von Jungen und Mädchen,
- den Anteil der unter 20-Jährigen,
- den Anteil der Männer und Frauen im erwerbsfähigen Alter zwischen 20 und 65 Jahren,
- den Anteil der über 65-Jährigen,
- Unterschiede zwischen den Geschlechtern,
- Unterschiede zwischen den Altersgruppen.

3. Bestimme die Grundform und ermittle Besonderheiten des Bevölkerungsdiagramms. Zum Beispiel:
- größere Ungleichheiten in der Anzahl zwischen Männern und Frauen in bestimmten Altersgruppen,
- Einschnitte (Geburtenrückgänge bzw. -ausfälle),
- Ausbuchtungen (starke Geburtenzunahme).

4. Erkläre die Altersstruktur der Bevölkerung. Beschaffe dir dazu zusätzliche Informationen aus Geschichte, Politik und Geographie.

5. Erläutere Folgen und Probleme, die sich aus der Altersstruktur der Bevölkerung ergeben.

Erläuterung des Beispiels Deutschland 2050

1. Das Bevölkerungsdiagramm stellt die Prognose für 2050 dar. Die Bevölkerungszahlen sind auf der Mengenachse in Millionen Personen angegeben, die Einteilungen in Altersstufen im Abstand von fünf Jahren.

2. Die Geburtzahl von Jungen beträgt 257 000, die von Mädchen 244 000. Die Altersgruppe der unter 20-Jährigen beläuft sich auf 10,7 Millionen Personen, die Gruppe der 20- bis unter 65-Jährigen umfasst 35,7 Millionen und die Gruppe der über 65-Jährigen 23 Millionen.

3. Das Bevölkerungsdiagramm ähnelt der Zwiebelform. In der Altersgruppe bis 55 Jahre herrscht Männerüberschuss vor, bei den 65- bis 100-Jährigen Frauenüberschuss.

4. Einem schmalen Sockel mit schwachen jungen Jahrgängen steht ein hoher Anteil der über 65-Jährigen gegenüber. Angenommen wird eine Geburtenhäufigkeit von 1,4 Kindern pro Frau. Die Lebenserwartung ist hoch. Aber es fehlen die Menschen, die Kinder haben könnten.

5. Die Erwerbstätigen sind großen Belastungen ausgesetzt. Sie müssen für die jüngere und die ältere Bevölkerung sorgen. Auf drei Beschäftigte kommen zwei Rentner. Die Überalterung der Gesellschaft erfordert eine Abkehr von der herkömmlichen Lebensgestaltung. ▍

 WEBCODE: UE644339-041

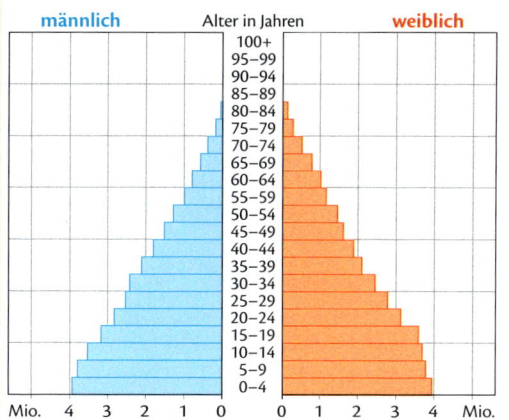

M 3 *Altersaufbau in Deutschland 1910*

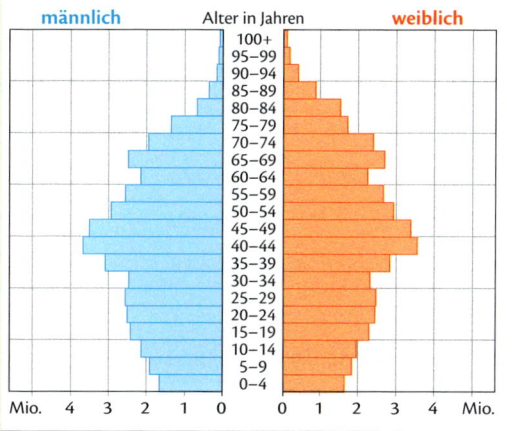

M 4 *Altersaufbau in Deutschland 2010*

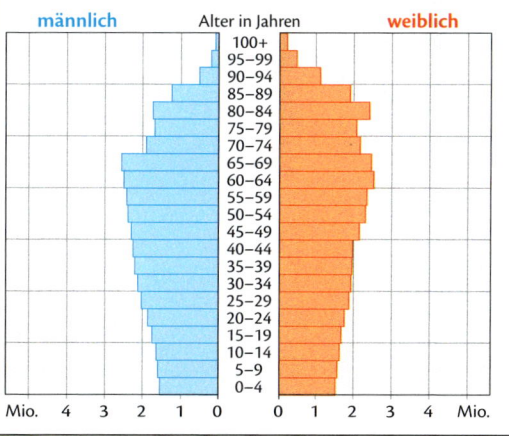

M 5 *Altersaufbau in Deutschland 2050*

1 Beschreibe den Aufbau eines Bevölkerungsdiagramms (M 1, M 2).

2 Ordne die Bevölkerungsdiagramme Deutschlands den Grundformen zu (M 2–M 5).

3 Werte das Bevölkerungsdiagramm Deutschland 2010 aus. Nutze dazu die Checkliste (M 4).

4 Vergleiche den Aufbau der Bevölkerungsdiagramme von Deutschland 2010 und 2050. Erläutere Veränderungen und dadurch bedingte Probleme (M 4, M 5).

Bevölkerung Deutschlands – weniger, älter und internationaler

check-it
- Herkunft von Ausländern verorten
- natürliche Bevölkerungsentwicklung erläutern
- regionale Unterschiede im Bevölkerungswachstum benennen
- Migration in Deutschland charakterisieren
- Auswirkungen der Bevölkerungsentwicklung erörtern
- thematische Karte gestalten

Jahr	Einwohner in Mio.	Einwohner je km²
1960	73,1	204
1970	78,1	219
1980	78,4	220
1990	79,7	223
2000	82,3	230
2010	81,7	229
2012	80,5	225

M 1 *Entwicklung der Einwohnerzahl und Bevölkerungsdichte*

Immer weniger Geburten

Die **natürliche Bevölkerungsentwicklung** wird durch die Anzahl der Geburten und der Sterbefälle bestimmt. Ist die Anzahl der Geburten größer als die Anzahl der Sterbefälle, dann wächst die Bevölkerungszahl. Im umgekehrten Fall sinkt die Bevölkerungszahl.

In Deutschland werden seit 40 Jahren weniger Kinder geboren, als für ein natürliches Wachstum der Bevölkerung notwendig ist. Die durchschnittliche Geburtenzahl je Frau lag 2012 bei 1,4 Kindern. Diese Zahl gehört zu den niedrigsten weltweit. Die wachsende Einwohnerzahl bis 2003 ist demnach nur durch Zuwanderung aus dem Ausland zu erklären.

Besonders dramatisch ist das auch für die kommenden Jahrzehnte vorausgesagte negative Wachstum der Bevölkerung in Deutschland, denn es fehlt durch die niedrigen Geburten seit Anfang der 70er-Jahre des 20. Jahrhunderts heute schon mehr als eine ganze Generation möglicher Eltern. Diese Entwicklung wird sich fortsetzen und zu Bevölkerungsverlusten in vielen Regionen führen.

Migration – Deutschland wird internationaler

Die **räumliche Bevölkerungsentwicklung** wird durch die Zu- und Fortzüge in und aus einem Land bestimmt, aber auch durch **Binnenmigration,** zum Beispiel zwischen den Bundesländern oder zwischen Stadt und Land.

Bereits in den 60er-Jahren des 20. Jahrhunderts begann der Zustrom ausländischer Arbeitskräfte nach Deutschland. Auch in der Zukunft wird es nicht möglich sein, den Arbeitskräftebedarf in Deutschland ohne die Zuwanderung ausländischer Fachkräfte zu decken.

Immer mehr ältere Menschen

Die anhaltend niedrige Geburtenzahl und die beständig steigende Lebenserwartung führen zu einer drastischen

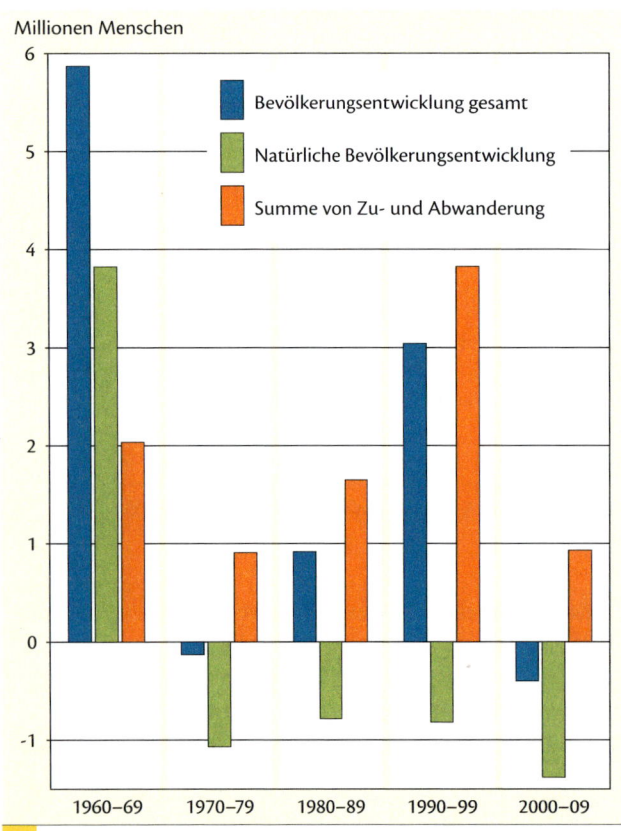

M 2 *Ursachen der Bevölkerungsentwicklung in Deutschland*

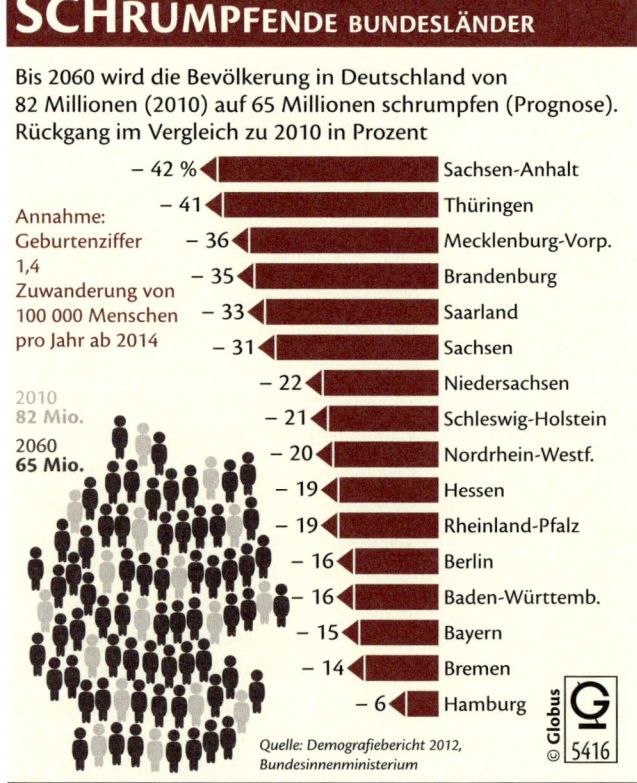

M 3 *Regionale Unterschiede in der natürlichen Bevölkerungsentwicklung*

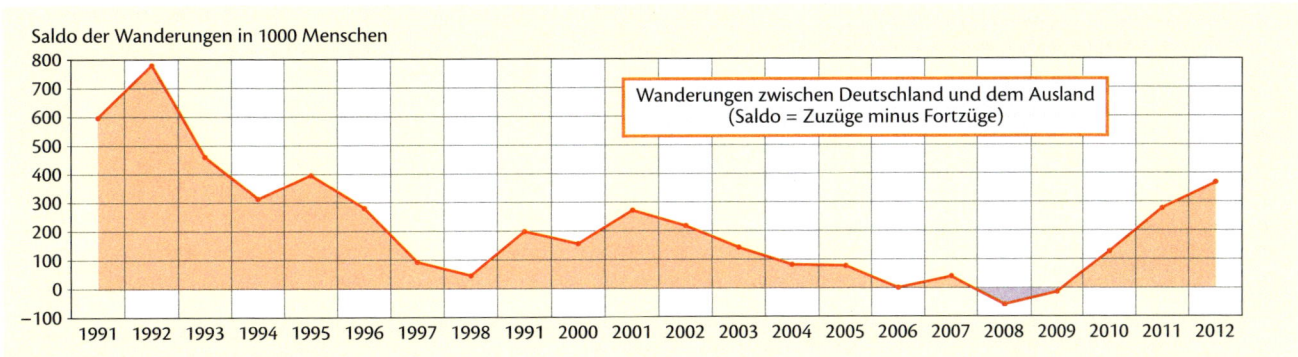

Saldo der Wanderungen in 1000 Menschen

Wanderungen zwischen Deutschland und dem Ausland
(Saldo = Zuzüge minus Fortzüge)

M 4 *Zuwanderung und Abwanderung*

Jahr	Anzahl in Millionen
1970	2,74
1980	4,57
1990	5,58
2000	7,27
2010	7,20
2011	7,26

M 5 *Anzahl der in Deutschland lebenden Ausländer*

Veränderung des Verhältnisses zwischen jüngerer und älterer Generation. Der Anteil der unter 20-jährigen an der Bevölkerung reduzierte sich zwischen 1960 und 2010 von 28 auf 18 Prozent. Parallel stieg der Anteil der Personen, die 60 Jahre und älter waren, von 17 auf 26 Prozent.

Im Jahr 2030 werden nach Schätzungen 36 % der Deutschen älter als 60 Jahre alt sein. Den Unternehmen in Deutschland werden dann etwa 6,3 Millionen weniger Erwerbsfähige im Alter zwischen 20 und 64 Jahre zur Verfügung stehen als 2010. Um Auswirkungen auf das wirtschaftliche Wachstum und die sozialen Sicherungssysteme wie Renten- und Krankenversicherung abzufedern bzw. zu mildern, sind langfristige Maßnahmen erforderlich. Diskutiert wird in diesem Zusammenhang eine längere Lebensarbeitszeit sowie die Beschäftigungsmöglichkeiten für Frauen, Ältere und Geringqualifizierte zu verbessern.

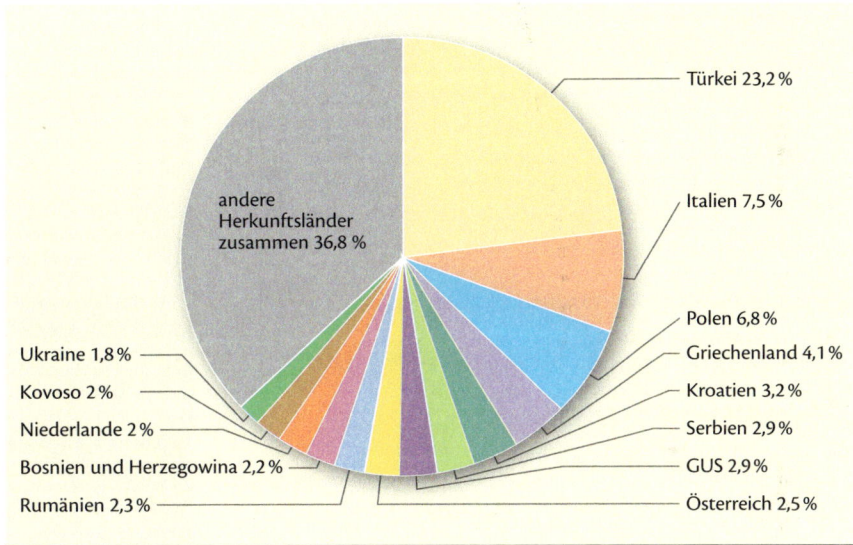

andere Herkunftsländer zusammen 36,8 %

Türkei 23,2 %
Italien 7,5 %
Polen 6,8 %
Griechenland 4,1 %
Kroatien 3,2 %
Serbien 2,9 %
GUS 2,9 %
Österreich 2,5 %

Ukraine 1,8 %
Kovoso 2 %
Niederlande 2 %
Bosnien und Herzegowina 2,2 %
Rumänien 2,3 %

M 6 *Herkunftsländer der in Deutschland lebenden Ausländer 2011*

Die Bereiche Gesundheit, Pflege, Versorgung mit Lebensmitteln, Mobilität, Wohnen und andere stehen vor völlig neuen, bisher unbekannten Herausforderungen. ▮

1 Erkläre die Begriffe „natürliche Bevölkerungsentwicklung" und „räumliche Bevölkerungsentwicklung".

2 Erläutere, wie sich die Ursachen für das Bevölkerungswachstum seit 1960 verändert haben (**M 1, M 2** bis **M 5** und S. 41 **M 3** bis **M 5**).

3 Vergleiche die Einwohnerentwicklung in Deutschland und in den Bundesländern. Benenne regionale Unterschiede (**M 1** und **M 3**).

4 Erörtere Auswirkungen der Bevölkerungsentwicklung für Deutschland (**M 1** bis **M 3**, S. 41 **M 3** bis **M 5**).

5 Charakterisiere die Migration in Deutschland.

6 Ordne die Herkunftsländer der ausländischen Bevölkerung in Deutschland Kontinenten zu. Fertige eine Karte an zum Thema: Ausländer aus EU-Mitgliedsstaaten in Deutschland (**M 6,** Karten S. 202/203).

7 Diskutiert, was unternommen werden kann, damit in Deutschland wieder mehr Kinder geboren werden.

WEBCODE: UE644339-043

„Alte" und „junge" Welt

Eden lebt in Äthiopien. Sie hat sechs Geschwister.

- Eden bricht die Schule ab, als sie 8 Jahre alt ist.
- Sie muss Wasser holen, Brennholz suchen und sich um ihre jüngeren Geschwister kümmern.
- Eden ist 11 Jahre alt, als ihr Vater an AIDS stirbt.
- Mit 16 Jahren heiratet Eden einen Mann, den ihre Mutter für sie ausgesucht hat. Sie bekommt ihr erstes Kind. Über Familienplanung weiß sie kaum etwas.
- Mit 19 Jahren hat Eden schon zwei Kinder.
- Bei ihrer fünften Schwangerschaft ist Eden 29 Jahre alt. Es treten schwere Komplikationen auf. Ihr Baby stirbt bei der Geburt.
- Nach der Geburt ihres sechsten Kindes erfährt Eden mit 35 Jahren von ihrer Hebamme, wo sie kostenlos Verhütungsmittel erhalten kann. Sie bekommt keine weiteren Kinder mehr.
- Mit 38 Jahren hat Eden bereits vier Enkel.
- Eden stirbt mit 46 Jahren.

Julia lebt in Deutschland. Sie hat einen älteren Bruder.

- Mit 8 Jahren geht Julia in die dritte Klasse. Nachmittags spielt sie mit ihren Freundinnen. Zweimal die Woche geht sie zum Ballettunterricht.
- Julia ist 11 Jahre alt. Sie hat zum ersten Mal Sexualaufklärung im Unterricht.
- Mit 16 Jahren geht Julia noch zur Schule. Sie hat ihren ersten Freund. Julia weiß, wie sie eine Schwangerschaft verhüten und sich vor AIDS schützen kann.
- Nach der Schule beginnt Julia mit 19 Jahren zu studieren. Sie zieht in eine andere Stadt.
- Julia ist 29 Jahre alt, als sie heiratet. Ihr Studium hat sie vor drei Jahren beendet. Seither ist sie berufstätig.
- Mit 35 Jahren bekommt Julia ihr zweites Kind.
- Als ihr Jüngster in den Kindergarten kommt, beginnt Julia mit 38 Jahren wieder, halbtags zu arbeiten.
- Mit 46 Jahren steigt Julia wieder Vollzeit in ihren Beruf ein.
- Sie wird Großmutter, als sie 62 Jahre alt ist.
- Julia stirbt mit 81 Jahren.

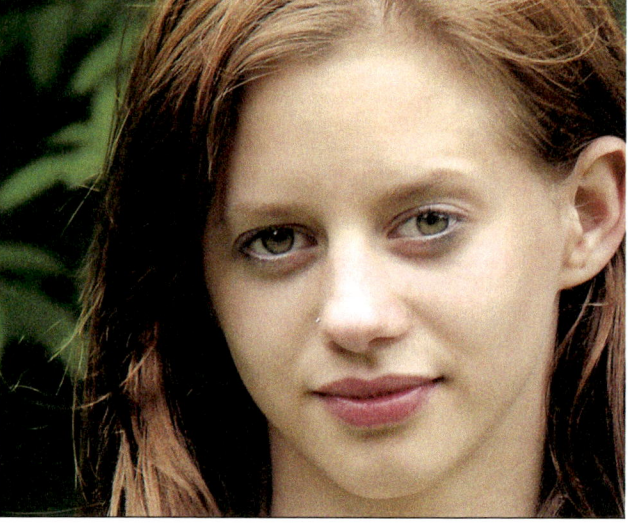

M 1 *Mögliche Lebensläufe in der jungen und der alten Welt*

---

check-it
- Lebensläufe zweier Mädchen vergleichen und Unterschiede erklären
- Verteilung der Weltbevölkerung nach Altersgruppen erläutern
- Probleme einer alternden bzw. jungen Gesellschaft erörtern

„Alte" Welt

Die Weltbevölkerung wird bald mehr alte als junge Menschen zählen. Jeder zehnte Bewohner der Erde ist heute 60 Jahre alt – und älter. Im Jahre 2050 wird es bereits jeder fünfte Mensch sein. In den Industrieländern wird der Anteil sogar ein Drittel betragen.

Die Gründe für die rückläufigen Kinderzahlen sind vielfältig. Der Wunsch nach einem gehobenen Lebensstandard sowie nach Selbstverwirklichung und Unabhängigkeit der Frauen zählen hierzu. Vor allem viele sehr gut ausgebildete Frauen bleiben kinderlos. Um diesem Trend entgegenzuwirken, werden unterschiedliche Maßnahmen ergriffen, z. B. die Erhöhung des Kindergeldes oder die Verbesserung der Kinderbetreuung. Da die Altersversorgung in den Industrieländern weitgehend staatlich geregelt ist, sind Kinder dafür nicht notwendig. Die Alterung der Bevölkerung und die rückläufigen Geburtenzahlen haben jedoch zur Folge, dass immer mehr Menschen im Rentenalter versorgt werden müssen. Der **demographische Wandel** hat zudem räumliche Auswirkungen. Durch die sinkenden Einwohnerzahlen in bestimmten Städten und Gemeinden gehen die Nutzerzahlen von öffentlichen Einrichtungen zurück – bei gleichbleibend hohen Kosten. Es kommt daher zu Schließungen von Kindergärten, Schulen oder von Einrichtungen der Verwaltung, der Versorgung und für die Freizeit.

„Junge" Welt

Das Bevölkerungswachstum der Zukunft findet fast ausschließlich in den

Entwicklungsländern statt. Am höchsten wird es auch zukünftig in den 49 ärmsten Ländern der Welt sein.

In den Entwicklungsländern führt das starke Bevölkerungswachstum zu anderen Problemen als in den Industrieländern. Hier mangelt es an Schulen, Ausbildungs- und Arbeitsplätzen, und es wird schwieriger, die Bevölkerung ausreichend mit Nahrungsmitteln zu versorgen.

AIDS und Lebenserwartung

In vielen Entwicklungsländern wirkt sich die Immunschwächekrankheit **AIDS** stark auf die Lebenserwartung aus, obwohl die Zahl der AIDS-Patienten, die eine Therapie erhalten, deutlich gestiegen ist. Im südlichen Afrika, der am stärksten von HIV/AIDS betroffenen Region, ist die Lebenserwartung seit Anfang der 1990er-Jahre um 9 Jahre gesunken.

AIDS betrifft vor allem Erwachsene im erwerbsfähigen Alter, die aufgrund der Krankheit nicht mehr in der Lage sind, zu arbeiten und ihre Familie zu versorgen. In Schulen, in der Industrie und in den öffentlichen Einrichtungen fallen Arbeitskräfte aus, sodass die Wirtschaft gleichsam lahmgelegt wird. ▎

Auf jeweils eine Person über 65 Jahre kommen so viele Personen im arbeitsfähigen Alter (15–64 Jahre)

	2010	Land	2050	
6		Irland		2,6
6		Zypern		2,3
5,6		Slowakei		1,9
5,2		Polen		1,8
4,7		Rumänien		1,8
4,7		Slowenien		2
4,6		Litauen		2
4,6		Tschechien		2
4,5		Griechenland		2,3
4,3		Niederlande		2,1
4		Bulgarien		1,8
4		Dänemark		2,4
4		Spanien		1,8
4		Ungarn		2
4		Großbritannien		2,5
3,9		Frankreich		2,2
3,9		Finnland		2,2
3,8		EU-27		2
3,8		Belgien		2,3
3,8		Lettland		1,7
3,8		Österreich		2,1
3,7		Portugal		1,8
3,6		Schweden		2,3
3,2		Deutschland		1,7
3,2		Italien		1,8
3		Luxemburg		2
3		Malta		2

Quelle: EU-Kommission, The 2012 Ageing Report

© Globus 2971

M 2 *Alterung der Gesellschaften in den Ländern der Europäischen Union*

1 Vergleiche die Lebensabläufe. Benenne dabei Entscheidungen, Verantwortungen und mögliche Probleme von Eden und Julia (**M 1**).

 Erkläre die Unterschiede in den beiden Welten (**M 1, M 2**).

3 Vergleiche und erläutere die Verteilung der Altersgruppen auf den Kontinenten (**M 3**).

4 Erörtere die Probleme einer alternden bzw. jungen Gesellschaft (**M 1** bis **M 3**).

WEBCODE: UE644339-045

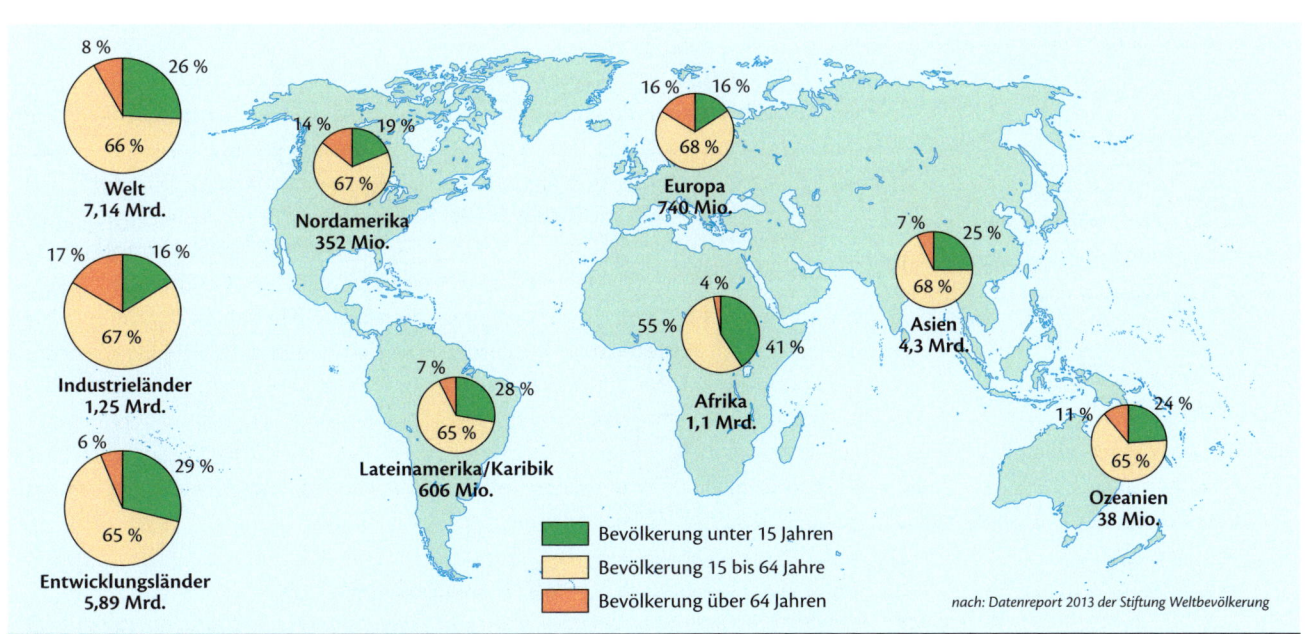

Welt 7,14 Mrd. — 26 %, 8 %, 66 %

Nordamerika 352 Mio. — 19 %, 14 %, 67 %

Europa 740 Mio. — 16 %, 16 %, 68 %

Asien 4,3 Mrd. — 25 %, 7 %, 68 %

Afrika 1,1 Mrd. — 41 %, 4 %, 55 %

Lateinamerika/Karibik 606 Mio. — 28 %, 7 %, 65 %

Ozeanien 38 Mio. — 24 %, 11 %, 65 %

Industrieländer 1,25 Mrd. — 16 %, 17 %, 67 %

Entwicklungsländer 5,89 Mrd. — 29 %, 6 %, 65 %

■ Bevölkerung unter 15 Jahren
□ Bevölkerung 15 bis 64 Jahre
■ Bevölkerung über 64 Jahren

nach: Datenreport 2013 der Stiftung Weltbevölkerung

M 3 *Bevölkerung nach Altersgruppen 2010*

Migration weltweit

M 1 *Auf der Flucht – in Liberia (Westafrika)*

check-it _____
- Herkunfts- und Zielländer der internationalen Migration verorten
- Begriff Migration kennen
- Ursachen und Folgen der Migration erklären
- Vor- und Nachteile für die Herkunfts- und Zielgebiete erläutern
- Problematik von Migration erörtern

Menschen in Bewegung

Millionen Menschen weltweit haben ihre Heimat verlassen, um in einem anderen Land zu leben. Viele von ihnen sind Kinder und junge Menschen unter 25 Jahren. Sie verlegen vorübergehend oder dauerhaft ihren Wohnsitz. Diese Wanderungen werden als **Migrationen**

bezeichnet. Wandern Menschen aus einem Land aus, werden sie als **Emigranten** bezeichnet; wandern sie ein, handelt es sich um **Immigranten**.

Wanderungen hat es schon immer gegeben. So kam es im Laufe der Zeit in Deutschland immer wieder zu Aus- und Einwanderungen. Bereits im 12. Jahrhundert wanderten viele Menschen aus Deutschland aus. Sie waren auf der Suche nach fruchtbaren Gegenden, in denen sie sich niederlassen konnten.

Im 16. und 17. Jahrhundert verließen viele Menschen aus religiösen Gründen das damalige Deutschland. Damals konnten die Könige und Fürsten allein bestimmen, welche Religion in ihrem Staat zugelassen war. Menschen anderer Glaubensrichtungen blieb häufig nur die Flucht. Wesentlich mehr Personen verließen im 19. und 20. Jahrhundert ihre Heimat, hauptsächlich mit dem Ziel Nordamerika. In dieser Zeit wuchs die Bevölkerungszahl stark an. Gleichzeitig kam es in Deutschland und anderen Teilen Europas durch Missernten zu Hungersnöten. So wa-

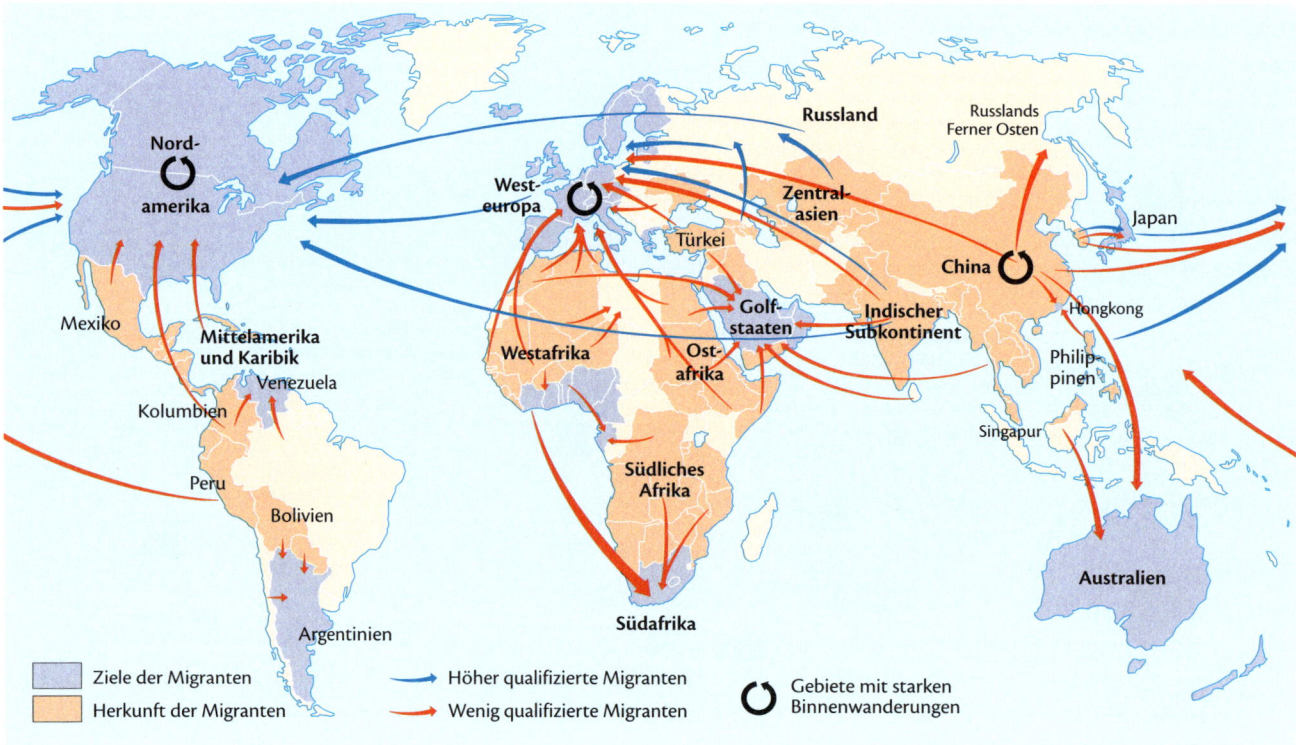

Ziele der Migranten
Herkunft der Migranten
→ Höher qualifizierte Migranten
→ Wenig qualifizierte Migranten
↻ Gebiete mit starken Binnenwanderungen

M 2 *Auf der Suche nach Arbeit*

„[…] Es müssen apokalyptische Szenen gewesen sein: 500 Menschen stürzen von einem brennenden Boot ins Meer, viele von ihnen können nicht schwimmen. Was am Donnerstag vor der italienischen Mittelmeerinsel Lampedusa passierte, erschüttert nun ganz Europa.

Mehr als hundert Menschen kamen bei dem Flüchtlingsdrama ums Leben, darunter auch Kinder, Hunderte werden vermisst. Es ist das zweite Drama innerhalb weniger Tage; bereits am Montag waren 13 Flüchtlinge vor der Küste Siziliens ertrunken, als sie versuchten, zum Ufer zu schwimmen. […]

Die kleine Insel, die näher an Tunesien als am italienischen Mutterland liegt, fühlt sich alleingelassen – und das nicht zum ersten Mal. Seit 1999 strandeten dort über 200 000 Menschen aus Afrika und Asien, geflüchtet vor Bürgerkrieg, Hunger und Elend. Man schätzt, dass zehn bis zwanzigtausend Menschen bei der Überfahrt ihr Leben verloren. […]"

(Spiegel online vom 3.10.2013, Autor: Hans-Jürgen Schlamp)

M 3 *Flüchtlingsdrama vor Lampedusa*

M 4 *Nordafrikanisches Flüchtlingsboot vor Lampedusa*

M 5 *Fluchtwege nach Europa*

---

ren viele Menschen zum Überleben gezwungen, ihre Heimat zu verlassen und sich in der Fremde Arbeit zu suchen und sich niederzulassen.

Flüchtlinge

Die meisten Menschen hängen an ihrer Heimat und verlassen sie nur aus schwerwiegenden Gründen. Dies können Hungersnöte, Kriege oder Furcht vor Verfolgung wegen ihrer ethnischen (ein bestimmtes Volkstum betreffenden) Herkunft, Religion, Nationalität, Zugehörigkeit zu einer sozialen Gruppe oder ihrer politischen Überzeugung sein. Sie werden entsprechend der Genfer Flüchtlingskonvention von 1951 als **Flüchtlinge** bezeichnet.

Politische Flüchtlinge suchen Asyl in einem anderen Staat, wo sie in Sicherheit leben können. Es gibt aber auch Flüchtlinge innerhalb von Ländern, sogenannte **Binnenflüchtlinge**. ▮

1 Benenne wichtige Herkunfts- und Zielregionen der internationalen Migration (**M 2**).

2 Erkläre Ursachen und Folgen der Migration (**M 6**).

3 Erläutere Vor- und Nachteile der Migration für die Herkunfts- und Zielländer (**M 6**).

4 Erörtere die Problematik von Migration am Beispiel der Zuwanderung nach Europa (**M 3** bis **M 5**).

5 Recherchiert im Internet über die Grundlagen, Aufgaben sowie Aktionen des UN-Flüchtlingshilfswerks UNHCR und berichtet darüber (🔎).

M 6 *Formen von Wanderungen, ihre Ursachen und Wirkungen*

WEBCODE: UE644339-047

Verstädterung, Megastädte und Global Cities

M 1 *Global City und Megastadt Tokio*

check-it _____

- Megastädte und Global Cities verorten
- Unterschiede der Verstädterung vergleichen und erläutern
- Begriffe „Megastadt" und „Global City" kennen
- zur Entwicklung und räumlichen Verteilung von Megastädten Stellung nehmen

Verstädterung der Industrieländer

Das 21. Jahrhundert ist das Jahrhundert der Städte, denn mittlerweile lebt die Hälfte der Weltbevölkerung in Städten. Der Prozess der Verstädterung begann durch die Industrialisierung im 19. Jahrhundert in Europa und setzte sich etwas später in Nordamerika und in der ersten Hälfte des 20. Jahrhunderts fort. Durch die schnelle Bevölkerungszunahme dehnten sich die Städte weit in ihr Umland aus. Städte unterschiedlicher Größe waren davon betroffen. In den Industrieländern verliefen Verstädterung und Industrialisierung parallel.

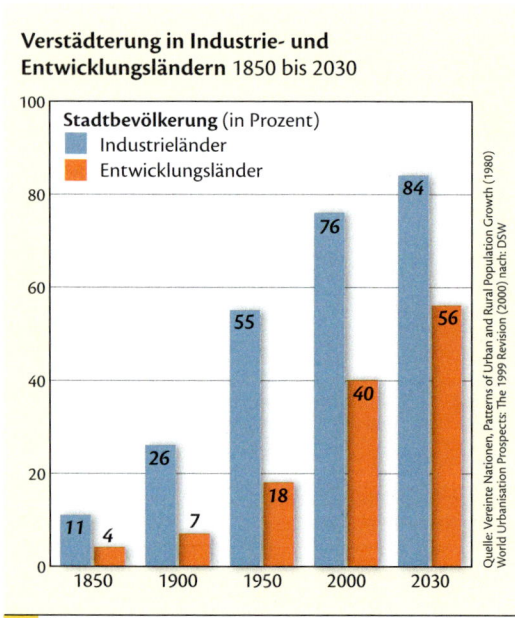

M 2 *Verstädterung*

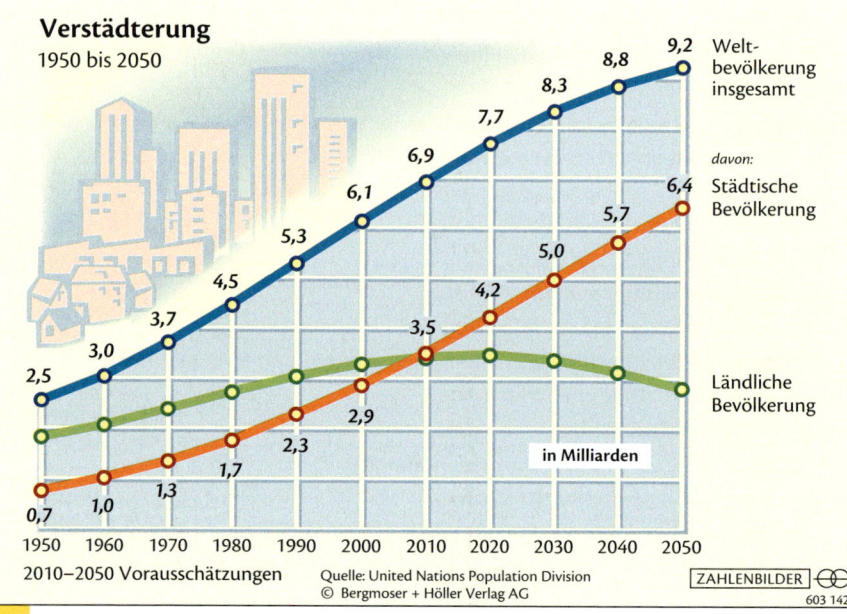

M 3 *Verstädterung zwischen 1950 und 2050*

London war um 1800 die erste Millionenstadt, hundert Jahre später lebten dort schon 6,5 Millionen Menschen. Bis zum Beginn des Ersten Weltkrieges blieb sie die größte Stadt der Welt, gefolgt von New York, Tokio und Paris. Diese vier Städte hielten ihre Spitzenposition bis 1950.
Die UN definiert gegenwärtig Städte mit mehr als zehn Millionen Einwohnern als Megastädte.

	1975	Mio.	2000	Mio.	2025	Mio.
1	Tokio	26,6	Tokio	34,5	Tokio	36,4
2	New York	15,9	Mexiko-Stadt	18,1	Mumbai	26,4
3	Mexiko-Stadt	10,7	New York	17,9	Delhi	22,5
4	Osaka-Kobe	9,8	São Paulo	17,1	Dhaka	22,0
5	São Paulo	9,6	Mumbai	16,1	São Paulo	21,4
6	Los Angeles	8,9	Schanghai	13,2	Mexiko-Stadt	21,0
7	Buenos Aires	8,8	Kolkata	13,1	New York	20,6
8	Paris	8,6	Delhi	12,4	Kolkata	20,6
9	Kolkata	7,9	Buenos Aires	11,9	Schanghai	19,4
10	Moskau	7,6	Los Angeles	11,8	Karachi	19,1

M 4 *Die größten Städte der Welt (Mio. Einwohner)*

Verstädterung der Entwicklungsländer

In den Entwicklungsländern konzentriert sich das Wachstum auf Groß- und Millionenstädte, die wirtschaftliche Entwicklung hält nicht Schritt mit dem städtischen Wachstum. Nach Schätzungen der UN werden 2015 in den Entwicklungsländern 426 Städte mit mehr als einer Million Einwohnern bestehen, gegenüber 128 in den Industrieländern. Diese wachsen außerdem deutlich schneller als die Städte der Industrieländer in der Zeit ihres schnellsten Wachstums. Zum einen erfolgen viele Zuwanderungen aus ländlichen Gebieten in die Städte, zum anderen haben die Städte ein großes natürliches Bevölkerungswachstum durch die relativ junge Bevölkerung.

Global Cities

Global Cities sind Städte von überragender weltweiter Bedeutung auf politischem, wirtschaftlichem und kulturellem Gebiet. Sie können auch zugleich **Megastädte** sein.
In Global Cities befinden sich die Hauptsitze internationaler Unternehmen, hochrangige Finanzdienstleister wie Banken und Börsen, unternehmensorientierte Dienstleistungen wie Unternehmensberatungen und Werbeagenturen.

Politische und gesellschaftliche Zentren:

In Global Cities haben weltweit tätige politische Institutionen, zum Beispiel Einrichtungen der Vereinten Nationen und Nichtregierungsorganisationen, ihren Sitz. Sie sind Veranstaltungsorte für politische und wirtschaftliche Konferenzen.

Zentrale internationale Funktionen:

Global Cities sind internationale Verkehrsknotenpunkte. Sie verfügen für ihre weltweiten Aktivitäten über ein hochwertiges Verkehrsnetz mit internationalem Flughafen und oft auch Seehafen. Auch namhafte Hochschulen, Forschungseinrichtungen, internationale Gerichte und andere Einrichtungen sind in Global Cities zu finden. Global Cities besitzen Kultureinrichtungen mit internationalem Ruf, zum Beispiel Bibliotheken, Museen, Konzert- und Opernhäuser.

1 Vergleiche die Verstädterung in Industrie- und Entwicklungsländern (**M 2**).
2 Beschreibe die Entwicklung der städtischen und ländlichen Bevölkerung (**M 3**).
3 Vergleiche die zehn größten Städte der Welt und erläutere die Veränderungen. Verwende die Begriffe: Megastadt, Industrieland, Schwellenland und Entwicklungsland (**M 4**).
4 Entwickle eine Mindmap zu den Merkmalen von Global Cities (**M 1**, *Eine Mindmap erstellen*).
5 Trage die 30 bedeutendsten Global Cities in eine Weltkarte ein und erläutere deren Verteilung (**M 5**).
6 Nimm Stellung zur Aussage: Tokio ist eine Global City und eine Megastadt.

1 New York	11 Singapur	21 Schanghai
2 London	12 Sydney	22 Buenos Aires
3 Paris	13 Wien	23 Frankfurt
4 Tokio	14 Peking	24 Barcelona
5 Hongkong	15 Boston	25 Zürich
6 Los Angeles	16 Toronto	26 Amsterdam
7 Chicago	17 San Francisco	27 Stockholm
8 Seoul	18 Madrid	28 Rom
9 Brüssel	19 Moskau	29 Dubai
10 Washington	20 Berlin	30 Montreal

M 5 *Die 30 bedeutendsten Global Cities 2012*

WEBCODE: UE644339-049

Megastädte – Megaprobleme?

M 1 *Morgendliche Rushhour in Bangkok*

check-it
- Push- und Pullfaktoren von Megastädten benennen
- Slums charakterisieren
- Bedeutung des informellen Sektors beurteilen
- Lösungsansätze für Megastädte diskutieren
- Diagramm und Strukturskizze erstellen

Probleme der Megastädte

Viele Megastädte sehen sich wachsenden Problemen gegenüber – besonders Megastädte in den Entwicklungsländern. Die Bevölkerung ist geteilt in Arm und Reich.

Die Armen leben in Elendsvierteln, die Reichen in abgeschotteten, von privaten Wachdiensten gesicherten und von hohen Mauern eingefassten Wohngebieten, sogenannten Gated Communities. Zu den sozialen und wirtschaftlichen Problemen kommen zahlreiche ökologische Probleme hinzu. Die Vereinten Nationen sprechen von einer „Verstädterung der Armut".

Slums

Im Zuge der weltweiten Verstädterung verbreiten sich auch **Slums**. Darunter versteht man heruntergekommene innerstädtische Quartiere mit fester Bausubstanz, selbst gebaute Wohnungsgebiete und Hüttensiedlungen mit provisorischer Bausubstanz. Solche Elendssiedlungen sind durch folgende Merkmale gekennzeichnet: einfache Gebäude, kein Zugang zu Trinkwasser, kein Zugang zu sanitären Anlagen, unsichere Eigentumsverhältnisse, kein ausreichender Wohnraum. Oft liegen die Slums an steilen Hängen oder in überflutungsgefährdeten Stadtteilen.

In den Megastädten sind vor allem die Slumbewohner von infektiösen Erkrankungen wie Fieber, Tuberkulose, Durchfall sowie AIDS betroffen.

Aber die Slums ernähren auch Millionen Menschen, denen es gelungen ist, der Armut auf dem Land zu entfliehen. Es gibt soziale Kontakte zwischen den Slumbewohnern und sogar städtische Dienstleistungen werden in Anspruch genommen. Lange galten Elendssied-

Beweggründe für Abwanderung — Push-Faktoren	Erwartungen der Zuwanderer — Pull-Faktoren	Probleme in Megastädten
– Besitzlosigkeit – wenig Arbeit – schlechte Bezahlung – fehlende Ausbildung – schlechte ärztliche Versorgung – Naturkatastrophen – Krieg, Bürgerkrieg – Flucht, Vertreibung – hohes Wachstum der Bevölkerung – Informationen über angeblich besseres Leben in der Stadt	– Arbeitsplatz – gesichertes Einkommen – menschenwürdige Wohnung mit Strom- und Wasseranschluss – Schule für die Kinder – Möglichkeit, etwas Geld zu sparen – Hoffnung, eines Tages wieder in das Dorf zurückzukehren	– hohe Arbeitslosigkeit – schlechte Bezahlung – hohe Wohndichte – Wohnungsmangel – Elendsviertel (Slums) – unregelmäßige oder keine Strom- und Trinkwasserversorgung – Müllkippen – Seuchengefahr – Verkehrschaos – Kriminalität

M 2 *Push- und Pullfaktoren sowie Probleme in Megastädten*

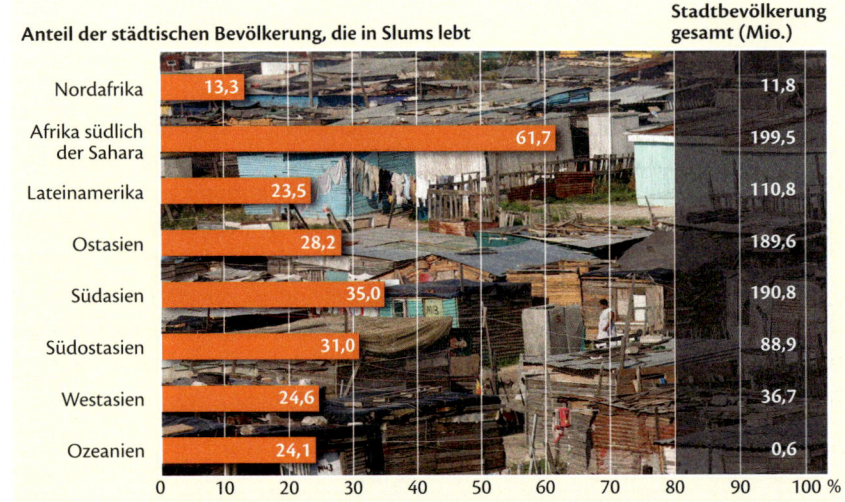

Anteil der städtischen Bevölkerung, die in Slums lebt / Stadtbevölkerung gesamt (Mio.)

Region	Anteil (%)	Stadtbevölkerung gesamt (Mio.)
Nordafrika	13,3	11,8
Afrika südlich der Sahara	61,7	199,5
Lateinamerika	23,5	110,8
Ostasien	28,2	189,6
Südasien	35,0	190,8
Südostasien	31,0	88,9
Westasien	24,6	36,7
Ozeanien	24,1	0,6

M 3 *Slumbewohner und Stadtbevölkerung nach Regionen 2010*

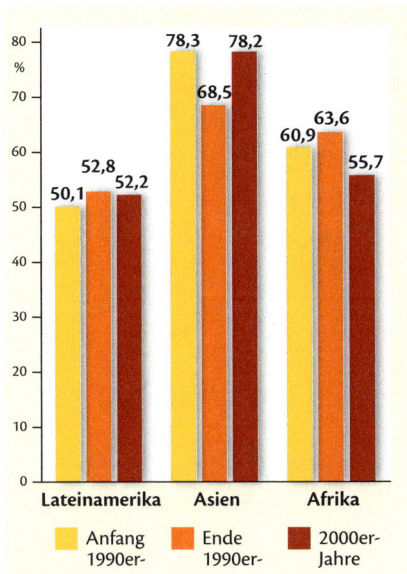

M 4 *Anteil der Beschäftigten im informellen Sektor*

Art der Tätigkeit	Geschlecht	Grad der Selbstständigkeit
– Handel – Herstellung, Verarbeitung – Dienstleistungen wie Instandhaltung, Reparatur, Wartung, Pflege, Beherbergung, Spar- und Kreditdienste, Bau, Transport – Kleinbergbau	auffallend hoher Anteil von Frauen, in manchen Branchen bis zu 90 Prozent, im Durchschnitt bei 60 Prozent **Voraussetzungen für die Arbeit** – geringe Berufskenntnisse – wenige eigene Produktionsmittel	– selbstständige Arbeit als Einzelperson oder als Eigentümer eines Kleinstbetriebes oder Kleinbetriebes mit Mitarbeitern – abhängige Heimarbeit für einen Arbeitgeber, der Stücklohn bezahlt – unselbstständige Tätigkeit als mitarbeitendes, nicht entlohntes Familienmitglied oder als entlohnte Arbeitskraft
Berufsgruppen Dorfschmied, Töpfer, Schlosser, Maurer, Mechaniker, Elektriker, Näherin, Straßenhändler/-in, Losverkäufer/-in, Lastenträger/-in, Handkarrenschieber, Rikschafahrer, Müllsammler/-in	**Mitarbeiterzahl** Einzelperson, Familienmitglieder, Betrieb mit 1 bis 10 Mitarbeitern – häufig unbezahlte Mithilfe von Kindern und Alten bei Frauen, die zu Hause produzieren	**Arbeitsstätte** – Wohnung – eigene Werkstatt – eigener Grund – öffentliche Straße, öffentlicher Platz

M 5 *Merkmale des informellen Sektors*

lungen als illegal. Langsam setzt sich jedoch in einigen Megastädten die Auffassung durch, dass sie nicht mit Bulldozern abgeräumt werden müssen. „Aufwertung der Slums" heißt das neue Programm der Stadtplaner.

Der informelle Sektor

Viele Tätigkeiten der armen Stadtbevölkerung zur Existenzsicherung gehören dem **informellen Sektor** an. Solche wirtschaftlichen Aktivitäten sind weder offiziell registriert, noch werden sie nach einem formalisierten System entlohnt. Sie erfordern nur eine geringe Qualifikation, für die kein Schulabschluss nötig ist. Wer im informellen Sektor tätig ist, erhält keinen Mindest-

lohn, genießt keinen Gesundheits- sowie Arbeitsschutz und erhält keine Leistungen einer Renten- oder Arbeitslosenversicherung.

1 Stelle Gründe für die Abwanderung aus dem ländlichen Raum und für die Zuwanderung in die Städte gegenüber (**M 2**).
2 Erläutere die Folgen des Wachstums für die Megastädte (**M 2**).
3 Charakterisiere Merkmale und Probleme von Slums und beschreibe

die räumliche Verteilung von Slums (**M 2, M 3**).
4 Diskutiert die Frage: Megastädte – Megaprobleme? Ihr könnt euch dazu auch in Gruppen aufteilen (**M 1–M 3, M 6, M 7**).
5 Kennzeichne die Merkmale und Bedeutung des informellen Sektors für die Stadtbevölkerung in Entwicklungsländern (**M 4, M 5**).

WEBCODE: UE644339-051

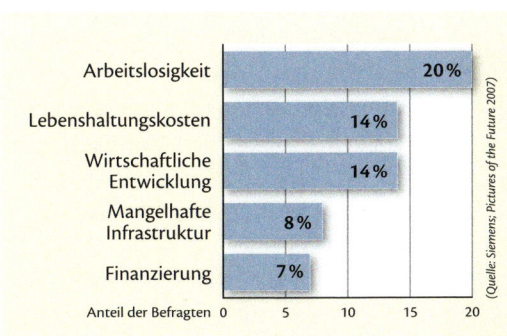

M 6 *Größte wirtschaftliche Herausforderungen für Megastädte*

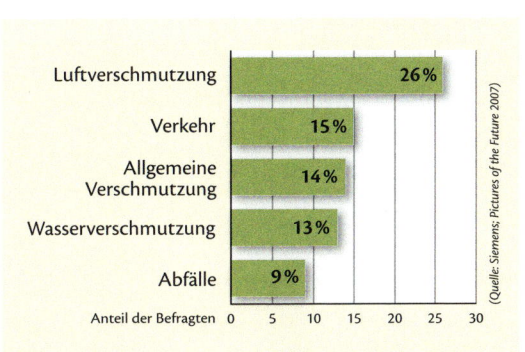

M 7 *Größte Umweltherausforderungen für Megastädte*

Lagos – Bevölkerungsmagnet in Nigeria

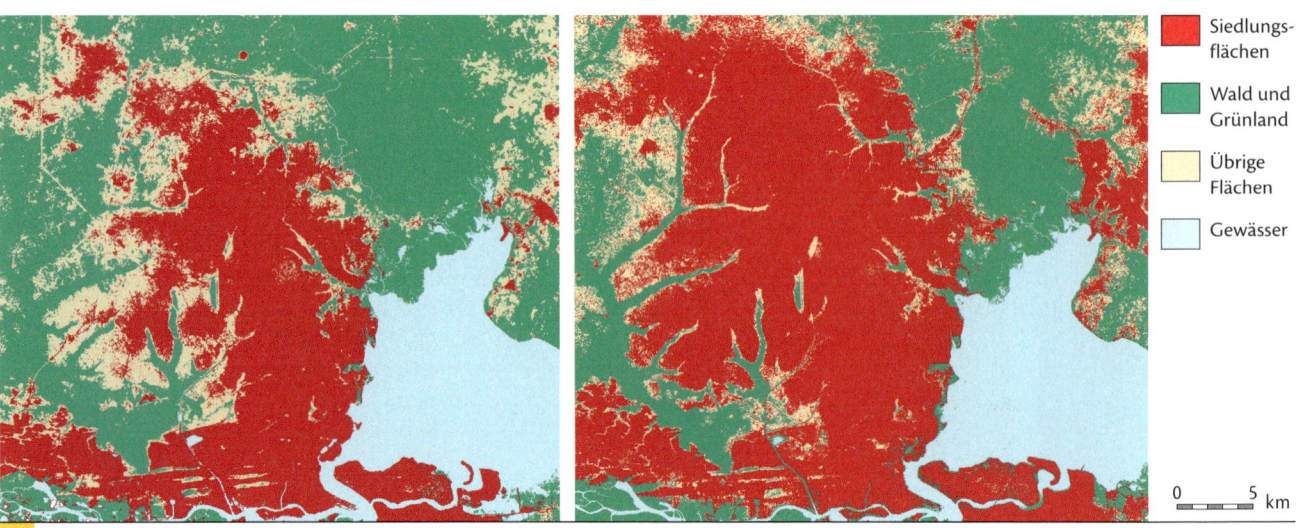

Siedlungs-
flächen

Wald und
Grünland

Übrige
Flächen

Gewässer

0   5 km

M 1 *Bebaute Fläche von Lagos 1984 und 2000*

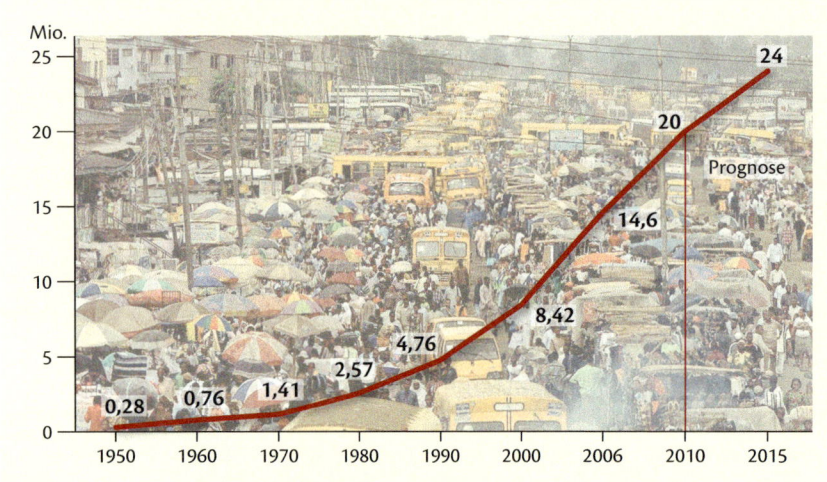

M 2 *Einwohner (Mio.) von Lagos*

M 3 *Slumsiedlung in Lagos*

check-it
- geographische Lage beschreiben
- Ursachen und Folgen städtischen Wachstums erläutern
- eine Präsentation erarbeiten
- Aussagen von Einwohnern erörtern

Größte Stadt Schwarzafrikas

Täglich kommen 6000 neue Zuwanderer nach Lagos – aus Nigeria selbst, aber auch aus den Nachbarstaaten. Sie hoffen auf Arbeit und eine bessere Zukunft für sich und ihre Familien. Zusätzlich trägt die hohe Geburtenrate zum rasanten Bevölkerungswachstum bei. Schon einmal hatte es einen starken Zuwanderungsstrom gegeben. Das war in den 1980er-Jahren, als Nigeria vom weltweiten Erdölboom profitierte. Der wirtschaftliche Aufschwung kam Lagos zugute, neue Arbeitsplätze entstanden in der Industrie und im Dienstleistungsbereich. Viele Zuwanderer kamen ursprünglich nicht mit der Absicht, auf Dauer in der Stadt zu bleiben. Doch selbst in wirtschaftlich schlechten Zeiten hielt die Zuwanderung an. Auch die Verlagerung des Regierungssitzes 1991 in das Landesinnere nach Abuja hat keine Entlastung für Lagos erbracht.

Lagos ist heute eine der am schnellsten wachsenden Städte der Welt. Von seiner Attraktivität hat es nichts verloren: Es bleibt Nigerias Zentrum für Wirtschaft, Handel und Kultur.

Stadtplaner

2015 wird Lagos die drittgrößte Stadt der Welt sein, mit der schwächsten Infrastruktur. Das ist eine Herausforderung. Deshalb bitten wir den Westen: helft mit. Tragt dazu bei, dass unsere Stadt den Platz bekommt, der ihr gebührt. Wenn Lagos in der Krise ist, wenn Lagos ein Problem wird mit seinen 17 Millionen, dann kann das ganz Westafrika zerstören. Unser Nachbarland Benin hat gerade mal viereinhalb Millionen Einwohner, Togo nur ein paar Millionen, Ghana, Sierra Leone auch nur ein paar Millionen. 17 kleinere Staaten zusammengenommen, das ist Lagos. Wenn irgendetwas Schlimmes passiert mit Lagos und der Westen schaut zu, dann spürt das die ganze Welt.

Entlassener Hafenbeamter

Wir überleben durch Beten. Jeden Morgen beten wir zu Gott für unser tägliches Brot. Alles andere ist unwichtig. Wenn wir ein-, zweimal am Tag essen können, ist es gut. Wir kommen schon zurecht. Aber wenn jemand sagt, alle Nigerianer sind reich, dann irrt er. Nicht dass kein Geld da wäre in diesem Land, Geld ist da. Aber die Politiker, die denken nicht an uns, nur an sich selbst. Wir könnten auf der Straße sterben. Am liebsten würden sie uns arme Leute wohl auf Lastwagen verladen und irgendwo ins Meer kippen. Die Armen können sterben, die Reichen wollen leben, die, die alles Geld im Land kontrollieren.

Zuwanderin

Wir sind vor zehn Jahren aus dem Kamerun nach Lagos gekommen. Wir hatten es erst auf dem Land versucht, aber da war kein Platz. Draußen in der Lagune war Platz auf einem Boot. Mein Mann fährt jeden Tag hinaus zum Fischen. Manchmal fängt er so viel, dass wir satt werden. Wenn ich Fisch verkaufe, haben wir sogar ein bisschen Geld. Irgendwann brauchen wir ein neues Haus. Es ist immer feucht auf dem Boot. Das Holz fault.

Geschäftsfrau

Wir sind sehr gute Geschäftsleute und Händler. Lagos bietet jedem eine Chance. Jeder glaubt, hier kann er Geld verdienen. Aber Geld ist nicht alles. Man muss vertrauenswürdig sein und positiv denken, dann ist alles okay. Es gibt Leute, die schon sehr lange in Lagos leben und die meinen, es gäbe keinen besseren Ort auf der Welt. Viele, die Lagos verlassen haben, kommen wieder zurück.

M 4 *Meinungen von Einwohnern*

Folgen des Bevölkerungswachstums

Die Stadtplaner hatten schon 1987 einen „Masterplan" für die Neuordnung der Millionenstadt entworfen. Aber einflussreiche Interessengruppen verhinderten bislang die Umsetzung. So sind die Probleme in Lagos mit der steigenden Bevölkerung weiter gewachsen. Etwa acht Millionen Einwohner leben in den rund hundert Slums – oft ohne elektrischen Strom und Wasseranschluss. Allein der größte Slum beherbergt drei Millionen Menschen. Er befindet sich auf einer riesigen Müllhalde. Die städtische Müllabfuhr kommt gegen den Müll in der Stadt nicht mehr an, Müllverbrennungsanlagen funktionieren nicht. Die Abwasserkanäle sind durch jahrzehntealten Dreck und Ablagerungen blockiert. Regelmäßig bricht der Verkehr zusammen, denn seit dreißig Jahren wurde das Straßennetz dem Verkehr nicht angepasst.

Wenn selbst auf den fünfspurigen Stadtautobahnen nichts mehr geht, ist die Stunde der Händler und Straßenverkäufer gekommen. Sie stehen wie die Kleinhandwerker, Schuhputzer und andere Dienstleister auf der untersten Stufe der sozialen Leiter. Sie arbeiten im informellen Sektor. In Lagos sind es sechs von zehn Arbeitnehmern. Die meisten von ihnen sind Jugendliche, die keine Ausbildung haben, und Menschen, die ihre Arbeitsstelle verloren. Auch viele Zuwanderer suchen im informellen Sektor ihr Auskommen. Der informelle Sektor ist zu einem wichtigen Wirtschaftssektor geworden – nicht zuletzt, weil die hier Beschäftigten sich schnell und flexibel an die Nachfrage anpassen.

1 Beschreibe die geographische Lage von Lagos (Karte S. 214).

2 Vergleiche das Wachstum der Bevölkerung und die Veränderungen des Stadtgebietes von Lagos (**M 1**, **M 2**).

3 Erstelle eine Tabelle zu Ursachen und Folgen des städtischen Wachstums in Lagos und erläutere diese (**M 1–M 3**).

4 Werte die Meinungen der Einwohner aus und erörtere deren unterschiedliche Meinungen zu Lagos (**M 4**).

5 Erarbeite eine Präsentation zum Thema „Lagos – Nigerias Wirtschafts- und Kulturzentrum" ().

 WEBCODE: UE644339-053

Schanghai im rasanten Wandel

Shanghai Tower (im Bau)
Oriental Pearl Tower
Shanghai World Financial Center
Jin Mao Tower

M 1 Luftbild von Schanghai (Fotomontage)

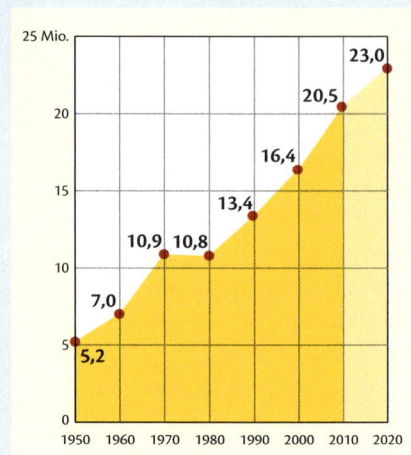

M 2 Einwohnerentwicklung

check-it
- geographische Lage Schanghais beschreiben
- Schanghais Entwicklung zum wirtschaftlichen Zentrum Chinas charakterisieren
- Stadtentwicklung von Pudong beschreiben
- Auswirkungen der Bevölkerungszunahme erläutern

Bedeutung Schanghais

Schanghai ist das wirtschaftliche Zentrum und derzeit die bevölkerungsreichste Stadt Chinas. Seit Anfang der 1980er-Jahre ist Schanghai der Motor des chinesischen Wirtschaftsaufschwungs und stellt einen starken Anziehungspunkt auch für ausländische Investoren dar – beispielsweise Siemens, Alcatel und General Motors.

Wichtige Arbeitgeber sind die Textilindustrie, der Automobilbau mit der notwendigen Zulieferindustrie (auch Volkswagen ist dort angesiedelt), die chemische und pharmazeutische Industrie, die Stahlproduktion und der Maschinenbau. Die Stadt verfügt über einen der größten Containerhäfen der Welt. Schanghai hat zwei internationale Flughäfen und ist ein wichtiger Verkehrsknotenpunkt.

Zudem ist die Stadt ein bedeutendes Kultur- und Bildungszentrum mit zahlreichen Universitäten, Hochschulen, Forschungseinrichtungen, Theatern und Museen.

Zu den Entwicklungszielen gehören der Ausbau zu einem der größten internationalen Finanzzentren sowie die Schaffung von Forschungs- und Entwicklungszentren für elektronische Bauteile.

Pudong

Das Zentrum der Wirtschaft ist der 1990 als **Sonderwirtschaftszone** ausgewiesene und gegründete Stadtteil Pudong. Die Skyline symbolisiert mit dem zweitgrößten Fernsehturm Asiens, dem Oriental Pearl Tower (468 Meter), auch genannt die „Perle des Ostens", dem Shanghai World Financial Center (492 Meter) und dem Jin Mao Tower (420 Meter) den Aufstieg Schanghais zur Weltspitze. Der 632 Meter hohe Shanghai Tower, dessen Fertigstellung für 2014 vorgesehen ist, symbolisiert Chinas Zukunft. Der Turm befindet sich in einem Gebiet, das vor zwei Jahrzehnten noch reines Ackerland war.

Das Wirtschafts- und Hightech-Viertel umfasst rund 500 Quadratkilometer, auf denen sich Bürotürme dicht an dicht reihen. Direkt gegenüber von Pudong liegt der Bund. Er ist das ehemalige Handelsviertel der Stadt und heutiges Konsumzentrum mit teuren Privatclubs, Bars, Kinos und Theatern.

M 3 In der Nanjing-Road in Schanghai

3 Ernährungssicherung diskutieren

Reisfelder so weit das Auge reicht
In den meisten Regionen der Erde bauen die Menschen
Nahrungsmittel an. Doch reichen diese für alle Menschen?
Gibt es Gebiete, in denen die Menschen Hunger leiden,
während es anderswo Lebensmittel im Überfluss gibt?
Welche Möglichkeiten gibt es, die Ernährungssituation
weiter zu verbessern?

Wissen und verstehen

3 Ordne jedem dieser Begriffe (**M3**) mindestens zwei Merkmale zu.

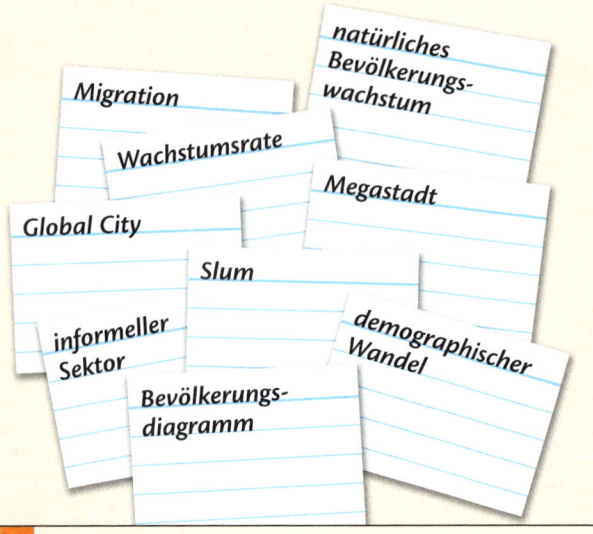

M3 Geo-Begriffestapel

4 Sortiere die Aussagen in richtige und falsche. Verbessere die falschen Aussagen und schreibe sie richtig auf.

Richtig oder falsch?

- Das Bevölkerungswachstum findet zu 99 Prozent in den Entwicklungsländern statt.
- Indien erzielt mit seinen Familienplanungsprogrammen große Erfolge.
- In Deutschland verändert sich die Einwohnerzahl nicht, weil viele Menschen auswandern.
- In Indien liegt die Geburtenrate deutlich über der Sterberate, deshalb wächst die Bevölkerung.
- Die Ein-Kind-Politik in China führt zu einer Verjüngung der Bevölkerung.
- Die Ursache von Wanderungen der Bevölkerung sind ausschließlich wirtschaftliche Gründe.
- Unter „Verstädterung" versteht man die enorme Zunahme von Hochhausbauten.
- Megastädte sind typische Erscheinungsformen in Entwicklungsländern.
- Pull-Faktoren sind Erwartungen an das Zielgebiet, die eine Wanderung auslösen.
- Der informelle Sektor ist ein Wirtschaftsbereich, in dem sich viel Geld verdienen lässt, weil keine Steuern bezahlt werden.

Bevölkerung	1950	1960	1970	1980	1990	2000	2010	2020	2030	2040	2050
Stadt Industrieländer	427	538	652	745	818	873	925	972	1016	1049	1071
Stadt Entwicklungsländer	310	458	680	996	1456	1981	2570	3237	3949	4660	5327
Land Industrieländer	386	378	357	338	331	321	308	282	245	208	174
Land Entwicklungsländer	1412	1657	2010	2373	2689	2949	3104	3176	3107	2907	2619

M4 Städtische und ländliche Bevölkerung in Millionen

5 Erstelle ein Liniendiagramm und erläutere dein Ergebnis (**M4**).

6 Übertrage das Rätselschema (**M5**) in dein Arbeitsheft oder lade es per Webcode herunter und löse es. Formuliere mithilfe des Lösungswortes eine Aussage, die Deutschland betrifft.

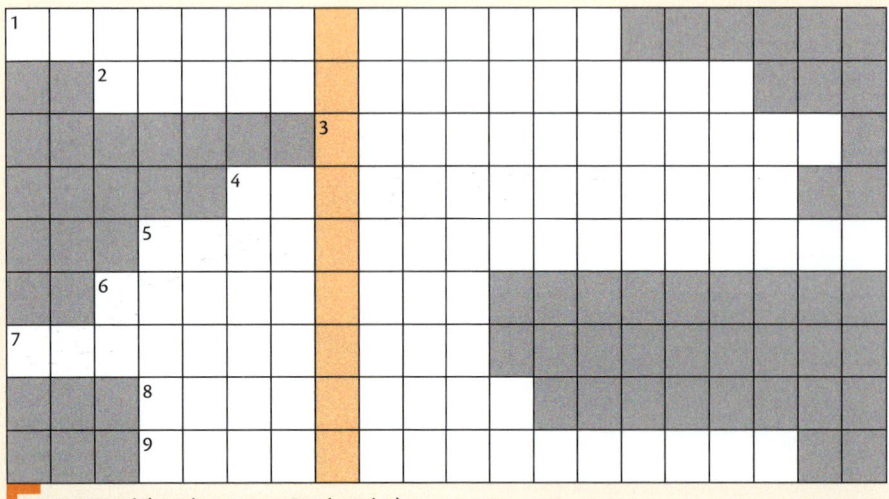

M5 Rätsel (Umlaute = 1 Buchstabe)

1 Zunahme der Bevölkerung
2 Beschränkung der Kinderzahl
3 Zahl der Lebendgeborenen je 1000 Einwohner
4 Zunahme und Wachstum von Städten
5 Land, das Zuwanderer aufnimmt
6 Stadt mit mehr als zehn Millionen Einwohnern
7 Personen, die unter Zwang ihre Heimat verlassen
8 wirtschaftliches/kulturelles Zentrum eines Staates
9 mögliches erreichbares Alter

Können und anwenden

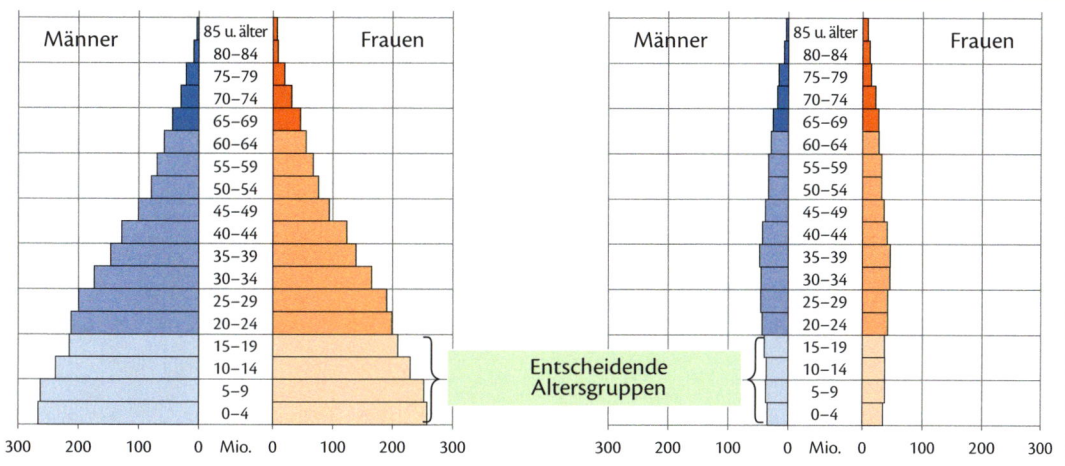

M 6 *Bevölkerungsdiagramme*

7 Ordne jedem Diagramm eine Ländergruppe (Industrieländer, Schwellenländer oder Entwicklungsländer) zu. Begründe die unterschiedliche Bevölkerungsentwicklung (**M 6**).

8 Vergleiche jeweils den Anteil der männlichen Bevölkerung von 15 bis 19 Jahren an der Gesamtbevölkerung.

9 Vergleiche den jeweiligen Anteil der Menschen über 65 Jahren an der Gesamtbevölkerung.

10 Erläutere, warum deine Altersgruppe als die „entscheidende" bezeichnet wird (**M 6**).

Sich verständigen, beurteilen und handeln

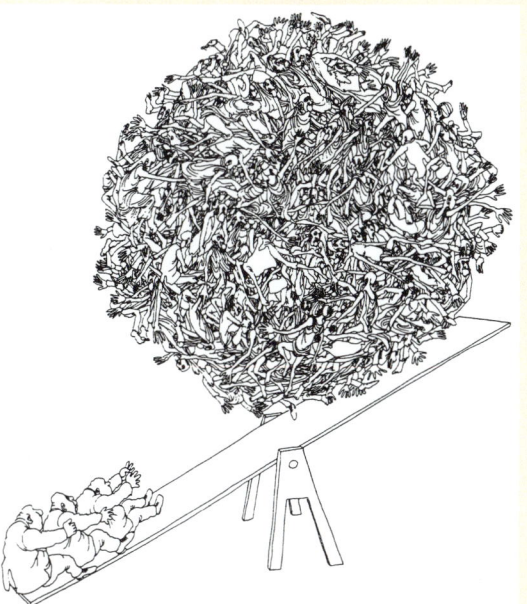

M 7 *Überbevölkerung*

M 8 *„Wir können machen, was wir wollen, Maria. Wir sind so oder so verloren."*

11 Werte die beiden Karikaturen aus (**M 7, M 8**, *Karikaturen auswerten*).

12 Nehmt zu den Aussagen der beiden Karikaturen Stellung.

Erde: Welthungerindex und Weltagrarregionen

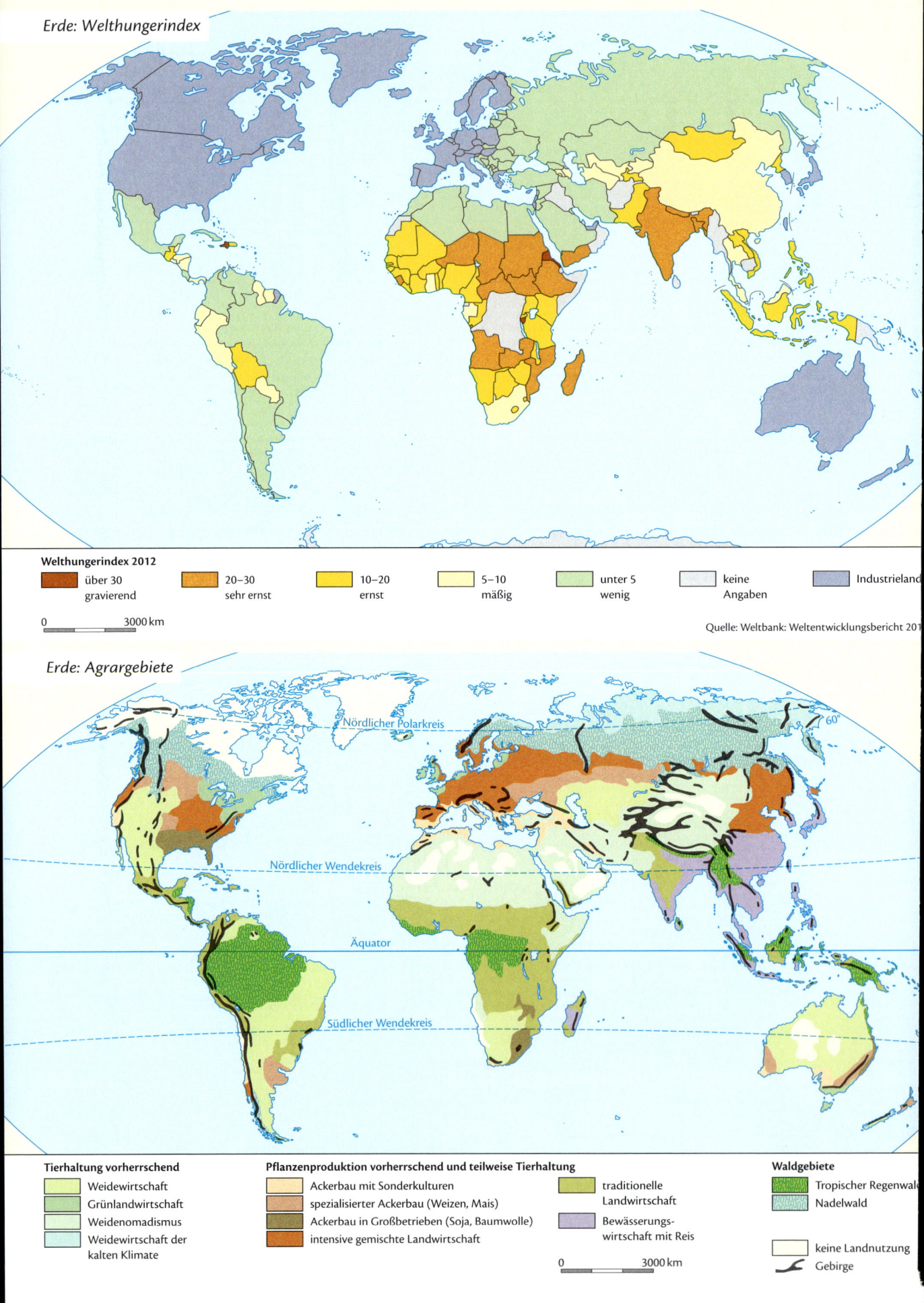

Erde: Welthungerindex

Welthungerindex 2012

über 30 gravierend	20–30 sehr ernst	10–20 ernst	5–10 mäßig	unter 5 wenig	keine Angaben	Industrieland

0   3000 km

Quelle: Weltbank: Weltentwicklungsbericht 201

Erde: Agrargebiete

Nördlicher Polarkreis

Nördlicher Wendekreis

Äquator

Südlicher Wendekreis

60°

Tierhaltung vorherrschend

- Weidewirtschaft
- Grünlandwirtschaft
- Weidenomadismus
- Weidewirtschaft der kalten Klimate

Pflanzenproduktion vorherrschend und teilweise Tierhaltung

- Ackerbau mit Sonderkulturen
- spezialisierter Ackerbau (Weizen, Mais)
- Ackerbau in Großbetrieben (Soja, Baumwolle)
- intensive gemischte Landwirtschaft
- traditionelle Landwirtschaft
- Bewässerungswirtschaft mit Reis

Waldgebiete

- Tropischer Regenwald
- Nadelwald
- keine Landnutzung
- Gebirge

0   3000 km

Geo-Check: Entwicklung und Verteilung der Weltbevölkerung erläutern

Sich orientieren

Die Welt – ein Dorf

Wenn die Welt ein Dorf mit nur 100 Einwohnern wäre …

Bevölkerung **2013**

… wären davon: 15 Afrikaner
5 Nordamerikaner
10 Europäer
9 Lateinamerikaner
1 Ozeanier
und 60 Asiaten.

26 wären Kinder unter 15 Jahren.
8 Menschen wären älter als 64.

Familienplanung
Im Durchschnitt bekämen die Frauen 2,5 Kinder.

Zukunft **2050**
Die Zahl der Dorfbewohner würde jährlich um etwa eine Person steigen. Im Jahre 2050 würden bereits 136 Menschen im Dorf leben: 34 Afrikaner
6 Nordamerikaner
10 Europäer
11 Lateinamerikaner
1 Ozeanier
und 74 Asiaten.

Grafik: Stiftung Weltbevölkerung
Quelle: Datenreport der Stiftung Weltbevölkerung 2013

M 1   *Die Welt 2013 und 2050*

1   Erkläre räumliche Unterschiede in der Verteilung der Weltbevölkerung 2013 und 2050 (**M 1**).

2   Benenne die Megastädte nach Kontinenten geordnet und schreibe sie in dein Arbeitsheft (**M 2**, Karte S. 219).

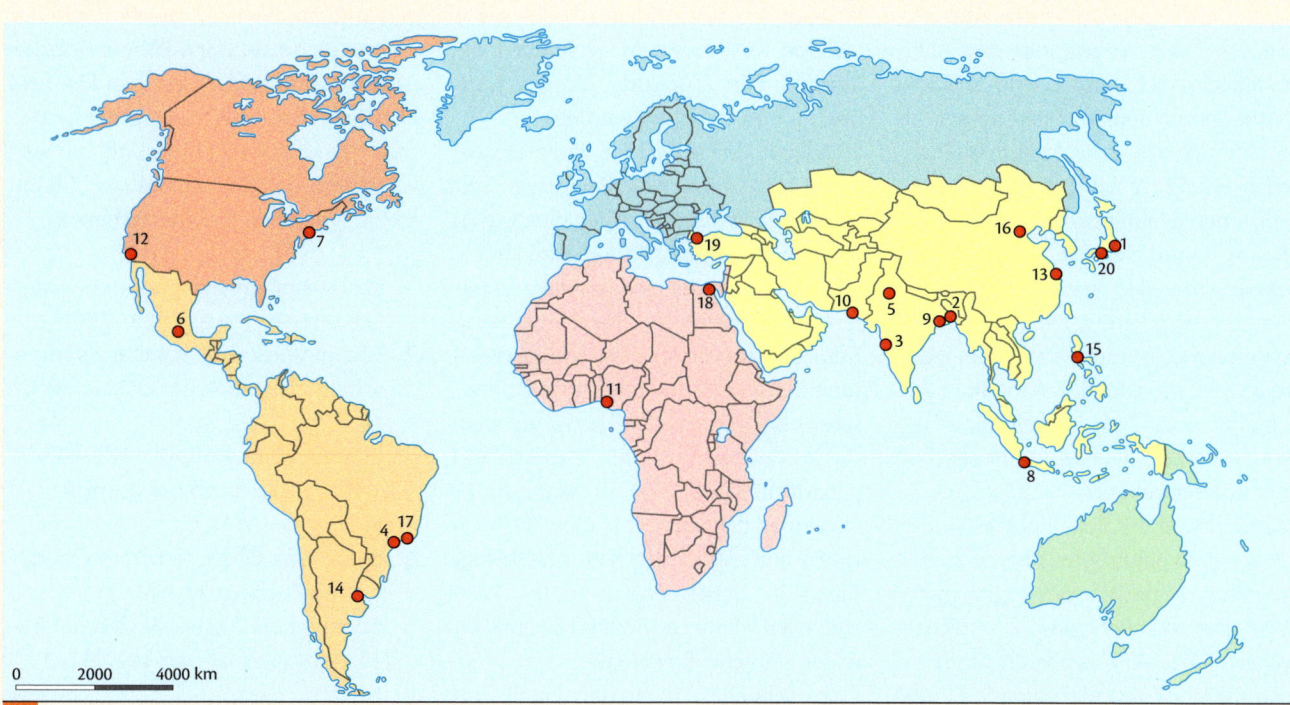

M 2   *Megastädte im Jahr 2015*

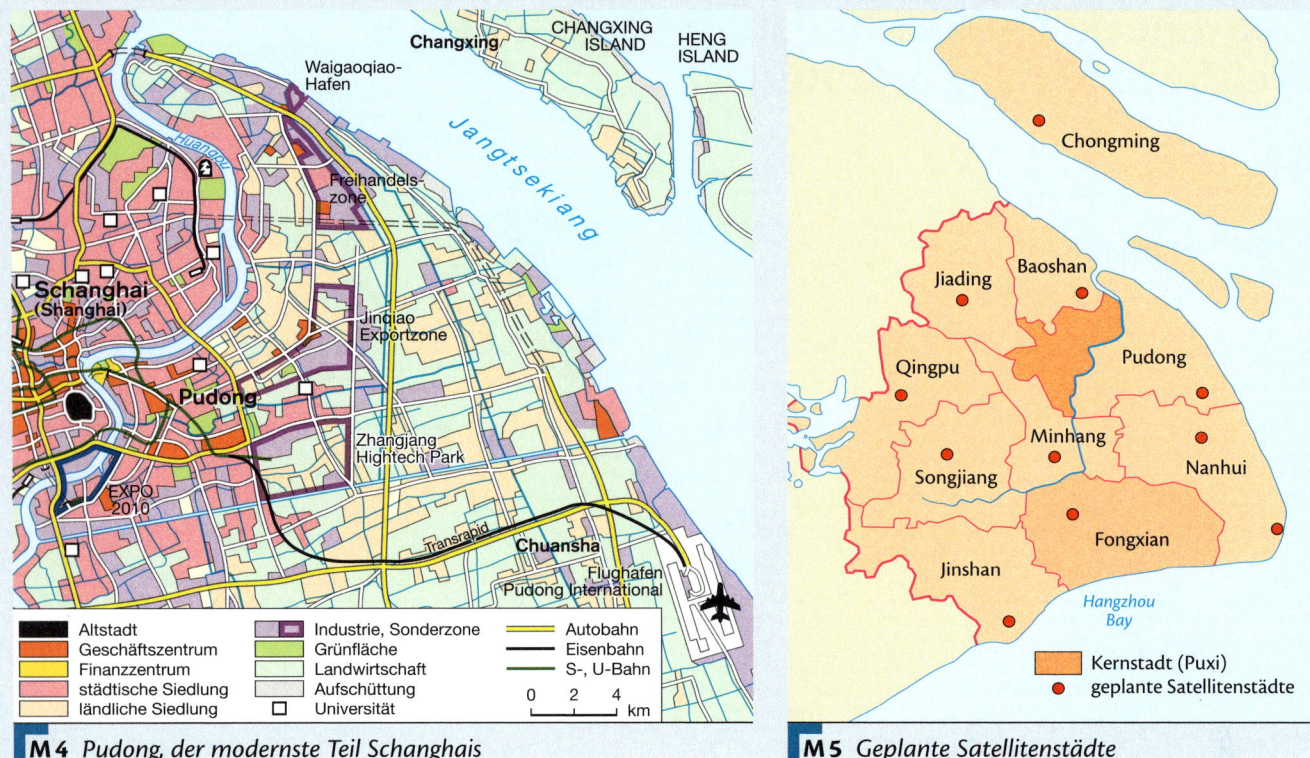

M4 *Pudong, der modernste Teil Schanghais*

M5 *Geplante Satellitenstädte*

Folgen des Wirtschaftswachstums

Ohne die amtlich gezählten fünf Millionen Wanderarbeiter wäre Schanghais Wirtschaft nicht so erfolgreich. Die meisten Wanderarbeiter sind auf den zahlreichen Baustellen beschäftigt.

Dem rasanten Wachstum der Stadt mussten ganze Wohnviertel weichen. Städtische Entwicklung bedeutet in Schanghai Abriss und Neubau, sodass die in sich geschlossenen Altstadtquartiere fast vollständig aus dem Stadtbild verschwunden sind. Seit den 1990er-Jahren sollen in den innerstädtischen Vierteln zwei Millionen Menschen enteignet worden sein. Die angebotenen Neubauwohnungen liegen oft am Rande der Stadt, weitab vom Arbeitsplatz. Die gezahlten Entschädigungen sind gering. Die vielen neuen Wohntürme mindern zwar den Wohnungsbedarf, doch wandelt sich Schanghai dadurch schnell. Innerhalb von fünf Jahren wurden mehr als 2000 Hochhäuser gebaut.

Die Kernstadt mit ihren zehn Millionen Einwohnern zählt bereits heute zu den am stärksten besiedelten Regionen der Welt und soll nicht weiter verdichtet werden. Deshalb möchte die Stadtverwaltung die Zuwanderung auf 300000 Personen im Jahr beschränken.

Der in den nächsten Jahren durch Zuwanderung zu erwartende Bevölkerungszuwachs von fünf Millionen Menschen soll im Umland aufgefangen werden. Die Kernstadt wird von neun „New Cities" für je 300000 bis 800000 Menschen umgeben sowie von 60 „New Towns" mit 50000 bis 100000 Einwohnern und 600 zentralen Dörfern.

Die Stadtverwaltung will die Pkw-Neuzulassungen beschränken, denn mehr als eine Million Autos verstopfen die Straßen. Die Zulassung für ein Auto muss daher ersteigert werden.

Staus gehören genau wie Baulärm und Smog zum Alltag der Metropole. Seit Mitte der 1990er-Jahre hat Schanghai eine U-Bahn. Bislang fahren fünf Linien, die täglich fast zwei Millionen Passagiere transportieren. Im Zusammenhang mit der internationalen Weltausstellung Expo 2010 entstanden sechs weitere U-Bahnlinien. Der Transrapid wurde in Kooperation mit Deutschland gebaut und ging 2002 an den Start. Er verbindet die Stadt mit dem 30 Kilometer entfernten internationalen Flughafen in sieben Minuten. Bis 2020 sollen Bahnlinien ein Viertel des öffentlichen Verkehrs bewältigen.

Das schnelle Wirtschaftswachstum geht zu Lasten der Umwelt. Luft und Wasser werden durch Kohlekraftwerke, Ölraffinerien, Chemiebetriebe und Stahlwerke stark belastet. Auch der Autoverkehr sowie die starke Bautätigkeit belasten die Umwelt. Die Stadtverwaltung sah sich schon vor Jahren genötigt, besonders stark die Umwelt verschmutzende Betriebe aus dem Zentrum in Randbezirke zu verlagern.

Besonders dringlich ist die Kontrolle des Huangpu, der die Stadt mit Trinkwasser versorgt. Noch vor kurzem musste der Fluss täglich etwa vier Millionen Tonnen ungeklärte Abwässer aus Fabriken und Haushalten aufnehmen. Ferner wollte man die Luftverschmutzung so weit verringern, dass Tage mit „guter Luft" zu 85 Prozent jährlich vorherrschen. ▎

1 Beschreibe die geographische Lage Schanghais (Karte S. 208/209).
2 Charakterisiere Schanghai als wirtschaftliches Zentrum Chinas (**M1**, **M4**).
3 Erläutere die symbolische Bedeutung der höchsten Gebäude in Schanghai (**M1**).
4 Beschreibe Gliederung und Funktion von Pudong (**M1**, **M4**).
5 Erläutere die Auswirkungen der Bevölkerungszunahme (**M2**, **M3**, **M5**).

🌐 WEBCODE: UE644339-055

In diesem Kapitel lernst du
- die Lage von Ländern, in denen Hunger und Unterernährung herrschen, zu verorten,
- Ursachen und Folgen von Hunger zu erläutern,
- unterschiedliche Möglichkeiten der Ernährungssicherung zu charakterisieren und zu vergleichen,
- die Rolle der Frauen bei der Versorgung mit Nahrungsmitteln zu erläutern.

Dazu nutzt du
- thematische Karten,
- Grafiken,
- Bilder,
- Tabellen,
- die Szenariotechnik.

Du beurteilst
- Probleme und Maßnahmen der Ernährungssicherung,
- die grüne Gentechnik als Maßnahme der Ernährungssicherung.

Reisterrassen in Indonesien

Welternährung zwischen Hunger und Überfluss

M 1 *Warten auf Nahrung*

Was heißt eigentlich …

- **Unterernährung?**
  Zustand unzureichender Ernährung; der Kalorienbedarf wird nicht ausreichend gedeckt
- **Fehlernährung?**
  Unzureichende und qualitativ minderwertige Zufuhr von Nahrung
- **akuter Hunger?**
  Zustand weitgehenden oder völligen Mangels an Nahrungsaufnahme
- **Mangelernährung?**
  Zustand unzureichender Ernährung infolge einseitiger Zusammensetzung der Nahrung
- **Überernährung?**
  Nahrungsaufnahme, die mengenmäßig über den täglichen Kalorienbedarf hinausgeht

M 2 *Fachbegriffe*

check-it
- Hungergürtel der Erde verorten
- Nahrungsmittelproduktion und Bevölkerungsentwicklung vergleichen
- Ursachen und Folgen von Hunger erläutern
- Entwicklung der Ernährungssituation beurteilen

Wie viele Menschen kann die Erde ernähren?

Grundsätzlich reicht die Nahrungsmittelproduktion auf der Erde für alle Menschen aus. Pro Kopf stehen rein rechnerisch täglich 2700 Kilokalorien Nahrungsenergie zur Verfügung, deutlich mehr als für eine ausreichende Ernährung nach Ansicht der Welternährungsorganisation (FAO) notwendig sind. Demnach könnten noch mehr als die sieben Milliarden Menschen, die 2012 auf der Erde lebten, ausreichend ernährt werden.

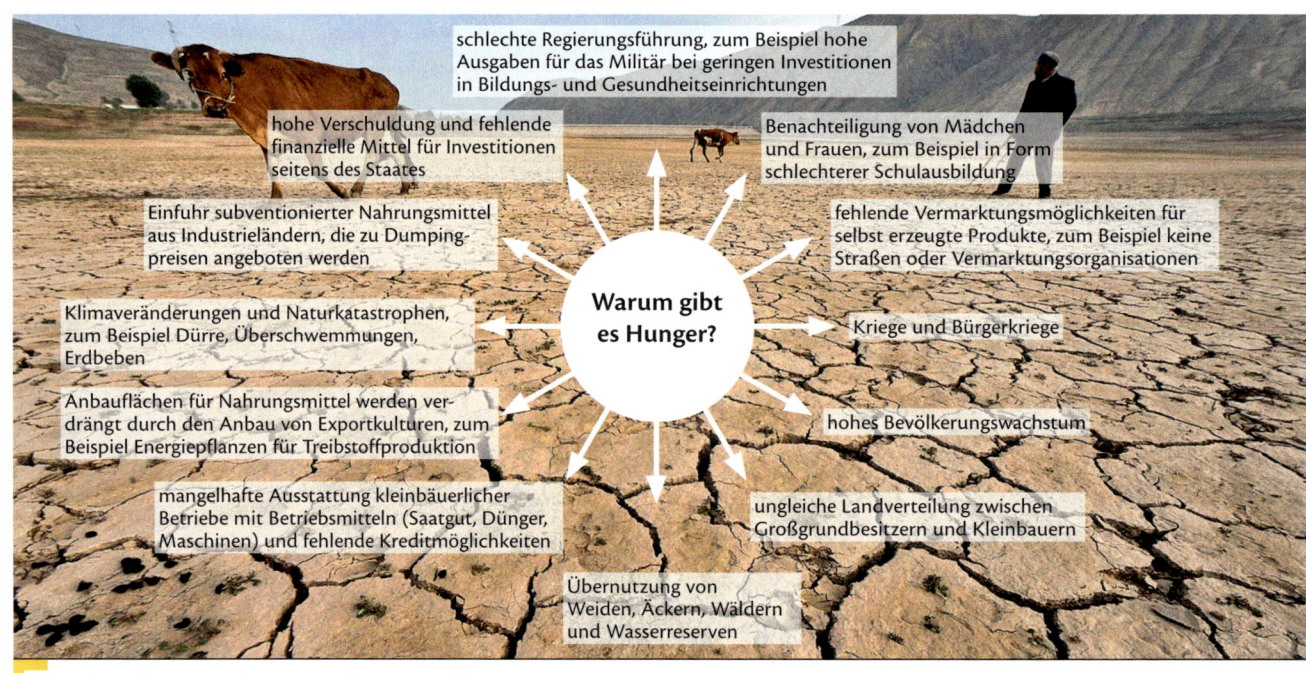

schlechte Regierungsführung, zum Beispiel hohe Ausgaben für das Militär bei geringen Investitionen in Bildungs- und Gesundheitseinrichtungen

hohe Verschuldung und fehlende finanzielle Mittel für Investitionen seitens des Staates

Benachteiligung von Mädchen und Frauen, zum Beispiel in Form schlechterer Schulausbildung

Einfuhr subventionierter Nahrungsmittel aus Industrieländern, die zu Dumpingpreisen angeboten werden

fehlende Vermarktungsmöglichkeiten für selbst erzeugte Produkte, zum Beispiel keine Straßen oder Vermarktungsorganisationen

Klimaveränderungen und Naturkatastrophen, zum Beispiel Dürre, Überschwemmungen, Erdbeben

Warum gibt es Hunger?

Kriege und Bürgerkriege

Anbauflächen für Nahrungsmittel werden verdrängt durch den Anbau von Exportkulturen, zum Beispiel Energiepflanzen für Treibstoffproduktion

hohes Bevölkerungswachstum

mangelhafte Ausstattung kleinbäuerlicher Betriebe mit Betriebsmitteln (Saatgut, Dünger, Maschinen) und fehlende Kreditmöglichkeiten

ungleiche Landverteilung zwischen Großgrundbesitzern und Kleinbauern

Übernutzung von Weiden, Äckern, Wäldern und Wasserreserven

M 3 *Ursachen von Hunger und Unterernährung*

Tatsächlich sind aber noch immer viele Menschen unterernährt oder leiden akuten Hunger. Der Prozentanteil der an Hunger oder Unterernährung Leidenden ist seit den 1980er-Jahren zwar zurückgegangen. Dennoch ist die Zahl der hungernden Menschen insgesamt auf etwa eine Milliarde gestiegen, da gerade in den Ländern, in denen die Ernährungssituation problematisch ist, das Bevölkerungswachstum hoch ist. Die große Mehrzahl der an Hunger leidenden Menschen lebt in ländlichen Gebieten. Sie leiden Hunger, weil sie nicht genug Mittel haben, selbst hinreichend Nahrung zu produzieren oder zu erwerben. Dabei spielen auch die natürlichen Faktoren wie Klima und Boden, die die Nahrungsmittelproduktion vor Ort beeinflussen, eine Rolle.

Internationale Zusammenarbeit

Der Hunger auf der Welt kann nur im Rahmen der Zusammenarbeit aller Staaten wirkungsvoll bekämpft werden. Doch auf internationalen Zusammenkünften wie zum Beispiel dem Welternährungsgipfel in Rom im Jahr 2009 bleibt es meistens bei Absichtserklärungen: Das Recht jedes Menschen auf Nahrung wird zwar anerkannt, aber

M 4 *Entwicklung der Getreidepreise*

verbindliche Hilfsmaßnahmen werden nicht vereinbart. ▌

1 Führt ein Brainstorming durch: Was bedeutet Hunger für mich? Diskutiert eure Ergebnisse und vergleicht diese mit **M 3**.

2 Beschreibe die geographische Lage der Länder, in denen die Hunger- und Ernährungslage ernst bis gravierend ist (Karte S. 59 oben).

3 Erstelle eine Tabelle und sortiere die Ursachen von Hunger und Unterernährung den folgenden Überbegriffen zu: natürliche Ursachen, wirtschaftliche Ursachen,

gesellschaftliche Ursachen und politische Ursachen (**M 1**, **M 2**, **M 4** bis **M 6**).

4 Beschreibe das pro Kopf zur Verfügung stehende Ackerland 1989 und 2025 weltweit und regional. Vergleiche mit der Karte Welthungerindex. Beurteile die Entwicklung der Ernährungssituation (**M 5**, Karte S. 59 oben).

5 Erläutere den Zusammenhang zwischen der Entwicklung der Weltbevölkerung und der Ernährungssituation (**M 6**).

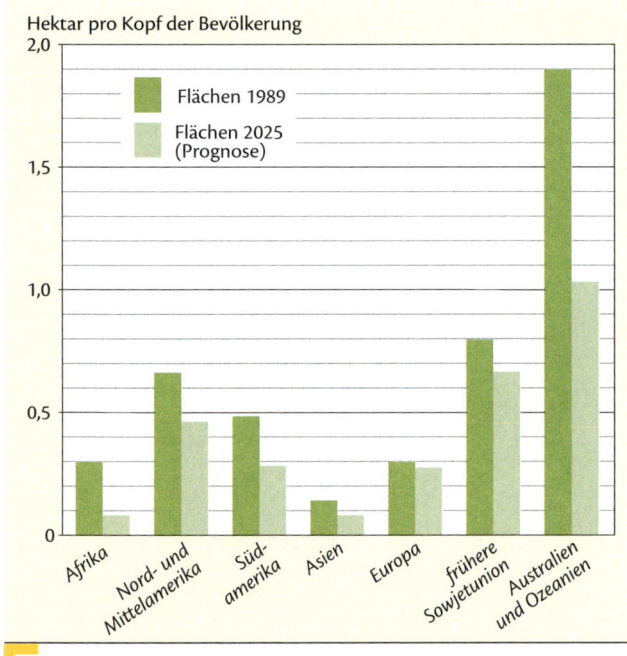

M 5 *Verfügbares Ackerland*

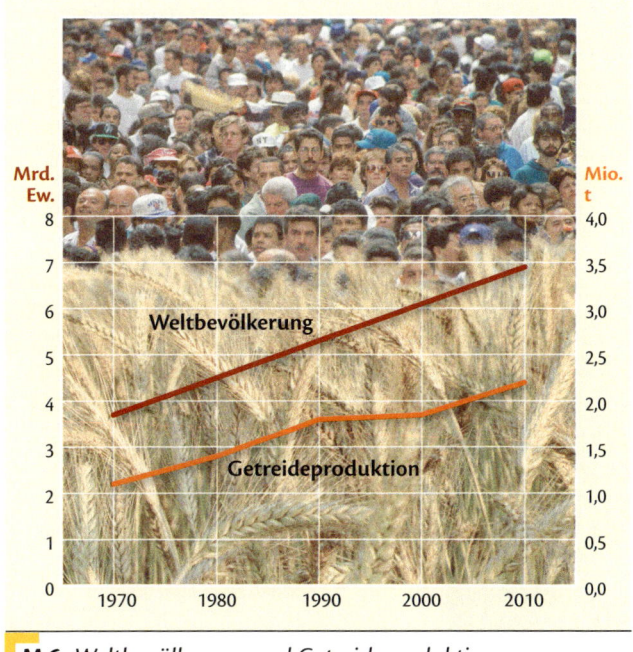

M 6 *Weltbevölkerung und Getreideproduktion*

Hunger macht krank

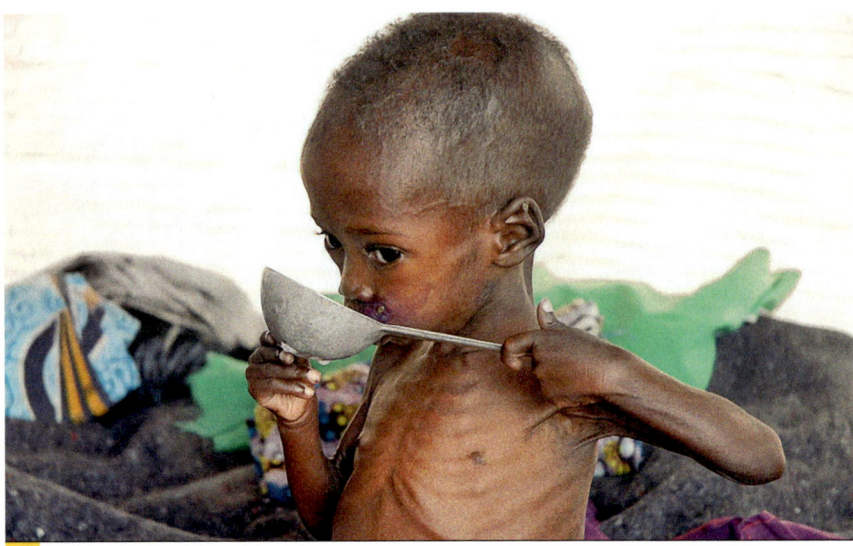

M 1 *Kind in Niger*

Folgen von Hunger und Unterernährung

Alle sechs Sekunden stirbt ein Kind an den Folgeerscheinungen von Hunger. In den ärmeren Ländern ist Unterernährung Mitverursacher, dass jährlich fast elf Millionen Kleinkinder das sechste Lebensjahr nicht erreichen. Mehr als 13 Millionen Kinder werden jährlich mit Untergewicht geboren. Ihre Mütter sind oft überarbeitet und selbst unterernährt, sodass sie das Stillen frühzeitig einstellen. Neugeborene mit großem Untergewicht haben nur geringe Chancen, während ihrer Kindheit den Mangel auszugleichen.

Kinder sind von Unterernährung stärker bedroht als Erwachsene. Sie haben im Zeitraum ihres Wachstums einen verhältnismäßig höheren Nährstoffbedarf. Im Falle von Unterernährung ist ihr Körpergewicht bis zu einem Viertel geringer als das Durchschnittsgewicht eines ausreichend ernährten Kindes vergleichbarer Größe. Früher oder später kommt es zu einer Schwächung der inneren Organe und der Abwehrkräfte. Wenn unterernährte Kinder von Infektionskrankheiten befallen werden, ver-

Eine von den weltweit Hungernden ist die siebenunddreißigjährige Siah aus Liberia. Wie ihr Mann und ihre sechs Kinder hat sie auch an diesem Tag nur einen Schluck Wasser zum Frühstück getrunken und einen Rest Getreidebrei gegessen. Am Nachmittag gibt es Maniok und eine dünne Soße. Eine nährstoffarme Kost, die sie bei Weitem nicht mit den täglich 2300 Kilokalorien versorgt, die von der Ernährungs- und Landwirtschaftsorganisation der Vereinten Nationen empfohlen werden. Siah und ihre Familie sind chronisch unterernährt. [...]
Siah ist oft schon am Morgen völlig erschöpft und schafft es kaum, Wasser zu holen oder auf dem Feld zu arbeiten.

Sie ist eine zierliche Frau und wie viele Menschen in ihrem Dorf von kleinerer Statur als die Menschen aus der reicheren Hauptstadt oder der benachbarten Elfenbeinküste. [...] Auch Siahs Kinder sind kleiner, als sie für ihr Alter sein müssten. Dies ist nicht nur Veranlagung. Dies ist die Folge des dauerhaften Nahrungsmangels, der die Menschen kontinuierlich auszehrt: Ihre Knochen werden brüchig, weil Mineralstoffe fehlen. [...] Eiweißstoffe im Blut verringern sich, sodass der Organismus seinen Schutz vor Infektionskrankheiten verliert und oft schon leichte Erkrankungen tödlich sein können.
(Post, U.: Hunger. Ausmaß, Verbreitung, Ursachen, Auswege. Deutsche Welthungerhilfe, Bonn 2005, S. 2)

M 2 *Was Hungern bedeutet*

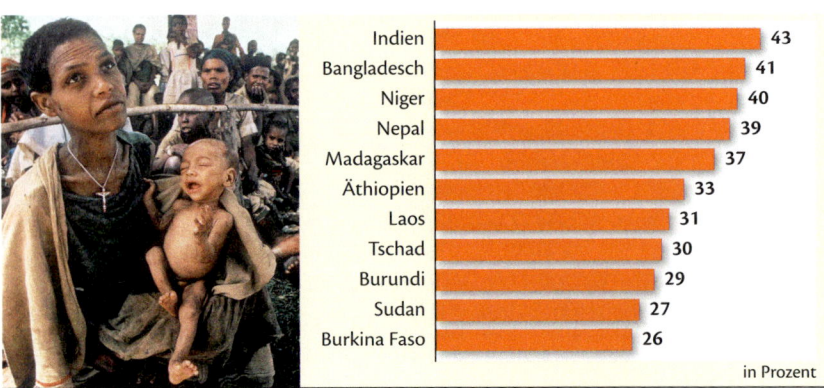

Land	Prozent
Indien	43
Bangladesch	41
Niger	40
Nepal	39
Madagaskar	37
Äthiopien	33
Laos	31
Tschad	30
Burundi	29
Sudan	27
Burkina Faso	26

in Prozent

M 3 *Anteil der unterernährten Kinder in der Altersgruppe bis fünf Jahre (2012)*

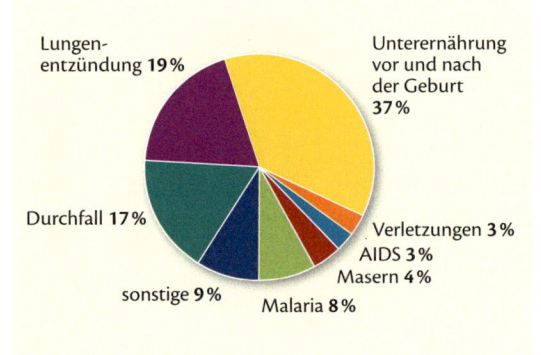

Lungenentzündung 19 %
Durchfall 17 %
sonstige 9 %
Malaria 8 %
Masern 4 %
AIDS 3 %
Verletzungen 3 %
Unterernährung vor und nach der Geburt 37 %

M 4 *Ursachen für Kindersterblichkeit*

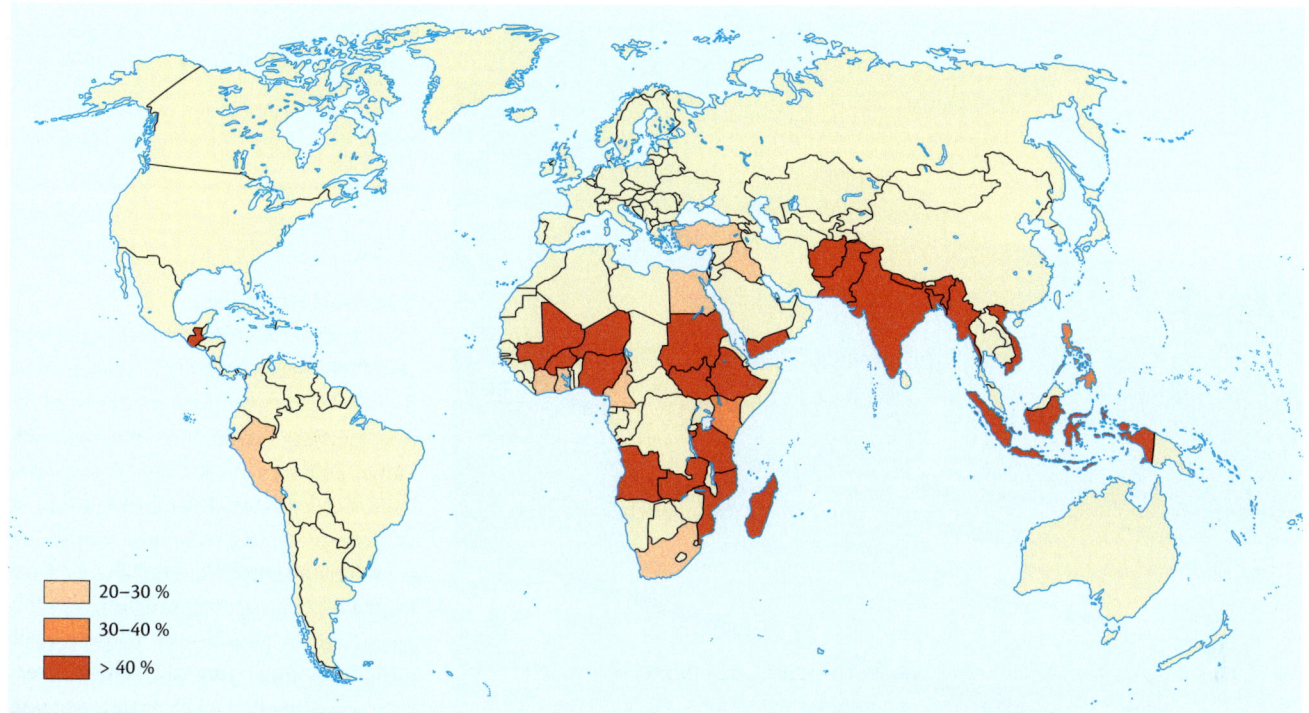

20–30 %
30–40 %
> 40 %

M 5 *Verbreitung von Wachstumsstörungen bei Kindern (dargestellt sind die 36 am stärksten betroffenen Länder)*

fügen ihre geschwächten Körper nicht über genügend Widerstandskraft (Immunabwehr). In der Schule sind unterernährte Kinder antriebsarm und ihre Leistungen sind gering. Deshalb erhalten sie später oft nur schlecht bezahlte Arbeit. Daraus folgt, dass sie nicht über genügend Geld für eine ausreichende Ernährung verfügen. Sie verringern somit ihre eigenen Lebenschancen und möglicherweise zugleich die Lebenschancen ihrer Kinder.

Als „versteckten Hunger" bezeichnen Ärzte einen Mangel an Vitaminen und Mineralien. Besonders Kindern in Entwicklungsländern drohen lebenslange Beeinträchtigungen wie Erblindung oder geistige Behinderungen. Ihre Lernfähigkeit ist ohnehin infolge der Unterernährung vermindert. Schul- und Berufsausbildung können deshalb nur mit Erschwernis verwirklicht werden. Das Ergebnis: Im Erwachsenenalter liegt ihr Einkommen fünf bis zehn Prozent unter dem Durchschnitt.

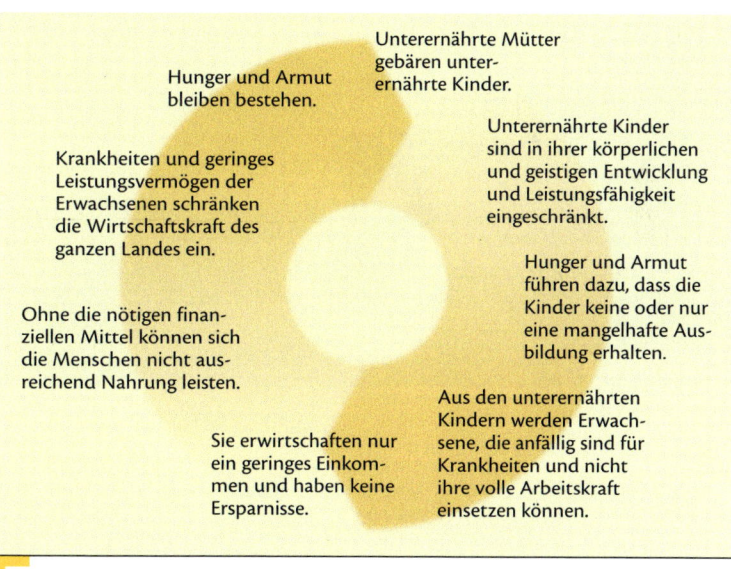

Unterernährte Mütter gebären unterernährte Kinder.

Hunger und Armut bleiben bestehen.

Krankheiten und geringes Leistungsvermögen der Erwachsenen schränken die Wirtschaftskraft des ganzen Landes ein.

Unterernährte Kinder sind in ihrer körperlichen und geistigen Entwicklung und Leistungsfähigkeit eingeschränkt.

Ohne die nötigen finanziellen Mittel können sich die Menschen nicht ausreichend Nahrung leisten.

Hunger und Armut führen dazu, dass die Kinder keine oder nur eine mangelhafte Ausbildung erhalten.

Sie erwirtschaften nur ein geringes Einkommen und haben keine Ersparnisse.

Aus den unterernährten Kindern werden Erwachsene, die anfällig sind für Krankheiten und nicht ihre volle Arbeitskraft einsetzen können.

M 6 *Im Teufelskreis von Hunger und Unterernährung*

1 Beschreibe die Lebenssituation von Siah (**M 2**).
2 Ordne die Länder, in denen Kinder von Hunger und Unterernährung besonders betroffen sind, nach Kontinenten. Lege dazu eine Tabelle an (**M 3, M 5**).
3 Nenne die Hauptursachen für Kindersterblichkeit und erläutere, welche dieser Ursachen auf mangelhafte Ernährung zurückzuführen sind (**M 4**).
4 Erläutere den Teufelskreis des Hungers in einem zusammenhängenden Text (**M 6**).
5 Diskutiert in der Klasse, ob Nahrungsmittelhilfen eine Lösung des Hungerproblems bewirken können.

Indonesien – reicht der Reis für alle?

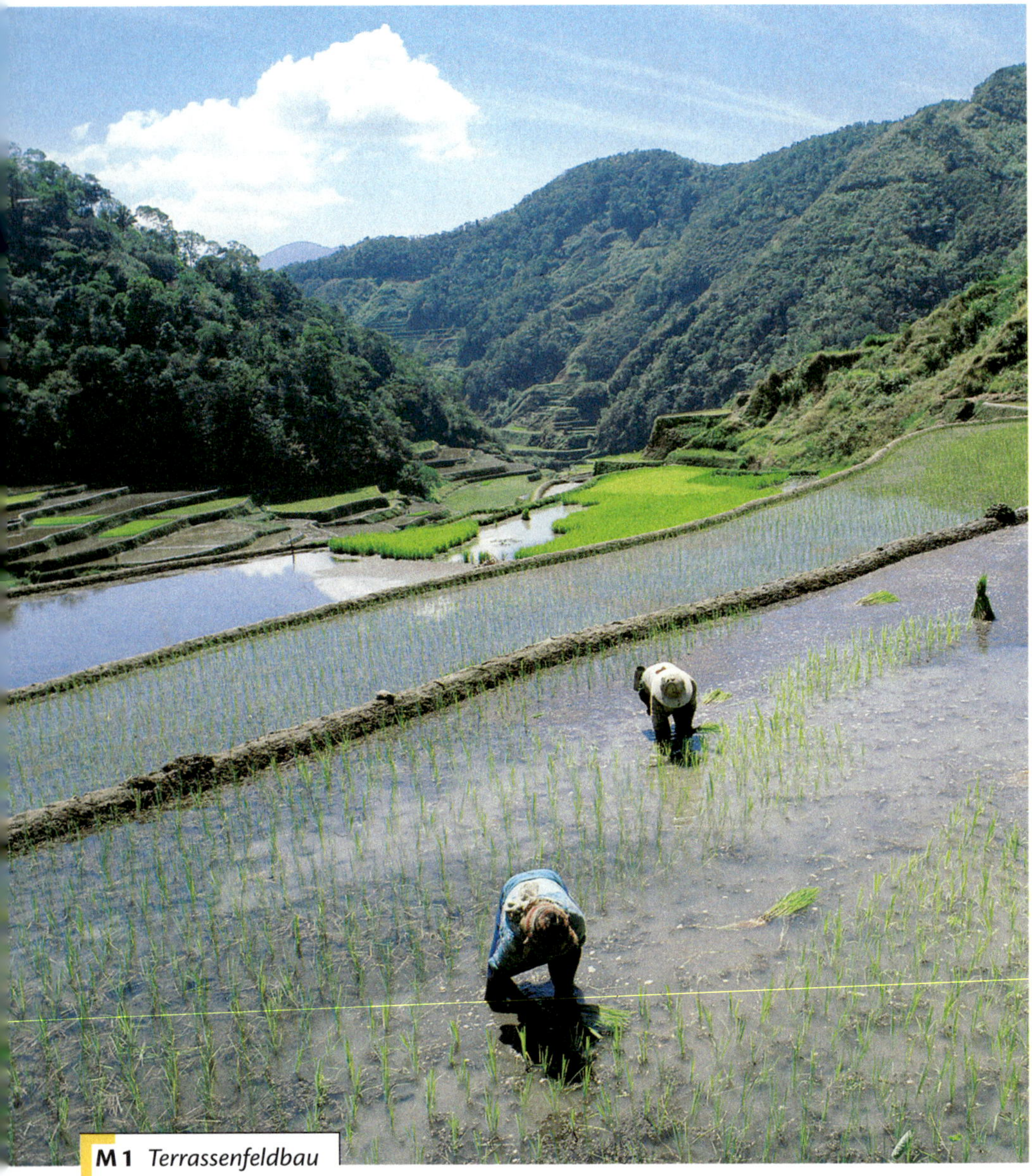

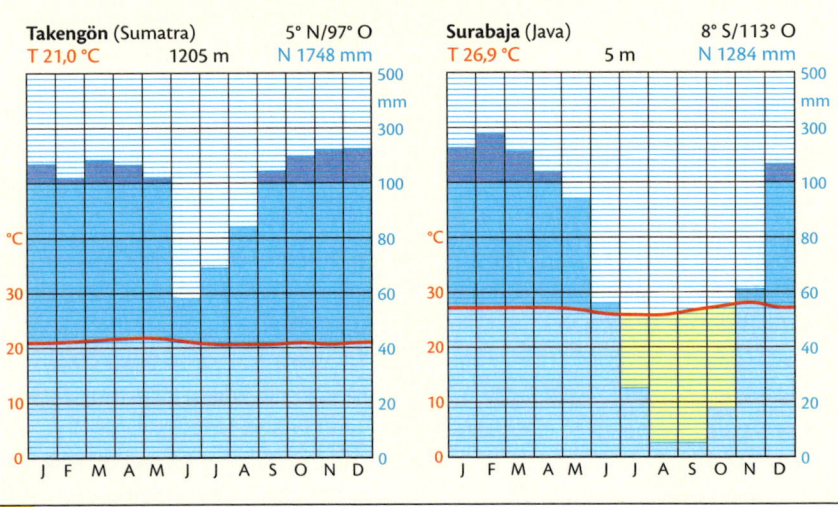

M 1 *Terrassenfeldbau*

check-it
- geographische Lage Indonesiens beschreiben
- Ernährungslage erklären
- Probleme in der Ernährungssicherung beurteilen

Reis bedeutet Essen

Wie in anderen asiatischen Ländern ist „Reis" die Bezeichnung für „Essen", weil es das Hauptgrundnahrungsmittel ist und zu allen Mahlzeiten verzehrt wird. Lange Zeit war Indonesien nicht in der Lage, sich selbst ausreichend mit Reis zu versorgen: Viele Menschen hungerten und Reis musste in großen Mengen importiert werden. Anfang der 1990er-Jahre wurde jedoch die Selbstversorgung mit Reis und anderen Grundnahrungsmitteln wie Mais und Maniok erreicht. Nahrungsmittelimporte in größeren Mengen sind heute nur bei witterungsbedingten Ernteausfällen notwendig.

Grüne Revolution

Zur Erhöhung der Reisproduktion wurden seit den 1970er-Jahren mehrere agrarwirtschaftliche Maßnahmen durchgeführt, die die sogenannte **Grüne Revolution** einleiteten. Dazu zählte vor allem die Züchtung moderner Reissorten. Der „Wunderreis" liefert zwei- bis dreifach höhere Erträge pro Ernte als traditionelle Sorten. Zudem reift er in einer kürzeren Zeit heran, sodass zwei oder sogar drei Ernten pro Jahr eingeholt werden können. Zur Grünen Revolution gehörten weiterhin der Ausbau der Bewässerungsanlagen für den Nassreisanbau, die Gründung eines landesweiten landwirtschaftlichen Beratungssystems sowie eines flächendeckenden Netzes von Dorfbanken. Diese vergaben Kleinbauern Kredite für Saatgut, Dünger und Pflanzenschutzmittel. So wurde ein intensiver Nassreisanbau vor allem auf der Insel Java möglich, der eine steigende Reisproduktion bewirkte.

Takengön (Sumatra)
5° N/97° O
T 21,0 °C
1205 m
N 1748 mm
Surabaja (Java)
8° S/113° O
T 26,9 °C
5 m
N 1284 mm
°C
mm
0 10 20 30
0 20 40 60 80 100 300 500
J F M A M J J A S O N D

M 2 *Klimadiagramme*

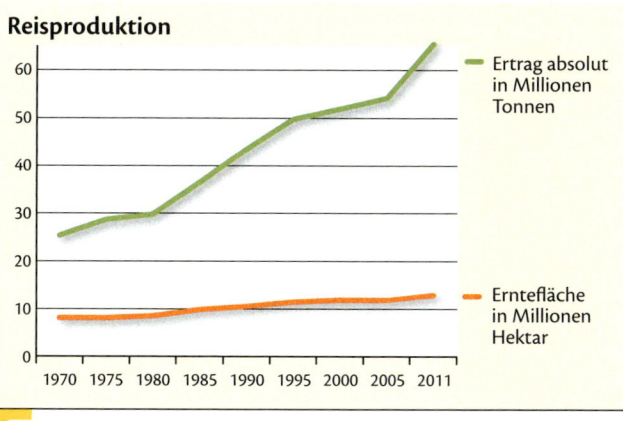

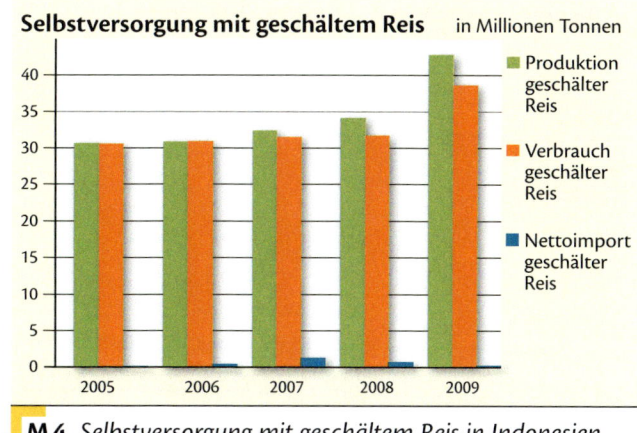

M 3 *Produktion von Reis (ungeschält) in Indonesien*

M 4 *Selbstversorgung mit geschältem Reis in Indonesien*

Verbesserungen in Bildung und Gesundheit

Auf den wirtschaftlichen Erfolgen der Grünen Revolution konnten weitere Entwicklungen aufbauen. Dieses sind insbesondere Fortschritte in der Schulbildung und in der Familienplanung. Heute besuchen fast alle Kinder in Indonesien die Grundschule, 42 Prozent der Kinder sogar weiterführende Schulen. Deshalb hat sich das Heiratsalter junger Frauen insgesamt in Indonesien erhöht. Gleichzeitig ist die Anzahl der Geburten je Frau von 4,3 auf 2,5 gesunken. Infolge dieser Entwicklungen ist das Bevölkerungswachstum auf 1,5 Prozent zurückgegangen. Dies ist für Indonesien, welches mit 241 Millionen Einwohnern zu den bevölkerungsreichsten Ländern der Erde zählt, eine wichtige Voraussetzung, um Armut und Hunger wirksam bekämpfen zu können.

Die Lage ist immer noch ernst

Trotz dieser Entwicklung gilt die Ernährungslage in Indonesien als ernst, da der Anteil der Unterernährten in der Bevölkerung immer noch zu hoch ist. Verantwortlich hierfür ist, dass viele arme Menschen sich eine ausreichende und ausgewogene Ernährung nicht leisten können. Hohe Nahrungsmittelpreise verschärfen zudem die Notlage der armen Bevölkerungsschichten. Zwar wird in Indonesien genug Reis zur Versorgung der Bevölkerung produziert beziehungsweise importiert. Doch diese Rechnung geht nur auf dem Papier auf: In Wirklichkeit kann die Reisproduktion nicht gleichmäßig verteilt werden, da ein exakter Ausgleich zwischen Gebieten mit Überschuss an Reis und Gebieten mit zusätzlichem Reisbedarf organisatorisch nicht machbar ist. Viele Menschen haben daher keinen ausreichenden Zugang zu Nahrungsmitteln.

Die Regierung plant deshalb, die Reisproduktion weiter zu erhöhen. Dieses Ziel ist jedoch schwer zu verwirklichen, denn der Reisanbau in Indonesien steht vor großen Problemen. ▌

1 Beschreibe die geographische Lage Indonesiens (Karten S. 208/209 und 213).

2 Erläutere die Ernährungssituation der Menschen in Indonesien früher und heute (**M 3, M 4**).

3 Erkläre den Einfluss natürlicher und gesellschaftlicher Faktoren auf die Ernährungslage in Indonesien (**M 1, M 2,** Karte S. 59).

4 Beurteile die aktuellen Probleme Indonesiens bei der Ernährungssicherung (**M 5**).

5 Listet in der Klasse auf, was ihr typischerweise zu den verschiedenen Mahlzeiten am Tag esst. Recherchiert in Reiseführern, was die Menschen in Indonesien essen. Bereitet in eurer Klasse anschließend eine typische indonesische Mahlzeit zu, zum Beispiel ein Frühstück. Vergleicht es mit eurer Mahlzeit.

Urbanus Blawir, Vorsteher eines Dorfes (Lurah) bei Surakarta, berichtet:

„In den letzten Jahren konnten wir die Erträge auf den Reisfeldern nicht mehr steigern. Wir haben teuren Dünger in größeren Mengen ausgebracht, aber selbst das hilft nicht. Seit Jahrzehnten holen wir von unseren Feldern zwei bis drei Reisernten im Jahr. Es wird immer der gleiche ertragreiche Reis angebaut ohne Brache. Der Boden steht ständig unter Wasser. Nun sind die Böden einfach ausgelaugt. Der Anbau unseres Reises erfordert zudem einen hohen Einsatz an Pflanzenschutzmitteln, weil die Sorte sehr anfällig ist gegenüber Krankheiten und Schädlingen. All das kostet Geld. Dazu kommt das Problem, dass Wasser für den Reisanbau knapper wird. Zum einen steigt in den wachsenden Städten der Wasserbedarf. Zum anderen werden riesige Wälder, die zuvor viel Wasser gespeichert und langsam abgegeben haben, abgeholzt, um andere Exportkulturen anzubauen. Ständig werden deshalb die Preise für Bewässerungswasser angehoben. Der Reisanbau wird dadurch immer weniger lohnenswert. Und dabei ist die Arbeit auf dem Reisfeld körperlich so beschwerlich. Die Jugendlichen in unserem Dorf suchen sich daher lieber Arbeit außerhalb der Landwirtschaft. Einige Bauern in unserem Dorf sind schon am Reden, dass sie ihr Land lieber an Investoren verkaufen wollen, damit es Siedlungs- oder Industriefläche wird, als es in Zukunft weiter selbst zu bewirtschaften."

M 5 *Bericht eines Dorfvorstehers zu den Problemen im Reisanbau auf Java*

Nahrung aus dem Meer

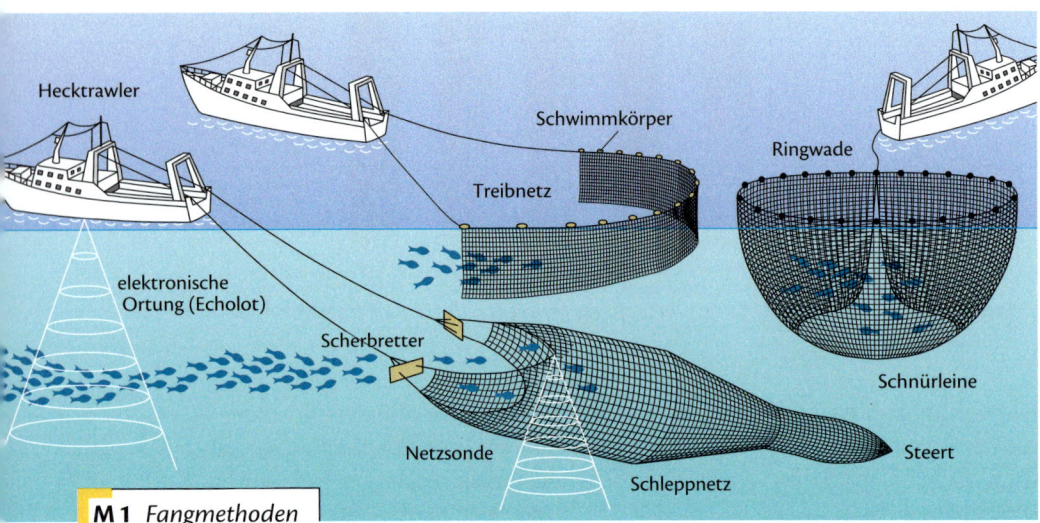

M 1 *Fangmethoden*

Labels in figure: Hecktrawler, Schwimmkörper, Ringwade, Treibnetz, elektronische Ortung (Echolot), Scherbretter, Schnürleine, Netzsonde, Schleppnetz, Steert

Vor allem das Fischeiweiß hat für eine gesunde Ernährung große Bedeutung. Der Fettgehalt von Fischen ist äußerst unterschiedlich. So enthält Hering im Gegensatz zum Dorsch mehr Fett. Die Fette im Fisch sind wichtig für die Entwicklung der Gehirnfunktion.

Moderner Fischfang

Trawler sind mit modernster Computertechnologie und präzise arbeitenden Navigationsinstrumenten ausgerüstet. Satelliten überprüfen in zwei Minuten eine Fläche nach Fischschwärmen, für die ein Schiff früher elf Jahre benötigt hätte. Sonargeräte peilen die Fischschwärme mit Schallwellen an und orten diese. Schwimmt ein Fischschwarm unter dem Fangschiff, verändert der Kapitän die Fahrtgeschwindigkeit und die Tiefe der riesigen Netze. Die Netze sind zwar computergesteuert, dennoch ist der Beifang – also ungewollt gefangene Fische, die nicht ver-

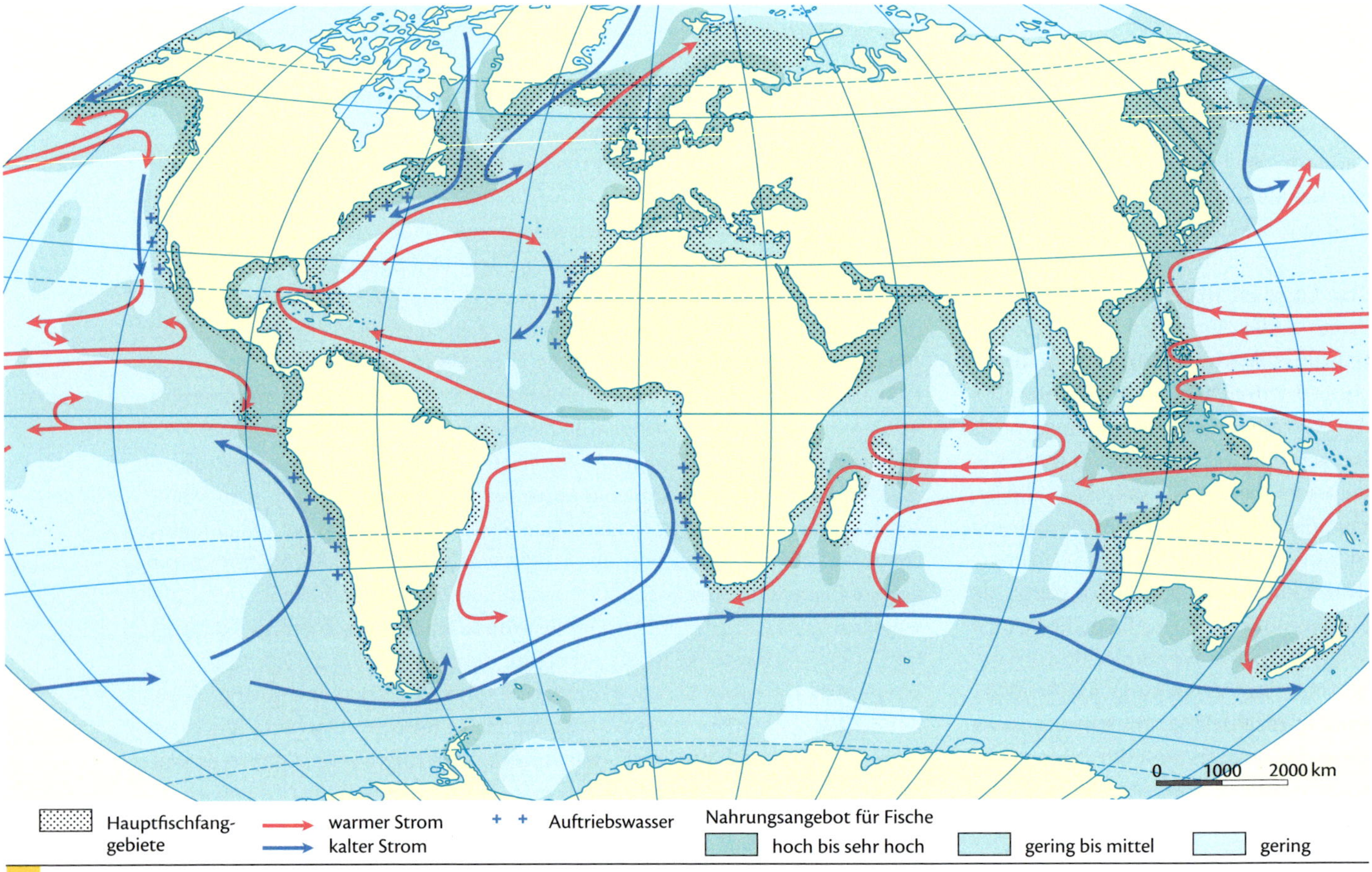

check-it
- Lage der fischreichen Gebiete beschreiben und Bezug zu den Meeresströmungen herstellen
- moderne Fangmethoden kennen
- Entwicklung von Aquakulturen erläutern
- Maßnahmen gegen Überfischung bewerten

Fisch – ein wertvolles Nahrungsmittel

Fisch gehört zu den Grundnahrungsmitteln. Bei den Japanern zum Beispiel steht Fisch täglich auf dem Speiseplan. Fisch enthält lebensnotwendige Stoffe wie Eiweiß, Mineralien und Vitamine.

0   1000   2000 km

▨ Hauptfischfanggebiete	→ warmer Strom	+ + Auftriebswasser	Nahrungsangebot für Fische	
	→ kalter Strom		▨ hoch bis sehr hoch	□ gering bis mittel	□ gering

M 2 *Meeresströmungen und Fischfanggebiete*

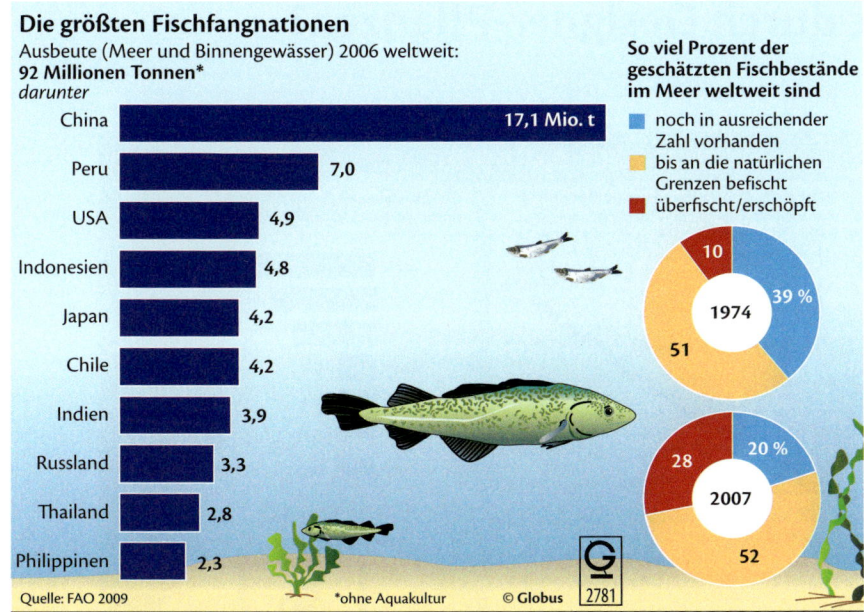

M 3 *Fischfang und Fischbestände*

die Maschenweite der Netze festgelegt. Hundert Fischfangnationen verpflichteten sich zudem, die Fischbestände auch außerhalb ihrer Hoheitsgewässer zu schützen. Der Rückgang der Fangmengen verhalf den Fischfarmen zu großem Aufschwung. Bei der **Aquakultur** wird in Farmbetrieben Fisch gezüchtet in eng umgrenzten Gebieten. Die Aquakulturen bringen aber auch Probleme mit sich. Die Zuchtbecken verschmutzen durch Fäkalien und Futterreste. Um Krankheiten entgegenzuwirken, müssen große Mengen Antibiotika gegeben werden, die über den Fisch in die Nahrung des Menschen gelangen können.

wertet werden können – sehr groß. Durch das regelrechte „Leerfegen" des Meeres durch die Trawler kommt es zur **Überfischung**.

Auf dem Fangschiff werden die Fische an Fließbändern sofort sortiert und entschuppt, ausgenommen, entgrätet und zu Fischfilet, Konserven oder Fischmehl verarbeitet. Die schwimmenden Fabriken bleiben oft monatelang auf See.

Lebensraum Meer

Den Lebewesen der Meere steht bei einer durchschnittlichen Tiefe der Ozeane von 4000 Metern ein etwa dreihundertfach größerer Lebensraum zur Verfügung als den Landlebewesen. Das Meer ist dadurch eine reichhaltige Nahrungsquelle. Weltweit werden 15 Prozent des Bedarfs an tierischem Eiweiß aus dem Meer gedeckt. Aber die Lebensvoraussetzungen der Fische sind nicht in allen Gebieten gleich. Der Fischbestand hängt von der Fruchtbarkeit der Meeresräume ab. Fruchtbar sind nur ungefähr 20 Prozent der Ozeane. Der Lichteinfall, der Wasserdruck, die Wassertemperatur und das Nahrungsangebot bestimmen den Fischbestand. Bei abnehmendem Lichteinfall und bei zunehmender Tiefe werden die Lebensbedingungen ungünstiger. Im Oberflächenwasser der Meere befindet sich Plankton, im Wasser schwebende, sehr kleine tierische und pflanzliche Lebewesen, die Licht und Nährsalze benöti-

gen. Nährsalze gibt es besonders in den küstennahen Meeresgebieten und den kalten Meeren der gemäßigten Zone. Dort durchmischt sich das Wasser regelmäßig bis in eine Tiefe von 1000 Metern, weil die Wassertemperatur zwischen Sommer und Winter schwankt. Dabei gelangen Nährsalze an die Oberfläche. In der tropischen Zone ist die Wassertemperatur konstant und es kommt zu keiner Umschichtung der Nährstoffe. Die Meersalze verbleiben im unteren Meeresbereich.

Maßnahmen gegen Überfischung

Zwei Drittel aller Fischgründe sind überfischt. Deshalb wird in internationalen Fischereiabkommen bestimmt, welche Fischarten in welchen Mengen gefischt werden dürfen. Zudem wird

1 Beschreibe und erläutere die Lage der Hauptfischfanggebiete (**M 2**, **M 3**).

2 Erläutere, warum das Nahrungsangebot für Fische nicht in allen Meeren gleich ist (**M 2**).

3 Erkläre die modernen Methoden des Fischfangs und benenne die Probleme, die sich dadurch ergeben (**M 1**, **M 3**).

4 Erläutere die Entwicklung der Aquakulturen (**M 3**, **M 4**).

5 Erstelle eine Tabelle, in die du Maßnahmen gegen Überfischung einträgst sowie ihre Vor- und Nachteile (**M 1**, **M 4**).

6 Diskutiert in der Klasse, welche der Maßnahmen besonders wirkungsvoll sind.

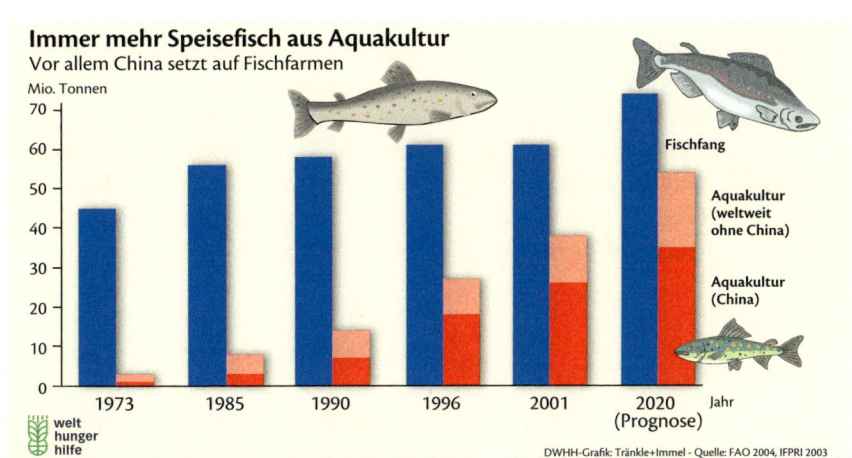

M 4 *Speisefische aus Aquakulturen*

GENiale Zeiten – satt durch Designer-Pflanzen?

check-it
- Verbreitung und Entwicklung des Anbaus gentechnisch veränderter Pflanzen beschreiben
- Begriff „Grüne Gentechnik" erklären
- Chancen und Risiken der Grünen Gentechnik erläutern
- Pro-und-Kontra-Diskussion führen
- Stellung nehmen zur Grünen Gentechnik als Instrument der Ernährungssicherung

Was ist Grüne Gentechnik?

Die Gentechnik ist ein Teilgebiet der Biotechnologie. Sie umfasst Methoden und Verfahren, die gezielt in das Erbgut von Lebewesen und Pflanzen eingreifen. Gentechnik findet Anwendung z. B. in der Humanmedizin (Medizinbereich für Menschen), der Nahrungsmittelverarbeitung, der industriellen Produktion oder in der Landwirtschaft. Im letzteren Fall wird sie auch „Grüne Gentechnik" oder „Agrar-Gentechnik" genannt. Das bisherige Hauptziel der Grünen Gentechnik ist die Veränderung von Pflanzen: Durch direkte Eingriffe in das Erbgut sollen Pflanzensorten entstehen, die mithilfe gewöhnlicher Züchtungsverfahren nicht oder nicht so schnell erreicht werden können.

Was sind GVO?

Gentechnisch veränderte Organismen – Lebewesen, in deren Erbgut mittels gentechnischer Verfahren eingegriffen wurde. Zum Beispiel wird in das Erbgut einer Pflanze ein fremdes Gen aus einer anderen Pflanzenart übertragen. Auf diese Weise sollen bestimmte Eigenschaften wie die Widerstandsfähigkeit gegen Schädlinge oder gegen Pflanzenschutzmittel erzielt werden.

M 1 *Begriffe*

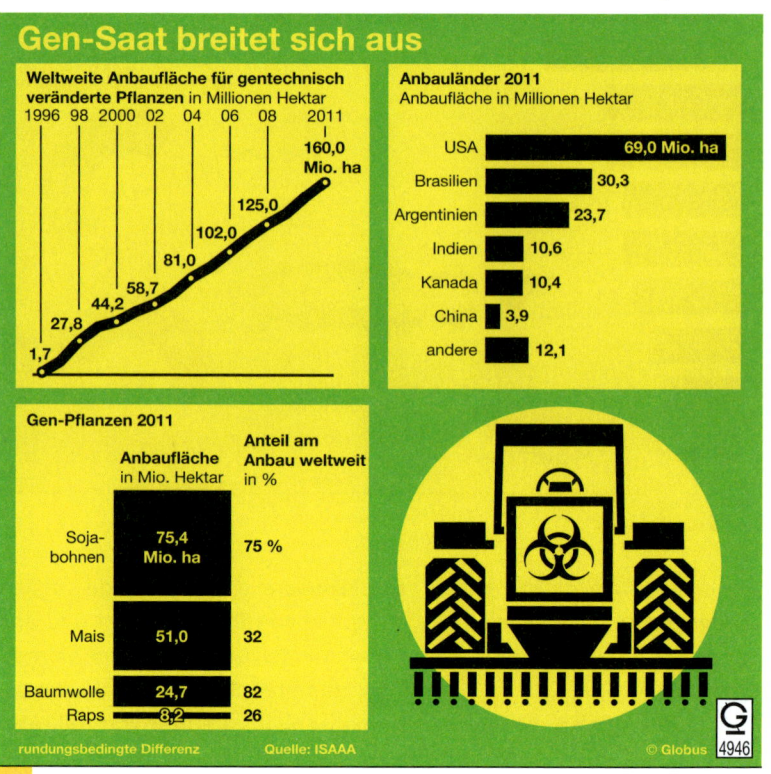

Gen-Saat breitet sich aus

Weltweite Anbaufläche für gentechnisch veränderte Pflanzen in Millionen Hektar
1996 98 2000 02 04 06 08 2011

160,0 Mio. ha
125,0
102,0
81,0
58,7
44,2
27,8
1,7

Anbauländer 2011
Anbaufläche in Millionen Hektar

USA	69,0 Mio. ha
Brasilien	30,3
Argentinien	23,7
Indien	10,6
Kanada	10,4
China	3,9
andere	12,1

Gen-Pflanzen 2011

	Anbaufläche in Mio. Hektar	Anteil am Anbau weltweit in %
Sojabohnen	75,4 Mio. ha	75 %
Mais	51,0	32
Baumwolle	24,7	82
Raps	8,2	26

rundungsbedingte Differenz   Quelle: ISAAA   © Globus 4946

M 2 *Anbauflächen und Anbauländer gentechnisch veränderter Pflanzen*

Gentechnisch verändertes Essen auf unserem Teller

Immer mehr Menschen konsumieren immer mehr genveränderte Nahrungsmittel – bewusst oder unbewusst. So nehmen wir beispielsweise Fleisch, Milch und Eier zu uns von Tieren, die mit gentechnisch veränderten Sojabohnen gefüttert wurden. Diese Nahrungsmittel müssen für den Verbraucher nicht entsprechend gekennzeichnet werden. Oder wir essen Süßwaren, die Zutaten aus genverändertem Mais enthalten. Hier muss auf der Verpackung ein Hinweis auf die verwendeten GVO stehen, allerdings nur, wenn der Anteil der GVO-Spuren an der einzelnen Zutat oder am Produkt insgesamt mehr als 0,9 Prozent ausmacht. Dies regelt die EU-Verordnung zur Lebensmittelkennzeichnung.

Designer-Pflanzen zur Sicherung der Welternährung

Zu der Frage nach der Notwendigkeit gentechnisch veränderter Pflanzen liegen zwischen Experten und Interessengruppen wie Landwirten und Agrarunternehmen sehr unterschiedliche Auffassungen vor. Fest steht allerdings, dass mithilfe gentechnischer Verfahren gezüchtete Designer-Pflanzen bisher keinen wirksamen Beitrag zur Verbesserung der Welternährungslage geleistet haben. Neue Forschungsergebnisse könnten die Situation jedoch jederzeit ändern.

ICH BRAUCH ALSO WUNDER-DÜNGER, WUNDERSAATGUT, WUNDERGIFTE... ES WÄR' EIN WUNDER, WENN ICH DAS ALLES BEZAHLEN KÖNNTE!

M 3 *Karikatur*

Höhere Erträge

Genetisch veränderte Pflanzen sollen helfen, die Ernährung der Menschen weltweit zu sichern. Ziele der gentechnischen Forschungsarbeit sind unter anderem Pflanzen an schlechtere Böden oder Klimabedingungen anzupassen und trotz einfacher Anbaumethoden höhere Erträge zu erreichen.

Nutzen für Umwelt und Landwirtschaft

Grüne Gentechnik soll dazu beitragen, Nahrungsmittel umweltfreundlicher und wirtschaftlicher herzustellen. Der Anbau von Pflanzen, die gegen bestimmte Herbizide resistent sind, ermöglicht zum Beispiel eine großflächige Anwendung von sogenannten Breitbandherbiziden gegen Ackerkräuter. Dadurch sollen der Einsatz spezieller Pflanzenschutzmittel reduziert sowie Arbeitszeit und Betiebskosten eingespart werden.

Schutzrechte auf Pflanzen und Tiere

Unternehmen, die zum Beispiel gentechnisch veränderte Pflanzen entwickelt haben, beanspruchen Schutzrechte nicht nur auf das Saatgut, sondern auch auf die Ernte oder sogar die weiterverarbeiteten Produkte. Dieser Trend kann Landwirte in immer größere Abhängigkeit von Agrarunternehmen führen, da sie Eigentums- und Verkaufsrechte an die Unternehmen abgeben müssen. Parallel ist der Erwerb des entsprechenden Saatguts teuer und unterstützt die Abhängigkeit von Kreditgebern.

Zweifel an Nutzen von GVO

Der seitens der Industrie angepriesene Nutzen von GVO wie höhere Erträge und Schonung der Umwelt wird von vielen Umweltorganisationen angezweifelt. Studien zeigten, dass Landwirte nicht weniger Pflanzenschutzmittel auf Anbauflächen gentechnisch veränderter Pflanzen versprühen würden als auf herkömmlichen Ackerflächen. Teilweise seien auch Ertragseinbußen zu verzeichnen.

Keine Garantie für die Sicherheit der GVO

Gentechnisch veränderte Nutzpflanzen können ihre neuen Gene an verwandte Wildpflanzen weitergeben. Diese könnten dann zum Beispiel widerstandsfähig gegen Unkrautbekämpfungsmittel (**Herbizide**) werden und außer Kontrolle geraten. Zudem ist es möglich, dass GVO die Widerstandsfähigkeit von Insekten gegen Pflanzenschutzmittel fördern. Dann müsste der Einsatz von **Insektiziden** sogar erhöht werden.

Bessere Ernährung

Mithilfe von GVO sollen qualitativ verbesserte Nahrungsmittel hergestellt werden, um Mangel- oder Fehlernährung zu verhindern. Dazu zählen:
- Getreide und Ölsaaten mit höherem Eiweißgehalt,
- Nutzpflanzen mit verbessertem Vitamin- oder Mineralstoffgehalt (z. B. der Goldene Reis mit erhöhtem Vitamin-A-Gehalt),
- fettarme Lebensmittel oder Produkte mit verbesserter Fettzusammensetzung.

M 4 *Grüne Gentechnik – Chancen und Risiken*

---

1 Erkläre den Begriff „Grüne Gentechnik" (**M 1**).

2 Beschreibe die Verbreitung und Anbauentwicklung gentechnisch veränderter Pflanzen (**M 2**).

3 Werte die Texte aus. Stelle Nutzen und Gefahren gentechnisch veränderter Pflanzen in einer Tabelle gegenüber (**M 4**).

4 Führt in der Klasse eine Pro-und-Kontra-Diskussion durch zum Thema „Gentechnisch veränderte Pflanzen gegen den Hunger!?" (**M 3, M 4, ✐**).

5 Führt eine Erhebung im Supermarkt durch und sucht nach gentechnisch veränderten Nahrungsmitteln, die eine entsprechende Kennzeichnung aufweisen (z. B. Backwaren, Süßwaren, Fertig-, Tiefkühlgerichte, die Verarbeitungsprodukte aus Soja oder Mais enthalten).

Ernährungssicherung durch nachhaltiges Wirtschaften

① Forstwirtschaft; ② Hoffläche: Wohnhaus, Stall, überdachter Mistplatz;
③ Hausgarten; ④ Hecke aus Hülsenfrüchten (z. B. Bohnen); ⑤ Brachfläche;
⑥ Dammbeet; ⑦ Feldstreifen mit Mischkultur; ⑧ Weide; ⑨ Unkraut-
bekämpfung durch Pflügen mit einem Ochsengespann

M 1 *Nachhaltige Landwirtschaft in den immerfeuchten Tropen*

check-it _____
- Begriff „Nachhaltigkeit" erklären
- Maßnahmen nachhaltigen Wirtschaftens in der Landwirtschaft erläutern
- Zusammenwirken verschiedener Bereiche bei der Ernährungssicherung beschreiben
- Notwendigkeit nachhaltigen Wirtschaftens beurteilen

Nachhaltiges Wirtschaften als Chance für die Zukunft

Um die weiter anwachsende Weltbevölkerung auch in Zukunft ernähren zu können, müssen in den nächsten Jahren immer mehr Nahrungsmittel produziert werden. Das wird Auswirkungen auf die natürlichen Ressourcen, von denen die Landwirtschaft abhängig ist, wie Wasser, Flächen für den Anbau und mineralischen Dünger haben, die nur begrenzt zur Verfügung stehen.

Eine langfristig bessere Versorgung der Menschen mit Grundnahrungsmitteln ist nur durch eine **nachhaltige Landnutzung** zu erreichen. Darunter versteht man eine Form der Landwirtschaft, die im Einklang mit der Natur steht, indem sie die natürlichen Ressourcen schont und die materiellen, sozialen und kulturellen Bedürfnisse der Menschen im ländlichen Raum berücksichtigt. Nicht kurzfristig zu erzielende Gewinne und Erträge stehen im Vordergrund, sondern die Notwendigkeit, dass die angewandten Formen der Landnutzung nachhaltig, das heißt zukunftsfähig sein müssen, damit auch kommende Generationen von und auf dem Land leben können.

	Alphabetisierungsrate der 15- bis 24-Jährigen 2005–2010 (%)		Einschulungsrate 2005–2011 (%)			
			Grundschulen		weiterführende Schulen	
	männlich	weiblich	Jungen	Mädchen	Jungen	Mädchen
Indien	75	51	92	89	59	49
Laos	82	63	91	87	39	35
Niger	43	15	68	57	13	8
Äthiopien	42	18	84	79	31	20
Deutschland	99	99	98	97	98	99

M 2 *Bildungschancen im Vergleich*

Wirtschaftlicher Bereich
- Verdienstmöglichkeiten vor Ort außerhalb der Landwirtschaft schaffen
- lokale Märkte auf dem Land aufbauen, um die eigenständige Vermarktung heimischer Produkte zu fördern
- Kleinbauern günstige Kredite und somit den Kauf von Betriebsmitteln wie Arbeitsgeräten, Saatgut, Dünger ermöglichen
- Ausbau von Verkehrswegen auf dem Land

Gesellschaftlicher Bereich
- Investitionen in Bildungseinrichtungen und vor allem Mädchen und Frauen eine Schul- und Berufsausbildung ermöglichen
- Bevölkerung in Familienplanung beraten
- Bevölkerung über ausreichende und gesunde Ernährung informieren
- medizinische Versorgung vor Ort verbessern

Nachhaltiges Wirtschaften – Maßnahmen zur Ernährungssicherung

Ökologischer Bereich
- durch landwirtschaftliche Anbaumethoden wie Fruchtwechsel und mehrstufige Mischkultur die Bodenfruchtbarkeit erhalten und verbessern
- im geschlossenen Nährstoffkreislauf wirtschaften, z.B. Stallmist und Kompost als Dünger einsetzen
- Nutzung alternativer Energien wie Solarenergie, um die Abholzung zu vermindern

Politischer Bereich
- internationale Zusammenarbeit und den Austausch von Wissen fördern
- über Agrarreformen Kleinbauern rechtlich gesicherten Zugang zu Land und Wasser ermöglichen
- Rechte von unabhängigen Organisationen stärken, damit sie die Interessen der Benachteiligten besser vertreten können

M 3 *Maßnahmen zur Ernährungssicherung im Sinne des nachhaltigen Wirtschaftens*

Hunger bekämpfen – nachhaltig

Besonders in den ländlichen Regionen der Entwicklungsländer ist die Produktivität in der Landwirtschaft häufig sehr gering. Es fehlt an ausreichend fruchtbarem Land, Wasser, Kenntnissen und finanziellen Mitteln zum Kauf hochwertigen Saatguts. Durch nachhaltiges Wirtschaften sollen die zur Verfügung stehenden Ressourcen so genutzt werden, dass eine langfristige Steigerung der Nahrungsmittelproduktion vor Ort erreicht wird. Ziel ist es, dass Nahrungsmittel nicht über weite Strecken transportiert und verteilt werden müssen, sondern da produziert werden, wo sie gebraucht werden. Eine wichtige Maßnahme ist die Schulung der ländlichen Bevölkerung. So kann die Fruchtbarkeit des Bodens zum Beispiel durch Fruchtwechsel gesteigert werden. Bauern aus Asien, Afrika und Lateinamerika, die vor der Maisaussaat eine spezielle Bohnenart einsetzten, die Stickstoff im Boden bindet, erreichten ohne zusätzliche Kosten die gleichen Erträge wie ein konventioneller Landwirt durch den Einsatz von 130 Kilogramm Kunstdünger.

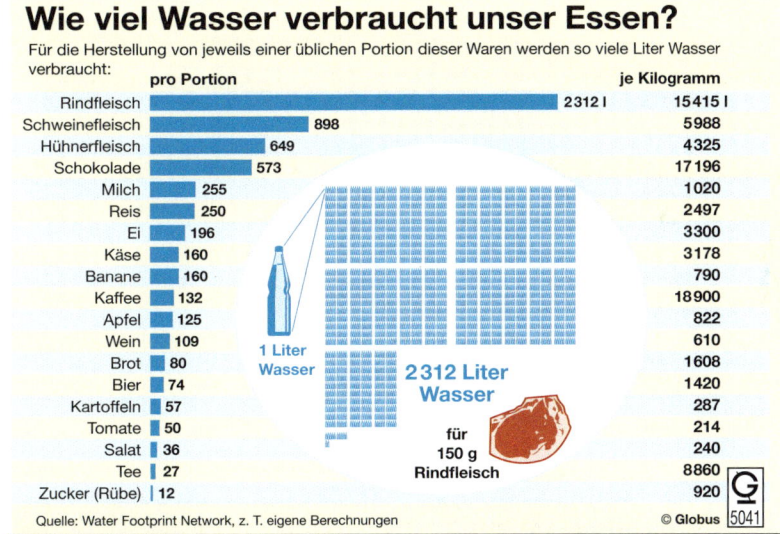

M 4 *Wasserbedarf für die Herstellung von Nahrungsmitteln*

1 Erkläre, was man unter nachhaltigem Wirtschaften versteht (**M 1**, **M 3**).

2 Erläutere am Beispiel der landwirtschaftlichen Nutzung der immerfeuchten Tropen Maßnahmen des nachhaltigen Wirtschaftens (**M 1**).

3 Erkläre, welche Bedeutung die Bildung bei der Ernährungssicherung durch nachhaltiges Wirtschaften hat (**M 2**, **M 3**).

4 Beschreibe das Zusammenwirken der verschiedenen Bereiche bei den Maßnahmen zur Ernährungssicherung (**M 3**).

5 Die Wasservorräte sind begrenzt. Diskutiert, welche Nahrungsmittel man im Sinne der Nachhaltigkeit eher sparsam konsumieren sollte (**M 4**).

6 Nimm begründet Stellung zu der Aussage, dass nachhaltiges Wirtschaften unbedingt erforderlich ist (**M 1** bis **M 4**).

 WEBCODE: UE644339-073

Frauenpower in Entwicklungsländern

M 1 *Frauen bei der Feldarbeit*

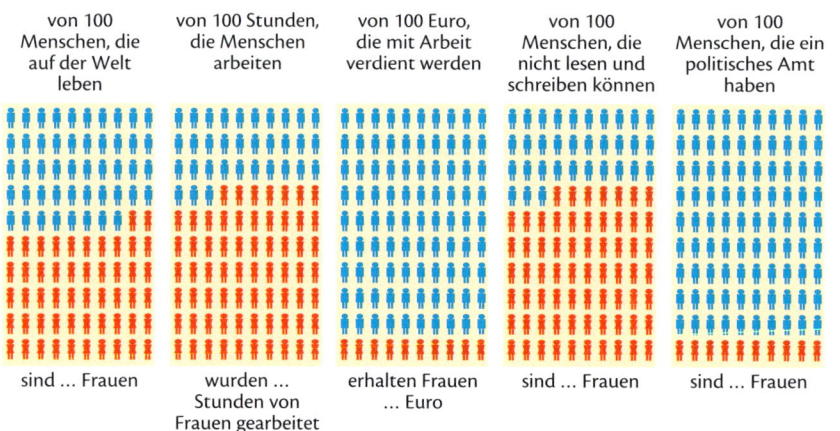

M 2 *Relative Anteile von Frauen*

Frauen ernähren ihre Familien

In vielen Ländern leisten Frauen die meiste Arbeit in der Landwirtschaft. Obwohl die Männer die Felder pflügen, tragen die Frauen die Hauptlast bei der Ernährung der Familie. Etwa die Hälfte aller landwirtschaftlichen Erzeugnisse wird von ihnen produziert, in Afrika sogar bis zu 80 Prozent. Sie bauen Grundnahrungsmittel an, verarbeiten sie und verkaufen Überschüsse auf dem Wochenmarkt. Einen Teil des Erlöses müssen sie dabei häufig an ihre Männer abgeben.

Frauen arbeiten meist mehr als 16 Stunden am Tag, wobei der größte Teil der Arbeit der Ernährungssicherung der Familie dient. In Afrika und Asien arbeiten Frauen bis zu 13 Stunden in der Woche länger als Männer. Allein vier Stunden pro Tag sind sie in vielen afrikanischen Teilräumen damit beschäftigt, Wasser und Feuerholz zu beschaffen.

Feminisierung der Landwirtschaft

In vielen Ländern Afrikas und Asiens werden die meisten landwirtschaftlichen Kleinbetriebe heute von Frauen geführt, da die Männer in die Städte abgewandert sind, um dort einer bezahlten Arbeit nachzugehen. Das bezeichnet man als **Feminisierung der Landwirtschaft.** Doch obwohl die Frauen die Betriebe führen, liegt der Landbesitz in Händen der Männer. In vielen Ländern ist es Frauen verboten, Land zu besitzen. Aber ohne Land erhalten sie keine Kredite – zum Beispiel für Saatgut, Werkzeuge oder Düngemittel. Hierdurch wird eine erfolgreiche wirtschaftliche Entwicklung in diesen Ländern behindert.

M 3 *Frauen beim Hirsestampfen*

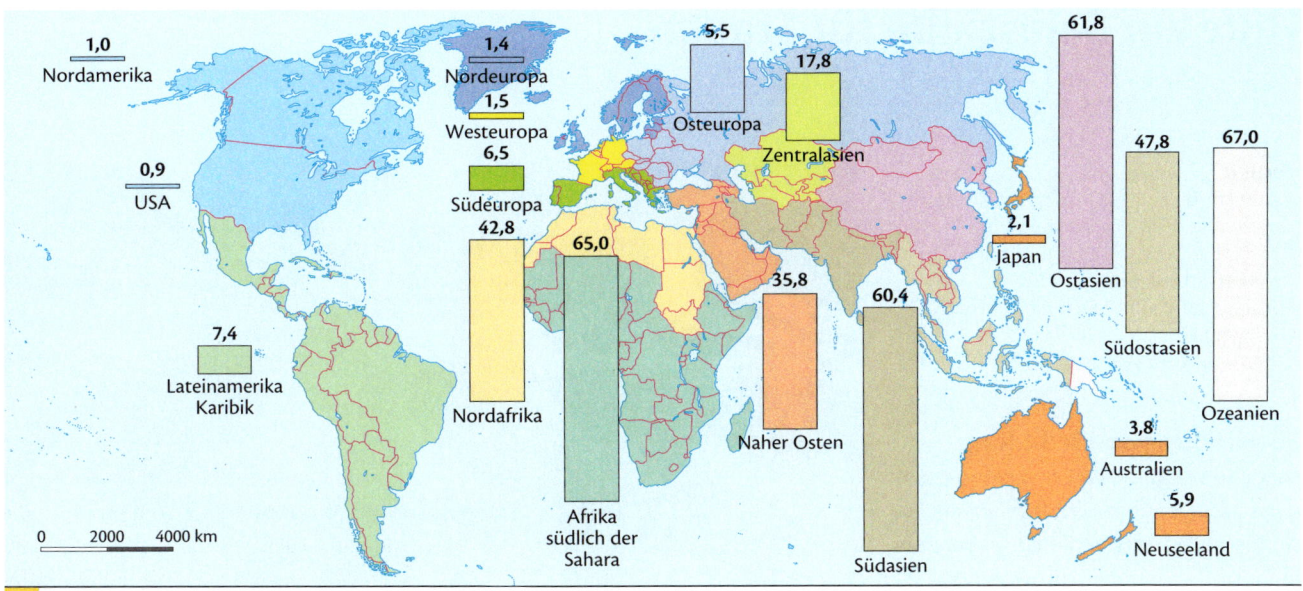

M 4 *Anteil erwerbstätiger Frauen in der Landwirtschaft 2010 (in Prozent)*

Frauen arbeiten für den Weltmarkt

Vor allem in Asien bauen Frauen nicht nur Grundnahrungsmittel für die eigene Familie an, sondern sie produzieren auf Plantagen auch Exportprodukte für den Weltmarkt. In manchen Ländern sind fast die Hälfte der Arbeitskräfte auf Plantagen Frauen. Im Reisanbau in Asien stellen sie 50 bis 90 Prozent der Arbeitskräfte. Aber auch in Afrika werden Frauen als Arbeitskräfte auf den Plantagen eingesetzt, die Nahrungsmittel für den Export anbauen. Sie arbeiten dort in der Regel als Saisonarbeiterinnen und jäten Unkraut oder helfen bei der Ernte. Ihr Arbeitslohn liegt in der Regel unter dem der Männer.

1 Benenne die Regionen mit einem besonders hohen Anteil an erwerbstätigen Frauen in der Landwirtschaft und beschreibe ihre Lage (**M 4**).
2 Erläutere, wie Frauen zur Ernährungssicherung beitragen (**M 1**, **M 3** bis **M 5**).
3 Vergleiche Aufgaben und Wertschätzung von Frauen (**M 2**).
4 Vergleiche den Arbeitstag einer Frau im ländlichen Afrika mit dem einer westeuropäischen Frau (**M 6**).
5 Beurteile anhand der Ergebnisse von Aufgabe 1 und 2, welche Bedeutung Frauen für die Versorgung mit Nahrungsmitteln haben (**M 1**, **M 3** bis **M 5**).

Beispiel: täglich transportierte Last, umgerechnet in Kilogramm pro Kilometer

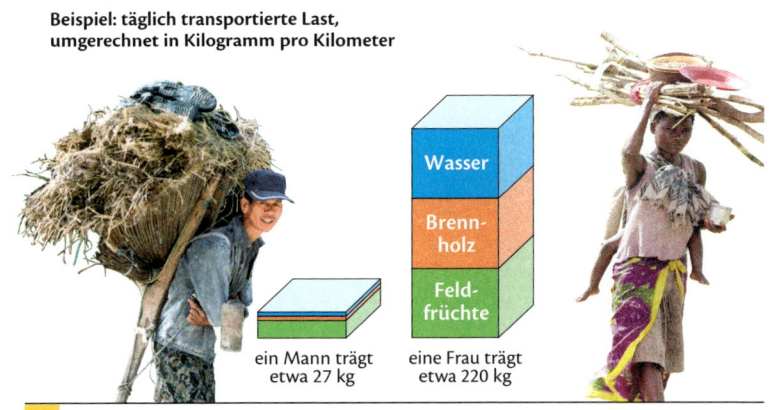

ein Mann trägt etwa 27 kg
eine Frau trägt etwa 220 kg

M 5 *Frauen tragen die Hauptlast*

nach: UNICEF-Nachrichten 1980/2; S. 20

M 6 *Beispiel für den Tagesablauf einer Frau im ländlichen Afrika*

Hilfe zur Selbsthilfe für Frauen

check-it
- Schulausbildung für Mädchen als Voraussetzung für Gleichstellung erläutern
- Notwendigkeit von Hilfe für Frauen in Entwicklungsländern begründen
- Maßnahmen zur Förderung von Frauen bewerten

Entwicklung durch Bildung

Mädchen sind in den Entwicklungsländern häufiger vom Schulbesuch ausgeschlossen als Jungen. Doch Frauen, die lesen und schreiben können, sind in einer besseren Lage, sich über moderne Methoden der Landnutzung, über Hygiene und Gesundheit sowie über die Möglichkeit der Vermarktung ihrer

M 1 *Schulbesuch – eine Chance für eine bessere Zukunft*

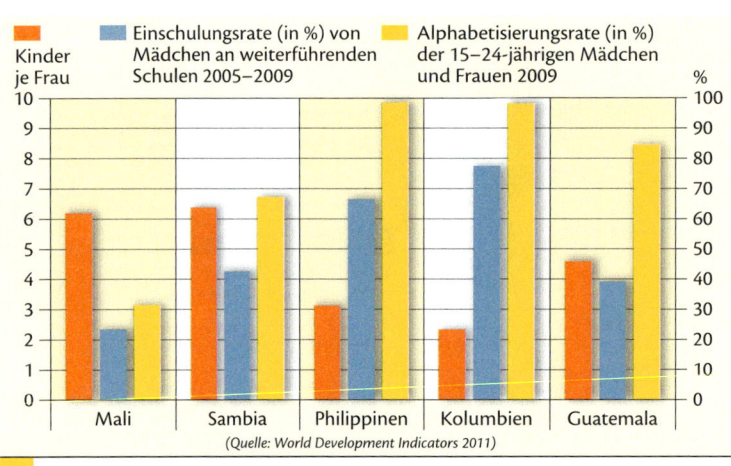

M 2 *Kinderzahl und Schulbildung*

Produkte zu informieren. Deshalb unterstützen Entwicklungshilfeorganisationen den Aufbau von Schulen für Mädchen und Weiterbildungsmaßnahmen für Frauen.

Junge Frauen, die einen Beruf erlernt haben, heiraten in der Regel später als solche ohne Schul- und Berufsausbildung. Sie bekommen später ihr erstes Kind. Frauen mit höherer Schulbildung wenden häufiger Methoden der Familienplanung an, haben kleinere Familien und gesündere Kinder.

Frauen als Unternehmerinnen

Da viele Frauen in Entwicklungsländern kein Land besitzen dürfen, das sie beleihen könnten, gelten sie für herkömmliche Banken als nicht kreditwürdig. Dessen ungeachtet erhalten Frauen im Rahmen von Förderprojekten Mikrokredite. So werden gezielt Frauen in den ärmsten Ländern unterstützt, die sich mit dem Geld eine eigene Existenz aufbauen können. Sie gründen kleine Handwerks- oder Dienstleistungsbetriebe oder kaufen sich ein eigenes Stück Land, das sie bewirtschaften. Die Erfahrung hat gezeigt, dass die Frauen die Kredite zuverlässig zurückzahlen. Sie setzen die Gewinne ein, um den Lebensstandard der Familie zu verbessern und den Kindern eine gute Ausbildung zu ermöglichen.

1949
Erklärung der Menschenrechte: Gleichberechtigung von Mann und Frau
1975 Mexiko-Stadt
Aktionsplan zur Verbesserung der Situation der Frauen
1976–1985
Dekade der Frau, Motto: Gleichberechtigung, Entwicklung, Frieden
1980 Kopenhagen
Programm zu Gesundheit, Erziehung, Ausbildung und Beschäftigung
1985 Nairobi
Verpflichtung zur Wahrung der Rechte von Frauen

1995 Peking
Vierte Weltfrauenkonferenz: Verpflichtung der Staaten, geschlechtsspezifische Unterschiede in der Gesundheitsvorsorge und bei der Bildung abzubauen
2000 New York
Zwischenbilanz der erreichten Errungenschaften; Bestätigung des Rechtes auf Familienplanung, Zwangsehen und „Ehrenmorde" als Menschenrechtsverletzungen anerkannt
2011 Venezuela
Neuer Aufbruch für die weltweite Befreiung der Frau

M 3 *Stationen auf dem Weg zur Gleichstellung*

Kleine Kredite, große Wirkungen

Im Rahmen der Entwicklungshilfe werden häufig Projekte gefördert, die insbesondere Frauen unterstützen. Verschiedene Organisationen unterrichten sie beispielsweise in neuen Methoden des Ackerbaus und der Viehhaltung. Damit sich die Frauen das Saatgut, ein paar Hühner oder eine Ziege leisten können, vergeben diese Organisationen Kleinkredite.

In Bangladesch baute ein Wirtschaftsprofessor für Kleinstunternehmerinnen eine Kreditgenossenschaft auf. Sie verleiht Geld an die Ärmsten, weil so der Teufelskreis der Armut durchbrochen werden kann. Der Zinssatz beträgt einschließlich Krankenversicherung 20 Prozent. Das ist wenig im Vergleich zu den 50 Prozent, welche andere Geldverleiher verlangen. Allein in Bangladesch konnten auf diese Weise 15 Prozent der Frauen ihre Armut bekämpfen.

Frauen schließen sich auch zu Selbsthilfegruppen zusammen. In den Spar- und Kreditgruppen zahlen die Frauen wöchentlich einen kleinen Betrag auf ein gemeinsames Konto ein. Reihum wird das angesparte Geld dann als Kredit an die einzelnen Mitglieder vergeben. Von den Erträgen zahlen die Frauen den geliehenen Betrag in Raten zurück. Haben sie ihn abbezahlt, können sie ein neues Darlehen aufnehmen. Ist z.B. eine Hühnerzucht erfolgreich, ist häufig der nächste Schritt der Kauf einer Kuh oder mehrerer Kühe. Solche Tiere sind zwar teurer, führen aber auch zu höheren Gewinnen. ▌

1 Erläutere, warum eine gute Schulbildung für Mädchen in den Entwicklungsländern nicht nur ihnen selbst, sondern auch den Familien und ganzen Regionen nützen kann (**M 1** bis **M 3**).

2 Begründe die Notwendigkeit, Frauen in Entwicklungsländern Hilfe zu gewähren.

3 Bewerte die Vergabe von Kleinkrediten an Frauen (**M 4** bis **M 6**).

M 4 *Kreditgenossenschaft für Kleinstunternehmerinnen in Bangladesch*

M 5 *Kleinstunternehmen, das einen Kredit erhalten hat*

„Früher hätten die Banken uns niemals Geld geliehen, heute laufen sie uns hinterher." Die Frauen im südindischen Bundesstaat Tamil Nadu lächeln über die Flut von Kleinkrediten, die seit einem Jahrzehnt durch die Dörfer schwappt. [...]

Die Regierung gibt den Nichtregierungsorganisationen ein Budget und exakte Vorgaben: Zum Beispiel müssen sie hundert Selbsthilfegruppen in 50 Dörfern in sechs Wochen gründen. Kann eine Frau, gleich welcher Kaste, Religion oder welchen Alters, monatlich 50 Rupien, das ist etwa ein Euro, sparen, hat sie Anspruch auf einen Kleinkredit. Zusätzlich muss sie ein Training absolvieren, damit sie lernt, mit unternehmerischem Spürsinn Einkünfte zu erwirtschaften. [...]

Die Frauen verzagen nicht angesichts der Aufgabenfülle, die ihnen zugemutet wird, zusätzlich zu der Feldarbeit, dem Haushalt, der Kinderbetreuung und der Tagelöhnerei auf den Feldern reicher Bauern. Für sie zählt die Anerkennung, die der Kredit bringt. Früher durften sie sich nicht in einen Kreis mit den Männern setzen. Früher hätten sie nicht allein mit dem Bus in die Bezirkshauptstadt fahren können. Heute sagen sie nicht nur den Männern ihre Meinung, sondern gehen ohne sie zu den Behörden. Den Kredit nehmen sie in Anspruch, weil er eine Teilhabe an der Moderne verspricht. Schließlich fließt so viel Geld wie noch nie zuvor ins Dorf, und zwar in Frauenhände, zumindest zunächst einmal. [...] Viele Familien begleichen mit dem Geld ihre Schulden beim Geldverleiher, der 50 Prozent Zinsen verlangt. Oft wird der Kredit für Medikamente genutzt, für Familienfeiern oder Anschaffungen. [...]

(Christa Wichterich, taz vom 6.3.2008)

M 6 *Mikrokredite für indische Frauen*

Wir lernen die Szenariotechnik kennen

check-it
- Merkmale eines Szenarios benennen
- Ziele der Szenariotechnik darlegen
- Schritte der Szenariotechnik kennen und anwenden

M 2 *Schülerinnen präsentieren ihr Szenario*

Was ist ein Szenario?

Ein Szenario ist ein Zukunftsbild, in dem der wahrscheinliche künftige Zustand eines Sachverhaltes dargestellt wird. Bekannte Beispiele für Szenarien sind Klimamodelle, die den möglichen Zustand des Klimas in der Zukunft beschreiben. Ziel der Szenariotechnik ist es, durch das Vorausdenken der Zukunft unerwünschte beziehungsweise gewünschte Entwicklungsverläufe zu formulieren. Deren Kenntnis erleichtert es, Maßnahmen in der Gegenwart zu ergreifen, um bestimmte Entwicklungen zu unterstützen oder um sie abzuschwächen.

Ausgangspunkt jedes Szenarios ist ein Problem. Im Rahmen der Szenariotechnik können dazu Positiv- und Negativszenarien entworfen werden: Im sehr positiven oder „Hoffnungsszenario" hat sich ein ausgewählter Zustand bis zum Jahr x so günstig entwickelt, dass die Ausgangsprobleme der Gegenwart nicht mehr oder kaum existieren. Beim sehr negativen oder „Horrorszenario" hingegen hat sich die Situation extrem verschlechtert. Durch diese beiden Szenarien werden alle denkbaren und theoretisch möglichen Zukunftsbilder eingekreist, wie anhand des Trichtermodells am besten verdeutlicht werden kann (**M 1**). In der Mitte des Trichters verläuft das Trendszenario, das durch die einfache Fortschreibung der Gegenwart in die Zukunft gekennzeichnet ist.

Checkliste zur Szenariotechnik

1. **Beschreibe das Problem.**
   Dabei helfen dir folgende Leitfragen: Welche Erscheinungen sind zu beobachten? Wer ist betroffen? Welche Fakten und Zusammenhänge sind bekannt? Warum sollte das Problem gelöst werden?

2. **Lege den Zeithorizont fest.**
   Für welches Jahr x soll ein Szenario entwickelt werden?

3. **Ermittle die Einflussfaktoren, die das Problem hervorrufen oder zukünftig beeinflussen.**
   Lege dar, auf welche Weise jeder ausgewählte Faktor auf die Problemlage heute Einfluss nimmt.

4. **Beschreibe für jeden Einflussfaktor einen sehr positiven sowie einen sehr negativen Zukunftszustand für das Jahr x.**
   Positive Zukunftszustände tragen zur Problemlösung bei, negative verschlimmern die Problemlage.

5. **Entwickle das Szenario.**
   Fasse dazu die positiven oder negativen Zukunftszustände der verschiedenen Einflussfaktoren zu stimmigen „Szenario-Grundgerüsten" zusammen. Sie bilden den Rahmen eines entweder sehr positiven oder eines sehr negativen Szenarios.

6. **Gestalte ein kreatives Zukunftsbild für das Jahr x.**
   Leitfrage ist: Wie hat sich das Ausgangsproblem unter den veränderten Rahmenbedingungen entwickelt? Die Zukunftsbilder müssen auf eine vorher festgelegte Weise „sichtbar" gemacht werden, zum Beispiel in Form von Texten, Grafiken, Collagen oder Wandzeitungen.

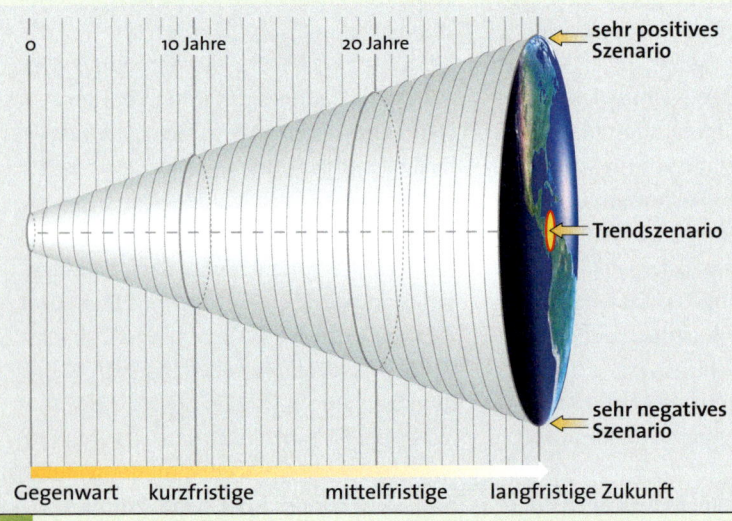

M 1 *Szenario-Trichter*

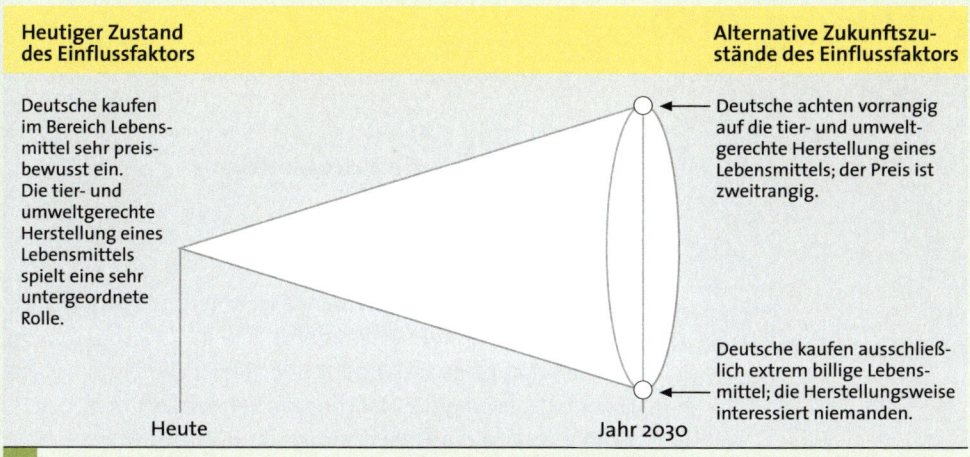

Heutiger Zustand des Einflussfaktors	Alternative Zukunftszustände des Einflussfaktors

Deutsche kaufen im Bereich Lebensmittel sehr preisbewusst ein. Die tier- und umweltgerechte Herstellung eines Lebensmittels spielt eine sehr untergeordnete Rolle.

Deutsche achten vorrangig auf die tier- und umweltgerechte Herstellung eines Lebensmittels; der Preis ist zweitrangig.

Deutsche kaufen ausschließlich extrem billige Lebensmittel; die Herstellungsweise interessiert niemanden.

Heute — Jahr 2030

M 3 *Beispiel einer Einflussanalyse im Bereich „Verbraucherverhalten", Einflussfaktor „Preisbewusstsein des Verbrauchers beim Lebensmitteleinkauf"*

7. **Präsentiere und diskutiere dein Szenario.**
Diskussionsfragen: Sind die Szenarien stimmig und realisierbar? Welche Entwicklungen zeichnen sich bereits ab? Stellen die positiven Extremszenarien eine Lösung des Ausgangsproblems dar?

8. **Entwickle Strategien zur Problemlösung.**
Suche dafür Antworten auf folgende Fragen: Welche Strategien können zur Realisierung der positiven Szenarien ergriffen werden? Von wem können diese Strategien umgesetzt werden? Was können wir in unserem Alltag tun? Wie kann ein Horrorszenario abgewendet werden?

Beispiel zur Anwendung der Szenariotechnik
Thema: Landwirtschaft in Deutschland

1. Hoher internationaler Wettbewerbsdruck und niedrige Lebensmittelpreise führen zum Beispiel dazu, dass viele Landwirte ihre Betriebe aufgeben müssen. Die Verbraucher werden zunehmend von wenigen großen Erzeugern, Weiterverarbeitern und Händlern abhängig.
2. Entwurf von Extremszenarien für das Jahr 2030
3. siehe Abbildung **M 4**
4. siehe Abbildung **M 3**
5. siehe Abbildung **M 5**
6. **und 7.** Die Ausgestaltung eines Szenarios in Form von Plakaten, die im Rahmen einer Ausstellung präsentiert und diskutiert werden, zeigt beispielhaft **M 2**.
8. Zum Beispiel Unterstützung der heimischen Landwirtschaft durch den Kauf regional erzeugter Nahrungsmittel. ▮

1 Nenne wesentliche Merkmale eines Szenarios. Unterscheide dabei zwischen Negativ-, Positiv- und Trendszenario.
2 Lege dar, wozu die Szenariotechnik eingesetzt wird.
3 Nenne die Schritte der Szenariotechnik.

Tier- und Naturschutz
Konkrete Einflussfaktoren: z. B. Tierschutzgesetz, Haltungsverordnungen, Anreizinstrumente zur Förderung umwelt- und tiergerechter Produktionsverfahren

Verbraucherverhalten
Konkrete Einflussfaktoren: z. B. Pro-Kopf-Verbrauch, Kriterien beim Lebensmitteleinkauf, Nahrungsmittelausgaben, Einstellungen zu gentechnisch veränderten Pflanzen, Ökoprodukten

Agrarpolitik
Konkrete Einflussfaktoren: z. B. Einfuhrzölle, Exportsubventionen, EU-Agrarprämien, Gesetzgebung

Landwirtschaft

Technologie
Konkrete Einflussfaktoren: z. B. Einsatz von GPS-Technik im Ackerbau, Anbaufläche mit Gentechnik weltweit

Internationaler Wettbewerb
Konkrete Einflussfaktoren: z. B. Weltmarktpreise, Produktionsbedingungen, Qualitätssicherungssysteme

Betriebswirtschaft
Konkrete Einflussfaktoren: z. B. Erzeugerpreise, Betriebsmittelpreise, Gewinn/Verlust je Hektar, EU-Agrarprämien

M 4 *Einflussbereiche und ausgewählte Einflussfaktoren der Landwirtschaft in Deutschland*

Tier- und Naturschutz
Finanzielle Anreizinstrumente fördern die Entwicklung tier- und umweltgerechter Produktionsverfahren.

Verbraucherverhalten
Qualitative hochwertige, tier- und umweltgerecht erzeugte Lebensmittel finden bei Verbrauchern reißenden Absatz.

Agrarpolitik
Exportsubventionen und Einfuhrzölle entfallen.

Landwirtschaft 2030

Technologie
Der Einsatz von GPS-Technologie steigt.

Internationaler Wettbewerb
Weltmarktpreise für sichere, hochwertige landwirtschaftliche Produkte sind stark angestiegen.

Betriebswirtschaft
Erzeugerpreise für qualitativ hochwertiges, tier- und umweltgerecht erzeugtes Fleisch sind stark angestiegen.

M 5 *Zukunftszustände einzelner Einflussfaktoren bilden die Rahmenbedingungen eines Szenarios (unvollständiges Beispiel)*

Szenario: Welternährung 2050

Beispiele für Präsentationsformen:
- Plakat gestalten
- PowerPoint-Präsentation entwerfen
- Ausstellung aufbauen
- Kurzvortrag halten
- Zeitungsartikel schreiben

Arbeitstechniken zur Beschaffung von Informationen sind zum Beispiel:
- Auswerten der Texte, Karten und Abbildungen im Schulbuch
- Recherchieren im Internet
- Befragen von Experten per Telefon, E-Mail oder Treffen vor Ort
- Sammeln und Auswerten von Zeitungsartikeln
- Recherchieren in Bibliotheken und Archiven (zum Teil auch online möglich)

Arbeitstechniken zur Verarbeitung von Informationen sind zum Beispiel das Anfertigen von:
- Texten
- Diagrammen
- Tabellen
- Kartenskizzen
- Fließdiagrammen oder Wirkungsgefügen
- Mindmaps
- Clustern

Entwickelt Szenarien zur künftigen Ernährungslage

Ausgangsfragen und Aufgabe

Werden im Jahr 2050 noch mehr Menschen als heute Hunger leiden müssen oder leben künftig alle im Überfluss? Wird sich überhaupt etwas ändern oder bleibt die bisherige ungleiche Verteilung der Nahrungsmittel weltweit bestehen? Beantwortet diese Fragen, indem ihr in Gruppen ein Szenario zur Lage der Welternährung im Jahr 2050 entwickelt.

Tipps zum Ablauf

1. Bildet Gruppen mit fünf bis sechs Personen.

2. Legt gemeinsam in der Klasse oder in jeder einzelnen Gruppe fest, in welcher Form das Szenario präsentiert werden soll.

3. Bestimmt Termin und zeitlichen Umfang der Präsentation und Diskussion und ladet Gäste dazu ein, zum Beispiel Mitschüler, Eltern, Vertreter von Nichtregierungsorganisationen wie Greenpeace oder Welthungerhilfe, ...

4. Geht bei der Szenarioentwicklung nach den einzelnen Schritten der Szenariotechnik vor (siehe Checkliste, S. 78/79).

5. Arbeitet in Gruppen.

6. Nutzt zur Beschreibung eures Szenarios ebenfalls verschiedene Arbeitstechniken zur Verarbeitung der Informationen.

7. Nehmt euch nach der Präsentation und Diskussion der Szenarien Zeit, über die verschiedenen Meinungen und die eigenen neuen Erkenntnisse nachzudenken.

8. Überlegt, ob ihr künftig in eurem Alltag etwas tun möchtet, um zur Ernährungssicherung beizutragen.

Welternährung 2050 – Anregungen für Einflussbereiche, Akteure und mögliche Szenarien
Zeitungsmeldungen

Wir brauchen die Grüne Gentechnik
Nur der Einsatz gentechnisch veränderter Nutzpflanzen wird es ermöglichen, dass in Zukunft alle Menschen satt und gesund ernährt sind.

Es ist genug für alle da
Nicht die Menge an Nahrungsmitteln muss steigen, sondern deren Verteilung muss besser und gerechter organisiert werden.

Back to the roots
Kleinbauern in den ärmeren Ländern müssen darin unterstützt werden, ihre traditionellen und an die Natur angepassten Bewirtschaftungsformen wieder aufzunehmen. Dies ist die effektivste Methode zur Sicherung der Ernährung weltweit.

Das Haus ist voll!
Das Bevölkerungswachstum muss mit allen Mitteln gebremst werden, wenn Hunger und Armut wirksam bekämpft werden sollen.

Gegenwärtig leiden über eine Milliarde Menschen Hunger, während wir im Überfluss leben.

Einflussbereiche:
Grüne Gentechnik, Bildungswesen, Kreditwesen, Straßen- und Wegebau, nationale und internationale Agrarpolitik, medizinische Versorgung und Familienplanung, nachhaltige Landwirtschaft, internationale Zusammenarbeit, Bevölkerungswachstum und -verteilung, …

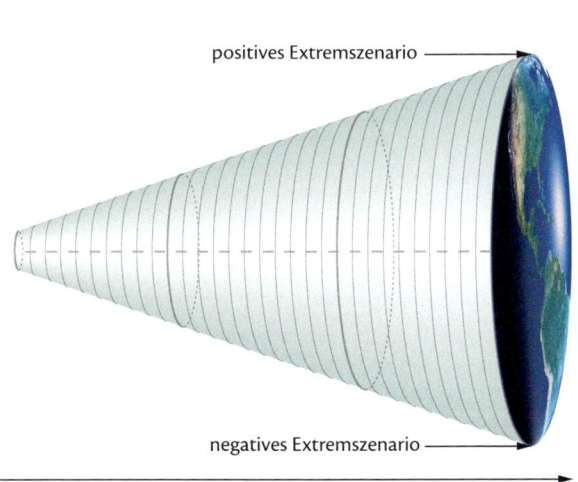

positives Extremszenario

negatives Extremszenario

heute · langfristige Zukunft Jahr 2050

Akteure:
betroffene Menschen selbst und andere Einzelpersonen, Vereine, Unternehmen, Nichtregierungsorganisationen, Regierungen der Entwicklungs- und Industrieländer, …

Wir orientieren uns in Afrika

check-it
- topographische Objekte benennen
- stumme Karten auswerten
- Foto zuordnen

Oberflächengestalt

Der größte Teil Afrikas wird von Hochebenen und Gebirgen eingenommen. Die Küstenebenen sind schmal. Der Norden wird durch das Atlasgebirge markiert. Nach Süden breiten sich großflächige Ebenen aus. Aus ihnen heben sich die Hochgebirge des Ahaggar und Tibesti markant hervor. Am südlichen Rand Nordafrikas steigen die Bergländer von Guinea und Kamerun an. In Ostafrika sind hohe Berge wie der Kilimandscharo und der Mount Kenia vulkanischen Ursprungs.

Größere Erhebungen der Erdoberfläche nennt man „Schwellen". Sie umrahmen die tiefer gelegenen großflächigen Beckenlandschaften. Das Kongobecken beispielsweise ist neun Mal größer als Deutschland.

Gewässer

Die in den Hochgebirgen entspringenden Flüsse vereinigen sich in den Becken zu Strömen. Aber nur wenige große Ströme erreichen das Meer. Das Tschadbecken mit dem Tschadsee ist abflusslos. Für Ostafrika sind die großen Seen charakteristisch. Der Victoriasee füllt eine flache Mulde aus und bedeckt eine Fläche, die fast anderthalb Mal so groß ist wie die Fläche von Niedersachsen.

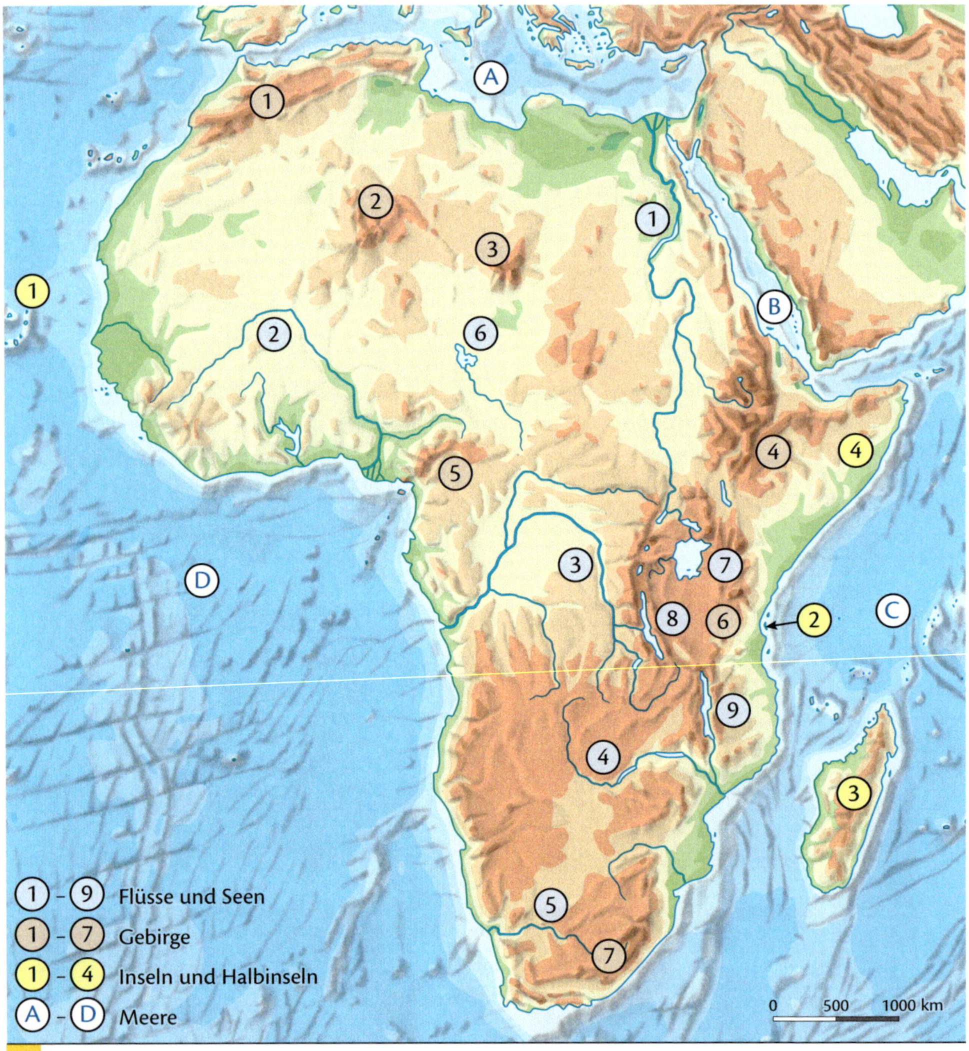
1 - 9 Flüsse und Seen
1 - 7 Gebirge
1 - 4 Inseln und Halbinseln
A - D Meere
0 500 1000 km

M 1 *Stumme Karte Afrikas*

Nigeria	168,8
Äthiopien	91,7
Ägypten	80,7
Kongo (Demokrat. Rep.)	65,7
Südafrika	51,2
Tansania	47,8
Kenia	43,2
Algerien	38,5
Sudan	37,2
Uganda	36,3

M 2 *Die zehn bevölkerungsreichsten Länder Afrikas 2012 (Mio. Einwohner)*

	Größte Wüste	Längster Fluss	Größter Berg	Größtes Stromgebiet	Größter See
Afrika	Sahara 9 Mio. km²	Nil 6671 km	Kilimandscharo 5895 m	Kongo 3 690 000 km²	Victoriasee 69 400 km²
Niedersachsen zum Vergleich	keine (Fläche 47 625 km²)	Weser 353 km	Wurmberg/Harz 971 m	Weser 41 094 km²	Steinhuder Meer 29,1 km²

M 3 *Rekorde in Afrika*

1	Nil
2	Kongo
3	Madagaskar
4	Kilimandscharo
5	Sahel
6	Westafrika
7	Sahara
8	Johannesburg
9	Mali
10	Atlasländer
a	Indischer Ozean
b	Großraum
c	Wüste
d	Südafrika
e	Ostafrika
f	Niger
g	Kongobecken
h	Algerien
i	Kairo
j	Senegal

M 4 *Was gehört zusammen?*

M 5 *Größter Berg Afrikas*

1 Benenne die Flüsse und Seen, Gebirge, Inseln sowie die Halbinsel und die Meere (**M 1,** Karte S. 214).
2 Lokalisiere das Foto (**M 5, M 1,** Karte S. 214).
3 Gliedere Afrika in Großräume (**M 6**).
4 Bestimme die geographische Lage der Objekte in der Rekordliste (**M 3, M 6**).
5 Ordne den Ziffern die richtigen Buchstaben zu (**M 4**).
6 Trage in eine Tabelle die zehn bevölkerungsreichsten Länder ein. Ordne diese den Großräumen zu (**M 2, M 6**).
7 Benenne die zehn bevölkerungsreichsten Städte. Trage sie in eine Tabelle ein und füge in einer weiteren Spalte das Land hinzu (**M 6**).

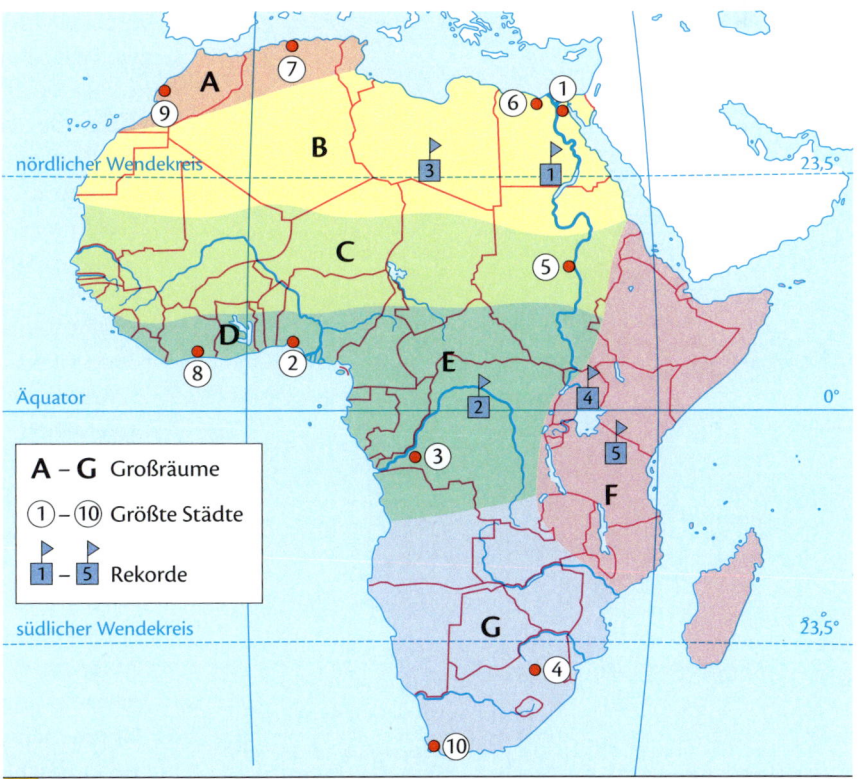

WEBCODE: UE644339-083

M 6 *Großräume Afrikas – die zehn bevölkerungsreichsten Städte und Rekorde*

Geo-Check: Ernährungssicherung diskutieren

Sich orientieren

1 Löse das Rätsel, indem du die gesuchten Begriffe in dein Heft schreibst (**M 1**).

2 Die orange markierten Felder ergeben von oben nach unten das Lösungswort. Notiere es in dein Heft (**M 1**).

1 Staat mit einem sehr hohen Anteil an unterernährten Kindern

2 Kontinent, auf dem viele Regionen von Hunger bedroht sind

3 Fischfarmen

4 wenn der Kalorienbedarf nicht ausreichend gedeckt wird, spricht man von …

5 Hauptfischfangnation

6 Reissorte, die in Indonesien auf Terrassen angebaut wird

7 Land mit der größten Anbaufläche gentechnisch veränderter Pflanzen

8 Region, in der sehr viele Frauen in der Landwirtschaft tätig sind

9 Teilgebiet der Biotechnologie, bei dem gezielt in das Erbgut von Lebewesen und Pflanzen eingegriffen wird

> **! Hinweis:** Bitte nicht in das Buch schreiben

M 1 *Rätsel (Umlaute = 1 Buchstabe)*

Wissen und verstehen

3 Ordne jedem dieser Begriffe mindestens zwei Merkmale zu (**M 2**).

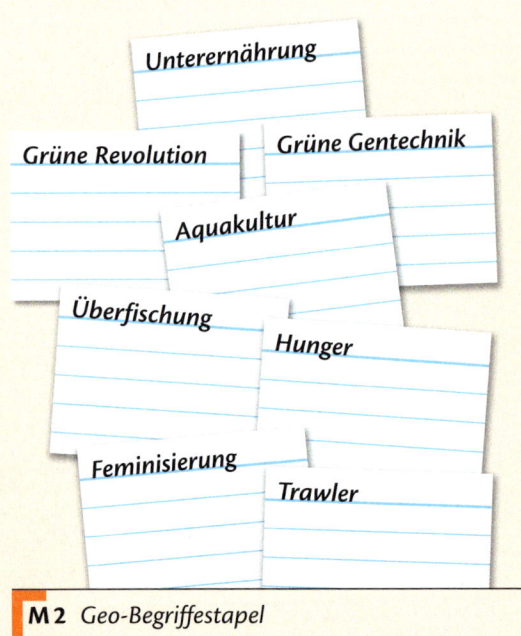

Unterernährung

Grüne Revolution

Grüne Gentechnik

Aquakultur

Überfischung

Hunger

Feminisierung

Trawler

M 2 *Geo-Begriffestapel*

4 Sortiere die Aussagen in richtige und falsche Aussagen. Verbessere die falschen Aussagen, indem du sie richtig in dein Heft schreibst.

Richtig oder falsch?

- Pro Kopf gerechnet reicht die Nahrungsmittelproduktion auf der Erde für alle Menschen.
- Durch die Grüne Gentechnik lassen sich Nahrungsmittel wirtschaftlicher und umweltfreundlicher herstellen.
- Es gibt keinen Hungergürtel auf der Erde.
- 2000 Kilokalorien täglich reichen laut Welternährungsorganisation aus, einen Menschen ausreichend zu ernähren.
- Hunger und Unterernährung im Kindesalter haben keine Auswirkungen auf die weitere körperliche und geistige Entwicklung.
- Besonders nährstoffreich sind die Meere in der tropischen Zone.
- Frauen bauen in Asien nur Grundnahrungsmittel an.
- Aufgrund der Grünen Revolution kann jetzt in Indonesien genug Reis für alle angebaut werden.
- Unterernährung ist eine der Hauptursachen für Kindersterblichkeit.

🌐 WEBCODE: UE644339-084

Erde: Primärenergieverbrauch und Erdölhandel

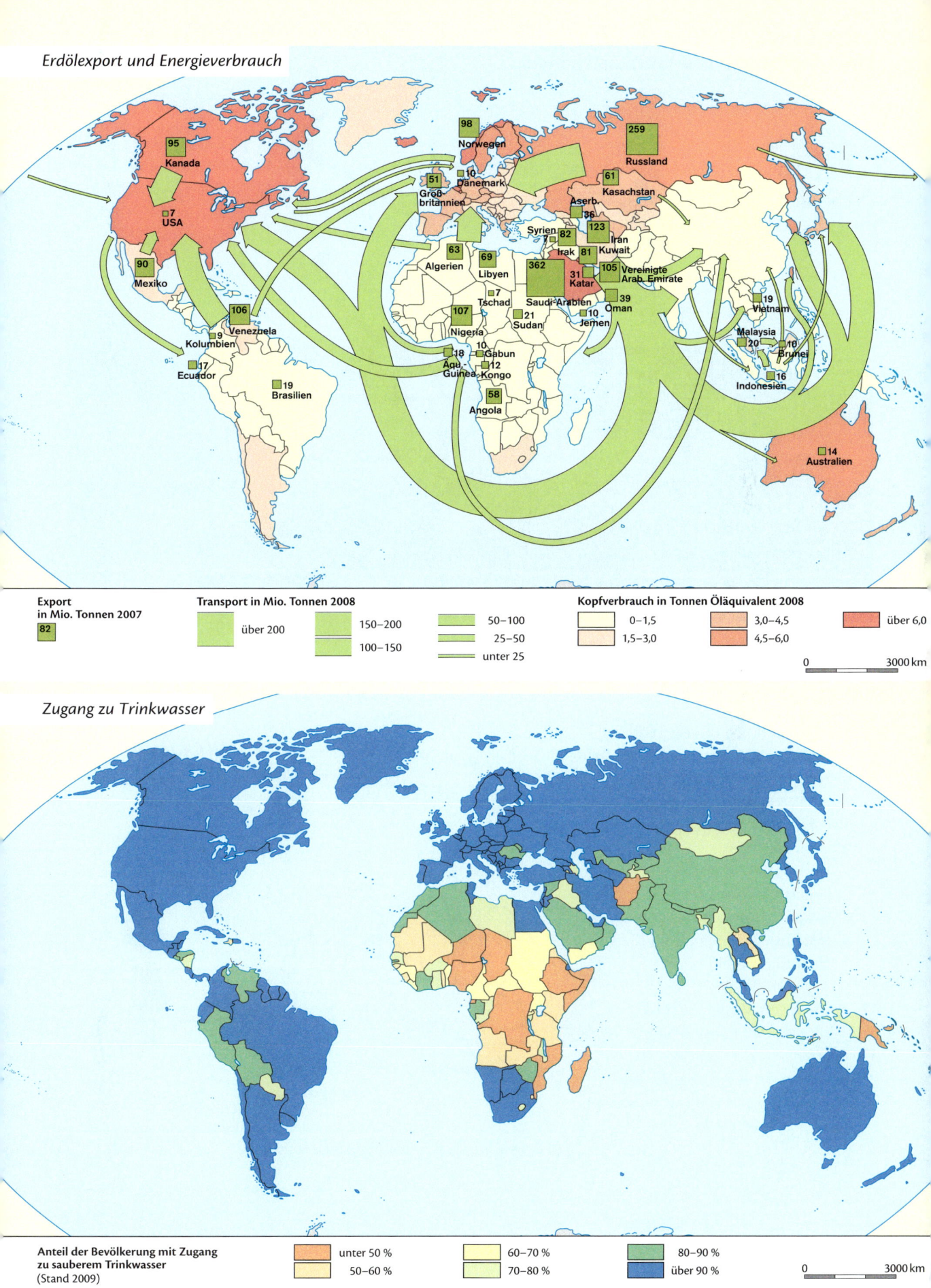

Erdölexport und Energieverbrauch

- 95 Kanada
- 7 USA
- 90 Mexiko
- 106 Venezuela
- 9 Kolumbien
- 17 Ecuador
- 19 Brasilien
- 98 Norwegen
- 51 Großbritannien
- 10 Dänemark
- 259 Russland
- 61 Kasachstan
- 36 Aserb.
- 63 Algerien
- 69 Libyen
- 7 Tschad
- 107 Nigeria
- 18 Äqu.-Guinea
- 12 Kongo
- 10 Gabun
- 58 Angola
- 82 Syrien
- 7
- 81 Irak
- 362 Saudi-Arabien
- 31 Katar
- 123 Iran
- 105 Kuwait
- 105 Vereinigte Arab. Emirate
- 39 Oman
- 10 Jemen
- 21 Sudan
- 19 Vietnam
- 20 Malaysia
- 10 Brunei
- 16 Indonesien
- 14 Australien

Export in Mio. Tonnen 2007

82

Transport in Mio. Tonnen 2008

über 200	50–100
150–200	25–50
100–150	unter 25

Kopfverbrauch in Tonnen Öläquivalent 2008

0–1,5	3,0–4,5	über 6,0
1,5–3,0	4,5–6,0	

0   3000 km

Zugang zu Trinkwasser

Anteil der Bevölkerung mit Zugang zu sauberem Trinkwasser (Stand 2009)

unter 50 %	60–70 %	80–90 %
50–60 %	70–80 %	über 90 %

0   3000 km

Sich verständigen, beurteilen und handeln

M 5 *Ernährungssicherung*

11 Schreibe eine begründete Stellungnahme zum Thema „Ernährungssicherung – ein unlösbares Problem?". Werte dazu zunächst das Bild aus (**M 5**). Folgende Stichworte können dir helfen:
  – Hunger,
  – ländliche Räume,
  – landwirtschaftliche Produktion,
  – Bedeutung der Frauen für die Nahrungsmittelproduktion,
  – Agrarforschung.
12 Werte die Karikatur aus (**M 6**, *Karikaturen auswerten*).
13 Beurteile, wie der Zeichner der Karikatur die Bedeutung der Gentechnik für die Ernährungssicherung einschätzt (**M 6**).

M 6 *Ernährungssicherheit durch Gentechnik?*

5 Zeichne den „Teufelskreis der Unterernährung" (**M 3**) in dein Heft und setze die folgenden Begriffe in der richtigen Reihenfolge ein:

Stoffwechselkrankheiten

Armut

niedrige Lebenserwartung

Untergewicht bei der Geburt

eingeschränktes Leistungsvermögen

Hungertod

hohe Säuglingssterblichkeit

geringes Arbeitsvermögen

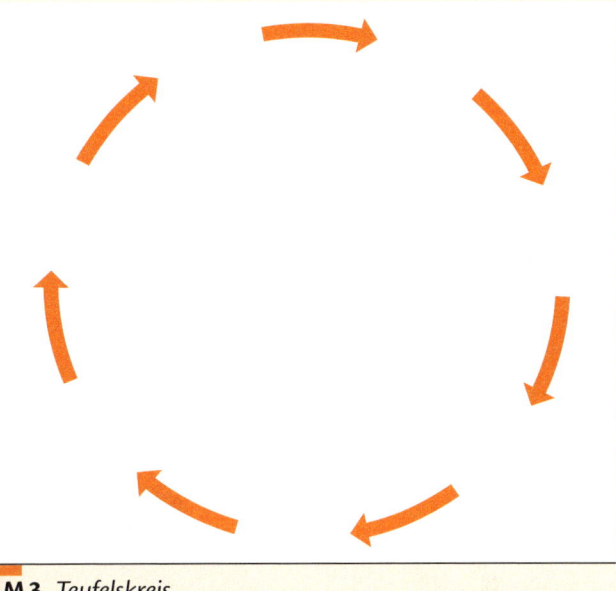

M 3 *Teufelskreis*

Können und anwenden

So viele Minuten müssen die Einwohner dieser Großstädte durchschnittlich arbeiten, um ein Kilo Brot kaufen zu können:

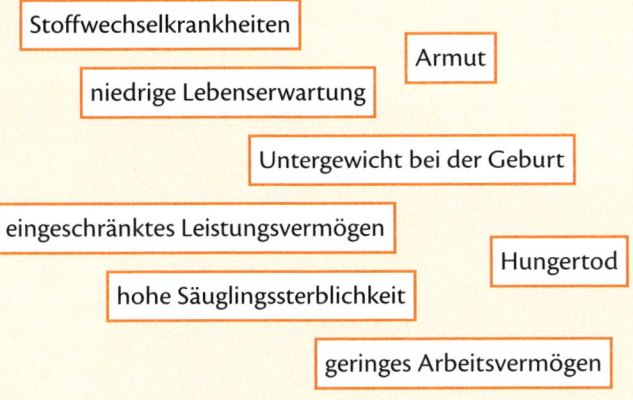

Manila (Philippinen)	Caracas (Venezuela)	Jakarta (Indonesien)		Schanghai (China)	Bogotá (Kolumbien)
70 Min.	59	47		43	34
Rio de Janeiro (Brasilien)		Nairobi (Kenia)	Bangkok (Thailand)	Mexiko-Stadt (Mexiko)	Santiago (Chile)
33		28	26	26	22
Stockholm (Schweden)	Rom (Italien)	Neu-Delhi (Indien)		Paris (Frankreich)	Tokio (Japan)
19	17	16		15	15
Athen (Griechenl.)		New York (USA)	Berlin (Deutschl.)	Johannes-burg (Südafrika)	Madrid (Spanien)
13		13	11	10	10
Istanbul (Türkei)	Kairo (Ägypten)	London (Großbrit.)		Moskau (Russland)	Zürich (Schweiz)
9	8	7		7	6

Quelle: UBS   Auswahl aus 72 erfassten Städten   5327   © **Globus**   Stand Mai 2012

M 4 *Arbeitszeit für ein Kilo Brot*

6 Zeichne in eine Weltkarte die in der Grafik genannten Städte ein (**M 4**).

7 Nummeriere die Städte auf der Weltkarte nach der Arbeitszeit für ein Kilo Brot: 1 = kürzeste Arbeitszeit (**M 4**).

8 Vergleiche deine Karte mit der Karte „Welthungerindex" und beschreibe die Lage der Städte a) mit der längsten und b) mit der kürzesten Arbeitszeit (Karte S. 59 oben).

9 In Europa gehört Brot zu den Hauptnahrungsmitteln, in Indonesien und weiten Teilen Asiens ein anderes Nahrungsmittel. Nenne es.

10 Diskutiert in der Klasse, ob die Arbeitszeit für ein Kilo Brot auch davon abhängig sein kann, ob Brot das Hauptnahrungsmittel ist.

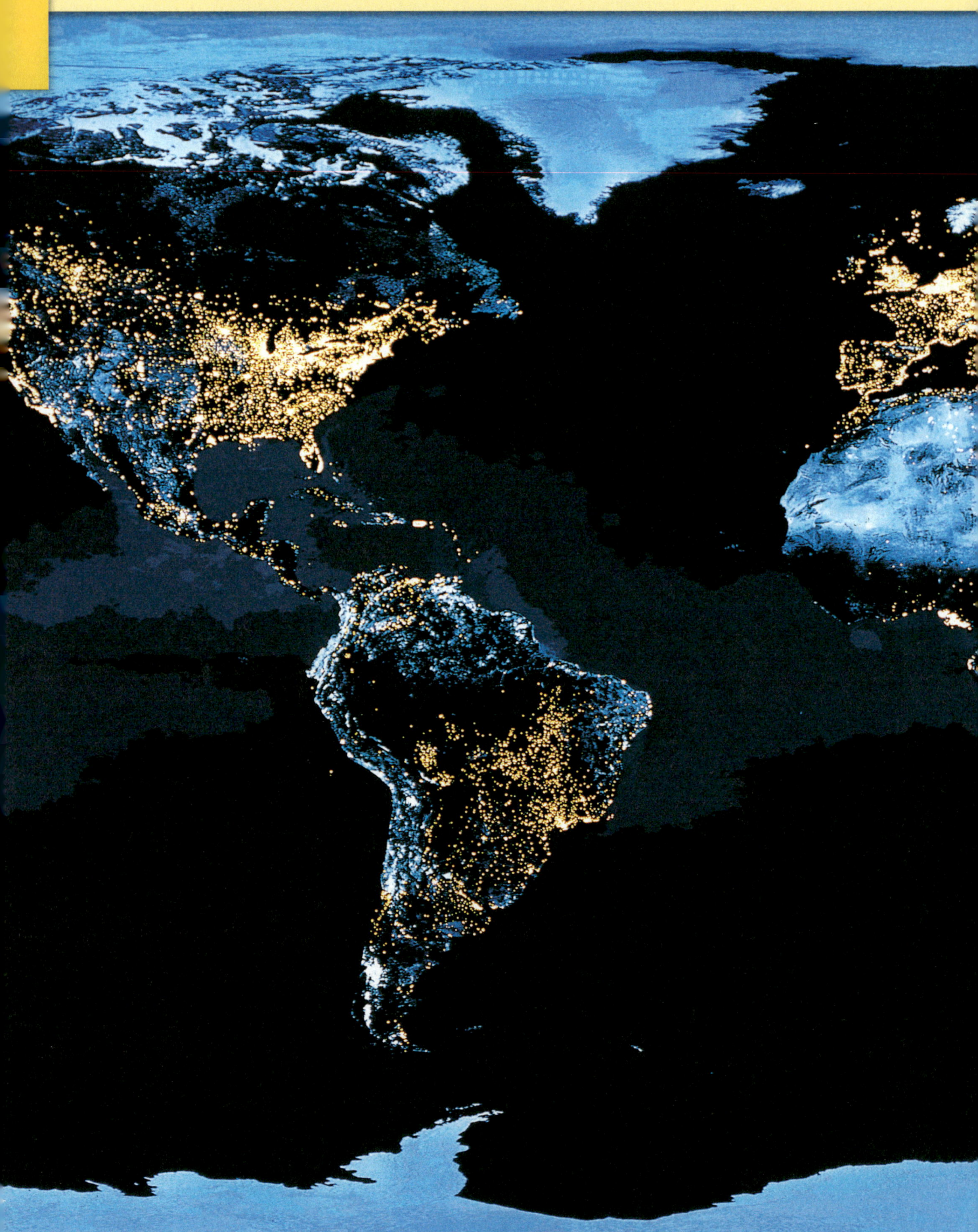

4 Nachhaltige Nutzung von Ressourcen beurteilen

In diesem Kapitel lernst du
- Merkmale natürlicher Ressourcen zu benennen,
- Trinkwasser als knappe Ressource zu charakterisieren,
- Auswirkungen von Eingriffen in den Wasserhaushalt zu erörtern,
- Nutzung und Verbrauch von Rohstoffen zu erläutern,
- zwischen fossilen und regenerativen Energieträgern zu unterscheiden,
- Abhängigkeiten von Rohstoffen zu erläutern,
- Transportwege für Energieträger zu beschreiben.

Dabei nutzt du
- Karten,
- Satellitenbilder,
- Grafiken,
- Bilder,
- Tabellen,
- Diagramme und
- Kartogramme.

Du beurteilst und bewertest
- Probleme einer zu intensiven Ressourcennutzung,
- Chancen einer nachhaltigen Ressourcennutzung,
- Maßnahmen und Wege zur zukünftigen Rohstoffversorgung.

Hell erleuchtet

Noch aus 20 Kilometern Höhe kann man in der Nacht die Kontinente der Erde deutlich erkennen, denn sie sind durch viele Lichtpunkte hell erleuchtet. Doch woraus wird diese große Menge Energie gewonnen? Steht sie uns unbeschränkt zur Verfügung?

Beleuchtung der Erde bei Nacht (aus vielen einzelnen Satellitenbildern zusammengesetztes Bild der NASA)

Trinkwasser – knapp und kostbar

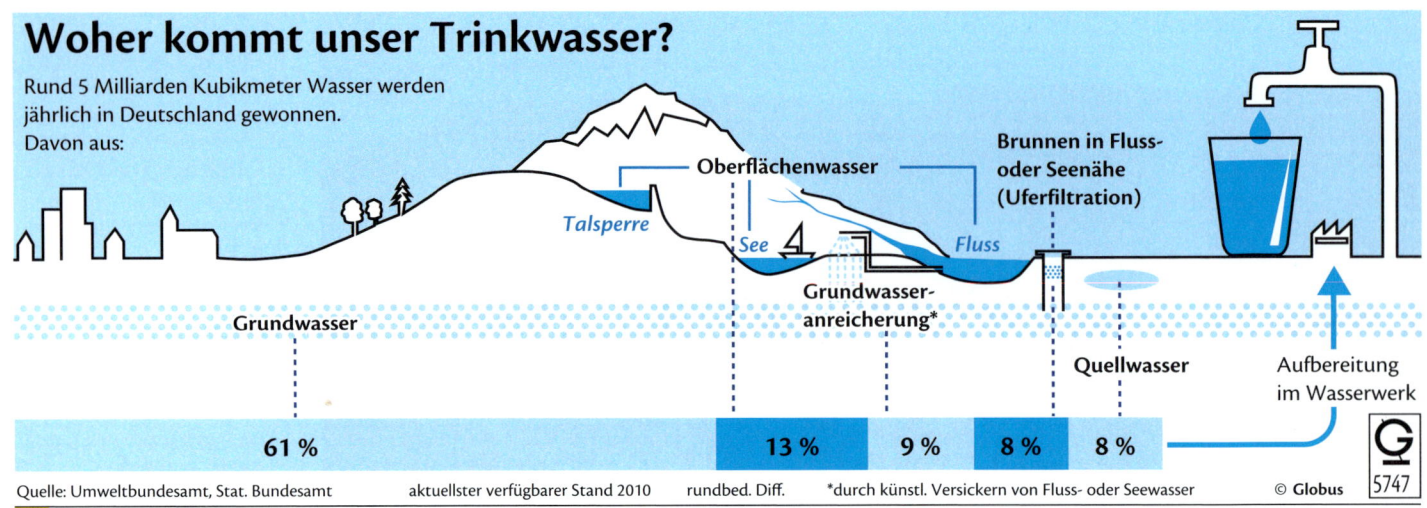

Woher kommt unser Trinkwasser?

Rund 5 Milliarden Kubikmeter Wasser werden jährlich in Deutschland gewonnen. Davon aus:

Oberflächenwasser
Talsperre
See
Fluss
Brunnen in Fluss- oder Seenähe (Uferfiltration)
Grundwasser-anreicherung*
Grundwasser
Quellwasser
Aufbereitung im Wasserwerk

| 61 % | 13 % | 9 % | 8 % | 8 % |

Quelle: Umweltbundesamt, Stat. Bundesamt   aktuellster verfügbarer Stand 2010   rundbed. Diff.   *durch künstl. Versickern von Fluss- oder Seewasser   © Globus 5747

M 1 *Herkunft des Trinkwassers in Deutschland*

check-it
- Regionen großer Trinkwasserknappheit lokalisieren
- Knappheit des Rohstoffs Wasser erklären
- Folgen der Trinkwasserknappheit beschreiben
- Gefahren für das Trinkwasser erläutern
- Lösungsstrategien diskutieren

Wasserressourcen der Erde

Auf der Erde sind rund 1,4 Milliarden Kubikmeter Wasser gespeichert. Nur 2,5 Prozent dieser enormen Menge ist Süßwasser. Ungefähr 70 Prozent dieser Süßwasservorräte sind in Polareis, Gletschern und Schnee gebunden. Deshalb können die Menschen zu ihrer Versorgung nur 0,76 Prozent der auf der Erde verfügbaren Wassermenge nutzen.

Gewinnung von Trinkwasser

Trinkwasser muss frei von Krankheitserregern sein. In Deutschland stammt ein Drittel des Trinkwassers aus Seen, Flüssen, Quellen und Talsperren. Ungefähr zwei Drittel werden aus Grundwasser gewonnen.

Das aus Seen, Flüssen, Quellen und Talsperren gewonnene Wasser sowie das an die Erdoberfläche geförderte Grundwasser läuft über Rohrleitungen ins Wasserwerk. Dort wird das Rohwasser zu Trinkwasser aufbereitet. Weltweit steigen die Kosten für die Wasseraufbereitung. Besonders das Oberflächenwasser ist durch Schadstoffe belastet. Spezielle Filter müssen das Trinkwasser von Krankheitserregern sowie unerwünschten Geschmacks- und Geruchsstoffen befreien.

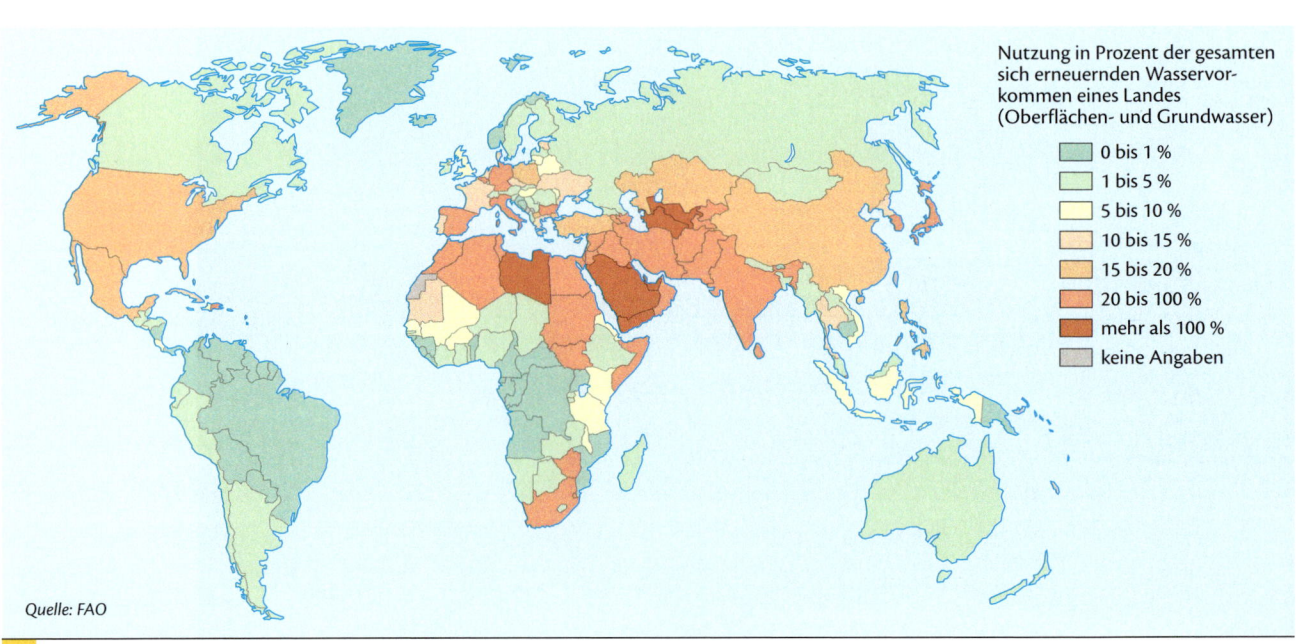

Nutzung in Prozent der gesamten sich erneuernden Wasservorkommen eines Landes (Oberflächen- und Grundwasser)

- 0 bis 1 %
- 1 bis 5 %
- 5 bis 10 %
- 10 bis 15 %
- 15 bis 20 %
- 20 bis 100 %
- mehr als 100 %
- keine Angaben

Quelle: FAO

M 2 *Wasserverbrauch und Wasserverfügbarkeit*

Dort, wo Süßwasser knapp ist, versucht man Trinkwasser aus dem Meer zu gewinnen. Meerwasserentsalzungsanlagen allein können aber den Wassermangel nicht beheben.

Konflikte durch Wassermangel

Mehr als 1,1 Milliarden Menschen leben heute ohne direkten Zugang zu Trinkwasser. Besonders in den Entwicklungsländern leiden die Menschen unter dem Mangel an sauberem Süßwasser. Jährlich sterben über fünf Millionen Menschen infolge von Krankheiten, die mit verunreinigtem oder schadstoffbelastetem Trinkwasser in Verbindung stehen, denn nur etwa fünf Prozent der Abwässer weltweit werden gereinigt.

Wassermangel hat verschiedene Ursachen. In den Trockenräumen der Erde gibt es zu wenig Niederschlage. Dürrezeiten häufen sich. Immer mehr Menschen auf der Erde verbrauchen immer mehr Wasser. Da Wasser knapp ist, entstehen Konflikte zwischen einzelnen Personengruppen oder sogar Staaten. So streiten sich zum Beispiel Ägypten, Äthiopien und der Sudan um die Nutzung des Nilwassers. Ähnlich ist es am Jordan, wo Israel, Jordanien, Syrien und Palästina dem Fluss Trinkwasser und Bewässerungswasser entziehen.

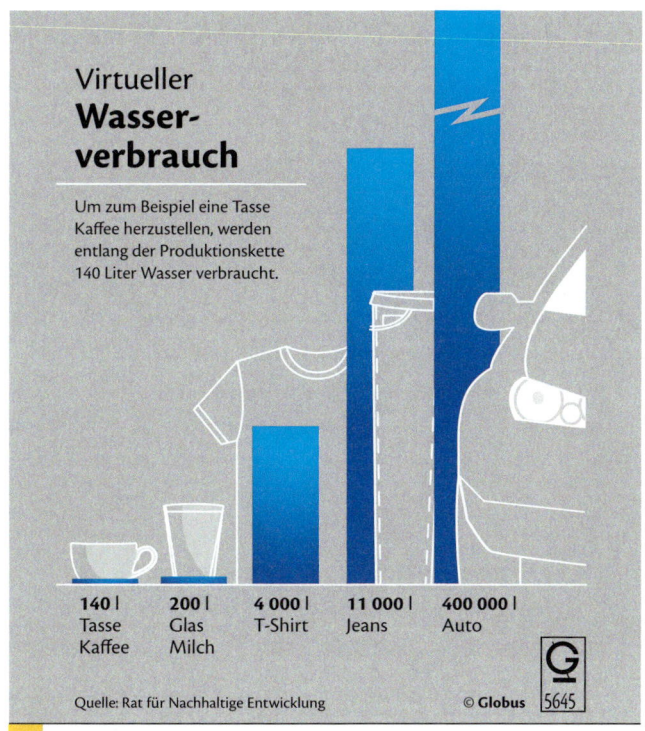

M 4 *Beispiele für den Verbrauch von Trinkwasser*

1 Nenne die zehn Staaten, die den geringsten Zugang zu sauberem Trinkwasser haben (**M 2**, Karte S. 87 unten).

2 Erkläre, warum Trinkwasser ein knapper Rohstoff ist (**M 2** bis **M 4**, Karte S. 87 unten).

3 Erstelle eine Mindmap zu den Folgen des Wassermangels ( ).

4 Erläutere die Herkunft des Trinkwassers in Deutschland und die Gefahren für die Trinkwasserversorgung (**M 1**, **M 3**).

5 Diskutiert Möglichkeiten des Trinkwasserschutzes a) bei uns und b) weltweit.

WEBCODE: UE644339-091

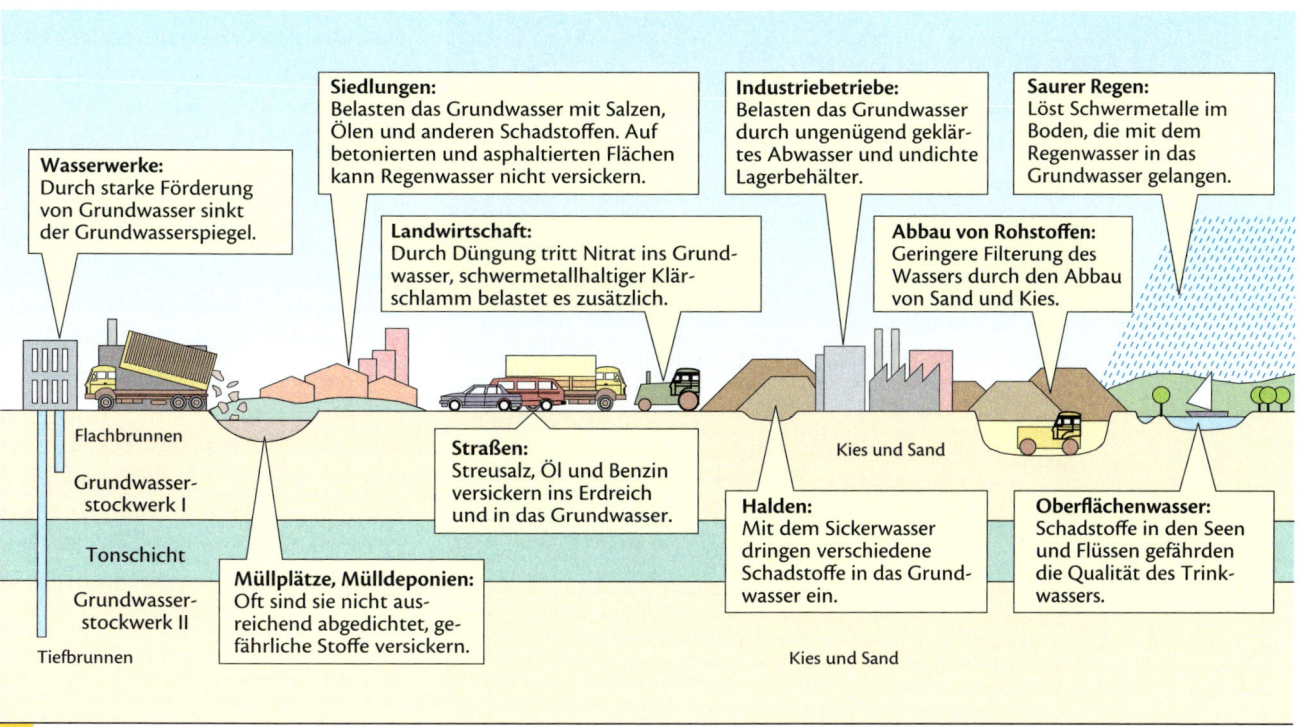

Wasserwerke:
Durch starke Förderung von Grundwasser sinkt der Grundwasserspiegel.

Siedlungen:
Belasten das Grundwasser mit Salzen, Ölen und anderen Schadstoffen. Auf betonierten und asphaltierten Flächen kann Regenwasser nicht versickern.

Industriebetriebe:
Belasten das Grundwasser durch ungenügend geklärtes Abwasser und undichte Lagerbehälter.

Saurer Regen:
Löst Schwermetalle im Boden, die mit dem Regenwasser in das Grundwasser gelangen.

Landwirtschaft:
Durch Düngung tritt Nitrat ins Grundwasser, schwermetallhaltiger Klärschlamm belastet es zusätzlich.

Abbau von Rohstoffen:
Geringere Filterung des Wassers durch den Abbau von Sand und Kies.

Flachbrunnen

Grundwasserstockwerk I

Tonschicht

Grundwasserstockwerk II

Tiefbrunnen

Straßen:
Streusalz, Öl und Benzin versickern ins Erdreich und in das Grundwasser.

Kies und Sand

Halden:
Mit dem Sickerwasser dringen verschiedene Schadstoffe in das Grundwasser ein.

Oberflächenwasser:
Schadstoffe in den Seen und Flüssen gefährden die Qualität des Trinkwassers.

Müllplätze, Mülldeponien:
Oft sind sie nicht ausreichend abgedichtet, gefährliche Stoffe versickern.

Kies und Sand

M 3 *Gefahren für das Trinkwasser*

Kampf ums Wasser: Das Südost-Anatolien-Projekt

M 1 *Atatürk-Staudamm*

M 2 *Euphrat (August 1983)*

M 3 *Atatürk-Stausee (Mai 2006)*

check-it _____
– geographische Lage Anatoliens und den Verlauf von Euphrat und Tigris beschreiben
– Ziele und Maßnahmen des Südost-Anatolien-Projekts erläutern
– Auswirkungen des Projekts beurteilen
– Satellitenbilder und Karte auswerten

Wassernutzung an Euphrat und Tigris

Die meisten Staaten im Orient leiden unter Wassermangel. Nur wenige Flüsse führen ganzjährig Wasser. Zu ihnen zählen Euphrat und Tigris. Vom Wasserstand dieser Flüsse hängt die Wasserversorgung Syriens, des Irak und des Südostens der Türkei ab. An den Ufern von Euphrat und Tigris haben sich schon im Altertum Siedlungen gebildet. Doch in Dürrejahren trockneten die Brunnen immer wieder aus und das Wasser reichte nicht zur Bewässerung der Felder.

Das Südost-Anatolien-Projekt

In den 1980er-Jahren startete die Türkei das Südost-Anatolien-Projekt mit dem Ziel, das Wasser von Euphrat und Tigris wirtschaftlich besser zu nutzen. 1992 wurde der größte Staudamm des Projekts, der Atatürk-Damm, eingeweiht. Ein riesiger Stausee ist entstanden, dessen Wasser zur Bewässerung von Baumwollfeldern, Pistazien- und Mandelbaumplantagen, Erdbeer-, Sojabohnen- und Weizenfeldern genutzt wird. Es können mehr landwirtschaftliche Produkte exportiert und viele Arbeitsplätze geschaffen werden. Das Wasser der Stauseen dient auch der Stromerzeugung. Das Projekt soll bis 2015 fertiggestellt sein.

Durch die Wassermassen des Stausees wurden zahlreiche jahrtausendealte Siedlungen überflutet. 100 000 Menschen mussten umgesiedelt werden. Betroffen waren hauptsächlich die in der Region lebenden Kurden.

M 4 *Südost-Anatolien-Projekt*

Kampf ums Wasser

Das Wasser von Euphrat und Tigris wird auch von Syrien und dem Irak genutzt. Die beiden Staaten sind wegen geringer Niederschläge auf das Flusswasser angewiesen. Dadurch, dass die Türkei die Flüsse staut, fließt deutlich weniger Wasser nach Syrien und in den Irak. Als die Türkei 1990 den Atatürk-Stausee anstaute, verringerte sich die Wassermenge, die in Syrien ankam, zeitweise erheblich. Damit war die gesamte Wasser- und Energieversorgung des Landes gefährdet. Zusätzlich belastet der vermehrte Einsatz von Pflanzenschutzmitteln und Düngemitteln in der türkischen Landwirtschaft das Wasser. Syrien forderte, jeder Anrainer solle seinen Bedarf jährlich nachweisen. Der Irak berief sich auf alte Wasserrechte und bestand auf einer Drittelung der Wassermenge zwischen den drei Staaten. Mittlerweile sichern internationale Abkommen dem Irak und Syrien eine festgelegte Menge Wasser zu. Die Türkei nutzt auch die Möglichkeit, Wasser, das sie nicht selbst benötigt, in die Trockengebiete der Nachbarstaaten zu verkaufen. So könnte die Türkei zu einer Wassermacht im Orient werden. ▍

Anrainer am Euphrat	Wasseraufkommen	Wasserbedarf	Anrainer am Tigris	Wasseraufkommen	Wasserbedarf
Türkei	89	35	Türkei	52	13
Syrien	11	22	Irak	48	83
Irak		43	Syrien		4

M 5 *Anteile der Anrainerstaaten an Euphrat und Tigris (in Prozent)*

Fläche	rund 75 000 Quadratkilometer = etwa neun Prozent der Fläche der Türkei (entspricht etwa der doppelten Fläche von Nordrhein-Westfalen)
Baumaßnahmen	22 Staudämme, 19 Wasserkraftwerke, 630 Kilometer Bewässerungskanäle
Ziele	= Arbeitsplätze für etwa 3,8 Millionen Menschen = 1,7 Millionen Hektar Bewässerungsland = Energieversorgung

M 6 *Südost-Anatolien-Projekt in Zahlen*

1 Beschreibe die geographische Lage Anatoliens (Karte S. 200/201).

2 Stelle den Verlauf von Euphrat und Tigris in einer Skizze dar (Karte S. 200/201).

3 Erläutere Ziele und Maßnahmen des Südost-Anatolien-Projekts in der Türkei (**M 4**, **M 6**).

4 Vergleiche die Satellitenbilder und erläutere, was sich durch den Bau des Atatürk-Staudamms verändert hat (**M 1** bis **M 3**).

5 Diskutiert in der Klasse, wem das Wasser von Euphrat und Tigris gehört. Beurteilt das Projekt anhand dieser Frage (**M 5**).

6 Informiere dich über Länder mit Wassermangel (Karte S. 87 unten) und stelle sie der Klasse vor.

Ist unsere Rohstoffversorgung gesichert?

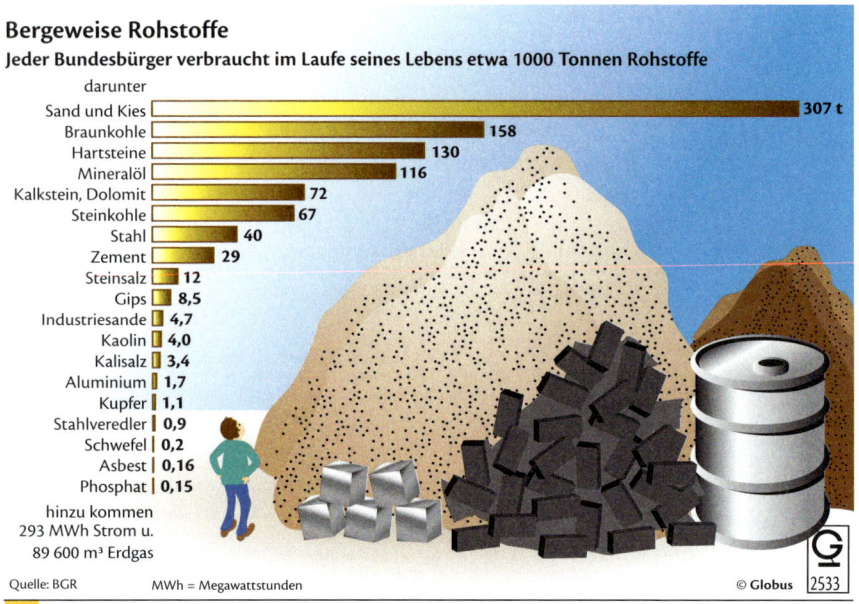

Bergeweise Rohstoffe
Jeder Bundesbürger verbraucht im Laufe seines Lebens etwa 1000 Tonnen Rohstoffe

darunter

Sand und Kies	307 t
Braunkohle	158
Hartsteine	130
Mineralöl	116
Kalkstein, Dolomit	72
Steinkohle	67
Stahl	40
Zement	29
Steinsalz	12
Gips	8,5
Industriesande	4,7
Kaolin	4,0
Kalisalz	3,4
Aluminium	1,7
Kupfer	1,1
Stahlveredler	0,9
Schwefel	0,2
Asbest	0,16
Phosphat	0,15

hinzu kommen
293 MWh Strom u.
89 600 m³ Erdgas

Quelle: BGR   MWh = Megawattstunden   © Globus 2533

M 1 *Pro-Kopf-Verbrauch an mineralischen Rohstoffen in Deutschland*

wie Wind, Gezeiten oder Biomasse. Darüber hinaus stellt der Mensch selbst mit seinem Wissen und seinen Fähigkeiten eine zunehmend wichtige Ressource dar.

Als **Reserven** werden natürliche Ressourcen bezeichnet, die nach technischen und wirtschaftlichen Gesichtspunkten abbaubar sind.

Sobald der Mensch Naturstoffe für wirtschaftliche Zwecke gewinnt, spricht man von **Rohstoffen.**

Rohstoffverbraucher Deutschland

Zwar benötigt jeder Mensch zum Leben Rohstoffe, aber der Rohstoffverbrauch ist abhängig vom Stand der wirtschaftlichen Entwicklung und dem Lebensstandard der Bevölkerung. Einer der größten Rohstoffverbraucher weltweit ist Deutschland. Neben den pflanzlichen und tierischen Agrarrohstoffen sind es vor allem mineralische und damit die nicht erneuerbaren Industrierohstoffe, die jeder Bundesbürger in großen Mengen verbraucht. Nur ein geringer Anteil der Rohstoffe stammt aus inländischer Produktion. Die meisten Rohstoffe müssen nach Deutschland importiert werden.

check-it
- Begriffe Rohstoff, Ressource, Reserve definieren
- Deutschlands Rohstoffverbrauch charakterisieren
- Schemaskizze auswerten
- Stellung nehmen zur künftigen Rohstoffversorgung

Rohstoff, Ressource oder Reserve?

Diese drei Begriffe hängen eng miteinander zusammen. Unter **Ressourcen** werden alle Güter und Fähigkeiten zusammengefasst, die der Mensch zum Wirtschaften benötigt. Zu den Naturressourcen zählen alle vom Menschen nutzbaren natürlichen Stoffe, einschließlich der Luft, des Wassers, des Bodens, sowie natürliche Energieträger

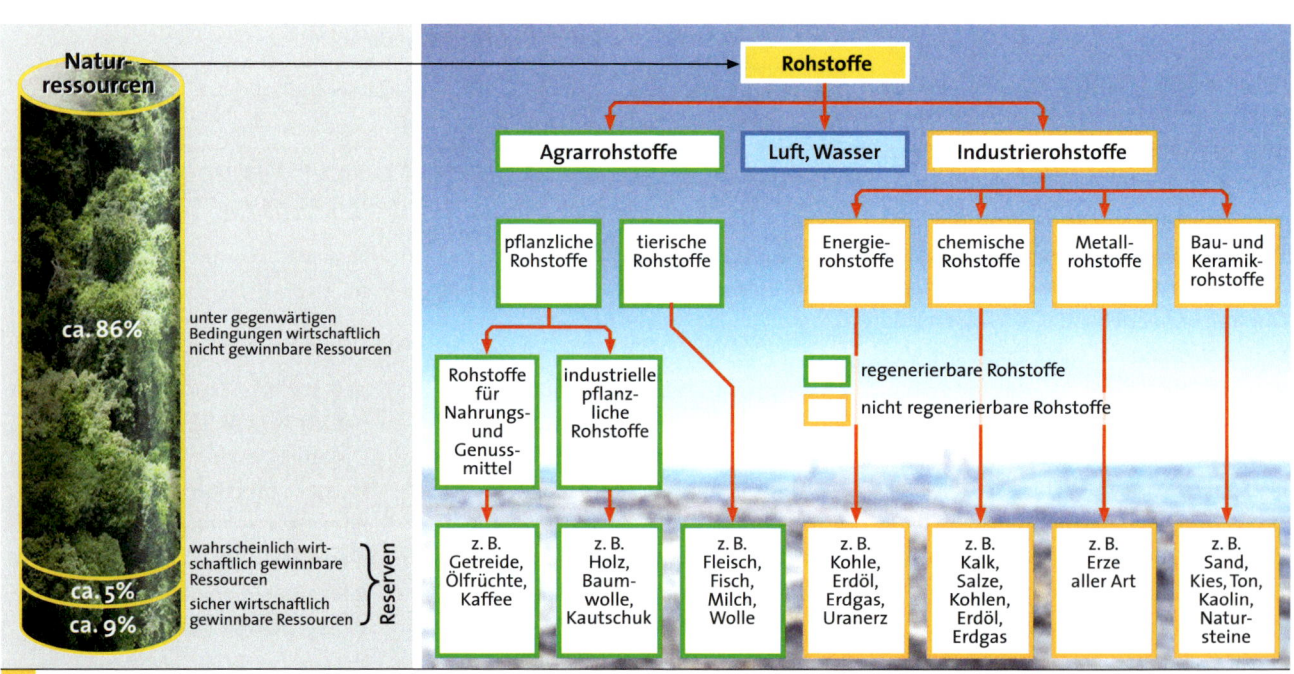

M 2 *Ressourcen, Reserven und Rohstoffe*

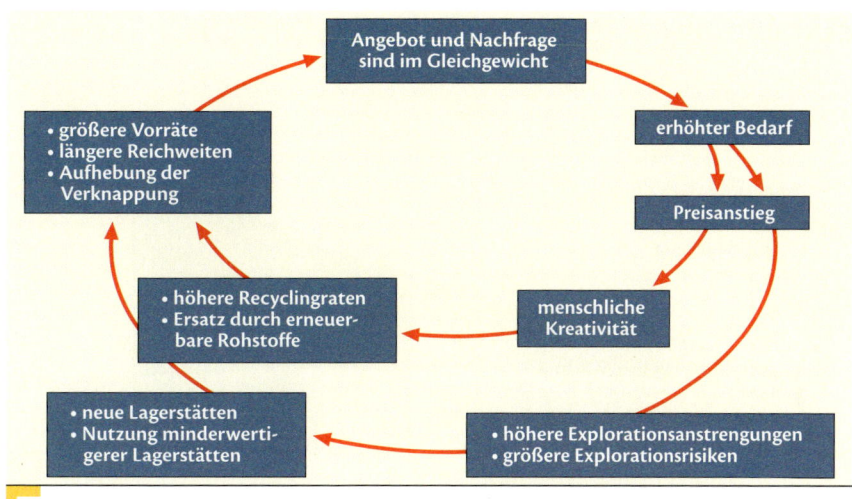

M 3 *Regelkreis zur Versorgung mit mineralischen Rohstoffen*

Entwicklung der Rohstoffversorgung

Es ist davon auszugehen, dass der Rohstoffverbrauch weltweit auch in Zukunft stark ansteigen wird. Gründe hierfür sind:

1. das Anwachsen der Weltbevölkerung,
2. eine starke Zunahme des Rohstoffverbrauchs vor allem in Schwellen- und Entwicklungsländern, da dort bei ansteigendem Lebensstandard ein starker Nachholbedarf sowohl in der Produktion als auch beim Konsum besteht,
3. der steigende Konsum von Fertigwaren in Industrieländern – zum Beispiel bei elektronischen Geräten, die nach kurzem Gebrauch ausgetauscht und entsorgt werden.

Da mineralische Rohstoffe nicht erneuerbar sind, kann es in Zukunft zu einer Verknappung und damit zu einer Verteuerung einzelner Rohstoffe kommen.

Lösungen für die Zukunft

Um der Rohstoffknappheit entgegenzuwirken, müssen große Anstrengungen unternommen werden, um neue Rohstofflagerstätten zu erkunden und zu erschließen. Mithilfe verbesserter Fördertechniken sollen in Zukunft Lagerstätten erschlossen werden, die bisher noch nicht wirtschaftlich genutzt werden können. So werden zum Beispiel Lagerstätten in der Arktis oder auf dem Meeresgrund erforscht. Eine weitere Möglichkeit, das Rohstoffproblem zu lösen, ist der Ersatz mineralischer, nicht erneuerbarer Rohstoffe durch pflanzliche oder tierische Produkte, die erneuerbar sind. Eine wichtige Maßnahme ist auch das Recycling von Rohstoffen, das eine immer größere Bedeutung gewinnt. Durch neue Produktionsmethoden versuchen Industriebetriebe, bei der Produktion und der Nutzung der Produkte Rohstoffe einzusparen. Maschinen und Fahrzeuge zum Beispiel kommen heute mit wesentlich weniger Energie beziehungsweise Treibstoff aus als noch vor einigen Jahren.

1 Definiere die Begriffe „Ressource", „Reserve" und „Rohstoff" (**M 2**).

2 Erkläre, warum immer mehr Ressourcen genutzt werden. Berücksichtige dabei besonders die Situation in Deutschland (**M 1**, **M 2**).

3 Charakterisiere den Rohstoffverbrauch Deutschlands (**M 1**, Karte S. 87 oben).

4 Erläutere Deutschlands Interesse an erhöhten Forschungsanstrengungen in Bezug auf Rohstoffe (**M 3** bis **M 5**, Karte S. 87 oben).

5 Nimm Stellung zu der Ausgangsfrage: „Ist unsere Rohstoffversorgung gesichert?" (**M 1**, **M 4**, **M 5**, Karte S. 87 oben).

 WEBCODE: UE644339-095

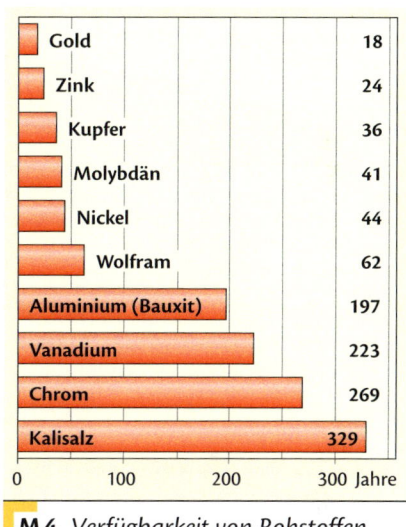

M 4 *Verfügbarkeit von Rohstoffen*

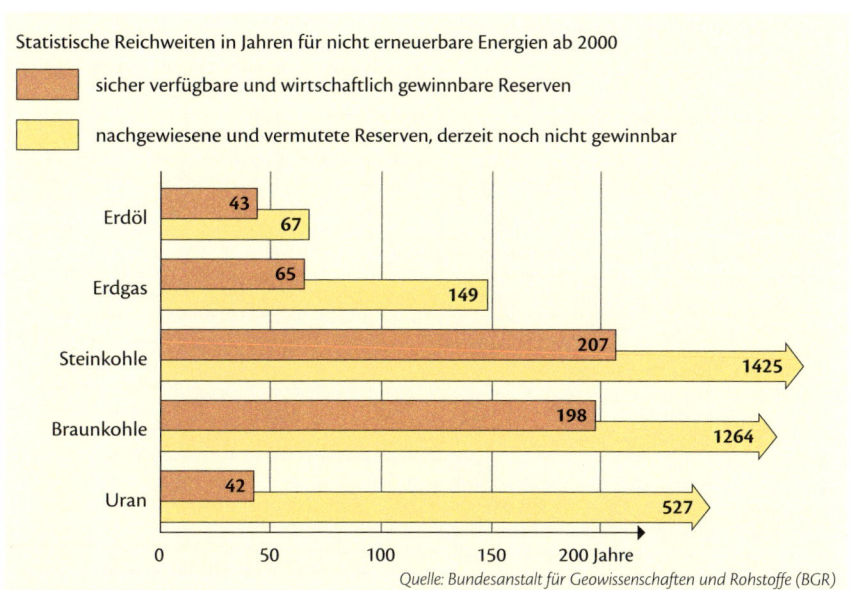

M 5 *Reichweiten von Energierohstoffen*

Asiens Hunger nach Rohstoffen

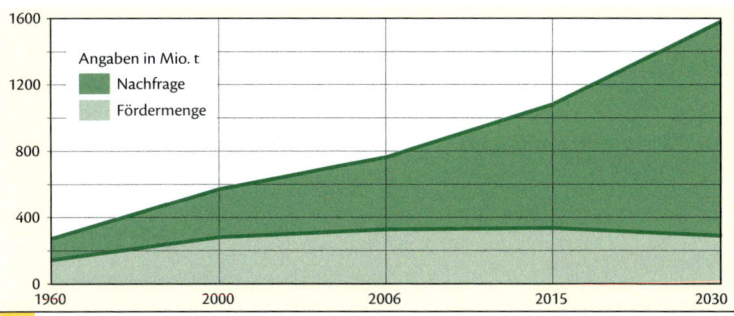

M 1 *Erdölförderung und Erdölnachfrage Asiens*

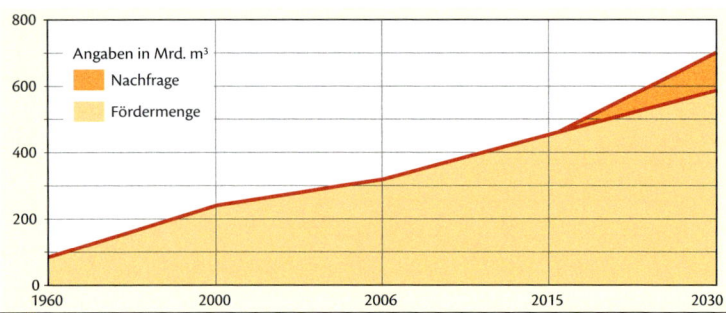

M 2 *Erdgasförderung und Erdgasnachfrage Asiens*

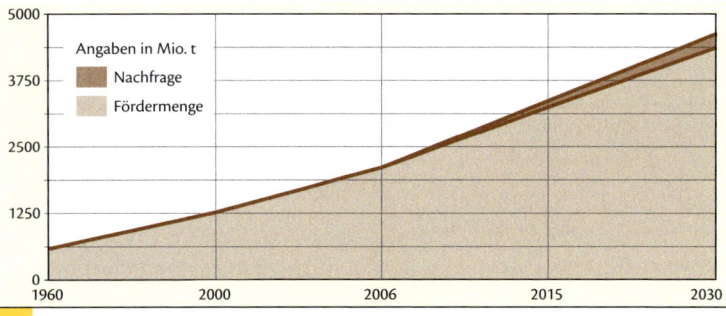

M 3 *Kohleförderung und Kohlenachfrage Asiens*

	Erdölförderung (Mio. t)					Erdölverbrauch (Mio. t)				
	1980	2000	2010	2015	2030	1980	2000	2010	2015	2030
China	105	203	190	199	169	94	234	429	552	821
Indien	10	39	36	35	25	35	115	156	184	324

M 4 *China und Indien: Erdölförderung und Erdölverbrauch*

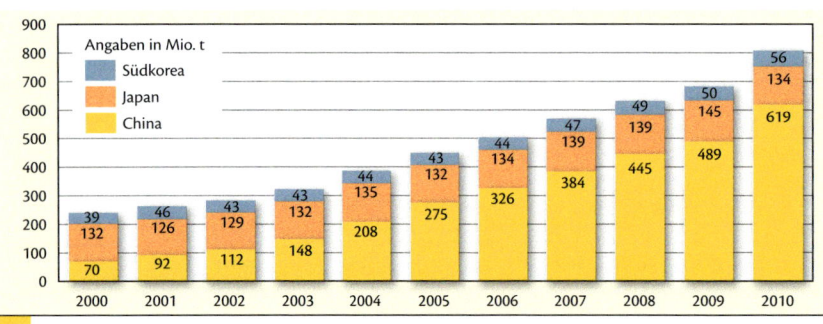

M 5 *Die drei größten Eisenerzimporteure Asiens*

check-it _____
- ▬ Länder mit hohem Rohstoffbedarf lokalisieren
- ▬ Förderung und Bedarf vergleichen
- ▬ wachsende Nachfrage nach Rohstoffen erläutern
- ▬ Diagramme auswerten und zeichnen

Asiens Wirtschaft boomt seit den 1980er-Jahren. Den Wirtschaftsaufschwung tragen neben Singapur, Südkorea, Malaysia und Thailand die bevölkerungsreichsten Staaten Indien und China. Da Asien nur über wenige Rohstoffe verfügt, ist der Bedarf riesig. Ein weltweiter Preisanstieg ist die Folge.

Energierohstoffe

Die Nachfrage in Bezug auf Erdöl ist besonders stark in China gestiegen. Das Land begann erst Mitte der 1990er-Jahre, Erdöl einzuführen. Verantwortlich dafür ist nicht nur das Wachstum energieintensiver Branchen wie der Zement- und Stahlindustrie, sondern auch der zunehmende private Verbrauch. Da der Lebensstandard steigt, nimmt auch die Zahl der Autos zu. Aus dem Land der Fahrradfahrer ist der drittgrößte Automarkt der Welt geworden. Allein von 2002 bis 2006 verdoppelte sich die Zahl der Pkw. Das hat zur Folge, dass heute bereits ein Drittel des Ölbedarfs auf den Kraftfahrzeugverbrauch entfällt. Auch Indien muss wegen der gestiegenen Wirtschaftsleistung drei Viertel seines Ölbedarfs importieren. Japan, Taiwan und Singapur besitzen keine eigenen Ölvorkommen. Bei Erdgas war Asien in der Vergangenheit Selbstversorger. Mittlerweile sind Nord- und Westafrika sowie Australien wichtige Lieferregionen geworden. Von asiatischen Ländern werden hier zielgerichtete Investitionen vorgenommen. Flüssiggastanker transportieren das Gas nach Japan, Taiwan, Südkorea, Indien und China.

Indien und China verfügen über gewaltige Kohlevorräte, während Japan und Südkorea fast vollständig von Kohleimporten abhängig sind. China ist weltweit der größte Kohleproduzent. Das Land hat einen großen Nachholbedarf bei der Stromerzeugung und verwendet hierfür zwei Drittel der Kohle. Indien und China sind aber inzwischen dazu übergegangen, Kohle aus nicht-asiatischen Ländern einzuführen, weil die eigene Förderung nicht ausreicht.

Metallische Rohstoffe

Die Stahlindustrie ist ein guter Indikator für die Wirtschaftsentwicklung. Das gilt für Japan und Südkorea ebenso wie für Taiwan, Indien oder China. Allein in China hat sich seit dem Jahr 2000 die Stahlproduktion verdoppelt. Da das Land bislang nicht über genügend eigene Eisenerzvorkommen verfügt, muss es große Mengen einführen. Darüber freuen sich, so schreibt eine Zeitung, die Arbeiter in der australischen Eisenerzindustrie. China ist zum größten Eisenerzimporteur der Welt aufgestiegen. Die Importe werden nicht nur direkt an die Eisen verhüttende Industrie geliefert, sondern sie dienen auch der Aufstockung von Vorräten.

Dieser Zustand könnte sich bald ändern. China ist nach eigenen Angaben im Nordosten des Landes auf die größten Eisenerzvorkommen Asiens, wenn nicht sogar der Welt gestoßen. Die Vorräte sollen sich auf 3 bis 7,5 Milliarden Tonnen belaufen.

Auch bei den Importen von Aluminium, Zink, Blei und Kupfer spielt China die Hauptrolle. Kupfer wird für Kabel und Transformatoren benötigt. China will sein Stromübertragungsnetz weiter ausbauen.

Die Rohstoffabhängigkeit Chinas von einem oder nur wenigen Anbietern soll möglichst vermieden werden. Die asiatischen Importeure möchten einen sicheren Zugang zu den weltweiten Energie- und Rohstoffquellen. Sie kaufen oder beteiligen sich an Bergbauunternehmen in den Förderländern. Sie unterstützen Rohstoff exportierende Staaten mit Hilfsprojekten und geben Kredite.

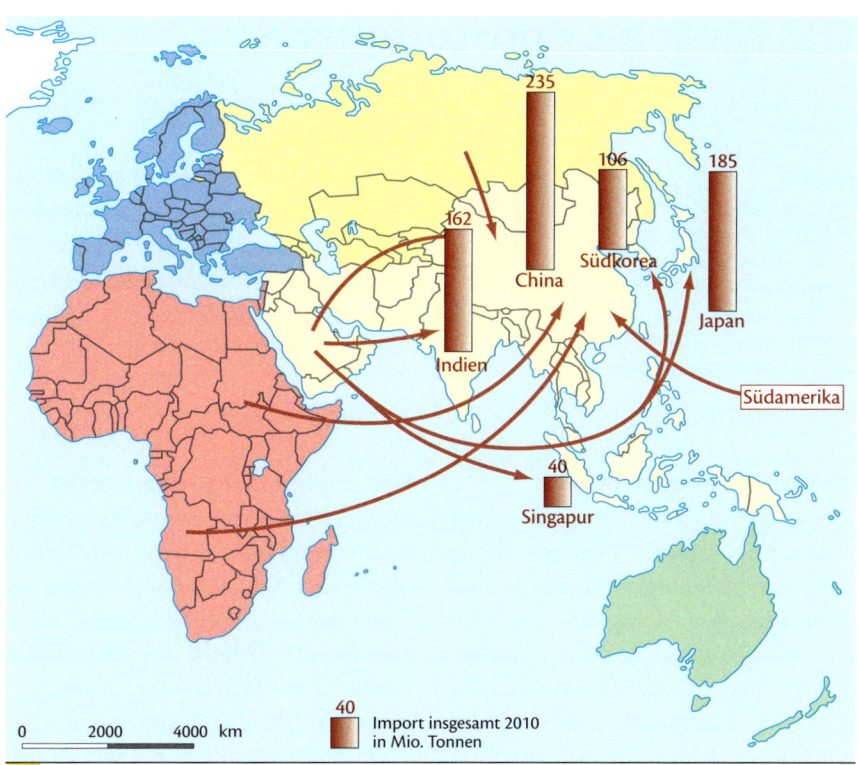

M 6 *Erdölimporte asiatischer Länder (ohne innerasiatischen Handel)*

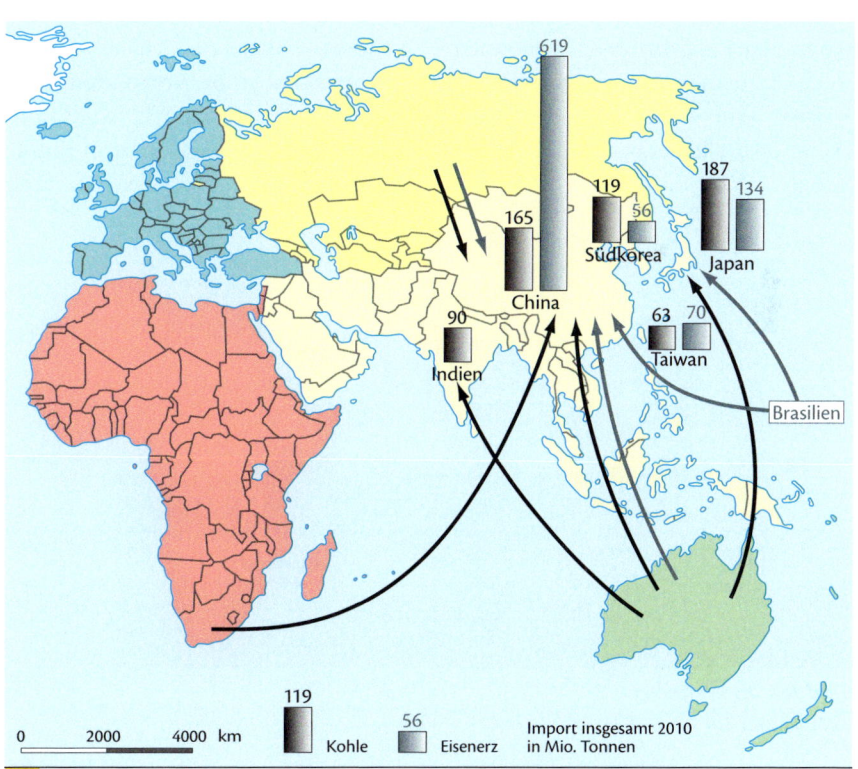

M 7 *Kohle- und Eisenerzimporte (ohne innerasiatischen Handel)*

1 Beschreibe die Lage der Länder Asiens mit hohem Rohstoffbedarf (**M 6**, **M 7**, Karte S. 208/209).

2 Beschreibe die Entwicklung beim Rohstoffverbrauch in Asien (**M 1** bis **M 3**, **M 5**).

3 Begründe den steigenden Rohstoffverbrauch (**M 1** bis **M 5**).

4 Zeichne mithilfe der Daten Säulendiagramme und werte sie aus (**M 4**).

5 Werte die Karten zu den Rohstoffimporten aus (**M 6**, **M 7**).

6 Erläutere die Rohstoffabhängigkeit Japans (Karte S. 210/211).

Das Meer als Rohstoffquelle

check-it _____
- Rohstoffvorkommen lokalisieren
- Rohstoffe aus dem Meer kennen
- Zielsetzungen des Seerechts und die Ein-
  teilung des Weltmeeres in Wirtschaftszo-
  nen erläutern
- Wandzeitung erstellen
- Umweltgefahren bewerten

Vielseitige Rohstoffquelle

Das Weltmeer ist nicht nur der größte Lebensraum unseres Planeten, es ist auch eine bedeutende Nahrungs- und Rohstoffquelle. Rohstoffe befinden sich im Meerwasser sowie auf und unter dem Meeresboden. Im Meerwasser sind zum Beispiel 500 Millionen Tonnen Silber gelöst. Doch man kann das Edelmetall aufgrund seiner feinen Verteilung nicht nutzen. Die Hälfte des Weltbedarfs an Kochsalz wird jedoch schon heute aus dem Meer gewonnen. Auch Brauchwasser erzeugt man in Anlagen zur Meerwasserentsalzung. Dafür wird allerdings viel Energie benötigt.

Eine ständig wachsende Bedeutung gewinnt die Erdöl- und Erdgasförderung vor den Küsten. Nach Schätzungen lagern hier etwa ein Drittel der Welterdöl- und Welterdgasreserven. Auf dem Tiefseeboden befinden sich umfangreiche Vorkommen von **Manganknollen** und anderen Erzen.

Das „weiße Gold" der Tiefsee

In den Tiefen der Ozeane findet sich ein ganz besonderer Schatz: Methanhydrat, besser bekannt als Methaneis beziehungsweise „weißes Gold". Die brennbare Substanz aus gefrorenem Wasser und Methan wird bereits seit Längerem als Energiequelle der Zukunft gehandelt. Sie bildet sich in großen Mengen in den Kontinentalabhängen, wo der Druck hoch genug und die Temperatur niedrig ist. Wissenschaftler schätzen, dass bis zu 12 Billionen Tonnen Methanhydrat vorhanden sind. Darin ist mehr als doppelt so viel Kohlenstoff gebunden wie in allen Erdöl-, Erdgas- und Kohlevorräten der Welt

zusammen. Das „weiße Gold" kommt gewöhnlich in Tiefen von 500 bis 1000 Metern vor, was den Abbau schwierig und teuer macht.

Teurer Tiefseebergbau

Die Förderung von Rohstoffen aus der Tiefsee ist mit enormen Kosten und einem hohen technischen Aufwand verbunden. Aus diesen Gründen wird der Tiefseebergbau hauptsächlich von hochtechnisierten, rohstoffarmen Industriestaaten betrieben, wie zum Beispiel von Japan. Um wirtschaftlich zu arbeiten, muss der Tiefseebergbau große Erzmengen fördern. Sind es zum Beispiel weniger als 5000 Tonnen Manganknollen pro Tag und pro Abbaueinheit, lohnt es sich nicht. Geringe Mengen werden sich erst dann lohnen, wenn die Rohstoffe auf dem Festland noch knapper und damit noch teurer werden.

Aus Sicht des **Umweltschutzes** ist der Tiefseebergbau nicht unproblematisch. So wird zum Beispiel pro 5000 Tonnen Manganknollen mindestens ein Quadratkilometer des Meeresbodens abgebaut. Der Einsatz schwerer Abbaugeräte zerstört die Umwelt.

Im weiten Umfeld der Förderung werden am Boden lebende Organismen, zum Beispiel Schwämme, von dem aufgewirbelten Sand zugedeckt und erstickt. Das biologische Gleichgewicht wird nachhaltig gestört.

Das Seerecht

Viele Jahrhunderte galt der Grundsatz von der „Freiheit der Meere". Schifffahrt und Fischerei standen allen Staaten der Erde offen.

Seit dem 18. Jahrhundert beanspruchen die Küstenstaaten ein Hoheitsrecht von drei Seemeilen vor ihrer Küste, was 5556 Metern entspricht. Das war die Reichweite einer Kanonenkugel. Die moderne Entwicklung von Fischereiwirtschaft und Meeresbergbau erfordert neue Regelungen. Damit befassen sich Seerechtskonferenzen der **Vereinten Nationen**.

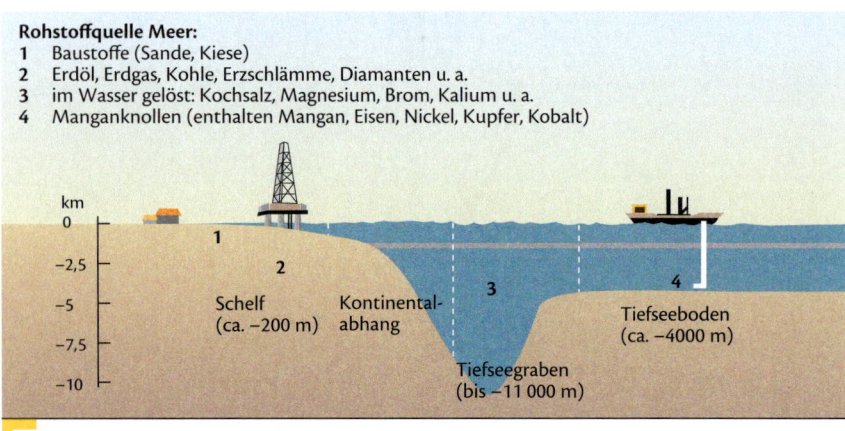

Rohstoffquelle Meer:
1   Baustoffe (Sande, Kiese)
2   Erdöl, Erdgas, Kohle, Erzschlämme, Diamanten u. a.
3   im Wasser gelöst: Kochsalz, Magnesium, Brom, Kalium u. a.
4   Manganknollen (enthalten Mangan, Eisen, Nickel, Kupfer, Kobalt)

M 1 *Lagerstätten im Weltmeer*

Manganknollen sind schalig wie Zwiebeln aufgebaute, schwarze Metallverklebungen. Sie enthalten Mangan, Eisen, Nickel, Kupfer und Kobalt. Die Knollen liegen in 300 bis 6000 Metern Tiefe. Die größten Vorkommen befinden sich im Pazifischen Ozean.

M 2 *Manganknollen*

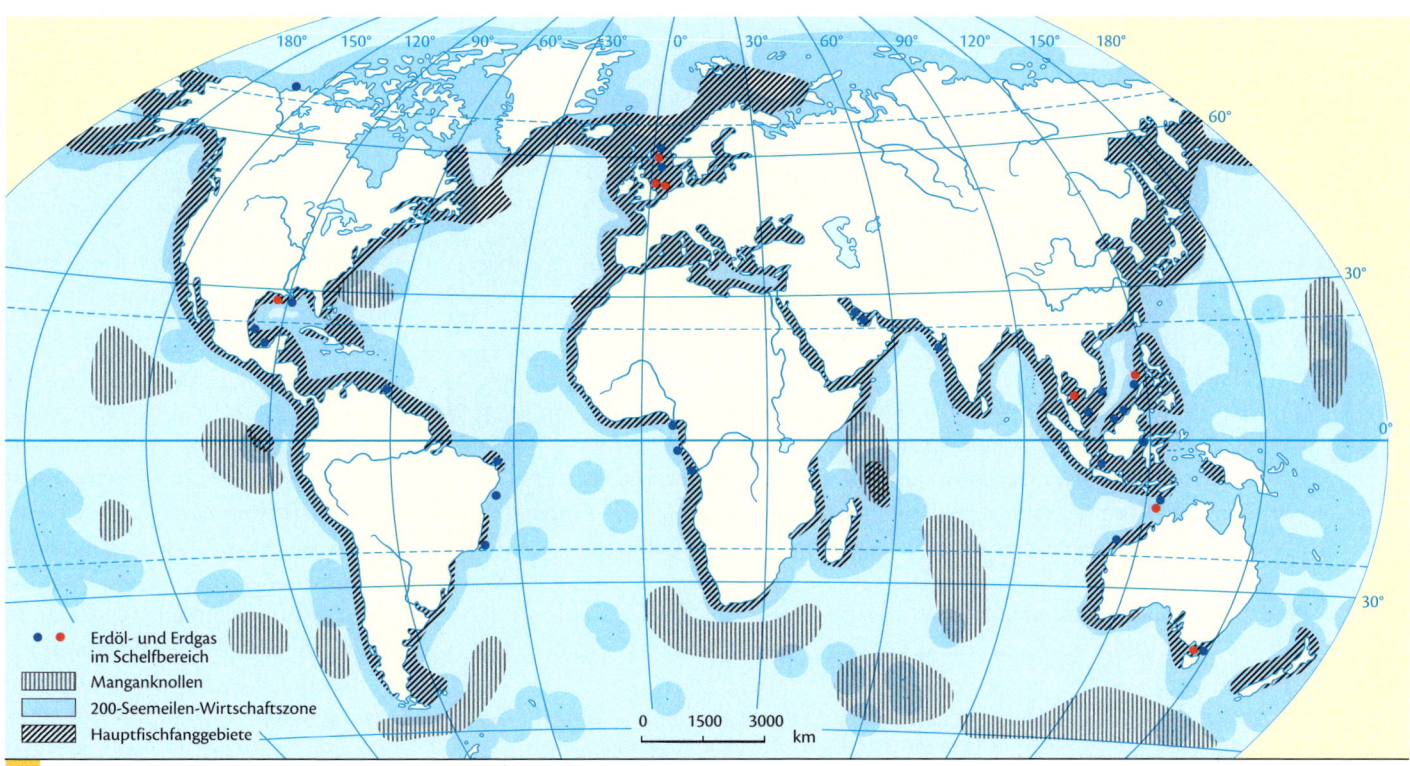

M3 *Rohstoffvorkommen und Hauptfischfanggebiete im Weltmeer*

Legende:
- Erdöl- und Erdgas im Schelfbereich
- Manganknollen
- 200-Seemeilen-Wirtschaftszone
- Hauptfischfanggebiete

0 1500 3000 km

1 Erstelle eine Tabelle, in die du die Rohstoffe aus dem Meer sowie je fünf Staaten, vor deren Küste sie zu finden sind, einträgst (**M1–M3**).

2 Beschreibe die Abfolge der Lagerstätten von Rohstoffen im Weltmeer (**M1**).

3 Erläutere die Zielsetzungen des Seerechts sowie die Einteilung des Weltmeeres in Wirtschaftszonen (**M4**).

4 Fertigt eine Wandzeitung an, die Umweltgefahren durch die Erschließung der Rohstoffe verdeutlicht. Zeitungsartikel, Broschüren von Umweltorganisationen, die Bücherei und das Internet können als Informationsquellen dienen.

5 Fasse Pro- und Kontra-Argumente zur Nutzung der Rohstoffe aus dem Meer zusammen und nimm dazu Stellung.

WEBCODE: UE644339-099

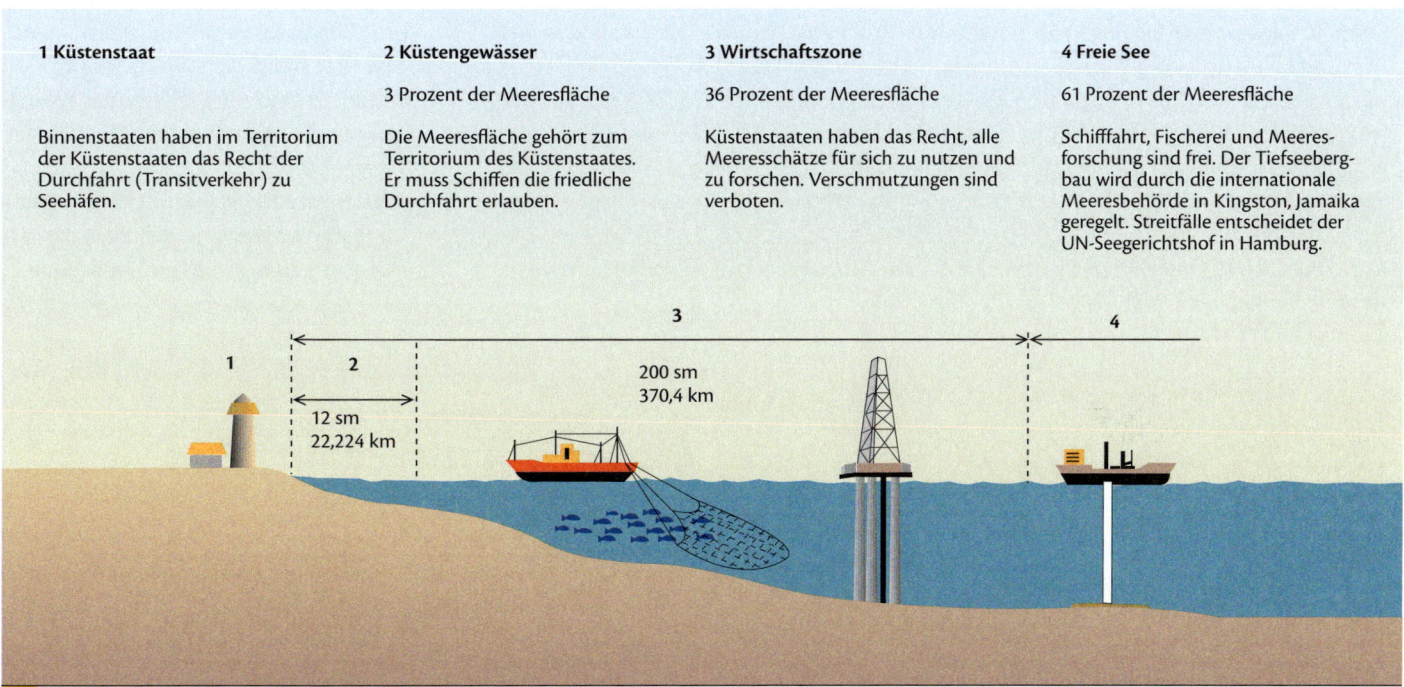

1 Küstenstaat	2 Küstengewässer	3 Wirtschaftszone	4 Freie See
	3 Prozent der Meeresfläche	36 Prozent der Meeresfläche	61 Prozent der Meeresfläche
Binnenstaaten haben im Territorium der Küstenstaaten das Recht der Durchfahrt (Transitverkehr) zu Seehäfen.	Die Meeresfläche gehört zum Territorium des Küstenstaates. Er muss Schiffen die friedliche Durchfahrt erlauben.	Küstenstaaten haben das Recht, alle Meeresschätze für sich zu nutzen und zu forschen. Verschmutzungen sind verboten.	Schifffahrt, Fischerei und Meeresforschung sind frei. Der Tiefseebergbau wird durch die internationale Meeresbehörde in Kingston, Jamaika geregelt. Streitfälle entscheidet der UN-Seegerichtshof in Hamburg.

12 sm
22,224 km

200 sm
370,4 km

M4 *Wirtschaftszonen des Weltmeeres*

Rohstoffe nutzen – gezielt und maßvoll

▶ Ein durchschnittliches Mobiltelefon besteht aus rund
  - 60 Prozent Kunststoff,
  - 25 Prozent Metallen (z. B. Kupfer, Eisen, Nickel, Silber, Zink, Gold, Blei, Mangan, Palladium, Platin, Zinn, Tantal),
  - 15 Prozent Keramik.
▶ Nach durchschnittlich eineinhalb Jahren wird ein Mobiltelefon durch ein neues Modell ersetzt.
▶ Nur rund ein Prozent der Geräte wird dem Recycling zugeführt.
▶ Im Jahr 2009 werden weltweit rund eine Milliarde Mobiltelefone verkauft, das entspricht einem Rohstoffverbrauch von rund:
  - 15 000 Tonnen Kupfer,
  - 30 Tonnen Gold,
  - 350 Tonnen Silber,
  - 14 Tonnen Palladium.

M 1 *Materialverbrauch für Mobiltelefone*

check-it _____
- Auswirkungen der Rohstoffnutzung erläutern
- nachhaltigen Umgang mit Rohstoffen beschreiben
- Befragung durchführen
- Verantwortung für eine nachhaltige Rohstoffnutzung diskutieren

Unser Umgang mit Rohstoffen – ohne Maß und Ziel?

Nicht nur die drohende Knappheit nicht erneuerbarer Rohstoffe stellt die Menschheit vor große Herausforderungen. Die räumlich und mengenmäßig stetig zunehmende Ressourcennutzung löst Folgen aus, die sich verheerend auf die Menschen und ihre natürliche Umwelt auswirken. Die verschiedenen sozialen und ökologischen Probleme können nur gelöst werden, indem ein **nachhaltiger Umgang mit Rohstoffen** die bisherige Art und Weise der Ressourcennutzung ablöst. Dazu werden unter anderem folgende Nachhaltigkeitsstrategien diskutiert:

Höhere Effizienz – dieser Ansatz bezieht sich auf die bessere Nutzung von Material und Energie, also auf eine höhere Ressourcenproduktivität. Er folgt dem Prinzip „Mehr aus weniger". Das geschieht durch verbesserte Technik und Organisation im Produktionsprozess. So stellt die Verkleinerung von Bauteilen eine Möglichkeit der Einsparung von Rohstoffen dar. Die Wiederverwendung von Rohstoffen, also das sogenannte **Recycling,** ist eine weitere Vorgehensweise, um die Effizienz der eingesetzten Ressourcen zu erhöhen.

Der Bericht stellt deutlich heraus, dass der nachhaltige Umgang mit Ressourcen eine der größten Herausforderungen der Gegenwart ist. „Es ist von zentraler Bedeutung, dass die Menschen beginnen, sich mit der Ressourcennutzung und deren weltweiten ökologischen und sozialen Folgen auseinanderzusetzen. Unser Bericht soll hierfür als Grundlage dienen", so Lisa Kernegger, Ressourcensprecherin von GLOBAL 2000.

Der Report informiert anhand ausgewählter Beispiele über die Ausbeutung von Arbeitskräften und deren gesundheitliche Schäden, die sie beim Abbau von Rohstoffen in afrikanischen, lateinamerikanischen oder asiatischen Bergwerken erleiden. Es wird ebenso auf die Zerstörung tropischer Regenwälder und anderer wertvoller Lebensräume hingewiesen wie auf den damit einhergehenden Verlust beziehungsweise die Bedrohung von Tier- und Pflanzenarten. Boden, Wasser und Luft werden bei der Gewinnung und Verarbeitung von Rohstoffen mit Schadstoffen belastet. Die intensive Nutzung fossiler Energierohstoffe ist darüber hinaus eine wesentliche Ursache des Klimawandels.

Doch nicht nur die Nutzung mineralischer Rohstoffe ist problematisch. Der Bericht zeigt auf, dass infolge der intensiven Bodennutzung für Agrarrohstoffe, die in die reichen Industrieländer exportiert werden, in vielen Entwicklungsländern zu wenig fruchtbares Land für Kleinbauern zur Verfügung steht. Das fördert die Armut. Zudem werden viele Rohstoffe zunehmend knapper.

„Ohne radikale Kursänderung verbauen wir uns die Möglichkeit, auf die Herausforderungen der Zukunft reagieren zu können", warnt Kernegger. „Den Ressourcenverbrauch zu reduzieren, ist daher nicht nur aus ökologischer und sozialer, sondern auch wirtschaftlicher Sicht das Gebot der Stunde", erklärt auch der Ökonom Dr. Friedrich Hinterberger.

M 2 *Über den Ressourcenreport „Ohne Maß und Ziel? Über unseren Umgang mit den natürlichen Ressourcen der Erde" von GLOBAL 2000*

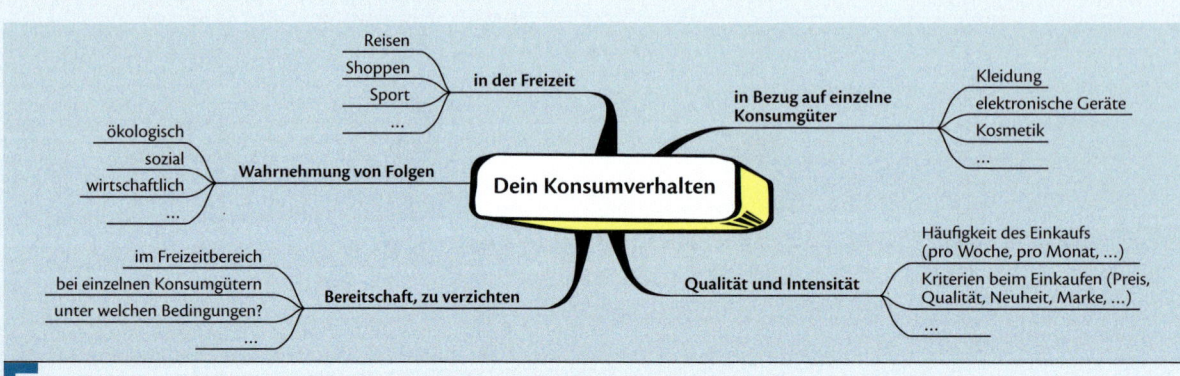

M 3 *Mögliche Aspekte der Befragung zum Konsumverhalten von Mitschülern*

Vorteile nachwachsender Rohstoffe
- Verringerung der Abhängigkeit von fossilen Energieträgern
- Schonung nicht erneuerbarer Ressourcen
- biologische Abbaubarkeit
- Reinhaltung der natürlichen Lebensgrundlagen Boden, Wasser und Luft
- Reduzierung von Umweltbelastungen und Förderung der Artenvielfalt

Nachteile nachwachsender Rohstoffe
- manche Produkte sind bisher nicht aus nachwachsenden Rohstoffen herstellbar
- hohe Forschungskosten
- Ernteschwankungen
- bewährte Produktionsprozesse und hohe qualitätsvolle Produkte werden aufgegeben

Beispiel: Ersatz von Erdöl durch nachwachsende Rohstoffe

Produkt	Industriepflanze	Rohstoff
Biodiesel	Raps	Rapsöl
Schmierstoffe	Raps, Sonnenblume	Pflanzenöl
Folien	Kartoffeln	Stärke
Wärme, Dampf, Strom	Holz, Miscanthus	Pellets, Hackschnitzel
Textilien, Dämmstoffe, Papier	Flachs, Hanf	Fasern
Waschmittel	Kartoffeln, Zuckerrübe	Stärke, Zucker

M 4 *Ersatz von mineralischen Rohstoffen durch nachwachsende Rohstoffe*

Naturverträglich produzieren, transportieren und konsumieren – diese Strategie umfasst naturverträgliche Technologien, die die Ökosysteme nutzen, ohne sie zu zerstören, zum Beispiel: Technologien zur Energiegewinnung aus Sonne, Wind und Wasser. Auch der Austausch nicht erneuerbarer Rohstoffe durch sogenannte **nachwachsende Rohstoffe** gehört zu diesem Ansatz. Nachwachsende Rohstoffe sind pflanzliche und tierische Produkte, die nicht als Nahrungs- oder Genussmittel genutzt werden, sondern als Werkstoff oder Energierohstoff Verwendung finden. Nach dem bisherigen Forschungsstand werden vor allem Industriepflanzen wie Raps, Sonnenblume oder Zuckerrohr genutzt, um fossile Rohstoffe als Energieträger und als chemische Rohstoffe zu ersetzen. Doch die Forschung geht weiter. So ist es kürzlich gelungen, aus Löwenzahn Kautschuk herzustellen.

Verringerte Nachfrage nach Gütern und Energie – dieser Ansatz beruht auf der Erkenntnis, dass der sehr hohe Verbrauch nicht erneuerbarer Rohstoffe in den reichen Industrieländern in Zukunft nur über ein verändertes Konsumverhalten erreicht werden kann. Dies beinhaltet, zum einen weniger Güter wie Elektrogeräte oder Kleidung zu verbrauchen. Zum anderen umfasst diese Strategie das Nutzen qualitativ sehr hochwertiger und langlebiger Produkte. Insgesamt bedeutet es für jeden Einzelnen also nicht, weniger zu haben, sondern sein Konsumverhalten grundsätzlich zu ändern. ▌

1 Gliedere die Auswirkungen der Rohstoffnutzung nach inhaltlichen und räumlichen Kriterien (**M 2**). Erstelle dazu eine Tabelle.
2 Erläutere die Notwendigkeit eines veränderten Umgangs mit Rohstoffen (**M 2**).
3 Stelle fest, wo sich in deiner Umgebung der nächste Recyclinghof befindet. Erkunde, was recycelt wird.
4 Beschreibe Möglichkeiten eines nachhaltigen Umgangs mit Rohstoffen (**M 1, M 3** bis **M 5**).
5 Diskutiert die Verantwortung Deutschlands für einen nachhaltigen Umgang mit Rohstoffen (**M 2, M 3**; S. 94 **M 2**).
6 Führt eine Befragung zum Konsumverhalten unter euren Mitschülern durch und erörtert die Ergebnisse (**M 3**).

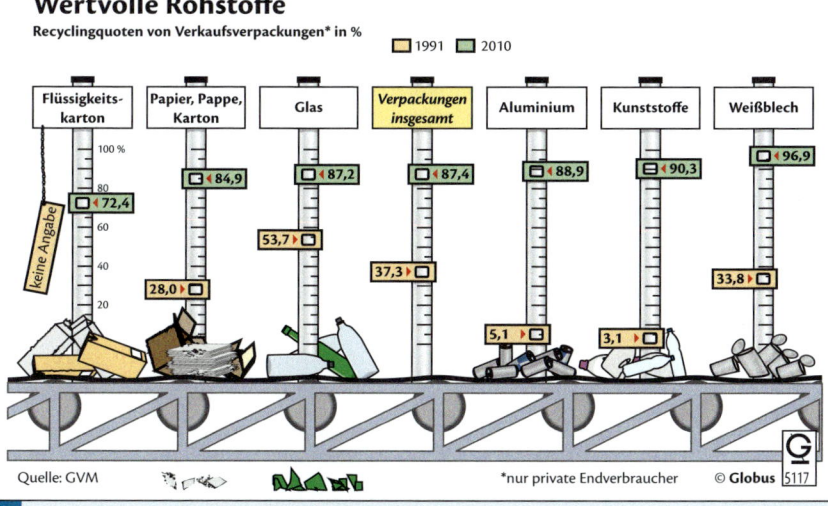

Wertvolle Rohstoffe
Recyclingquoten von Verkaufsverpackungen* in %   ▯ 1991 ▮ 2010

Flüssigkeitskarton · Papier, Pappe, Karton · Glas · Verpackungen insgesamt · Aluminium · Kunststoffe · Weißblech

keine Angabe · 72,4 · 84,9 · 87,2 · 87,4 · 88,9 · 90,3 · 96,9 · 53,7 · 28,0 · 37,3 · 33,8 · 5,1 · 3,1

Quelle: GVM   *nur private Endverbraucher   © **Globus** 5117

M 5 *Recycling von Verpackungsmaterial*

Wir analysieren und interpretieren Diagramme

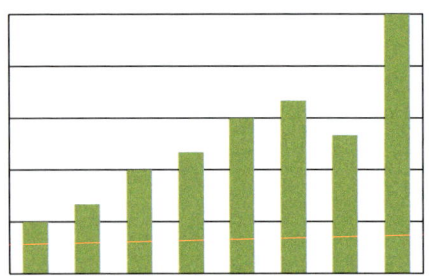

Balken- und Säulendiagramm/Stabdiagramm
sind einfache Diagrammdarstellungen, in denen Zahlenwerte in waagerechten Balken oder senkrechten Säulen/Stäben dargestellt werden. Die dargestellten Mengen und Größen lassen sich gut vergleichen. Es können Rangfolgen und Entwicklungen erkannt werden.

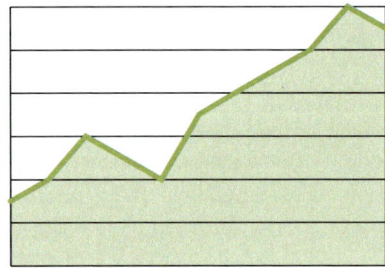

Linien- und Kurvendiagramm
Mithilfe eines Liniendiagramms lässt sich eine Abfolge von Zahlenwerten veranschaulichen, die einen bestimmten Zeitraum umfassen und somit eine Entwicklung verdeutlichen. Wenn die Zahlenwerte eine stetige Entwicklung darstellen, sind Kurvendiagramme geeignet.

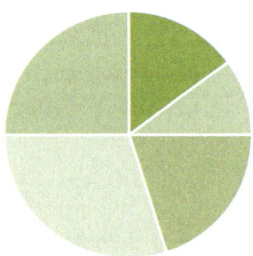

Kreisdiagramm
Kreisdiagramme sind besonders gut geeignet für die Darstellung von Verteilungen. Durch sie werden Teilmengen einer Gesamtmenge veranschaulicht. Dabei entspricht der Vollkreis von 360 Grad 100 Prozent, demzufolge 3,6 Grad 1 Prozent.

Streifendiagramm/Prozentstreifen
Ähnlich wie ein Kreisdiagramm ist das Streifendiagramm zur Darstellung von Verteilungen gut geeignet. Die Gesamtlänge des Streifens stellt 100 Prozent dar.

M 1 *Wichtige Arten von Diagrammen*

check-it _____
– unterschiedliche Arten von Diagrammen und ihre Besonderheiten benennen
– Diagramme analysieren und interpretieren

Diagramme machen Zahlen anschaulicher

Um Zahlenwerte anschaulich zu machen, werden diese häufig in einem Diagramm zeichnerisch dargestellt. Dadurch können Größen und Größenbeziehungen besser erfasst werden. Während sich aus einer Tabelle exakte Zahlenwerte ermitteln lassen, steht bei einem Diagramm die Anschaulichkeit im Vordergrund.

Diagramme lassen sich aber auch absichtlich oder unabsichtlich manipulieren. Das geschieht zum Beispiel, indem die Abmessungen (Höhe, Breite) der Achsen falsch gewählt sind, bestimmte Werte in einer Zahlenreihe weggelassen und bestimmte Zeiträume nicht dargestellt werden.

Checkliste zum Analysieren und Interpretieren von Diagrammen

1. Thema des Diagramms erfassen
– Informiere dich anhand der Überschrift, der Legende und weiterer Angaben über den Inhalt des Diagramms und dessen Quelle.

2. Darstellungsform des Diagramms analysieren
– Bestimme den Diagrammtyp.
– Ermittle, ob absolute oder relative Zahlen oder Durchschnittswerte verwendet wurden.
– Informiere dich über verwendete Maßeinheiten, Jahreszahlen u. Ä.

3. Inhalte analysieren
– Analysiere, ob eine oder mehrere Informationen dargestellt sind.
– Ermittle, ob die Zahlenwerte eine räumliche Zuordnung haben.
– Lies aussagekräftige Zahlenwerte ab, zum Beispiel die niedrigsten und die höchsten Werte, andere Extremwerte, Zuwachsraten u. a.
– Vergleiche die ermittelten Zahlenwerte.
– Stelle fest, ob Entwicklungen oder Verteilungen ablesbar sind.

4. Inhalte interpretieren
– Untersuche, ob und welche Zusammenhänge es zwischen den einzelnen Werten gibt.
– Erkläre Entwicklungen und Verteilungen, indem du die Zahlenwerte in räumliche und zeitliche Zusammenhänge einordnest.
– Bewerte, ob die Informationen im Diagramm ausreichend sind oder ob du ergänzende Informationen benötigst.
– Überprüfe, ob die Gefahr der Manipulation der Zahlenwerte durch deren Darstellungsart gegeben ist.
– Formuliere die Aussage des Diagramms.

Energie aus der Sonne

Ende 2012 waren in Deutschland Solaranlagen mit einer Leistung von insgesamt **32 400 Megawattpeak (MWp)*** installiert.

Neu installierte Leistung in Megawattpeak (MWp)*

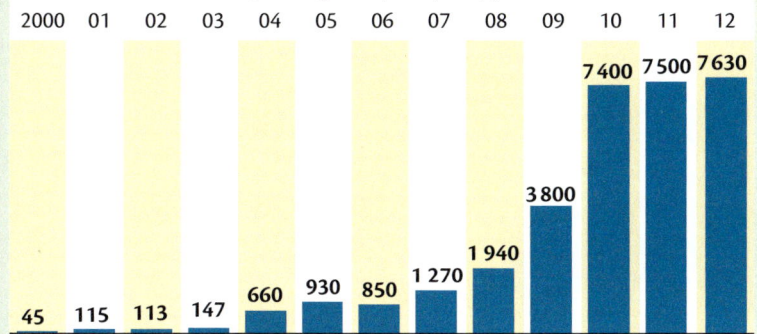

| 2000 | 01 | 02 | 03 | 04 | 05 | 06 | 07 | 08 | 09 | 10 | 11 | 12 |

45 | 115 | 113 | 147 | 660 | 930 | 850 | 1 270 | 1 940 | 3 800 | 7 400 | 7 500 | 7 630

*Megawattpeak = maximale Leistung einer Photovoltaikanlage

Quellen: BWS-Solar, Bundesnetzagentur

dpa•18007

M 2 *Solarstrom in Deutschland*

Erneuerbare Energien legen zu
Vom Bundesumweltministerium prognostizierte Entwicklung erneuerbarer Energien bis 2050

Anteil des Stroms aus regenerativen Energiequellen in Deutschland

| 2010 | 2020 | 2030 | 2040 | 2050 |
| 17 % | 35 % | 50 % | 65 % | 80 % |

Installierte Leistung erneuerbarer Energien in Deutschland in Gigawatt (GW) nach Erzeugungsarten

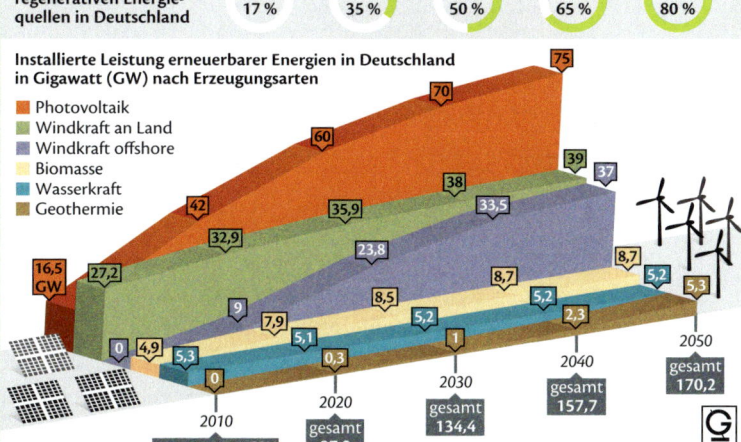

- Photovoltaik
- Windkraft an Land
- Windkraft offshore
- Biomasse
- Wasserkraft
- Geothermie

Quelle: dena, BDEW

© Globus 5218

M 4 *Erneuerbare Energien in Deutschland*

Strom aus erneuerbaren Energien

Anteile an der Stromerzeugung in Deutschland in %

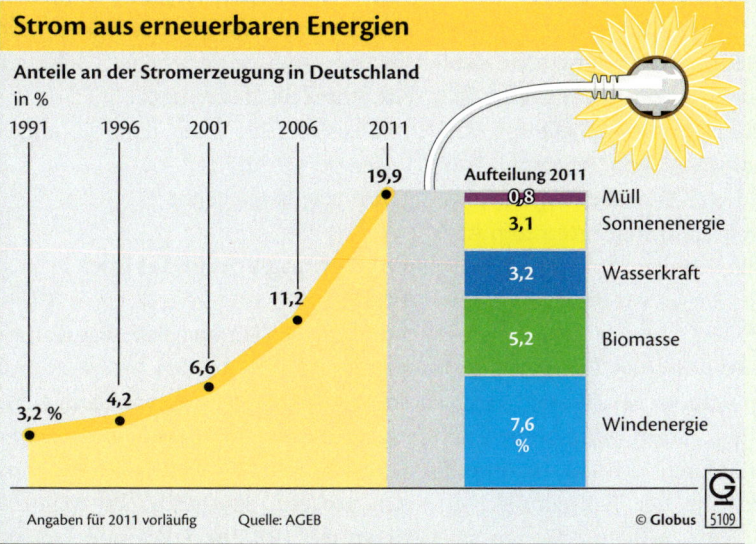

| 1991 | 1996 | 2001 | 2006 | 2011 |

3,2 % | 4,2 | 6,6 | 11,2 | 19,9

Aufteilung 2011

- 0,8 Müll
- 3,1 Sonnenenergie
- 3,2 Wasserkraft
- 5,2 Biomasse
- 7,6 % Windenergie

Angaben für 2011 vorläufig   Quelle: AGEB   © Globus 5109

M 5 *Anteile der erneuerbaren Energien*

Deutschlands Energiemix

Primärenergieverbrauch im Jahr 2012 insgesamt: 461,1 Mio. t SKE* (+ 0,8 % gegenüber 2011)
davon in %

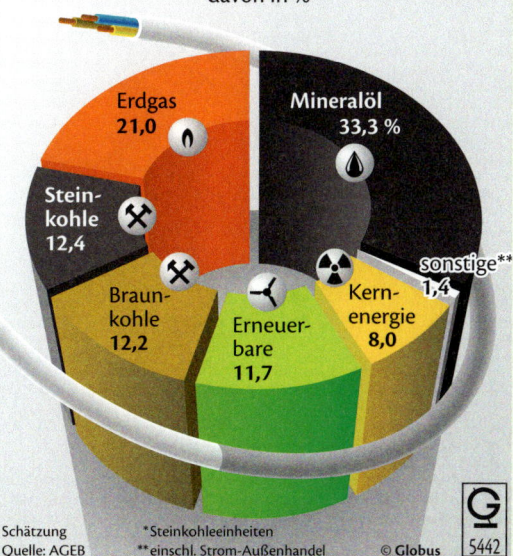

- Erdgas 21,0
- Mineralöl 33,3 %
- Steinkohle 12,4
- Braunkohle 12,2
- Erneuerbare 11,7
- Kernenergie 8,0
- sonstige** 1,4

Schätzung
Quelle: AGEB
*Steinkohleeinheiten
**einschl. Strom-Außenhandel
© Globus 5442

M 3 *Deutschlands Energiemix 2012*

1 Fertige eine Tabelle an, in der du die verschiedenen Arten von Diagrammen und ihre wichtigsten Merkmale gegenüberstellst (**M 1**).
2 Werte mithilfe der Checkliste die Diagramme aus (**M 2** bis **M 5**). Die Aufgabe kann auch arbeitsteilig in drei Gruppen gelöst und die Ergebnisse können in der Klasse diskutiert werden.
3 Erstelle aus der Tabelle ein Diagramm. Wähle eine geeignete Diagrammart aus (**M 6**).

Land	Anteil in Prozent
Schweden	47,9
Lettland	32,6
Finnland	32,2
Österreich	30,1
Portugal	24,6
Estland	24,3
Rumänien	23,4
Dänemark	22,2
Slowenien	19,8
Litauen	19,7
Spanien	13,8

Quelle: EUROSTAT

M 6 *Anteil erneuerbarer Energien am Bruttoenergieverbrauch in der EU (2010, in Prozent)*

 WEBCODE: UE644339-103

Fossile Energieträger

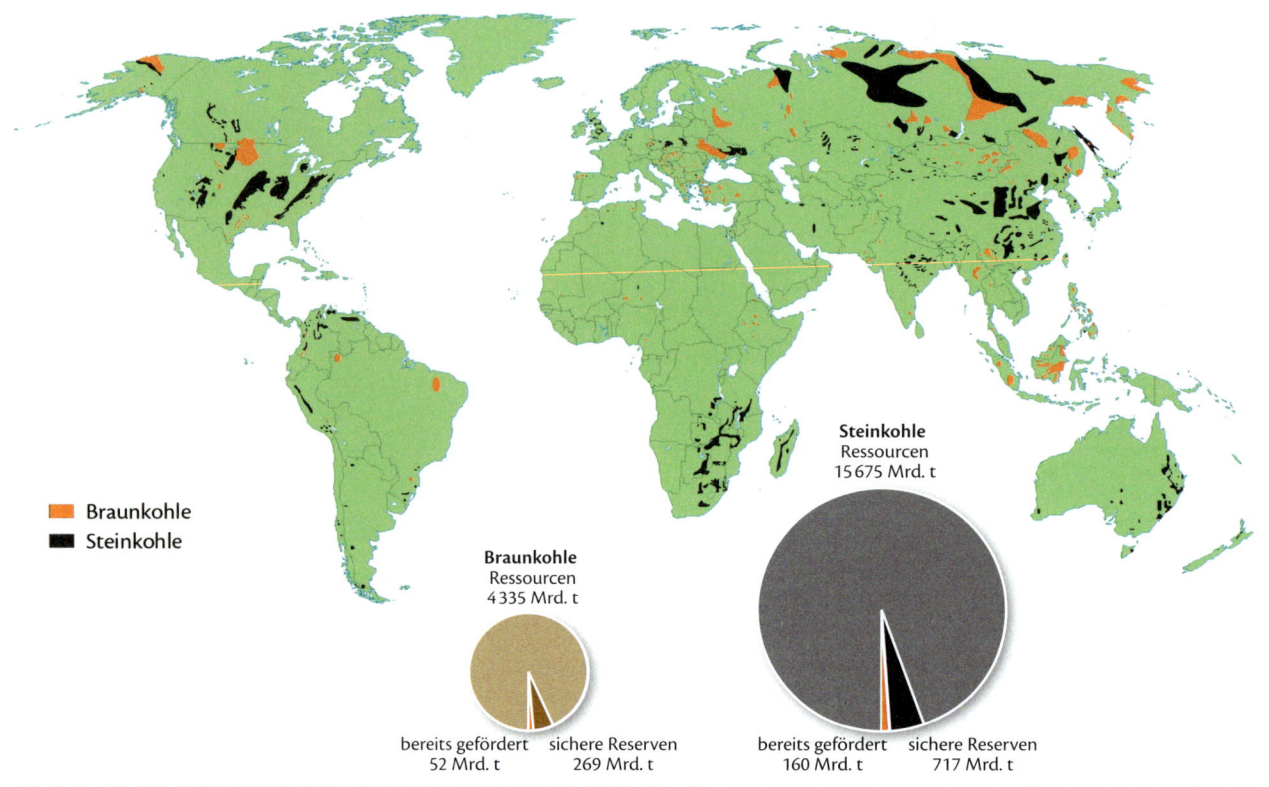

■ Braunkohle
■ Steinkohle

Braunkohle
Ressourcen
4 335 Mrd. t

bereits gefördert
52 Mrd. t

sichere Reserven
269 Mrd. t

Steinkohle
Ressourcen
15 675 Mrd. t

bereits gefördert
160 Mrd. t

sichere Reserven
717 Mrd. t

M 1 *Steinkohle und Braunkohle – Vorkommen, Förderung und Ressourcen*

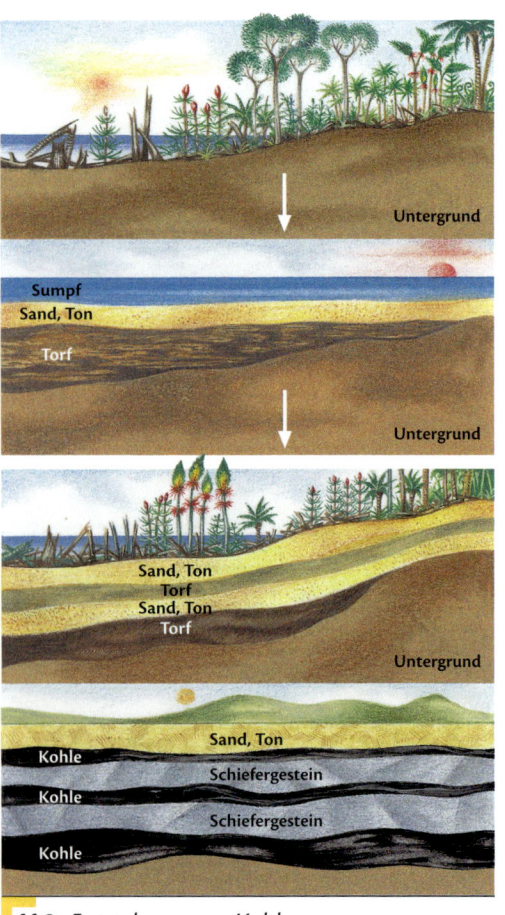

M 2 *Entstehung von Kohle*

check-it
- Vorkommen fossiler Energieträger lokalisieren
- Entstehung, Förderung und Verwendung erklären
- Notwendigkeit einer nachhaltigen Nutzung beurteilen

Entstehung von Kohle

Die erste **Steinkohle** bildete sich vor mehr als 350 Millionen Jahren im **Karbon** (*lateinisch = Kohle*). Voraussetzungen waren ein tropisches Klima sowie das Vorkommen von Mooren und Sumpfwäldern. Landsenkungen und Überschwemmungen führten zum Absterben der Pflanzen. Es bildeten sich Torfmoore. Diese wurden von Sedimenten bedeckt und in große Tiefen gedrückt, wo sie hohem Druck und hohen Temperaturen ausgesetzt waren. So wurde der Torf in **Braunkohle** umgewandelt. Durch weitere Erhöhung des Drucks und der Temperatur entstand im Laufe von Jahrmillionen aus Braunkohle Steinkohle.

Verwendung von Kohle

Kohle ist weltweit ein wichtiger Energieträger. In Deutschland begann der großräumige Abbau von Steinkohle im Zuge der Industrialisierung, als man einen **Energierohstoff** zur Stromgewinnung, zum Antrieb der Maschinen und zur Befeuerung der Hochöfen bei der Eisen- und Stahlherstellung brauchte. Heute wird Kohle vorwiegend zur Stromerzeugung verwendet, während der Anteil als Heizmaterial in Haushalten zurückgeht. Etwa die Hälfte der weltweit geförderten Kohle wird zur Stromerzeugung genutzt.

Entstehung von Erdöl und Erdgas

Vor Millionen Jahren fielen abgestorbene Meerestiere auf den Meeresgrund. Mit der Zeit wurden sie von Sand, Kies, Mergel und Ton überlagert. Unter Druck und Sauerstoffmangel entstanden aus den abgestorbenen Meerestieren mit der Zeit Erdöl und Erdgas. Bewegungen der Erdkruste führten zur

Aufwölbung und Faltung der Gesteinsschichten. Da Erdöl und Erdgas leichter als Wasser sind, drangen sie in die entstandenen Hohlräume ein und sammelten sich hier zu Erdöl- und Erdgaslagerstätten. Diese befinden sich in Tiefen von 1500 bis 6000 Metern. Das macht die Förderung technisch aufwändig und teuer.

Verwendung von Erdöl und Erdgas

Erdöl ist weltweit vor allem in den Industriestaaten ein sehr begehrter Rohstoff. Es wird als Treibstoff für Fahrzeuge, als Brennstoff für Heizungen oder zur Stromherstellung verwendet. Alle Kunststoffe werden aus Erdöl hergestellt. Aber auch für die Herstellung von Autoreifen, Waschmitteln, Medikamenten und Farben wird Erdöl benötigt. Auch Erdgas wird für die Raumheizung eingesetzt, zur Stromerzeugung und als Treibstoff.

Nachhaltige Nutzung

Fossile Energieträger sind vor langer Zeit aus organischem Material entstanden. Sie erneuern sich nicht. Die Vorräte sind deshalb begrenzt. Zudem entstehen beim Verbrennen fossiler Energieträger Schadstoffe, die die Umwelt schädigen. Deshalb sollte man sparsam

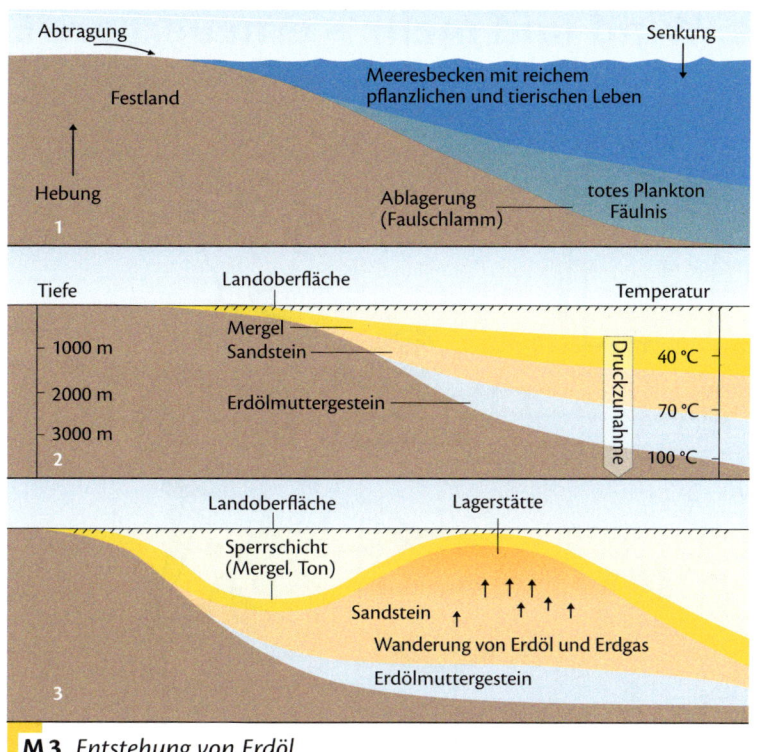

M 3 *Entstehung von Erdöl*

damit umgehen, damit auch zukünftige Generationen noch günstige Lebensbedingungen und nutzbare Energierohstoffe vorfinden.

1 Nenne jeweils drei Staaten mit größeren Kohlen-, Erdöl- oder Erdgasvorkommen (**M 1**, **M 4**, S. 87 obere Karte).

2 Erkläre die Entstehung von Braun- und Steinkohle sowie Erdöl und Erdgas (**M 2**, **M 3**).

3 Vergleiche die bisherige Förderung mit den Reserven und Ressourcen (**M 1**, **M 4**).

4 Erläutere die Notwendigkeit einer nachhaltigen Nutzung fossiler Energieträger anhand eines Beispiels (**M 1**, **M 4**).

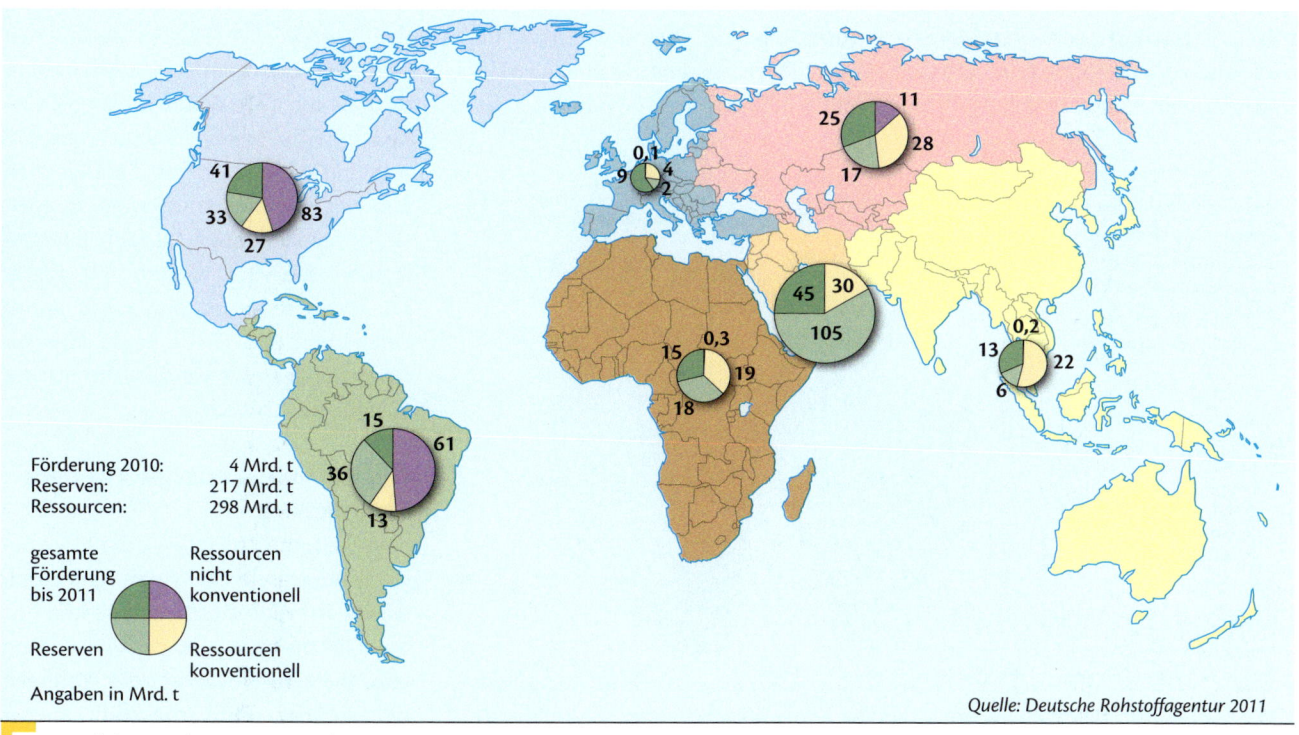

M 4 *Erdöl – Vorkommen, Förderung und Ressourcen*

Sonne, Wind und mehr – erneuerbare Energien

M 1 *Muskelkraft – eine sinnvolle Alternative?*

check-it
- Bedeutung regenerativer Energien erläutern
- Träger regenerativer Energien vergleichen
- Szenarien zum Energiemix vergleichen und bewerten

Erneuerbar und nachhaltig

Regenerative Energien sind Energieträger, die nach menschlichen Maßstäben aus unerschöpflichen Quellen stammen, wie Sonnenstrahlung, Wind-

kraft oder Erdwärme. Sie entstehen bei natürlichen, immer stattfindenden Prozessen, regenerieren sich also stetig. Deshalb werden sie auch **erneuerbare Energien** genannt. Alle regenerativen Energien sind kohlenstoffdioxidneutral. Das heißt: Entweder wird bei ihrer Nutzung kein Kohlenstoffdioxid in die Atmosphäre ausgestoßen oder nicht mehr, als die Pflanzen selbst beim Wachstum aufgenommen haben. Damit sind sie eine sinnvolle Alternative

zu den traditionellen fossilen Energieträgern. Durch die Nutzung erneuerbarer Energien werden sowohl die Ressourcen als auch die Umwelt geschont. Dies entspricht dem **Prinzip der Nachhaltigkeit**.

Erneuerbare Energien – eine sinnvolle Alternative?

Angesichts des **Klimawandels** ist es dringend notwendig, die Verbrennung fossiler Energieträger wie Erdöl oder Kohle und damit den Ausstoß von Kohlenstoffdioxid in die Atmosphäre zu reduzieren. Die stärkere Nutzung erneuerbarer Energien ermöglicht dies, insbesondere wenn sie mit einem sparsamen Energieverbrauch gekoppelt wird. Neben ökologischen Aspekten sprechen aber auch wirtschaftliche Gesichtspunkte für regenerative Energien. So führt die zunehmende Knappheit fossiler Energieträger zu steigenden Rohstoffpreisen. Gerade importabhängige Länder wie Deutschland werden durch diese Preissteigerungen wirtschaftlich stark belastet. Die Hinwendung zu inländisch erzeugten erneuerbaren Energien ist daher in mehrfacher Hinsicht unverzichtbar.

Regenerative Energien haben einerseits den Vorteil, dass sie bei natürlichen Prozessen entstehen, andererseits sind sie aber auch von diesen abhängig. Ohne Sonne gibt es keine Solarenergie, ohne Wind keine Windkraft. Solange man Energie noch nicht unbegrenzt speichern kann, können deshalb Energieformen, die vom Wetter, von Tages- oder Jahreszeiten abhängig sind, nur in einem Verbund mit anderen Energieträgern eingesetzt werden, um Stromausfälle zu vermeiden.

Geothermie – Energie aus dem Erdinnern

Eine weitere Möglichkeit der Energiegewinnung stellt die Nutzung der Erdwärme in tiefen Gesteinsschichten dar, die **Geothermie**. Sie ist unabhängig vom Wetter, von Tages- oder Jahreszeiten nutzbar. Erdwärme steht immer und überall zur Verfügung, da die Tem-

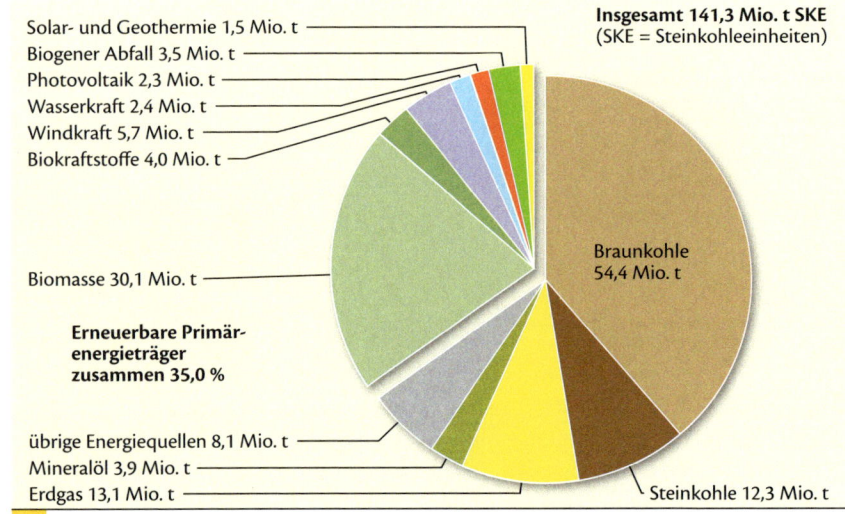

M 2 *Anteil heimischer Energieträger an der Energiegewinnung in Deutschland 2011*

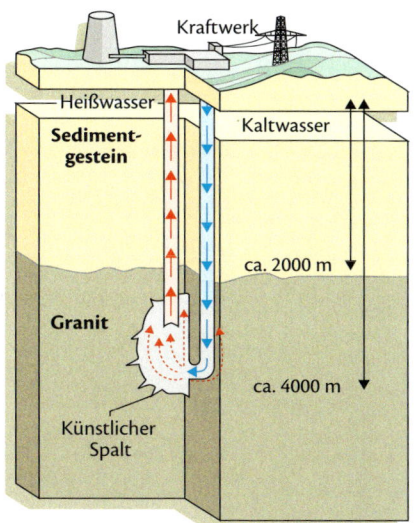

M 3 *Hot-Dry-Rock-Verfahren zur Gewinnung von Energie aus Tiefengestein*

peratur im um drei Grad Celsius pro 100 Meter Tiefe ansteigt. Noch schneller nimmt die Temperatur mit der Tiefe zu in Gebieten im Bereich der Schwächezonen der Erde, wie Vulkangebieten. Bei der Geothermie macht man sich die unterhalb der festen Oberfläche der Erde gespeicherte Wärmeenergie zunutze. Sie kann sowohl direkt genutzt werden, etwa zum Heizen und Kühlen unter Nutzung von Wärmepumpenanlagen, als auch zur Erzeugung von elektrischem Strom.

1 Werte die Karikatur aus (**M 1**, 💬).
2 Bildet sechs Gruppen und wählt je einen der regenerativen Energieträger aus. Informiert euch über Umfang und Art der Nutzung, Vor- und Nachteile. Stellt die Ergebnisse der Klasse vor und vergleicht die Energieträger (**M 2** bis **M 4**, 💬).
3 Erläutere die Bedeutung erneuerbarer Energien bei der Energieerzeugung (**M 2**).
4 Entwirf ein Szenario zum Energiemix im Jahr 2050 in Deutschland, so wie du es dir vorstellst.
5 Vergleiche dein Zukunftsbild mit anderen Szenarien und bewerte die künftige Rolle erneuerbarer Energien in Deutschland sowie weltweit (**M 5**).

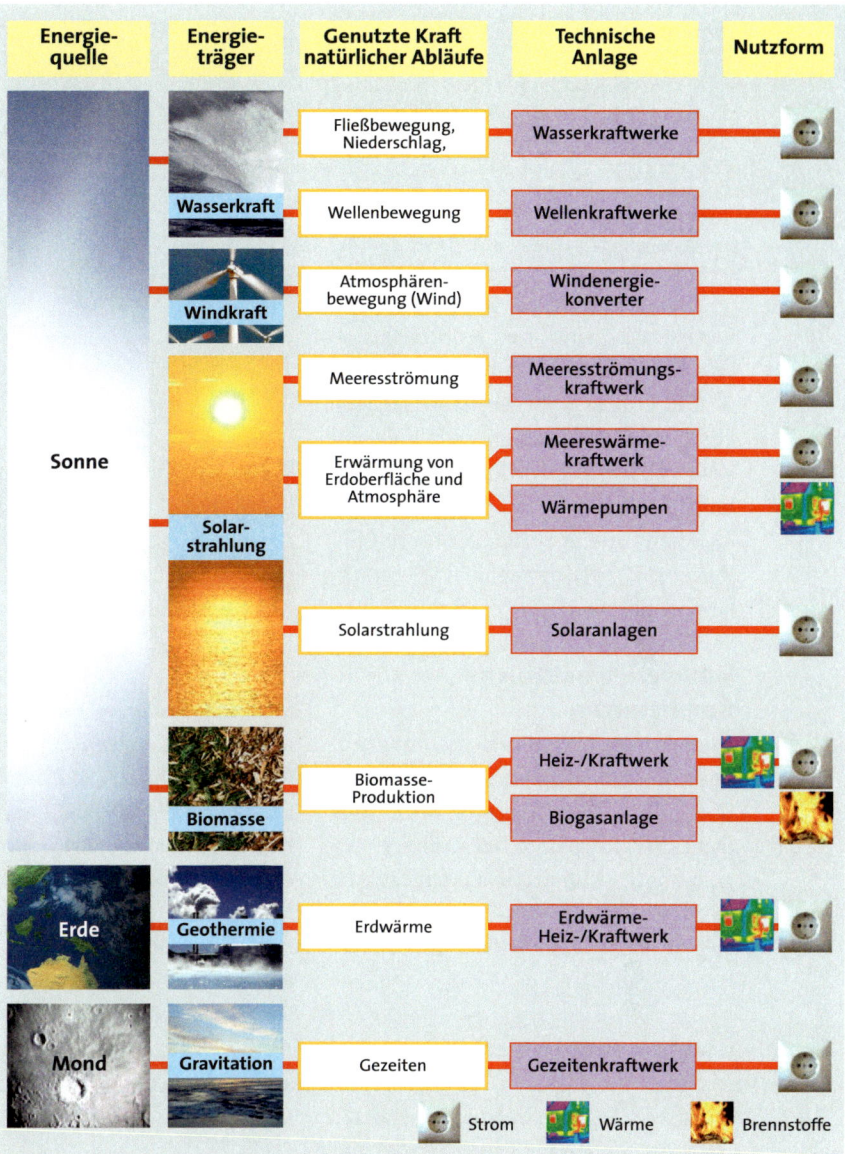

M 4 *Erneuerbare Energien im Überblick*

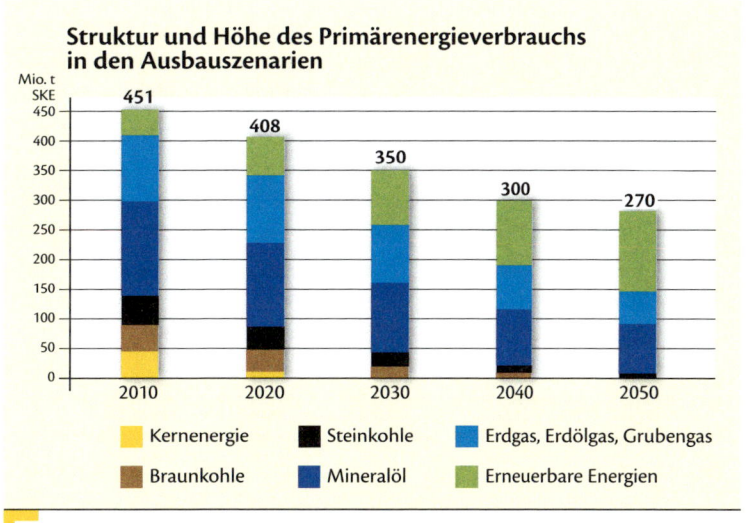

M 5 *Szenarien zum Energieverbrauch und Energiemix in Deutschland*

Erdöl und Erdgas für Europa aus Russland

check-it _____
- Transportwege von Russland nach Europa beschreiben und vergleichen
- Bedingungen in den Fördergebieten analysieren
- Abhängigkeit Europas erklären
- Umweltzerstörungen erläutern
- Diagramme lesen
- Entfernungen messen

Russland ist einer der größten Erdöl- und Erdgasproduzenten weltweit. Erdöl und Erdgas kommen hauptsächlich aus dem Gebiet östlich des Urals, aus Westsibirien. Die Förderung von Erdöl begann bereits 1965, Erdgas wurde einige Jahre später entdeckt und seit Ende der 1970er-Jahre auch nach Deutschland geliefert.

M 1 *Erdölförderung in Westsibirien*

Schwierige natürliche Bedingungen

Westsibirien ist ein unvorstellbar großes Tiefland, das nur wenige Meter über dem Meeresspiegel liegt. Wie Deutschland gehört Westsibirien zur gemäßigten Klimazone. Durch die weite Entfernung zu den Ozeanen ist das Klima jedoch ganz anders als bei uns.

Erschließung der Erdölgebiete Westsibiriens

Die Förderung von Erdöl in Westsibirien setzt gewaltige Vorarbeiten voraus. Die Fläche Westsibiriens ist zu mehr als drei Vierteln mit Sümpfen und Seen bedeckt.

Für alle Bauten muss zuerst ein fester Untergrund geschaffen werden. Deshalb wurden künstliche Dämme aufgeschüttet, die mit Betonplatten versehen nun ein Netz von Sanddamm-Straßen bilden. Viele Straßen bestehen auch nur aus Sand. Außerdem sind künstliche Inseln für die Ölplattformen aufgeschüttet worden. Dafür waren riesige Sandmengen notwendig. Der Sand musste aus dem Süden Westsibiriens herantransportiert werden.

Auch die Betonplatten, alle Ausrüstungen für die Erdölförderung und die Lebensmittel müssen über hunderte Kilometer transportiert werden. Eisenbahnlinien gibt es nur in den großen Städten wie Surgut.

M 2 *Vorarbeiten für die Erschließung*

Sehr kalte Winter mit Temperaturen unter −30 °C wechseln mit warmen Sommern. Durch die Kälte bleiben die Flüsse und der Boden über mehr als ein halbes Jahr gefroren. Im Norden Sibiriens dauert der Permafrost sogar neun Monate. Im Sommer taut der Boden nur an der Oberfläche auf, schlammige Flächen und kleine Seen entstehen. Die Straßen sind dann kaum passierbar. Außerdem gibt es viele Mücken und andere Insekten, die die Arbeit in diesen Gebieten unangenehm machen.

Zerstörung der Umwelt

Die Förderung von Erdöl- und Erdgas hat auch ihre Schattenseiten. Der Bau neuer Straßen, Orte und Leitungen zerstört die Landschaft. Durch zahlreiche undichte Stellen in den Erdölleitungen gelangt Öl in die Flüsse und Seen sowie in den Boden. Die Folge ist, dass die kleinen Völker, die in Westsibirien leben, ihre Rentierweiden verlieren. Auch durch Jagd und Fischfang können sie ihren Nahrungsbedarf nicht mehr decken.

Vom Weltall aus betrachtet ist Sibirien der hellste Fleck auf der Erde, da bei der Erdölförderung anfallendes Gas einfach abgefackelt wird. Durch das Abfackeln entsteht in bestimmten Gebieten eine Temperaturerwärmung um bis zu 10 °C.

Die Tier- und Pflanzenwelt verändert sich, der Boden taut auf. Waldbrände treten zwei- bis dreimal häufiger auf als früher.

Wege nach Europa

Sowohl Erdöl als auch Erdgas gelangen über **Pipelines** nach Europa. Da in den letzten Jahren vor allem die Lieferung von Erdgas stark angewachsen ist, wurden neue Gasleitungen geplant und gebaut. In der Vergangenheit wurden rund 80 Prozent der russischen Gasexporte durch die Ukraine transportiert. Da zwischen Russland und der Ukraine Unstimmigkeiten wegen der Durchleitungskosten auftraten, bevorzugt Russland einen von den Transitländern unabhängigen Transportweg nach Europa. Deshalb wurde die Ostsee-Pipeline Nord-Stream gebaut und die South-Stream-Pipeline geplant.

Die Ostsee-Pipeline

Die Unterwasserpipeline ist 1220 Kilometer lang. Die 1,20 Meter dicken Rohre sind mit einem Betonmantel verkleidet. Im November 2011 wurde die Gasleitung eingeweiht. Als Anschluss an die Ostsee-Pipeline wird durch Russland noch eine neue 900 Kilometer lange Trasse gebaut. Von Deutschland aus sollen eine West- und eine

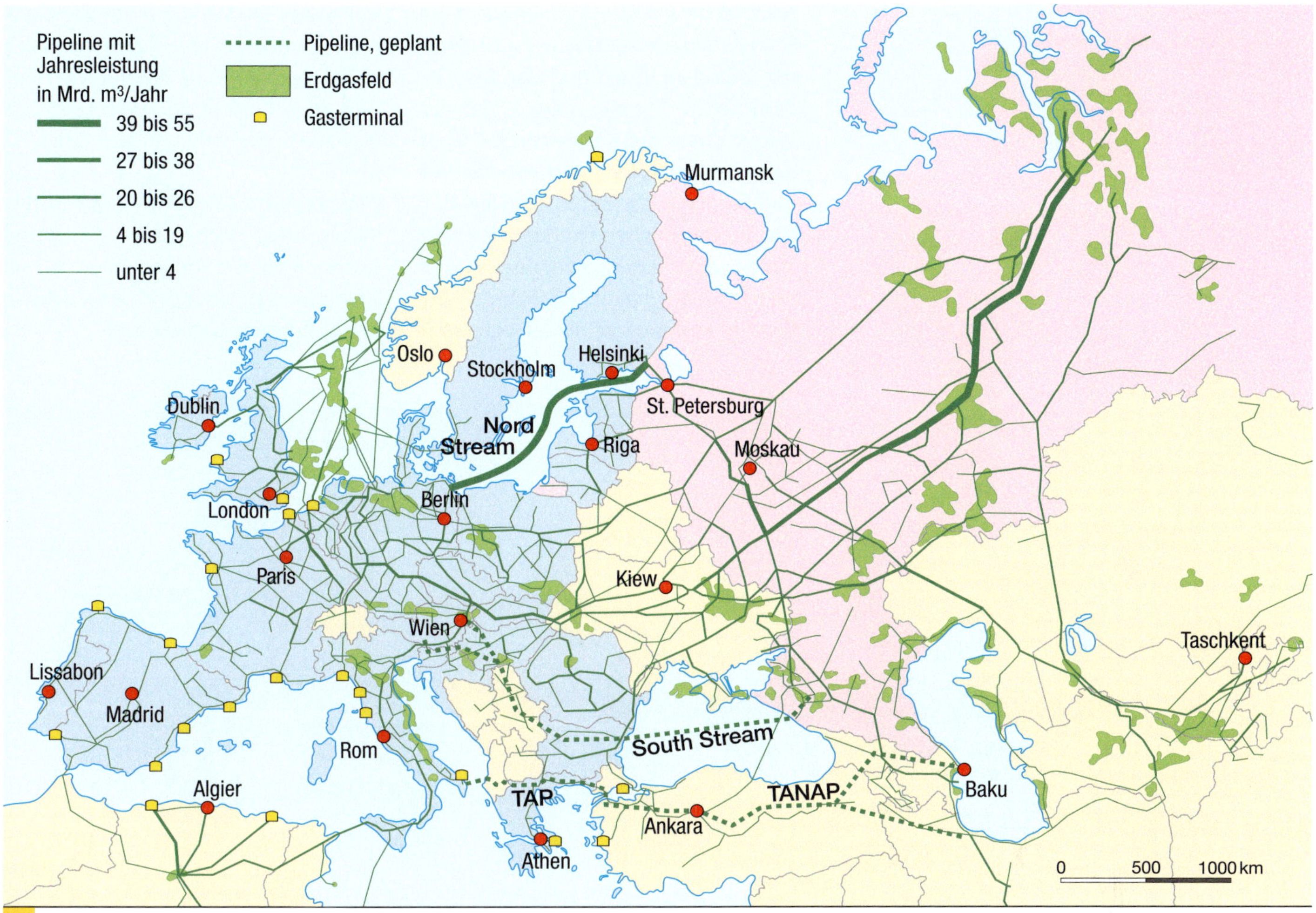

Pipeline mit
Jahresleistung
in Mrd. m³/Jahr
— 39 bis 55
— 27 bis 38
— 20 bis 26
— 4 bis 19
— unter 4

······· Pipeline, geplant
◼ Erdgasfeld
▢ Gasterminal

M 3 *Erdgasleitungen aus Russland nach Europa*

Südverbindung das Erdgas nach Großbritannien, Belgien, Frankreich und in die Niederlande weiterleiten. Eine Alternative zur Ostsee-Pipeline wäre von Russland aus eine Verschiffung mit Flüssiggastankern. Das würde den Preis von russischem Erdgas jedoch erheblich erhöhen. ▮

1 Analysiere die Bedingungen für die Förderung von Erdöl und Erdgas in Westsibirien (**M 2**).

2 Erläutere Ursachen und Folgen der Erdöl- und Erdgasförderung für Mensch und Umwelt (**M 1**).

3 Beschreibe die Transportwege für Erdgas aus Russland nach Europa (**M 3**, Karte S. 204/205).

4 Vergleiche den Verlauf verschiedener Gasleitungen nach Deutschland. Fertige eine Tabelle an, in der du die Länder erfasst, die von den Gasleitungen durchquert werden (**M 3**, Karte S. 204/205).

5 Ermittle die Entfernung von den westsibirischen Erdgaslagerstätten bis an die deutsche Grenze (**M 3**, Karte S. 204/205).

6 Erkläre, warum folgende Aussage richtig ist: Europa ist von Erdgas- und Erdöllieferungen aus Russland abhängig (**M 4**).

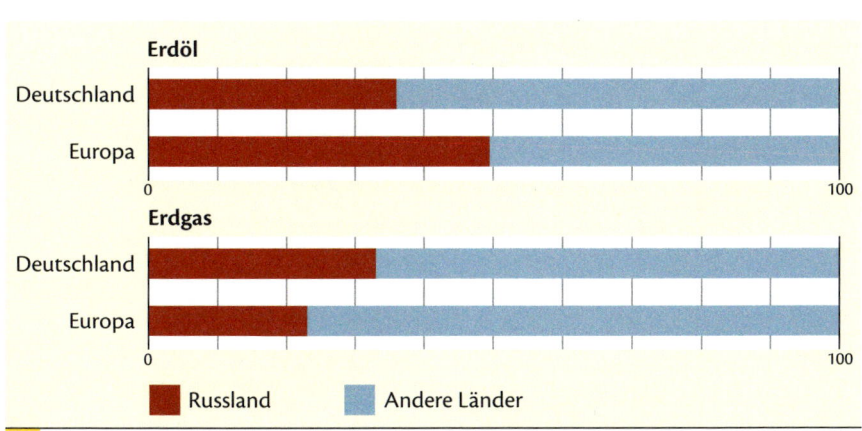

M 4 *Anteil Russlands an den Einfuhren von Erdöl und Erdgas*

WEBCODE: UE644339-109

Wir orientieren uns in Asien

check-it
- Großräume lokalisieren
- stumme Karte auswerten
- Foto zuordnen

Asien ist der größte Kontinent der Erde. Etwa ein Viertel der Fläche sind Tiefländer. Zwischen ihnen und den Bergländern zieht sich ein gewaltiges Gebirgssystem durch den Kontinent. Zwischen den Gebirgsketten sind Hochländer und Beckenlandschaften eingelagert.

Nach Osten fällt die Landoberfläche in Stufen wie eine Riesentreppe zum Pazifischen Ozean hin ab. Südlich der großen Gebirgsmauer schließen sich große Halbinseln an. Während Südasien wenig gegliedert ist, teilt sich Südostasien in das Festland und die Inselwelt auf. Westasien besteht aus Hochland und flachen Landschaften. In Nordasien erstrecken sich Tiefland sowie Berg- und Gebirgsland. Die großen Ströme fließen vor allem nach Norden, Osten und Südosten in die umgebenden Meere ab. Im Inneren des Kontinents dehnen sich abflusslose Gebiete aus. ▮

(1) – (12) Flüsse und Seen   (1) – (10) Inseln und Halbinseln
(1) – (7) Gebirge   (A) – (I) Meere

0   500   1000 km

M 1 *Stumme Karte Asiens*

- größter See: Fläche 393 898 km²
- höchster Berg: 8848 m über NN
- tiefste Landstelle: 397 m unter NN
- längster Fluss: 6380 km
- größte Insel: 752 000 km²
- tiefster Binnensee: –1620 m

M 2 *Rekorde in Asien*

AN AN ARA BE BEN BES
BI CHI DI FI GA GEL
GOLF IN JA KA KA KAS
LAK LEN MA MEER MEER
MEER MEER MEER MEER
NE NI OZE OZE PA PA
PI RA RING RO SCHER
SCHER SCHES SCHES SCHES
SCHES SE SE SEE SI SÜD
STRAS STRAS TES VON ZI

1 Das Meer trennt Asien von Afrika.
2 Hier mündet der Ob.
3 In dieses Binnenmeer mündet die Wolga.
4 Der Ozean liegt zwischen Asien und Amerika.
5 An dieser Meeresstraße nähern sich Asien und Amerika auf 86 km.
6 Dieses Meer liegt zwischen Korea und China.
7 Das Meer liegt zwischen Korea und Japan.
8 Der Ozean heißt wie der angrenzende Subkontinent.
9 Sie trennt das Festland von der Inselwelt Südostasiens.
10 Hier mündet der Ganges.
11 Dieser nordwestliche Teil eines Ozeans ist nach einer Bevölkerungsgruppe benannt.
12 Dieses Randmeer liegt zwischen Südchina und Borneo.

M 3 *Meere und Nebenmeere*

M 4 *Landnutzung in Asien*

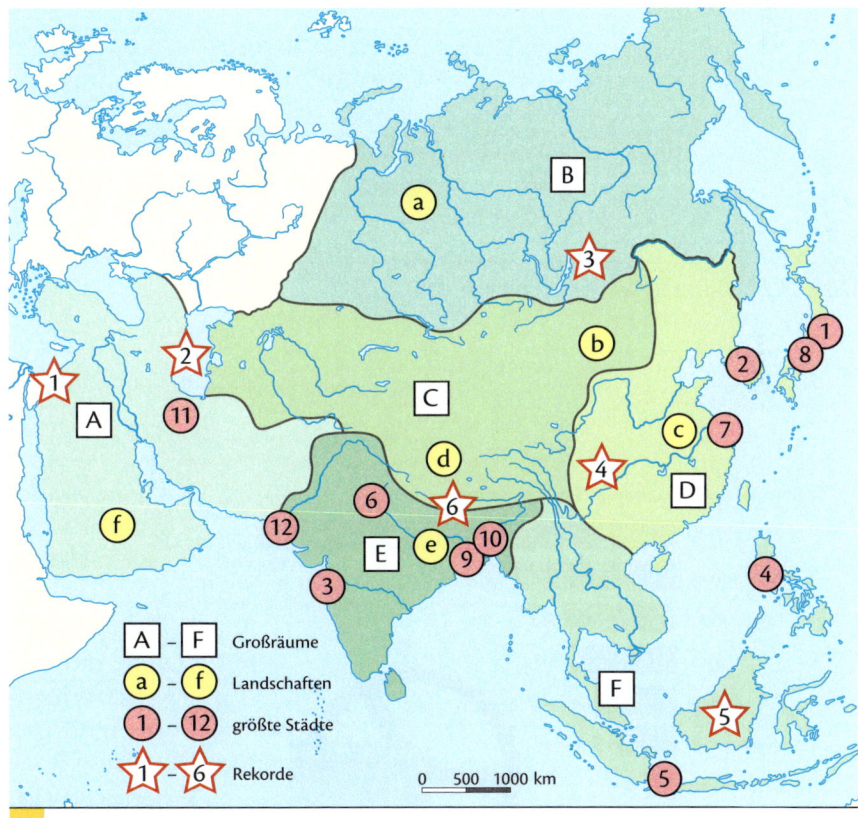

M 5 *Großräume in Asien*

1 Benenne in der stummen Karte Flüsse und Seen, Gebirge, Inseln und Halbinseln sowie die Meere (**M 1**, Karten S. 208/209, S. 212 und S. 213). Schreibe die Ergebnisse in dein Heft.
2 Benenne die Großräume (**M 5**).

3 Ordne das Foto einem Großraum zu und begründe deine Entscheidung (**M 4**, **M 5**).
4 Ordne den Symbolen in der Karte die Rekorde in Asien zu (**M 2**, **M 5**).
5 Benenne die größten Städte Asiens und ordne sie einem Großraum zu. Lege dazu eine Tabelle an (**M 5**).

6 Übertrage die Silben in dein Heft. Suche die Lösungswörter und streiche dabei die verwendeten Silben in deinem Heft durch (**M 3**, Karte S. 208/209).

 WEBCODE: UE644339-111

Geo-Check: Nachhaltige Nutzung von Ressourcen beurteilen

Sich orientieren

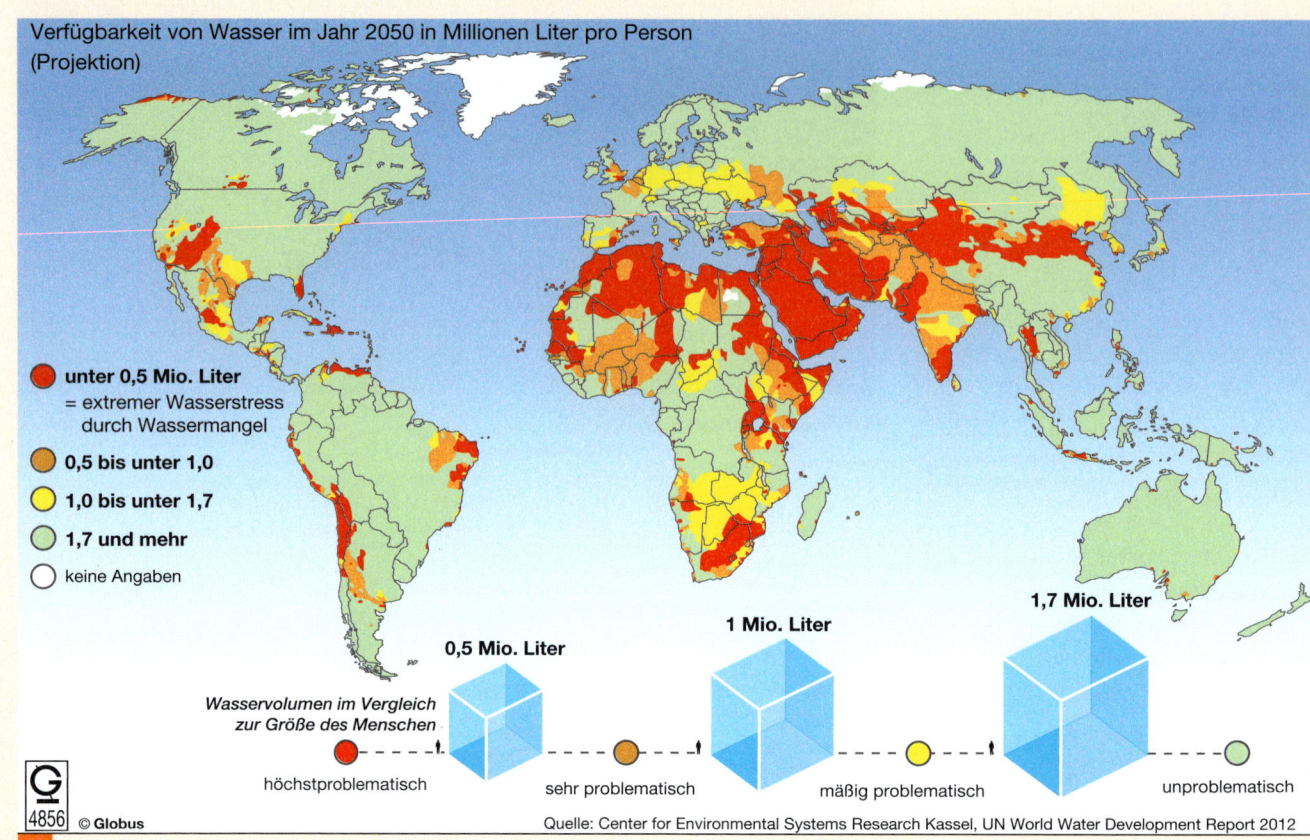

M 1 *Verfügbarkeit von Trinkwasser im Jahr 2050*

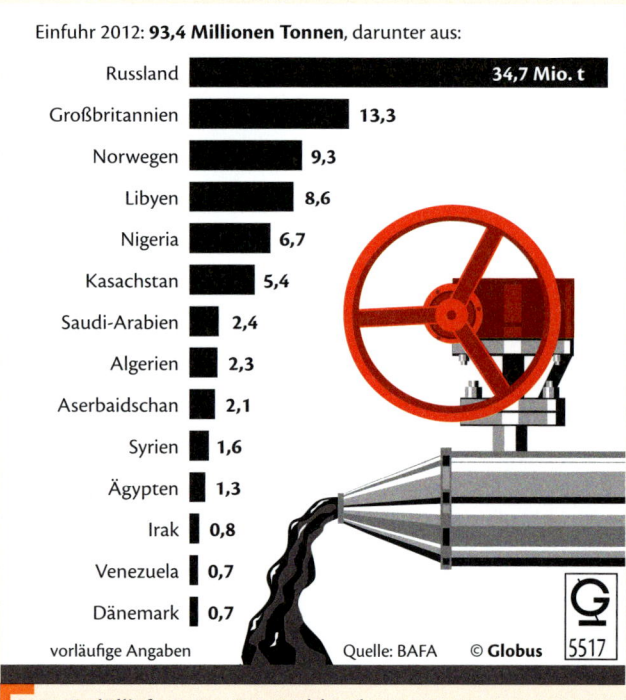

M 2 *Erdöllieferanten Deutschlands*

1 Nenne jeweils fünf Länder, in denen die Wasserversorgung 2050 extrem problematisch, sehr problematisch und mäßig problematisch sein wird (**M 1**).

2 Vergleiche mit der aktuellen Situation der Wasserversorgung und benenne Regionen, in denen sich die Situation verschlechtern wird, sowie solche, in denen sie unverändert bleiben wird (**M 1**, Karte S. 87 unten).

3 Sortiere die Länder, von denen Deutschland Erdöl bezieht, nach Kontinenten und ermittle den Kontinent mit den größten Liefermengen (**M 2**).

4 Benenne die Weltmeere, über die ein großer Teil der Erdöllieferungen nach Deutschland erfolgt (**M 2**, Karte S. 87 oben).

5 Vergleiche mit der Karte und beurteile, ob Deutschland sich in Zukunft nach anderen Erdöllieferanten umschauen muss (**M 2**, S. 105 **M 4**).

Ruhrgebiet: Wirtschaft und Erholung

Ruhrgebiet: Wirtschaft

Siedlungsfläche		Steinkohle	Metall verarbeitende Industrie	Textilindustrie	Erklärung weiterer Industriesignaturen in der Generallegende
Eisenbahn		Eisenverhüttung, Stahlherstellung	Maschinenindustrie	Druckerei, Verlag	
Autobahn		Gießerei, Walzwerk, Stahlbau	Elektroindustrie	Papierindustrie	
Bundesstraße		Buntmetallverhüttung	Chemische Industrie	Glasindustrie	
Kanal		Aluminiumherstellung	Erdölraffinerie	Nahrungsmittelindustrie	0 5 10 km

Ruhrgebiet: Naherholung

Siedlungsfläche		Naherholungsgebiet (überwiegend Erholung am Wochenende)	Revierpark	Zoo	
Wald			Erholungsschwerpunkt	Anderes Ausflugsziel	
			Route Industriekultur	Museum	0 5 10 km

Sich verständigen, beurteilen und handeln

10 Erläutere und bewerte die Aussage der Grafik (**M 6**).

So viele Erden benötigte die Menschheit theoretisch, um ihren jährlichen Bedarf an erneuerbaren Ressourcen zu decken.

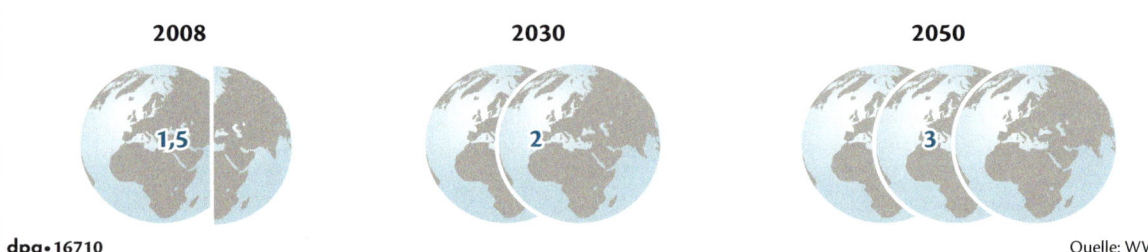

2008 — 1,5 **2030** — 2 **2050** — 3

dpa•16710   Quelle: WWF

M 6 *Kann der Bedarf an Rohstoffen gedeckt werden?*

11 Werte die Grafik aus und vergleiche mit dem täglichen Wasserverbrauch im Haushalt deiner Familie (**M 7**).

12 Bildet Gruppen und erarbeitet Vorschläge zur nachhaltigen Nutzung der Ressourcen: Wasser, Bodenschätze, Energie. Diskutiert die Vorschläge in der Klasse (**M 6** bis **M 8**).

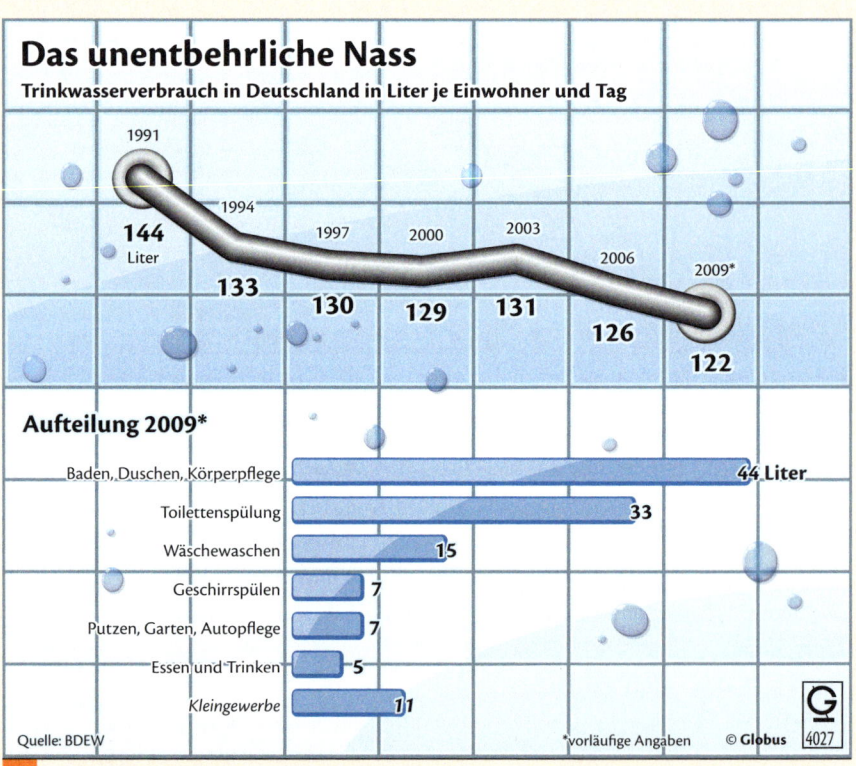

Das unentbehrliche Nass
Trinkwasserverbrauch in Deutschland in Liter je Einwohner und Tag

1991 — **144** Liter
1994 — **133**
1997 — **130**
2000 — **129**
2003 — **131**
2006 — **126**
2009* — **122**

Aufteilung 2009*

Baden, Duschen, Körperpflege	**44** Liter
Toilettenspülung	**33**
Wäschewaschen	**15**
Geschirrspülen	**7**
Putzen, Garten, Autopflege	**7**
Essen und Trinken	**5**
Kleingewerbe	**1 1**

Quelle: BDEW   *vorläufige Angaben   © Globus 4027

M 7 *Trinkwasserverbrauch in Deutschland*

Energiewende

13 Erläutere, was mit einer Energiewende erreicht werden soll (**M 8**).
14 Diskutiert in der Klasse, ob die Forderung sinnvoll ist (**M 8**).

M 8 *Forderung nach der Energiewende*

Wissen und verstehen

6 Ordne jedem dieser Begriffe mindestens zwei Merkmale zu (**M 3**).

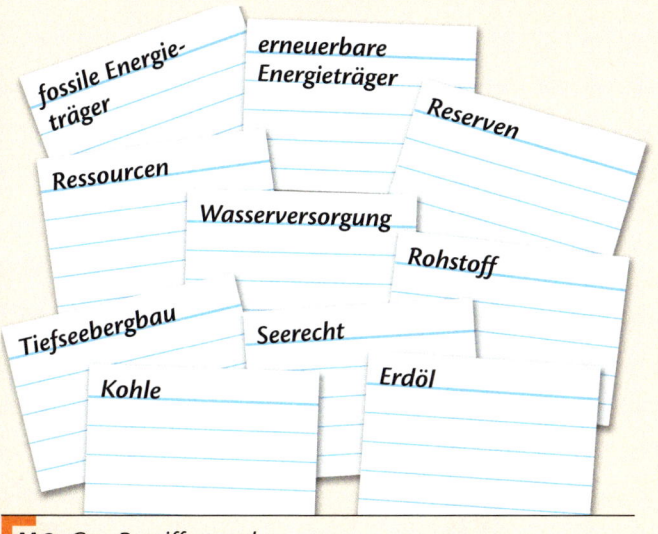

M 3 *Geo-Begriffestapel*

7 Sortiere die Aussagen in richtige und falsche Aussagen. Verbessere die falschen Aussagen, indem du sie richtig in dein Heft schreibst.

Richtig oder falsch?

- Trinkwasser steht allen Menschen unbegrenzt zur Verfügung.
- Erdöl bezeichnet man als das „weiße Gold" der Tiefsee.
- Fossile Energieträger werden auch zukünftig in ausreichender Menge vorhanden sein.
- Alle erneuerbaren Energieträger sind abhängig vom Wetter.
- Braunkohle ist älter als Steinkohle.
- Sibirisches Erdöl gelangt per Schiff nach Deutschland.
- Windenergie hat den größten Anteil an den erneuerbaren Energien in Deutschland.
- Beim Verbrennen fossiler Energieträger entstehen keine umweltschädlichen Abgase.
- Der Kontinent Asien ist kleiner als Afrika.
- Mithilfe von Diagrammen können Zahlenwerte veranschaulicht werden.

Können und anwenden

8 Analysiere und interpretiere die Diagramme entsprechend der Checkliste (**M 4** und **M 5**, S. 102).

9 Vergleiche die drei Säulen. Erläutere und beurteile die Entwicklung bei den erneuerbaren Energien (**M 4**).

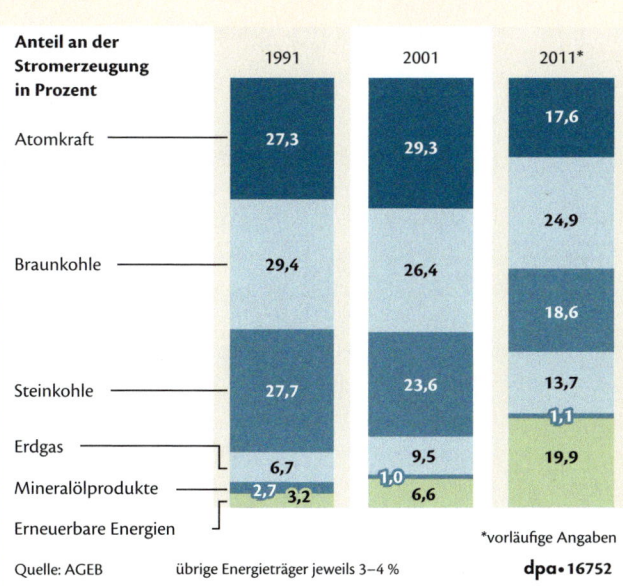

M 4 *Anteil der Energieträger an der Stromerzeugung*

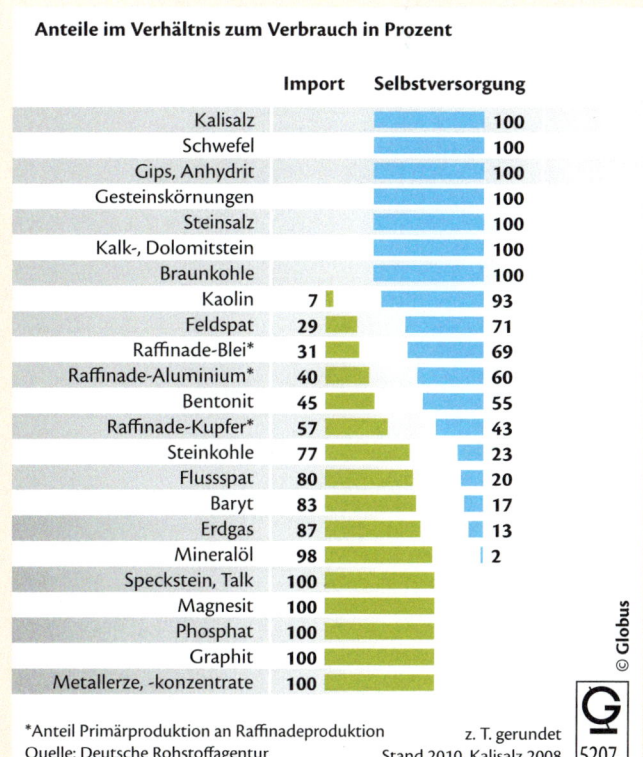

M 5 *Rohstoffversorgung in Deutschland*

5 Veränderungen im Ruhrgebiet analysieren

Schlittschuhlaufen zwischen Förderanlagen und Schornsteinen?
Nein – neue Möglichkeiten der Nutzung im Ruhrgebiet! Die sanierte Kokerei gehört zum Weltkulturerbe der Zeche Zollverein in Essen. Nur ein Beispiel für den wirtschaftlichen Wandel und das neue Gesicht des Ruhrgebietes.

In diesem Kapitel lernst du
- die wirtschaftliche Entwicklung und Bedeutung des Ruhrgebietes zu charakterisieren,
- die Ergebnisse des Strukturwandels zu erläutern,
- Merkmale des Dienstleistungssektors zu dessen Entwicklung zu erklären,
- ein Unternehmen in der Region zu erkunden.

Dazu nutzt du
- verschiedene Arten von Diagrammen,
- thematische Karten,
- Statistiken und Tabellen,
- WebGIS.

Du beurteilst
- wirtschaftliche Entwicklungen und deren räumliche Folgen.

Zeche Zollverein in Essen

Das Ruhrgebiet – industrieller Aufstieg und Krise

M 1 *Kraftwerk Springorum in Bochum (Fertigstellung 1961)*

M 2 *Innovationspark Springorum heute*

check-it
- geographische Lage und Größe des Ruhrgebietes beschreiben und vergleichen
- wirtschaftliche Entwicklung, Strukturen und Bedeutung des Ruhrgebietes charakterisieren
- Ursachen und Folgen der Krisensituation erläutern
- Diagramm zeichnen

	Ruhrgebiet	Nordrhein-Westfalen	Deutschland
Fläche (in km²)	4 436 13 % der Fläche von NRW	34 110	357 121
Einwohner (in Mio.)	5,056 29 % von NRW	17,545	81,844
Bevölkerungsdichte (in Ew./km²)	1 140	514	229
	53 Gemeinden, 4 Landkreise und 11 kreisfreie Städte		

M 3 *Das Ruhrgebiet in Zahlen 2012*

Aufstieg zu einem der größten Industrieräume Europas

Bis zur Mitte des 19. Jahrhunderts war das heutige Ruhrgebiet überwiegend landwirtschaftlich geprägt und dünn besiedelt. Entlang des Hellweges, einer westöstlich verlaufenden Handelsstraße, hatten sich seit dem Mittelalter kleine Handelsstädte wie Duisburg, Essen, Bochum und Dortmund entwickelt.
Die Erfindung der Dampfmaschine sowie der damit verbundene Eisenbahnbau führten zu einem wachsenden Bedarf an Steinkohle, Roheisen und Stahl. Infolge der Industrialisierung zwischen 1850 und 1900 entstand zwischen Lippe, Ruhr und Rhein ein industrieller Ballungsraum. Dessen stürmische Entwicklung war eng mit dem Steinkohlenbergbau, der Eisen- und Stahlindustrie, der chemischen Industrie sowie der Erzeugung von Strom und Gas verbunden. Diese Industrien prägten die Industrielandschaft des Ruhrgebietes, die auch als „Kohlenpott" bezeichnet wurde.

Der Industrialisierungsprozess bildete die Grundlage der **Urbanisierung**. Aus den kleinen Städten am Hellweg wurden Großstädte, neue Industriestädte wie Gelsenkirchen oder Oberhausen entstanden. Der schnelle Bevölkerungszuwachs erfolgte vor allem durch Zuwanderung der dringend benötigten Arbeitskräfte aus dem Umland des Ruhrgebietes sowie aus dem europäischen Raum.
Das Ruhrgebiet war auch Ende der 1950er-Jahre ein Raum mit wirtschaftlicher Monostruktur – einseitig auf die Schwerindustrie und industrielle Großbetriebe mit Massenproduktion ausgerichtet. Ein Strukturwandel mit einer grundlegenden wirtschaftlichen Neuorientierung war bis dahin nicht notwendig gewesen, denn Kohleförderung,

Eisen- und Stahlproduktion galten als die Wachstumsmotoren.
Ein 1958 erschienenes Schulbuch beschrieb das Ruhrgebiet folgendermaßen: „Das Ruhrgebiet. Kilometerlang dehnen sich die Werkanlagen aus. Riesenschornsteine qualmen Tag und Nacht. Fördertürme ragen in den rauchigen Himmel. Ein Geruch nach Rauch und Abgasen liegt in der dickatmigen Luft. Schwarzer Ruß und Kohlenstaub rieseln aus der Dunstglocke auf das Meer von Häusern und Fabriken. In den Hüttenwerken herrscht ohrenbetäubender Lärm. Schwer beladene Güterzüge rattern zwischen Zechen, Kokereien, Eisenhütten, Stahl- und Walzwerken hin und her. Die eng gebauten Häuserzeilen der Arbeitersiedlungen bieten keinen freundlichen Anblick."

Steinkohlen- und Stahlindustrie in der Krise

Etwa ab 1960 ging der Steinkohlenabsatz stark zurück, denn die wichtigsten Großabnehmer – die chemische Industrie, die Stahlindustrie und die Stromerzeugung – nutzten verstärkt billigeres Erdöl als Rohstoff und Energieträger. Hinzu kam die Konkurrenz von preiswerter Steinkohle aus dem Ausland. In der Folgezeit geriet auch die Stahlindustrie in eine Krise, denn viele Metallteile – z. B. an Maschinen und Fahrzeugen – wurden durch Kunststoff ersetzt. Die Folge waren Betriebsschließungen oder die Konzentration der Produktion auf wenige leistungsfähige Standorte.

Zu den Folgen der Krise gehörten eine weit verbreitete Arbeitslosigkeit und ein hohes Maß an Abwanderung der Bevölkerung. Das Ruhrgebiet verlor an Attraktivität. Auch die großen Umweltbelastungen sowie die geringe Qualifikation der Arbeitskräfte stellten kaum Anreize für die Ansiedlung neuer Wirtschaftsbranchen dar.

Von 1960 bis 2010 verlor die Kohlen- und Stahlindustrie rund eine halbe Million Arbeitsplätze. Allerdings werden auch heute noch etwa zehn Prozent der Steinkohlen- und Rohstahlproduktion der Europäischen Union im Ruhrgebiet erzeugt. Doch das traditionelle Bild von Fördertürmen und Hochöfen gehört längst der Vergangenheit an.

M 4 *Eisen- und Stahlindustrie, Steinkohlenbergbau*

1 Beschreibe die geographische Lage und Größe des Ruhrgebietes (**M 3**, **M 4**, Karten S. 204/205 und 206/207).
2 Charakterisiere den wirtschaftlichen Aufstieg und die Bedeutung des Ruhrgebietes (**M 1** bis **M 5**).
3 Erläutere die Krise des Steinkohlenbergbaus und der Stahlindustrie im Ruhrgebiet (**M 4** bis **M 6**).
4 Berechne die Bevölkerungsverluste zwischen 1961 und 2010 sowie 2010 und 2030 für ausgewählte Städte und für das Ruhrgebiet insgesamt. Stelle deine Ergebnisse in einer Tabelle dar (**M 5**).
5 Stelle die wirtschaftliche Ausgangssituation, die Ursachen der Krise und deren Auswirkungen in einem Fließdiagramm dar und erläutere dieses (**M 1** bis **M 6**, ✐).

Letzte Schicht im Bergwerk West in Kamp-Lintfort

Die Steinkohle hat in Deutschland keine Zukunft, zu viele Milliarden waren in der Vergangenheit im Bergbau versenkt worden. Spätestens im Jahr 2018 soll Schluss mit der Förderung sein. Am Niederrhein geht schon heute eine Ära zu Ende – mit der letzten Schicht im Bergwerk West in Kamp-Lintfort.

[...] 1560 Menschen waren zuletzt auf der Zeche beschäftigt. 1000 wechseln zu den bundesweit drei noch verbleibenden Bergwerken [...]. Knapp 560 gehen in Vor-Ruhestand. Trotzdem: Dass im Pütt heute die letzte Kohle gefördert wurde, das schmerzt die Kumpel.

[...] Für die Stadt Kamp-Lintfort ist die Schließung der Zeche ein immenser Umbruch, sagt der Bürgermeister. Allerdings: dass das Bergwerk West geschlossen würde, ist seit Jahren klar.

[...] „Insofern ist es zwar ein Einschnitt in die Historie unserer Stadt, aber es ist nicht so, dass wir hier sitzen und uns fragen, was dann, sondern wir sind seit einigen Jahren jetzt schon unterwegs, die Zeit nach dem Bergbau zu planen, ganz konkret mit dem Masterplan Bergwerk West, die Stadt Kamp-Lintfort will mit dem Ausbau der Hochschule und den demnächst freiwerdenden Logistikflächen eine neue Zukunft gestalten."

(Deutschlandfunk vom 21.12.2012, Autorin: Doro Blome-Müller)

	1961	1990	2010	2030
Bochum	440 584	396 486	374 737	345 238
Bottrop	120 247	118 936	116 771	109 775
Dortmund	646 743	599 055	580 444	571 893
Duisburg	663 147	535 447	489 559	453 101
Essen	749 040	626 973	574 635	551 809
Gelsenkirchen	382 842	293 714	257 981	234 040
Hagen	130 174	214 449	188 529	163 830
Hamm	161 960	179 639	181 783	170 814
Herne	220 404	178 132	164 762	147 978
Mülheim an der Ruhr	186 216	177 681	167 344	158 757
Oberhausen	256 773	223 840	212 945	203 133
Ruhrgebiet insgesamt	**5 674 223**	**5 396 208**	**5 150 307**	**4 787 175**

M 5 *Bevölkerungsentwicklung im Ruhrgebiet insgesamt, in ausgewählten Großstädten und Prognose 2030 (nach: RVR-Datenbank)*

M 6 *Kohleausstieg rückt näher*

Das Ruhrgebiet gestaltet die Zukunft

M 1 *Doppelstandort Phoenix in Dortmund vor 2001*

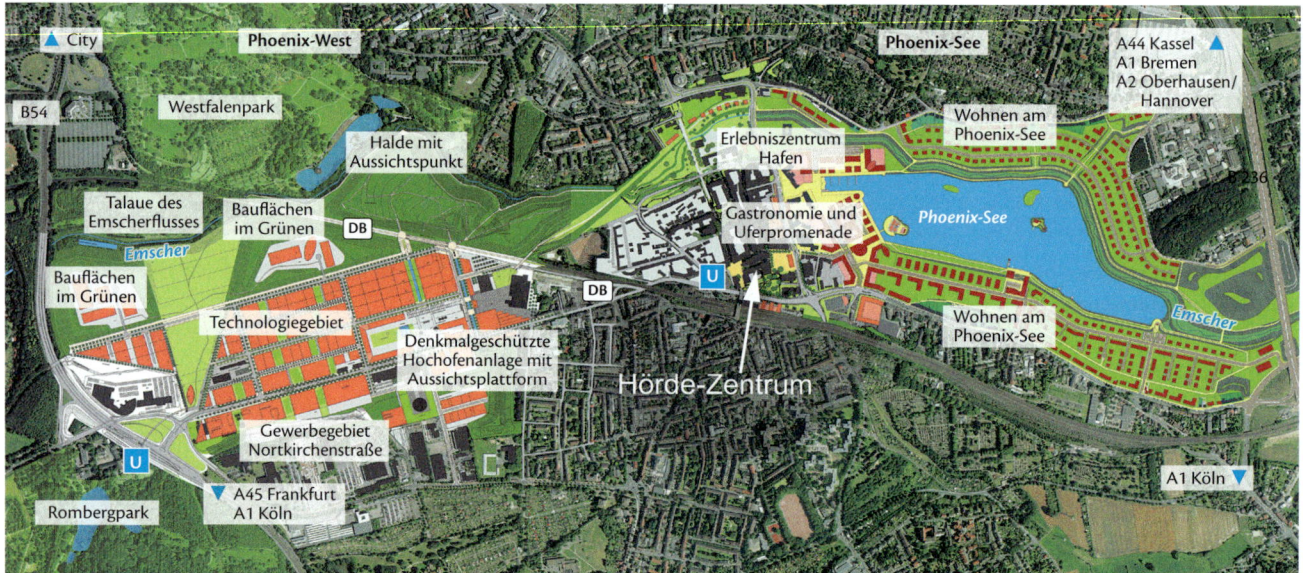

M 2 *Masterplan Phoenix-West und Phoenix-See 2004 (nach: Stadt Dortmund und Architekturbüro Stegepartner)*

---

check-it
- Maßnahmen des Strukturwandels erläutern
- veränderte Standortfaktoren benennen
- Präsentation gestalten und vorstellen
- Zukunftsfähigkeit neuer Ansätze bewerten

Umdenken und Umstrukturieren

Die Umstrukturierung des Ruhrgebietes war und ist ein schwieriger Prozess, der sich bis weit ins 21. Jahrhundert hinein erstrecken wird. Die Probleme liegen in der Vielfalt und Komplexität der vorhandenen Strukturen. Durch den **Strukturwandel** bot sich die Chance zum Umbau der Wirtschaft und zur Erneuerung des ganzen Ruhrgebietes. Dafür war vor allem ein Umdenken bei der Bevölkerung notwendig – weg vom Image des Kohlenpotts, hin zu kreativen Ideen.

Folgende Maßnahmen kennzeichnen den Strukturwandel im Ruhrgebiet seit den 1970er-Jahren: Moderne Industriebranchen, die auf neue Technologien orientiert sind, wie der Fahrzeugbau und die Elektrotechnik/Elektronik, wurden angesiedelt. Zu diesem Zweck entstanden an den Rändern vieler Großstädte Technologie- sowie Industrie- und Gewerbeparks. Anreize für Investitionen wurden über zahlreiche staatliche Förderprogramme geschaffen. Auch die Unternehmen vollzogen einen Umwandlungsprozess. Aus traditionellen Schwerindustrieunternehmen entstanden neue Technologiekonzerne. Andere Konzerne suchten sich neue Arbeitsfelder. So gehören zu den Aktivitätsfeldern von Stahlunternehmen heute beispielsweise Fahr-

1965/1966	2500
1970/1971	16 250
1975/1976	56 200
1980/1981	86 250
1985/1986	100 000
1990/1991	142 500
1995/1996	160 000
2000/2001	163 000
2005/2006	152 200
2008/2009	163 500
2010/2011	196 500
2012/2013	238 488

M 3 *Entwicklung der Studierenden-zahlen an den Hochschulen des Ruhrgebietes*

M 4 *Phoenix-West Technologiepark*

zeug- und Umwelttechnik, Handel und Immobilienmanagement. Ein wichtiger Impuls für die Erneuerung im Ruhrgebiet ging von den neu gegründeten Universitäten und zahlreichen Forschungseinrichtungen aus.

Der Abbau von Umweltbelastungen, die Beseitigung bzw. Sanierung von Halden und alten Industrieanlagen sowie die Neugestaltung von Wohnsiedlungen führte zu einer spürbaren Verbesserung der Lebensqualität im Ruhrgebiet. Alte Industrieflächen wurden und werden umgestaltet. Beispielhaft dafür stehen der Bau des CentrO in Oberhausen als eines der größten Einkaufszentren Europas auf einem alten Hüttengelände sowie die zahlreichen Denkmäler der Industriekultur, wie die Zeche Zollverein in Essen oder der Landschaftspark Duisburg Nord. Außerdem wurden neue Freizeitmöglichkeiten geschaffen.

Probleme und Perspektiven
Trotz aller Fortschritte ist die Erfolgsbilanz der wirtschaftlichen Umstrukturierung und Erneuerung des Ruhrgebietes nicht ungetrübt. So liegt die Arbeitslosigkeit immer noch deutlich über dem Bundesdurchschnitt und es gehen immer noch mehr Arbeitsplätze verloren als neu entstehen. Deshalb setzt das Ruhrgebiet verstärkt auf neue Ideen. Perspektiven sieht man in innovativen Branchen wie der Mikro- und **Nanotechnologie** sowie der Ansiedlung vielfältiger Dienstleistungsunternehmen. Bei der Umgestaltung von Industriebrachen wird auf eine stärkere Durchmischung von Arbeiten, Wohnen, Erholen und Landschaftsschutz gesetzt. Dafür steht unter anderem das Projekt „Phoenix" der Stadt Dortmund. Auf dem 200 Hektar großen Gelände eines ehemaligen Stahlwerkes entsteht der „Zukunftsstandort Phoenix".

1 Benenne positive und negative Standortfaktoren des Ruhrgebietes (S. 119 **M 5**, Karten S. 115).

2 Lege dar, wie sich der Trend zum Dienstleistungssektor im Ruhrgebiet zeigt (**M 3, M 5, M 6**).

3 Erläutere Maßnahmen des Strukturwandels im Ruhrgebiet (**M 1–M 6**).

4 Bildet Gruppen und informiert euch im Internet über den „Zukunftsstandort Phoenix" (**M 1, M 2, M 4**). Gestaltet Werbeplakate zur Entwicklung dieses Standortes. Hebt darauf die besonders zukunftsträchtigen Bereiche (Berufe) hervor ( ).

5 Erarbeitet eine Präsentation, in der ihr den Wandel vom „Kohlenpott" zu einem modernen Wirtschaftsraum mit guter Lebensqualität darstellt ( ).

WEBCODE: UE644339-121

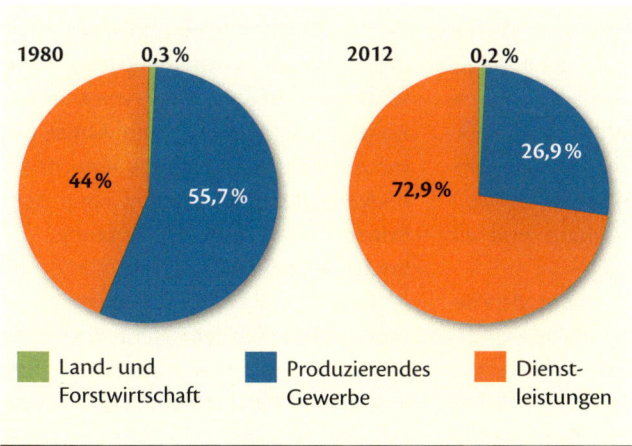

M 5 *Beschäftigte nach Wirtschaftssektoren 1980 und 2012*

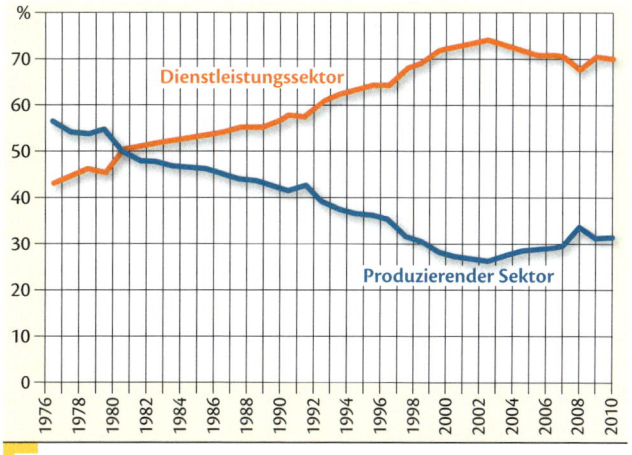

M 6 *Bruttowertschöpfung nach Wirtschaftssektoren*

Kultur – die neue Energie des Ruhrgebietes

M 1 *Das CentrO-Gelände in Oberhausen*

check-it
- Oberhausen und Essen lokalisieren
- Veränderungen im Ruhrgebiet vergleichen und erläutern
- Internetrecherche durchführen und Ergebnisse präsentieren
- zu einer Behauptung Stellung nehmen

CentrO in Oberhausen

Auf dem Gelände des CentrO mitten in Oberhausen wurde bis in die 1980er-Jahre Stahl produziert. Infolge von Stilllegung und Abriss der Industrieanlagen entstand eine große industrielle Brachfläche. Im Jahr 1991 kaufte eine englische Investorengruppe das Gelände und errichtete bis 1996 das sogenannte CentrO als neues Zentrum von Oberhausen. Das CentrO ist das größte Freizeit- und Shoppingzentrum in Europa und das wohl bekannteste Einkaufs-

zentrum im Ruhrgebiet. Mittlerweile kommen durchschnittlich 100 000 Besucher täglich. Den Mittelpunkt des CentrO bildet eine 70 000 Quadratmeter (vergleichbar mit der Größe von zehn Fußballfeldern) große, überdachte Shoppingmall, die es den Besuchern ermöglicht, unabhängig vom Wetter einzukaufen. Zum CentrO gehören außerdem ein großer Freizeitpark, ein Business Park, mehrere Hotels, eine Multifunktionshalle, in der zum Beispiel Konzerte stattfinden, eine Musicalbühne, ein Multiplexkino und ein Sea-Life-Aquarium.
Über 10 000 Parkplätze stehen den Besuchern zur Verfügung. Für die „Neue Mitte von Oberhausen" ist das große Gasometer ein Wahrzeichen, weil es weithin sichtbar ist. Dort finden heute vielfältige Kulturveranstaltungen statt.

Zeche Zollverein in Essen

Im Norden der Stadt Essen steht eines der bedeutendsten Industriedenkmäler Europas – die Zeche Zollverein. In der einst größten und modernsten Steinkohlenförderanlage der Welt arbeiteten über 5000 Bergleute, die bis zu 13 000 Tonnen Steinkohle täglich förderten. Nach Einstellung des Kohlenabbaus 1986 und der Arbeit in der Kokerei 1993 erfolgte kein Abriss der Industrieanlagen, sondern eine denkmalgerechte Restaurierung nach dem Prinzip „Erhalt durch Umnutzung".
Im Dezember 2001 wurde die Zeche Zollverein zum UNESCO-Weltkulturerbe erklärt. Seitdem steht die Zeche unter dem Schutz der Internationalen Konvention für das Kultur- und Naturerbe der Menschheit.

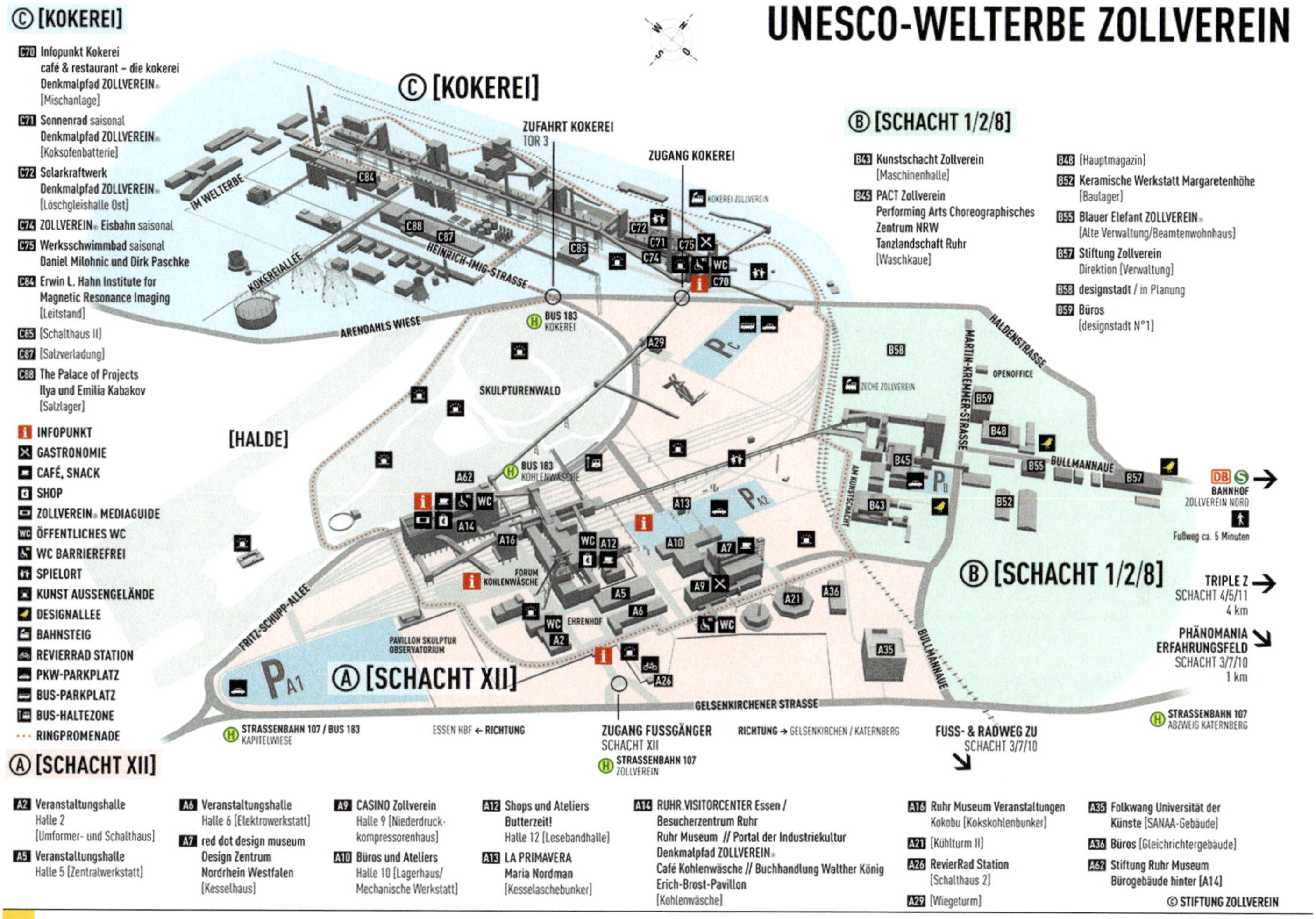

UNESCO-WELTERBE ZOLLVEREIN

Ⓒ [KOKEREI]

C70 Infopunkt Kokerei
café & restaurant – die kokerei
Denkmalpfad ZOLLVEREIN®
[Mischanlage]

C71 Sonnenrad saisonal
Denkmalpfad ZOLLVEREIN®
[Koksofenbatterie]

C72 Solarkraftwerk
Denkmalpfad ZOLLVEREIN®
[Löschgleishalle Ost]

C74 ZOLLVEREIN® Eisbahn saisonal

C75 Werksschwimmbad saisonal
Daniel Milohnic und Dirk Paschke

C84 Erwin L. Hahn Institute for
Magnetic Resonance Imaging
[Leitstand]

C85 [Schalthaus II]

C87 [Salzverladung]

C88 The Palace of Projects
Ilya und Emilia Kabakov
[Salzlager]

ℹ INFOPUNKT
✕ GASTRONOMIE
☐ CAFÉ, SNACK
☐ SHOP
ZOLLVEREIN® MEDIAGUIDE
WC ÖFFENTLICHES WC
WC WC BARRIEREFREI
SPIELORT
KUNST AUSSENGELÄNDE
DESIGNALLEE
BAHNSTEIG
REVIERRAD STATION
PKW-PARKPLATZ
BUS-PARKPLATZ
BUS-HALTEZONE
··· RINGPROMENADE

Ⓐ [SCHACHT XII]

Ⓑ [SCHACHT 1/2/8]

B43 Kunstschacht Zollverein
[Maschinenhalle]

B45 PACT Zollverein
Performing Arts Choreographisches
Zentrum NRW
Tanzlandschaft Ruhr
[Waschkaue]

B48 [Hauptmagazin]

B52 Keramische Werkstatt Margaretenhöhe
[Baulager]

B55 Blauer Elefant ZOLLVEREIN®
[Alte Verwaltung/Beamtenwohnhaus]

B57 Stiftung Zollverein
Direktion [Verwaltung]

B58 designstadt / in Planung

B59 Büros
[designstadt N°1]

TRIPLE Z →
SCHACHT 4/5/11
4 km

PHÄNOMANIA
ERFAHRUNGSFELD ↘
SCHACHT 3/7/10
1 km

A2 Veranstaltungshalle Halle 2 [Umformer- und Schalthaus]	**A6** Veranstaltungshalle Halle 6 [Elektrowerkstatt]	**A9** CASINO Zollverein Halle 9 [Niederdruckkompressorenhaus]	**A12** Shops und Ateliers Butterzeit! Halle 12 [Lesebandhalle]	**A14** RUHR.VISITORCENTER Essen / Besucherzentrum Ruhr Ruhr Museum // Portal der Industriekultur Denkmalpfad ZOLLVEREIN® Café Kohlenwäsche // Buchhandlung Walther König Erich-Brost-Pavillon [Kohlenwäsche]
A5 Veranstaltungshalle Halle 5 [Zentralwerkstatt]	**A7** red dot design museum Design Zentrum Nordrhein Westfalen [Kesselhaus]	**A10** Büros und Ateliers Halle 10 [Lagerhaus/ Mechanische Werkstatt]	**A13** LA PRIMAVERA Maria Nordman	

A16 Ruhr Museum Veranstaltungen Kokobu [Kokskohlenbunker]	**A35** Folkwang Universität der Künste [SANAA-Gebäude]
A21 [Kühlturm II]	**A36** Büros [Gleichrichtergebäude]
A26 RevierRad Station [Schalthaus 2]	**A62** Stiftung Ruhr Museum Bürogebäude hinter [A14]
A29 [Wiegeturm]	© STIFTUNG ZOLLVEREIN

M 2 *Orientierungsplan Zeche Zollverein*

Heute bietet das Gelände der ehemaligen Schachtanlagen und der Kokerei zahlreiche Möglichkeiten für die Freizeitgestaltung und ist als Design- und Kulturstandort sehr berühmt. Aber auch 140 Unternehmen haben dort ihre Büros. Besucher der Zeche Zollverein können zum Beispiel einen Denkmalpfad begehen, auf dem sie erfahren können, wie in der Zeche früher gearbeitet wurde. Des Weiteren gibt es in den Gebäuden regelmäßig Ausstellungen sowie Tanz- und Theatervorstellungen. Besondere Highlights sind das ehemalige Werksschwimmbad, in dem man im Sommer zwischen den alten Gebäuden der Kokerei schwimmen kann, und das Sonnenrad. Dieses bietet einen weiten Blick über die Zeche Zollverein und die Stadt Essen. ▮

1 „Die Städte Oberhausen und Essen liegen im Herzen des Ruhrgebietes." Überprüfe diese Aussage und beschreibe die geographische Lage der beiden Städte (Karten S. 115 und S. 206/207).

2 Erläutere am Beispiel des CentrO und der Zeche Zollverein Ergebnisse des Strukturwandels im Ruhrgebiet (M 1 bis M 3).

3 Benenne Gemeinsamkeiten und Unterschiede der beiden Beispiele (M 1 bis M 3).

4 Ordne das Bild der Zeche Zollverein in den Orientierungsplan ein (Seite 116/117, M 2).

5 Nimm Stellung zur Behauptung aus der Überschrift dieser Doppelseite.

Dinieren in der früheren Kompressorenhalle

„Mein Geheimtipp? Zeche Zollverein! Zollverein zieht Superlative magisch an: ‚Die schönste Zeche der Welt', ‚Kathedrale der Arbeit', ‚Ikone der Industriekultur'. Das Doppelbock-Fördergerüst von Schacht XII, der ‚Eiffelturm des Ruhrgebietes', wurde zum Wahrzeichen des Potts und zum Symbol des Strukturwandels. Industrieästhetik in Formvollendung – nachts erstrahlt die Silhouette des filigranen Turms in warmem Rostbraun aus der Dunkelheit ..."

(TAZ vom 14.3.2009, Autor: Günther Ermlich, gekürzt)

M 3 *Zeche Zollverein*

 WEBCODE: UE644339-123

Wir arbeiten mit WebGIS

check-it
- Informationen mithilfe geographischer Informationssysteme (GIS) aus Karten, Tabellen und Statistiken gewinnen
- Informationen verknüpfen
- Erkenntnisse und selbst erarbeitete Ergebnisse mündlich und mit Medien präsentieren

Checkliste
1　Suche einen geeigneten WebGIS-Server.
2　Informiere dich über die GIS-Werkzeuge.
3　Wähle ein Thema aus.

Bei Navigationssystemen, Internet-Stadtplänen sowie bei Google Earth oder Routenplanern handelt es sich um **Geoinformationssysteme (GIS).** Dabei erhalten unterschiedliche digitale Daten einen Raumbezug und dienen als Grundlage für Karten.

Im Folgenden soll gezeigt werden, was man bei der Arbeit mit WebGIS beachten muss und welche Informationsmöglichkeiten dieses Medium bietet. Die Grundlage bildet das WebGIS auf dem Bildungsserver Rheinland-Pfalz. ▌

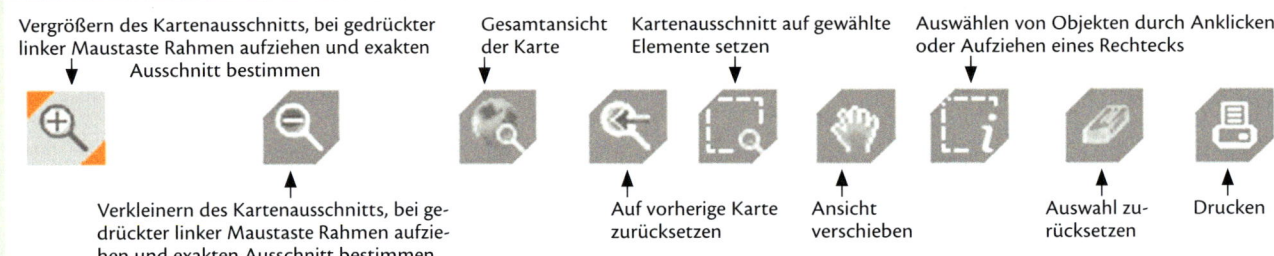

Vergrößern des Kartenausschnitts, bei gedrückter linker Maustaste Rahmen aufziehen und exakten Ausschnitt bestimmen

Gesamtansicht der Karte

Kartenausschnitt auf gewählte Elemente setzen

Auswählen von Objekten durch Anklicken oder Aufziehen eines Rechtecks

Verkleinern des Kartenausschnitts, bei gedrückter linker Maustaste Rahmen aufziehen und exakten Ausschnitt bestimmen

Auf vorherige Karte zurücksetzen

Ansicht verschieben

Auswahl zurücksetzen

Drucken

M 1 WebGIS-Werkzeugleiste

Thema: 2010 EU-27: Bruttoinlandsprodukt pro Kopf 2010 in Kaufkraftstandard (KKS)

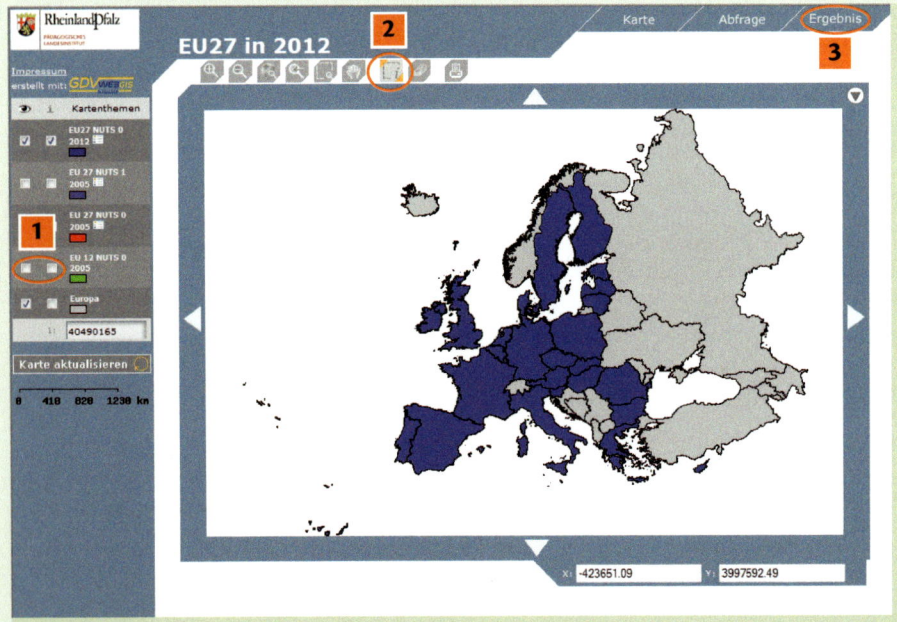

Checkliste
1　Öffne den WebGIS-Server http://webgis.bildung-rp.de.
2　Klicke auf Kartendienste.
3　Klicke in der linken Leiste „Kartendienste" auf Europa.
4　Wähle den Kartendienst EU 27 – Europäische Union 2012. Das Kartenfenster öffnet sich (M 2).
5　Klicke die beiden Kästchen links von EU27 NUTS 0 2012 an **1**. Damit wird das Kartenthema EU27 NUTS 0 2012 zum Betrachten und Abfragen aktiviert.
6　Wähle in der Werkzeugleiste das Abfragewerkzeug aus **2**. Du kannst jetzt einzelne Länder oder mit dem Ziehen eines Rechteckes mehrere Länder auswählen. Deine Auswahl erscheint in gelber Farbe.
7　Wähle Deutschland in der Karte aus.
8　Klicke rechts oben auf „Ergebnis" **3**. Die Daten zu Deutschland werden angezeigt.
9　Suche den Wert für das Bruttoinlandsprodukt pro Einwohner 2010 in Kaufkraftstandard (BIPPE10KKS).

M 2 WebGIS-Kartenfenster

Thema: Bruttoinlandsprodukt pro Kopf 2010 in Kaufkraftstandard der EU-Länder, die über dem Durchschnitt liegen

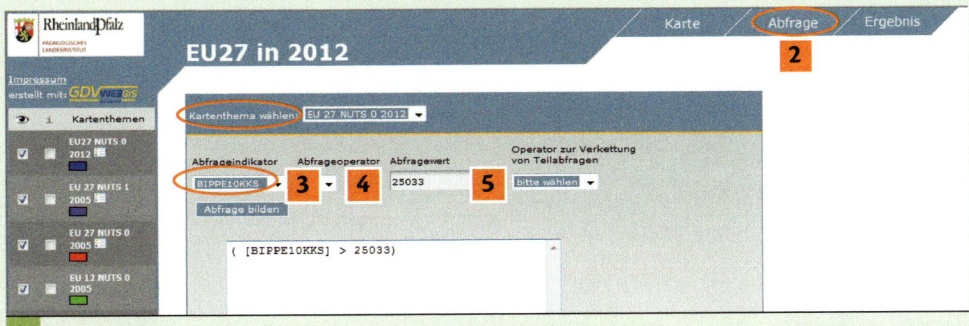

M 3 *Abfragefenster*

M 4 *Ergebnis der Abfrage mit allen Daten*

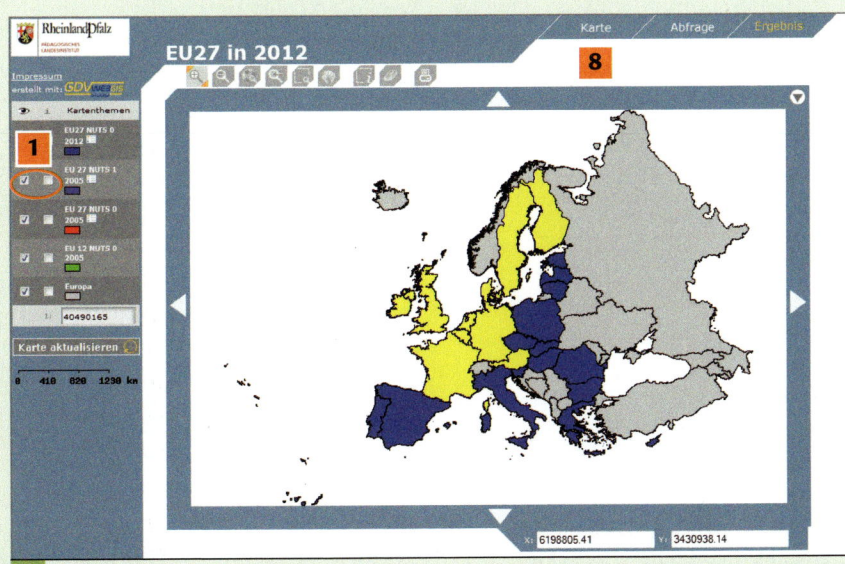

M 5 *Kartenfenster mit Abfrageergebnis*

Checkliste

1 Klicke die beiden Kästchen links von EU27 NUTS 0 2012 an **1**.
2 Klicke rechts oben auf „Abfrage" **2**.
3 Wähle unter Abfrageindikator „BIPPE10KKS" aus **3**.
4 Wähle unter Abfrageoperator „>" aus **4**.
5 Trage unter Abfragewert 25033 ein **5**.
6 Klicke auf „Abfrage bilden" und anschließend auf „Abfrage ausführen" (**M 3**).
7 Wechsle durch einen Klick auf „Ergebnis" in das Ergebnisfenster **7**. Die Werte für die gefundenen Länder sind dargestellt (**M 4**).
8 Klicke auf „Karte" **8**. Es sind die Länder mit einem Wert über 25 433 € ausgewählt (**M 5**).

1 Ermittle für die Mitgliedsstaaten der EU-27 das Bruttoinlandsprodukt in Kaufkraftstandard 2012 (**M 3** bis **M 5**). Trage die Werte in eine Tabelle ein. Errechne den Durchschnittswert aller EU-Mitgliedsstaaten.

2 Erstelle eine WebGIS-Karte der EU-Länder, die beim Kaufkraftstandard über dem Durchschnitt aller EU-27-Länder liegen (**M 3** bis **M 5**). Verwende den vorher ermittelten Durchschnittswert.

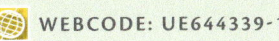 WEBCODE: UE644339-125

Vom Stahlkocher zum Ferienmacher

M 1 *Elektrostahlwerk in Peine*

M 2 *TUI-Club Magic Life Waterworld Imperial in Belek (Türkei)*

check-it

- Arbeitsbereiche der Preussag und der TUI vergleichen
- Strukturwandel vom Industrie- zum Dienstleistungsunternehmen an einem Beispiel erklären
- Zeittafel analysieren und aus den Inhalten eine Grafik entwickeln
- Arbeitsergebnisse präsentieren

Vom Produzenten zum Dienstleistungsanbieter

Auch Unternehmen müssen sich an neue wirtschaftliche und gesellschaftliche Bedingungen anpassen. Hierzu zählen: die Ansprüche der Konsumenten und Märkte, der wissenschaftlich-technische Fortschritt sowie die daraus resultierende Möglichkeit, neue Produkte zu entwickeln, die zum Teil weltweit produziert und verkauft werden. Ebenso wie die Umstrukturierung einzelner Wirtschaftsbereiche – zum Beispiel der Landwirtschaft – wird auch der Anpassungsprozess innerhalb von Unternehmen als „Strukturwandel" bezeichnet.

In der deutschen Wirtschaft hat sich in den letzten Jahrzehnten vor allen Dingen die Bedeutung der Industriebranchen verändert. Waren es Mitte des 20. Jahrhunderts die Textilindustrie, der Bergbau und die Eisen- und Stahlerzeugung, sind es heute die Hightech- und Medienbranche, die Biotechnologie und andere. Von den traditionellen rohstoff- und arbeitskräfteintensiven Branchen geht der Trend hin zu modernen kapital- und wissensintensiven Branchen. Damit ist auch ein Wandel in der Arbeitswelt einhergegangen. Landwirtschaft und Industrie bieten immer weniger Arbeitsplätze, neue Arbeitsplätze entstehen vor allem im Bereich der Dienstleistungen.

Für Unternehmen wie die heutige TUI AG ist es oft überlebenswichtig, die

M 3 *Struktur des TUI-Konzerns*

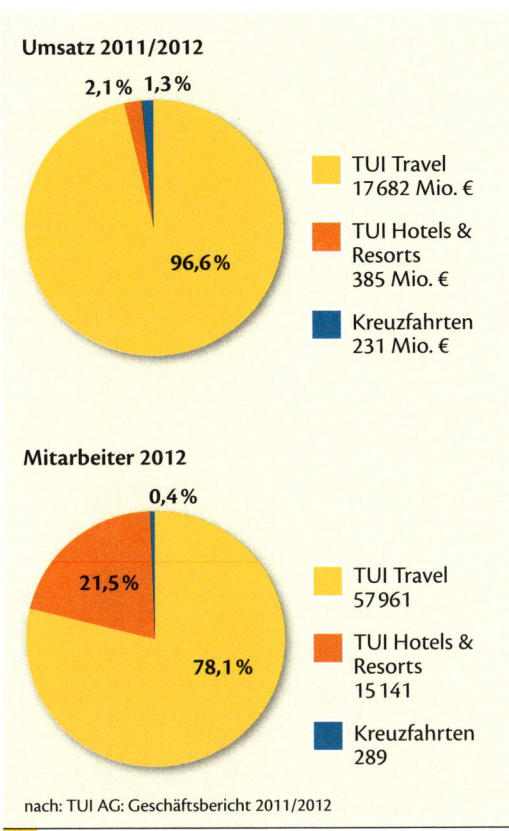

Umsatz 2011/2012

2,1 % 1,3 %

96,6 %

- TUI Travel
  17 682 Mio. €
- TUI Hotels & Resorts
  385 Mio. €
- Kreuzfahrten
  231 Mio. €

Mitarbeiter 2012

0,4 %

21,5 %

78,1 %

- TUI Travel
  57 961
- TUI Hotels & Resorts
  15 141
- Kreuzfahrten
  289

nach: TUI AG: Geschäftsbericht 2011/2012

M 4 *Umsatz und Mitarbeiter der TUI-Touristik*

richtigen Entscheidungen zur richtigen Zeit zu treffen. Häufig geht es bei diesen langfristigen Weichenstellungen für die Entwicklung des Unternehmens darum, sich von unrentablen Geschäftsbereichen zu trennen und Gewinn versprechende Geschäftsfelder zu entwickeln oder zu kaufen. Flexibilisierung und Internationalisierung, Entwicklung neuer Produkte sowie die Erschließung neuer Märkte und Kunden heißen die Gebote der Zeit. ▌

1 Informiere dich über die Arbeitsbereiche von Preussag und TUI und vergleiche sie (**M 5**, 🖉).

2 Arbeitet in Gruppen. Analysiert den Prozess des Strukturwandels eines Unternehmens am Beispiel der TUI (**M 1** bis **M 5**).

3 Erklärt Merkmale und Ursachen des Strukturwandels „Vom Stahlkocher zum Ferienmacher" mithilfe der Ergebnisse aus Aufgabe 2.

1924	„Preußische Bergwerks- und Hütten-Aktiengesellschaft" in Berlin gegründet. Unternehmen ist in der Grundstoffgewinnung und -verarbeitung mit den Schwerpunkten Steinkohle, Salze, Erdöl, Nichteisen-Metalle, Stahl- und Energieerzeugung tätig
1953	nach der Teilung Deutschlands und Berlins wird Hannover neuer Konzernsitz
1964	Preussag engagiert sich neben der Grundstoffgewinnung und -verarbeitung verstärkt im Transportwesen sowie im Wasserwerk- und Brunnenbau
1989	Zusammenschluss von Preussag und Salzgitter AG (Stahlerzeugung) zu einem Konzern, der zu den zwölf größten in Deutschland gehört
1997	Erwerb von Hapag-Lloyd
1998	Mehrheit an TUI wird übernommen. Logistikgeschäft wird gebündelt, komplette logistische Dienstleistungsangebote können angeboten werden. Stahlerzeuger Salzgitter wird verkauft
1999	Preussag Anthrazit in Deutsche Steinkohle AG eingebracht
2000	Erwerb der Thomson Travel Group. TUI-Gruppe wird größter integrierter Touristik-Konzern weltweit und deckt 70 Prozent des europäischen Reisemarktes ab
2002	Umbenennung der Preussag in TUI
2003	Verkauf des Energie-Bereichs an die österreichische OMV (Österreichische Mineralöl Verwaltung). Gründung der TUI China zur besseren Vermarktung von Reiseprogrammen für chinesische Touristen in Deutschland. Gründung der TUI Austria mit Blick nach Ostmitteleuropa
2004	Umbau der Logistiksparte, Konzentration auf das ertragsstarke Wachstumsfeld Schifffahrt. Einstieg in den russischen Markt durch Gründung der TUI Mostravel Russia
2005	Einstieg in den indischen Markt. Konzentration der Logistik auf die Schifffahrt durch den Verkauf des Schienenlogistikgeschäftes wird abgeschlossen
2006	Expansion der TUI im Fluggeschäft unter der neuen Marke TUIfly.com. Einstieg in den Kreuzfahrt-Premium-Markt mit der Marke TUI Cruises über ein Joint Venture mit dem Weltmarktführer Carnival
2007	TUI AG und die britische First Choice Holidays schmieden gemeinsam einen der größten Reisekonzerne der Welt: TUI Travel
2009	Verkauf der Containersparte mit 128 Containerschiffen, TUI AG ist weiterhin mit 43 Prozent an Hapag-Lloyd beteiligt
2012	Reduzierung des Anteils an Hapag-Lloyd auf 22 Prozent

M 5 *Umstrukturierung eines deutschen Unternehmens*

Dienstleistungen auf dem Vormarsch

check-it
- Einteilung der Wirtschaft in Sektoren erläutern
- Dienstleistungen als Teil der Wirtschaft beschreiben
- Entwicklung des Dienstleistungssektors erläutern
- Wirklichkeit anhand von Modellen überprüfen
- Diagramme zeichnen und auswerten

Wirtschaftssektoren

Die Tätigkeiten in der Wirtschaft werden in Sektoren unterteilt. Der erste – der **primäre Sektor** – umfasst die Land- und Forstwirtschaft sowie die Fischerei. Im zweiten – dem **sekundären Sektor** – werden Stoffe sowie Güter in der Industrie und im Handwerk zu höherwertigen Waren verarbeitet. Im **tertiären Sektor** stehen Dienstleistungen im Vordergrund.

Was sind Dienstleistungen?

Eine Kassiererin, ein Rechtsanwalt, ein Taxifahrer, eine Lehrerin, eine Mitarbeiterin in einem Callcenter und ein Nachrichtensprecher haben trotz unterschiedlicher beruflicher Ausbildung eines gemeinsam: Sie produzieren Güter, die weder angefasst noch transportiert oder gelagert werden können.

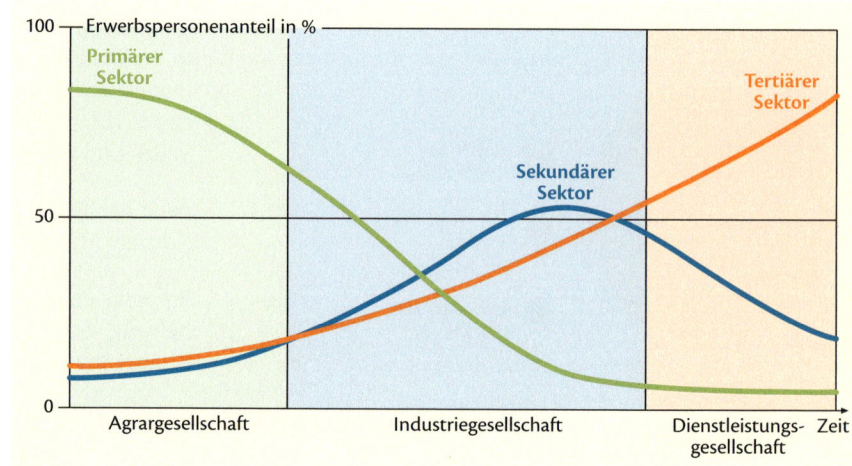

M 2 *Modell zur Entwicklung der Beschäftigten nach Wirtschaftssektoren*

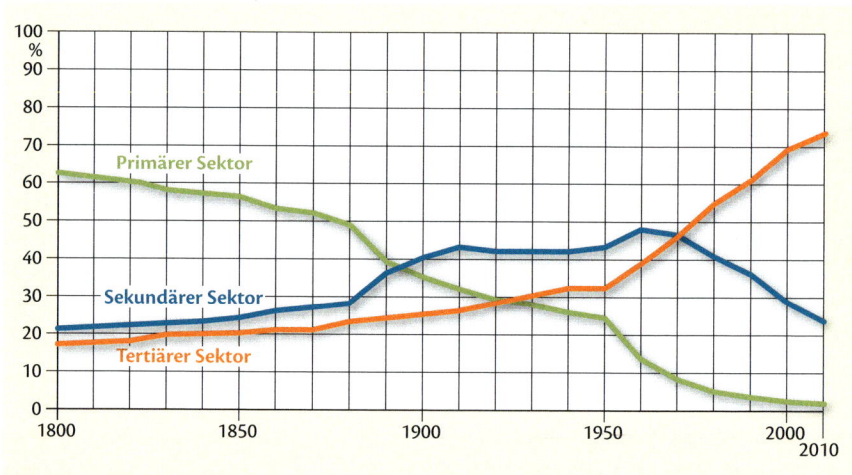

M 3 *Erwerbstätigkeit nach Sektoren (in Prozent) in Deutschland*

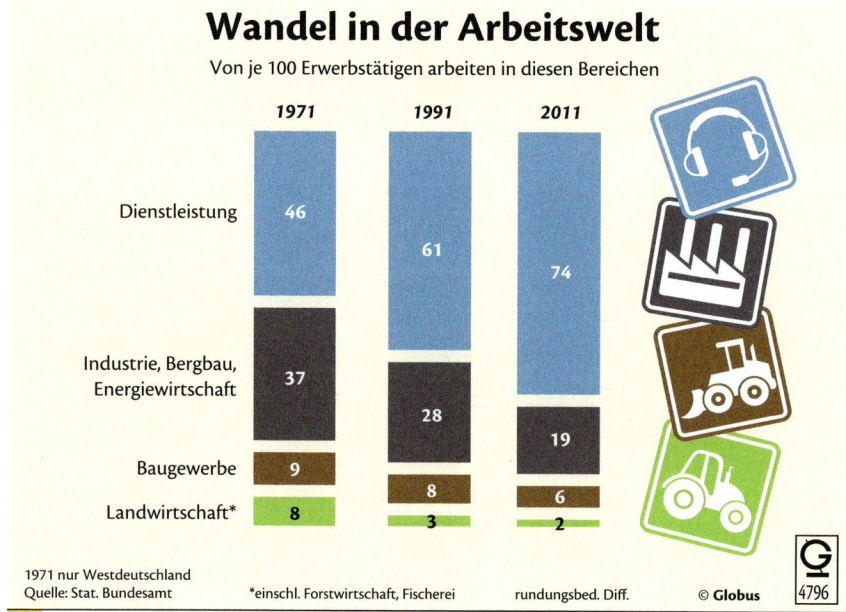

M 1 *Wandel in der Arbeitswelt*

Die Beschäftigten arbeiten in verschiedenen Dienstleistungsbereichen – zum Beispiel im Handel, in Banken, im Bildungsbereich, in der Gastronomie oder im Gesundheitswesen. Auch im Bereich der Informationstechnologie entstehen neue Arbeitsplätze.

Viele Beschäftigungen sind mit dem sekundären Sektor verzahnt. Industrieprodukte erfordern Forschung und Entwicklung, Qualitätskontrolle, Service, Werbung und Vertrieb. Der Dienstleistungsanteil gewinnt daher in den Unternehmen immer stärker an Bedeutung. Maschinen beispielsweise werden in der Regel mit einem Wartungsvertrag verkauft. Die Qualität von Produkten wird zertifiziert.

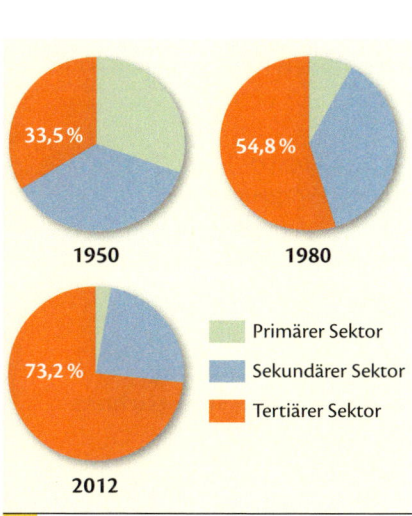

M4 *Erwerbstätige im tertiären Sektor in Niedersachsen*

Besonders gefragte Dienstleister

In Zukunft sind neue Arbeitsplätze in den Bereichen Forschung und Entwicklung, Organisation und Rechtsberatung sowie Ausbildung zu erwarten. Auch im Umweltschutz wird mit einer Zunahme von Arbeitsplätzen gerechnet. Bereits heute sind im Bereich Forschung und Entwicklung sowie in der Informationstechnologie überdurchschnittlich viele Personen mit einem Hoch- oder Fachschulabschluss tätig. Kreditinstitute und Unternehmensdienstleister, die Manager beraten, Daten verarbeiten oder Marketing betreiben, haben innerhalb des Dienstleistungssektors den größten Anteil an der Wirtschaftsleistung.

Räumliche Auswirkungen

Viele Regionen werden durch spezielle Dienstleistungsangebote geprägt. Das können Finanzzentren sein wie Frankfurt am Main, Wissens- und Technologiezentren wie im Umland von München, Messestandorte wie Hannover, aber auch Tourismusregionen. In den Städten hat sich die **City** zu einem bevorzugten Standort für Kreditinstitute, Arzt- und Rechtsanwaltspraxen, Hauptverwaltungen von großen Unternehmen und kulturellen Einrichtungen entwickelt. Am Stadtrand siedeln sich flächenintensive Großhandelsunternehmen und Einzelhandelszentren an.

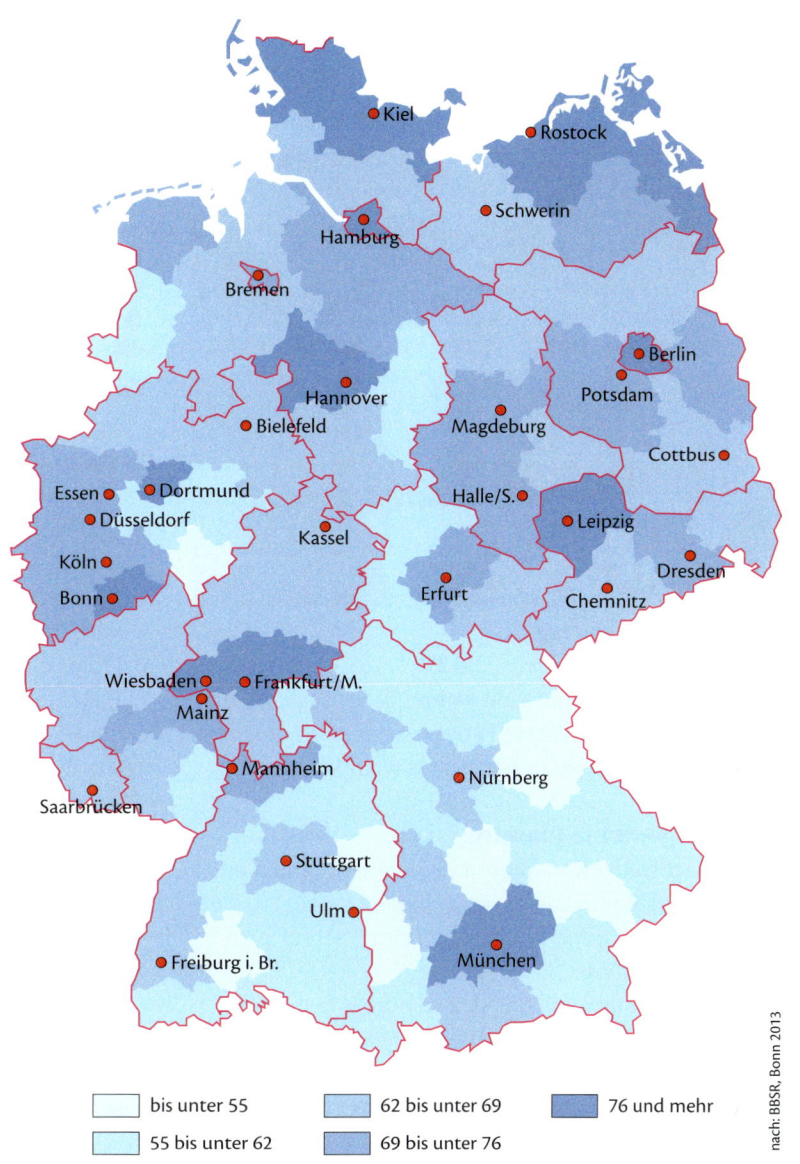

Legende:
- bis unter 55
- 55 bis unter 62
- 62 bis unter 69
- 69 bis unter 76
- 76 und mehr

nach: BBSR, Bonn 2013

M5 *Beschäftigte im Dienstleistungssektor je 100 Beschäftigte 2010*

Tipp: Bei **M5** handelt es sich um eine interaktiv erstellte Karte. Du kannst dir selbst eine aktuelle Kartenversion ausdrucken (s. Webcode).

1 Beschreibe die Verteilung der im tertiären Sektor Beschäftigten in Deutschland (**M5**).
2 Analysiere die Entwicklung des Dienstleistungssektors in Deutschland und in Niedersachsen (**M1**, **M3** und **M4**).
3 Erkläre den Wandel der Beschäftigungsanteile in den Wirtschaftssektoren (**M2**).
4 Setze die Entwicklung des tertiären Sektors in Deutschland für die Jahre 1950, 1980 und 2010 in Kreisdiagramme um und vergleiche deine Ergebnisse mit Niedersachsen (**M3**, **M4**).
5 Entwickle eine Strategie für deine eigene zukünftige Berufswahl, die sich auf die Materialien dieser Doppelseite stützt (**M1** bis **M5**).

 WEBCODE: UE644339-129

Wir erkunden ein Unternehmen in unserer Region

M 1 *Schulklasse bei einer Erkundung*

Die Betriebserkundung ist eine vielseitige Untersuchungsmethode: Sie erfordert, die vielfältigen Aspekte eines Unternehmens zu beobachten, zu erfragen und zu skizzieren.

Phase 1: Allgemeine Planung
– Nehmt rechtzeitig Kontakt mit dem Unternehmen auf.
– Recherchiert Materialien. Besorgt Info-Material, Werbeprospekte, Jahresberichte. Analysiert Internetauftritte des Unternehmens.
– Legt Zeitpunkt und Ablauf der Erkundung fest. Achtet hierbei auf die Mischung von Besichtigung und Frageruden.
– Klärt vorab die Möglichkeiten der Film- und Fotodokumentation.
– Legt die Präsentationsform fest.

Prüfliste
✔ Unternehmen ausgewählt
✔ Erkundungsaspekte festgelegt
✔ Absprache mit Unternehmen vorgenommen
✔ Ablaufplanung erstellt

Phase 2: Konkrete Vorbereitungen
– mögliche Gruppenarbeitsthemen
– Standortgegebenheiten früher und heute
– Betriebsgröße und Beschäftigte
– Geschichte und Entwicklung
– Bedeutung des Unternehmens für Stadt und Region
– Globalisierung

✔ Themensuche abgeschlossen
✔ Einteilung in Gruppen vorgenommen
✔ Aufgaben verteilt
✔ Interviewfragen formuliert
✔ Protokollführer bestimmt

Phase 3: Durchführung der Erkundung
– Führt konsequent die vereinbarten Arbeitsschritte durch: beobachten, festhalten (Film, Foto, Skizze, Protokoll).
– Legt Wert auf die Beantwortung der vorbereiteten Fragen.
– Fragt nach, wenn Zusammenhänge nicht deutlich wurden.

✔ Betriebserkundung durchgeführt
✔ Abschlussrunde durchgeführt
✔ Ergebnisse schriftlich festgehalten

Phase 4: Auswertung im Unterricht
– Präsentiert die Gruppenergebnisse (Referat, Wandzeitung, Plakat, PowerPoint-Präsentation).
– Ordnet die Erkundung in einen größeren thematischen Zusammenhang ein. Vergleicht die Ergebnisse mit anderen oder ähnlichen Unternehmen. Stellt einen deutschen, europäischen und globalen Bezug her.

✔ Gesamtablauf der Erkundung besprochen
✔ Materialien ausgewertet
✔ Ergebnisse präsentiert

Phase 5: Öffentliche Darstellung
– Stellt das Gesamtergebnis für die Schulöffentlichkeit bereit (Projekttag, Ausstellung, Homepage- oder Jahresschrift-Beitrag, Artikel für die Lokalzeitung).

✔ Adressatenkreis bestimmt
✔ Aufgaben verteilt
✔ Ergebnisse vorgestellt

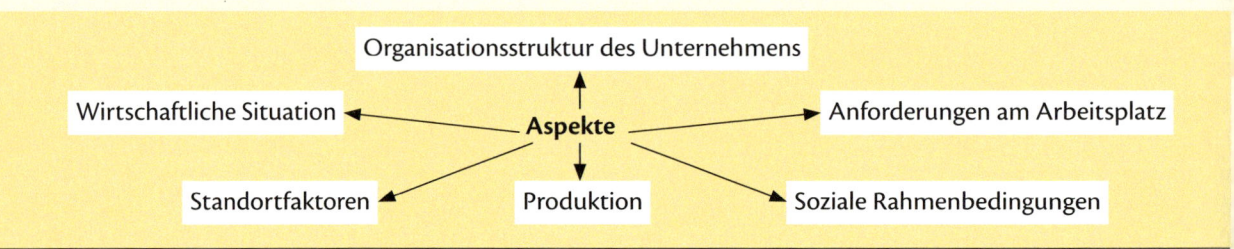

M 2 *Erkundung von betrieblichen Aspekten*

Organisationsstruktur des Unternehmens

Welcher Branche ist der Betrieb zuzuordnen?
Wie viele Arbeitnehmerinnen, Arbeitnehmer und Auszu-
bildende sind in dem Betrieb beschäftigt?

- weitere Niederlassungen
- Abteilungen/Aufgabenbereiche
- Einbeziehung von Mitarbeitern/Abteilungen in
  Entscheidungen
- Rationalisierung
- Einführung von Teamarbeit
- Forschungsabteilung

Produktion

Welche Produkte werden hergestellt oder welche Dienstleistungen erbracht?
Welche Rohstoffe, Halbfabrikate und Betriebsmittel
werden benötigt?

- Energieverbrauch
- gesetzliche Vorschriften
- Umweltverträglichkeit
- Automatisierungsgrad
- neue Technologien
- Qualitätskontrolle
- Kontakt zum Kunden
- Bestellungen per Internet

Standortfaktoren

Welche Überlegungen waren für die Standortwahl
ausschlaggebend?

- Arbeitskräfte
- Rohstoffe
- Lieferanten
- Infrastruktureinrichtungen
- Forschungseinrichtungen
- Dienstleistungsangebot in der Region
- Subventionen
- Absatzmärkte

Wirtschaftliche Situation des Unternehmens

Welche Bedeutung haben Rohstoff- und Energiepreise für
die Arbeitskosten?
Besteht eine zwischenbetriebliche oder internationale
Arbeitsteilung?

- Auftragslage
- Umsatz und Gewinn
- Investitionen
- Marktposition des Unternehmens
- Festigung der Marktposition
- Bedeutung für die Stadt/die Region
- zukünftige Entwicklung der Branche
- Konkurrenten
- Preis- und Qualitätswettbewerb
- Werbung für die Produkte

Der Arbeitsplatz

Welche Berufe werden im Betrieb ausgeübt?
Welche fachlichen Kompetenzen und Schlüsselqualifikati-
onen sind für die Arbeitsplätze erforderlich?
Für welche Arbeitsplätze ist besonderes handwerkliches
Geschick erforderlich?

- Schicht- und Nachtarbeit
- Belastungen durch Hitze und Lärm
- Qualifizierungsgrad der Mitarbeiter
- Leistungskontrollen
- innerbetriebliche Ausbildung
- Fortbildungsmaßnahmen
- Sozialleistungen des Unternehmens
- soziale Einrichtungen auf dem Betriebsgelände
- Ausbildungsberufe
- Ausbildungsplätze
- Einstellungspraxis
- Einzelarbeit und Teamarbeit

M 3 *Beispiele für Interviewfragen*

M 4 *Mechatronikerin*

M 5 *Schweißer*

Geo-Check: Veränderungen im Ruhrgebiet analysieren

Sich orientieren

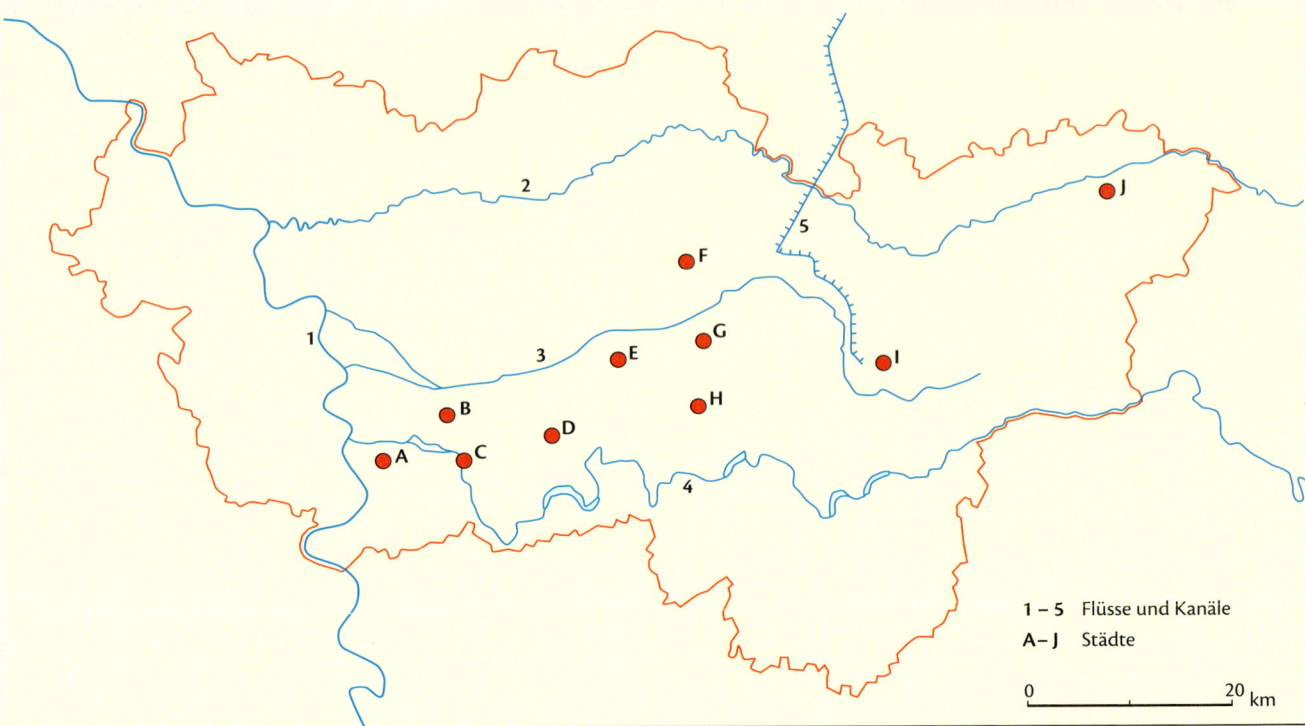

1 – 5   Flüsse und Kanäle
A – J   Städte

0 _____ 20 km

M 1 *Das Ruhrgebiet*

1 Benenne die Flüsse, Kanäle und Städte des Ruhrgebietes (**M 1**).
2 Beschreibe die geographische Lage des Ruhrgebietes in
   Deutschland und Europa (**M 2**).

M 2 *Lage des Ruhrgebietes*

Wissen und verstehen

3 Sortiere die Aussagen in richtige und falsche Aussagen.
   Verbessere die falschen Aussagen und schreibe diese
   richtig auf.

Richtig oder falsch?

– Strukturwandel erfolgt nur in der Landwirtschaft.
– Rohstoff- und arbeitskräfteintensive Industriebranchen
   wie die Stahlindustrie und der Bergbau sind die
   Wachstumsbranchen im Ruhrgebiet.
– Die Vernetzung von Wirtschaftsunternehmen, For-
   schungs- und Bildungseinrichtungen ist heute eine
   wesentliche Voraussetzung für wirtschaftliches
   Wachstum.
– Das Ruhrgebiet ist einer der größten wirtschaftlichen
   Ballungsräume Europas.
– In Deutschland wird ab 2018 keine Steinkohle mehr
   gefördert.

– In Deutschland sind über 70 Prozent der Erwerbstätigen im Dienstleistungssektor beschäftigt.
– Die Hightech-Industrie und die Stahlerzeugung waren
   die Grundlage für die Industrialisierung im Ruhrgebiet.
– In Zukunft werden neue Arbeitsplätze vor allem dort
   entstehen, wo Serviceleistungen für Unternehmen erbracht werden.
– Strukturwandel erfolgt nicht nur in der Industrie allgemein, sondern auch in den einzelen Unternehmen.
– Die TUI hat sich vom Tourismusunternehmen zum
   Bergbau- und Stahlerzeuger umstrukturiert.

Erde: Wirtschaftsbündnisse, Schiffs- und Flugverkehr

Erde: Wirtschaftsbündnisse

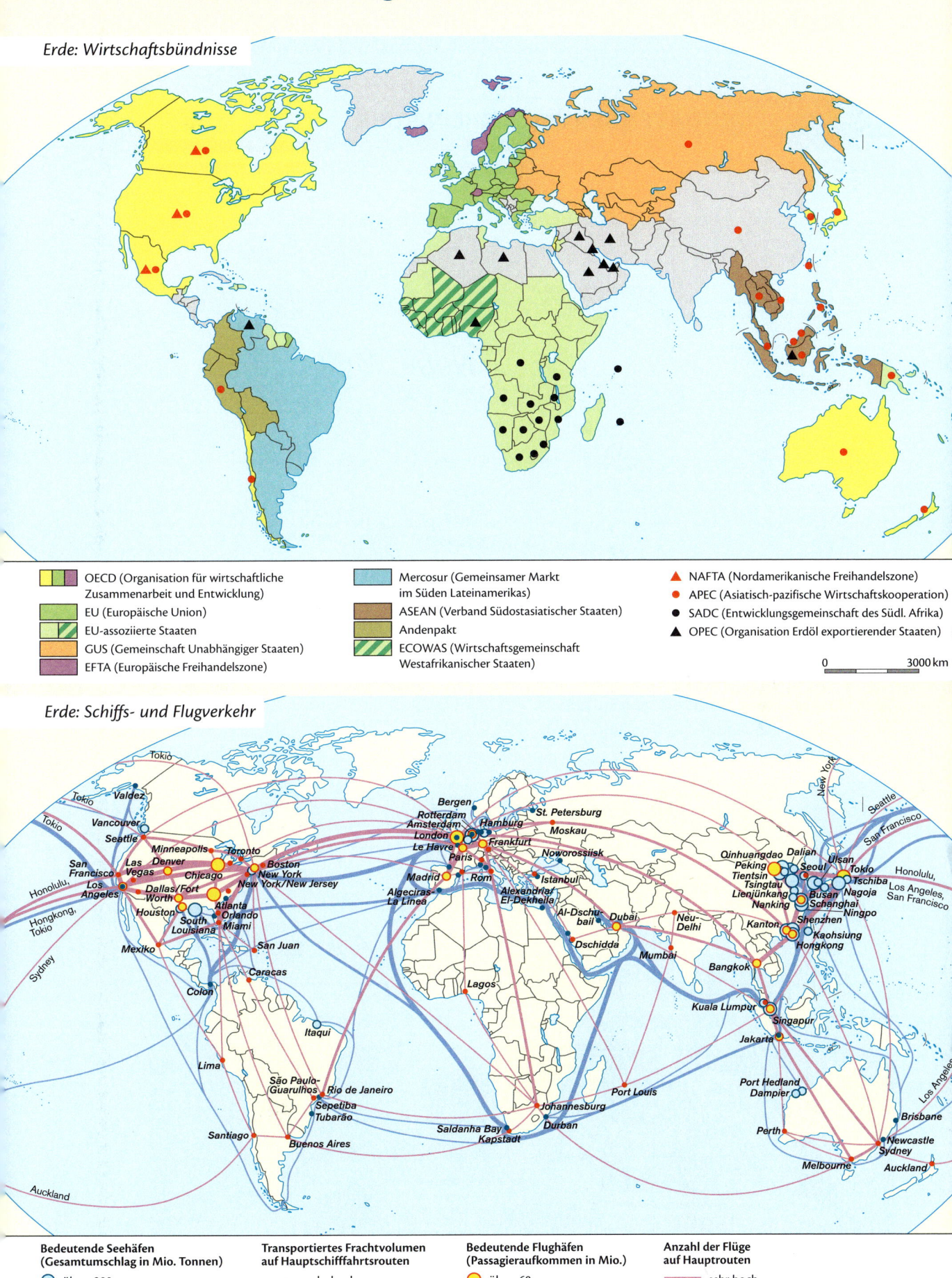

OECD (Organisation für wirtschaftliche Zusammenarbeit und Entwicklung)	Mercosur (Gemeinsamer Markt im Süden Lateinamerikas)	▲	NAFTA (Nordamerikanische Freihandelszone)
EU (Europäische Union)	ASEAN (Verband Südostasiatischer Staaten)	●	APEC (Asiatisch-pazifische Wirtschaftskooperation)
EU-assoziierte Staaten	Andenpakt	●	SADC (Entwicklungsgemeinschaft des Südl. Afrika)
GUS (Gemeinschaft Unabhängiger Staaten)	ECOWAS (Wirtschaftsgemeinschaft Westafrikanischer Staaten)	▲	OPEC (Organisation Erdöl exportierender Staaten)
EFTA (Europäische Freihandelszone)			

0   3000 km

Erde: Schiffs- und Flugverkehr

Bedeutende Seehäfen (Gesamtumschlag in Mio. Tonnen)
- ◎ über 200
- ○ 100–200
- • unter 100 (in Auswahl)

Transportiertes Frachtvolumen auf Hauptschifffahrtsrouten
- ▬▬ sehr hoch
- ── hoch
- ─ bedeutend (in Auswahl)

Bedeutende Flughäfen (Passagieraufkommen in Mio.)
- ◉ über 60
- ◉ 40–60
- • unter 40 (in Auswahl)

Anzahl der Flüge auf Hauptrouten
- ▬▬ sehr hoch
- ── hoch
- ─ bedeutend (in Auswahl)

0   3000 km

Können und anwenden

6 Wiederhole mithilfe des Screenshots in **M 5,** wie und mit welchem Ergebnis man mit WebGIS arbeiten kann.

7 Erarbeite mit dem WebGIS-Angebot von www.rvr-online.de namens Geodatenserver Lukas eine Präsentation zum „Strukturwandel im Ruhrgebiet" (*Eine Präsentation erstellen*).

M 5 *Screenshot Geodatenserver Rhein-Ruhr*

Sich verständigen, beurteilen, handeln

8 Nimm zu folgenden Aussagen Stellung (**M 6**):

Das Thyssen-Stahlwerk in Duisburg: Kletterer erklimmen die Bunkerwände, Taucher versinken im Gasometer und in der Pumpenhalle legt ein DJ auf.

Kultur ist die neue „Industrie" im Ruhrgebiet.

Die Wachstumsmotoren der Wirtschaft im 21. Jahrhundert sind Bildung und Wissenschaft.

Das Ruhrgebiet – ein starkes Stück Deutschland.

M 6 *Aussagen zu Themen der Wirtschaft*

4 Nenne zu jedem dieser Begriffe mindestens zwei Merkmale (**M 3**).

5 Löse das Rätsel (eine Vorlage kannst du dir per Webcode beschaffen). Verbinde dazu die richtigen Wortgruppen miteinander. Beginne links oben. Wenn du das Rätsel richtig gelöst hast, ergibt sich ein geographischer Begriff. Definiere diesen Begriff (**M 4**).

> **! Hinweis:**
> Bitte nicht in das
> ● Buch schreiben

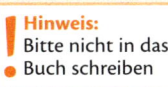 WEBCODE: UE644339-133

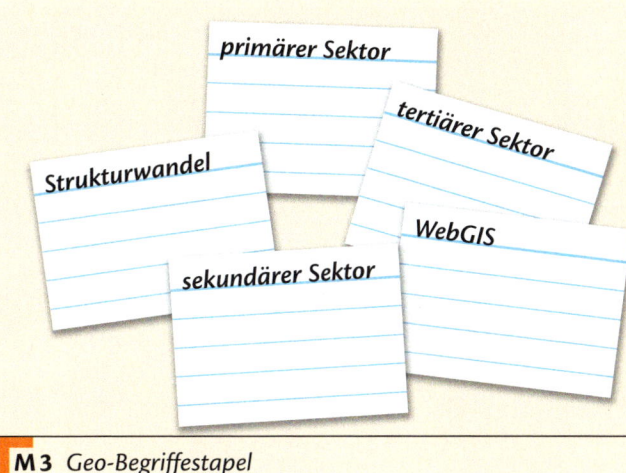

M 3 *Geo-Begriffestapel*

Merkmale der Krise im Ruhrgebiet waren …?	**S**	**G**	durch einen vielfältigen Dienstleistungsbereich
Einst „Kohlenpott", heute …?	**A**	**T**	veränderten Bedingungen anpassen
Informations- und Kommunikationstechnologien sind …?	**D**	**T**	Dienstleistungen
Handel, Logistik und Versicherungswesen sind …?	**R**	**N**	Zukunftswerkstatt
Eine neue Energie des Ruhrgebietes ist …?	**V**	**T**	Abbau von Arbeitsplätzen und Abwanderung
Unternehmen müssen sich ständig …?	**R**	**E**	Kultur
Neue Arbeitsplätze entstehen hauptsächlich im …?	**E**	**I**	Dienstleistungssektor
Zum tertiären Sektor gehören auch …?	**L**	**U**	Logistik, Messen, Medien und Bildung
Worin zeigt sich das neue Gesicht des Ruhrgebietes?	**N**	**O**	Wachstumsbranchen

M 4 *Rätsel für Wirtschaftsexperten*

6 Weltwirtschaft in der globalisierten Welt untersuchen

In Containern um die Welt

In den Hafenstädten überall auf der Welt stapeln sich die Container und warten auf ihren Weitertransport – mit dem Schiff, der Eisenbahn oder dem Lkw. In ihnen reisen die Waren um die Welt. Der Container ist in wenigen Jahrzehnten zum wichtigsten Transportbehälter der Weltwirtschaft und des Welthandels geworden.

In diesem Kapitel lernst du
- weltweite Handelsströme zu lokalisieren,
- Lagemerkmale wichtiger Zentren der Globalisierung zu beschreiben,
- Merkmale und Akteure der Weltwirtschaft zu benennen,
- die internationale Arbeitsteilung zu erläutern,
- die Bedeutung des Welthandels sowie des Internets für die Globalisierung zu erklären,
- Merkmale und Bedeutung der Global Player zu erläutern,
- Wirtschaftsräume hinsichtlich ihrer Teilhabe an der Globalisierung zu analysieren.

Dabei nutzt du
- thematische Karten,
- Diagramme und Tabellen,
- Kartogramme,
- Bilder und
- das Internet.

Du beurteilst
- die Auswirkungen der internationalen Arbeitsteilung,
- die Bedeutung von Wirtschaftsbündnissen,
- die Chancen einer veränderten Weltwirtschaftsordnung,
- Produktionsbedingungen und Umweltstandards in Billiglohnländern,
- die Chancen und Gefahren der Globalisierung.

Im Hamburger Containerhafen

Die Weltwirtschaft – weltweit verflochten

Wirtschaft weltweit

Süßigkeiten aus Deutschland in einem Supermarkt in China, tropische Früchte aus Brasilien sowie Fotoapparate aus Japan bei uns – die Wirtschaft produziert heute nicht mehr nur für lokale Märkte. In zunehmendem Maße werden Waren, Dienstleistungen und Kapital über Staatsgrenzen und Kontinente hinweg weltweit ausgetauscht. Dadurch erweitert sich das Warenangebot in allen Ländern.

Seit den 1970er-Jahren nimmt die Verflechtung der Weltwirtschaft zu. Immer mehr nationale und internationale Märkte verschmelzen zu Weltmärkten und immer größere internationale Unternehmen entstehen. Sie sind die treibenden Hauptakteure der Weltwirtschaft, denn sie gründen Produktionsstätten und Tochterunternehmen im Ausland und sind so auf mehreren Kontinenten vertreten.

Internationale Arbeitsteilung

Die Staaten der Erde unterscheiden sich in Bezug auf ihre Ressourcen sowie ihre technologische und gesellschaftliche Entwicklung. Deshalb können sie Waren und Dienstleistungen zu unterschiedlichen Bedingungen produzieren und auf dem Weltmarkt anbieten. Im Zuge der **internationalen Arbeitsteilung** spezialisieren sich die Länder auf die Produkte oder Produktionsschritte, bei denen sie Kostenvorteile haben. Die Ressourcen und Produktionsmöglichkeiten werden durch die Verflechtung der Weltwirtschaft optimal genutzt. Dadurch ist eine große Vielfalt der Produkte weltweit gesichert. Das hat jedoch zur Folge, dass manche Produkte bereits Tausende von Kilometern zurückgelegt haben, bis sie zum Verkauf angeboten werden.

M 1 *Supermarkt-Regal in Schanghai*

Krabben von der deutschen Nordseeküste werden in Marokko geschält, Kaufhäuser lassen ihre Waren in Asien fertigen, Autoteile oder auch ganze Autos werden in Osteuropa produziert.

Viele Produkte werden in Deutschland oder anderen Industriestaaten nur noch entwickelt und vor dem Verkauf montiert und kontrolliert. Hergestellt werden sie in den Ländern, wo die Arbeitskräfte am billigsten sind. Nur so können die Produkte auf dem Weltmarkt konkurrenzfähig bleiben. Für Deutschland und andere Industriestaaten bedeutet das, dass Produktionsschritte in andere Länder ausgelagert werden und viele Arbeitsplätze in der Industrie verloren gehen. Gleichzeitig wird es immer wichtiger, dass die Arbeitskräfte sehr gut ausgebildet sind, um hochwertige Produkte entwickeln zu können, die man weiterhin gut auf dem Weltmarkt verkaufen kann.

In den Billiglohnländern kann der Konkurrenzdruck dazu führen, dass soziale und ökologische Mindeststandards

	Anteil an der Weltwirtschaftsleistung	Anteil am Export	Anteil an der Weltbevölkerung
USA	19,2	10,3	4,5
China	15,0	10,1	19,2
Indien	5,7	2,0	17,6
Japan	5,6	4,3	1,8
Deutschland	4,1	8,1	1,2
Frankreich	2,9	3,6	0,9
Großbritannien	2,7	3,5	0,9

M 2 *Hauptakteure der Weltwirtschaft (2012, in Prozent)*

	EU		NAFTA		ASEAN	
	EU (Europäische Union): 28 Mitgliedsstaaten		NAFTA (North American Free Trade Agreement): Kanada, USA und Mexiko		ASEAN (Association of Southeast Asian Nations): Brunei, Indonesien, Kambodscha, Laos, Malaysia, Myanmar, Philippinen, Singapur, Thailand, Vietnam	
Anteil an der Weltbevölkerung (in Prozent)	7,2		6,7		8,7	
Anteil an der Weltwirtschaftsleistung (in Prozent)	20,2		23,4		4,1	
Anteil am Welthandelsvolumen (Export/Import – in Prozent)	33,6		16,2		6,9	

M 3 *Wirtschaftsbündnisse im Vergleich (2012)*

nicht eingehalten werden. Internationale Organisationen bemühen sich, verbindliche Regeln für die Weltwirtschaft aufzustellen.

Wirtschaftsbündnisse

Um für alle Staaten der Erde gleiche Voraussetzungen für den Zugang zum Weltmarkt zu schaffen, wurde 1994 die **Welthandelsorganisation** (**WTO**) gegründet. Sie setzt sich für den Abbau von Zollschranken und anderer Handelshemmnisse ein. Dem steht jedoch die Bildung von Freihandelszonen und Wirtschaftsblöcken entgegen.

Freihandelszonen sind Wirtschaftsbündnisse mehrerer Staaten, die Zollschranken untereinander zwar abschaffen, die Handelshemmnisse gegenüber Nicht-Mitgliedsländern aber eher verstärken, um den eigenen Markt vor billiger Konkurrenz zu schützen.

Mehr als die Hälfte des Welthandels findet innerhalb von Wirtschaftsbündnissen statt. Besonders innerhalb der großen Freihandelszonen wie der EU und der NAFTA spielt sich der größte Teil des Handels unter den Mitgliedsstaaten ab.

Nicht so starke Organisationen wie MERCOSUR und ASEAN sind weiterhin auf den Weltmarkt angewiesen, denn nur etwa ein Viertel des Handels findet innerhalb des eigenen Wirtschaftsbündnisses statt.

1 Benenne anhand eines Beispiels aus **M 1** Merkmale und Akteure der Weltwirtschaft (**M 1** bis **M 3**).
2 Wähle ein Produkt aus (z. B. Auto, Kleidung) und erkläre am Beispiel dieses Produktes, was man unter „internationaler Arbeitsteilung" versteht.
3 Erläutere die unterschiedliche Teilhabe von Staaten an der Weltwirtschaft (**M 2** bis **M 4**).
4 Bildet Gruppen und informiert euch jeweils über eines der Wirtschaftsbündnisse. Stellt eure Ergebnisse der Klasse vor (**M 3**, **M 4**, Karte S. 135 oben, Webcode).
5 Vergleiche die weltwirtschaftliche Stellung der Hauptakteure mit der der Wirtschaftsbündnisse (**M 2**, **M 3**).
6 Bewerte die Bedeutung der Wirtschaftsbündnisse für einen fairen Welthandel (**M 3**, **M 4**).

WEBCODE: UE644339-139

M 4 *Geteilte Welt?*

Welthandel – immer schneller, vielfältiger und kostengünstiger

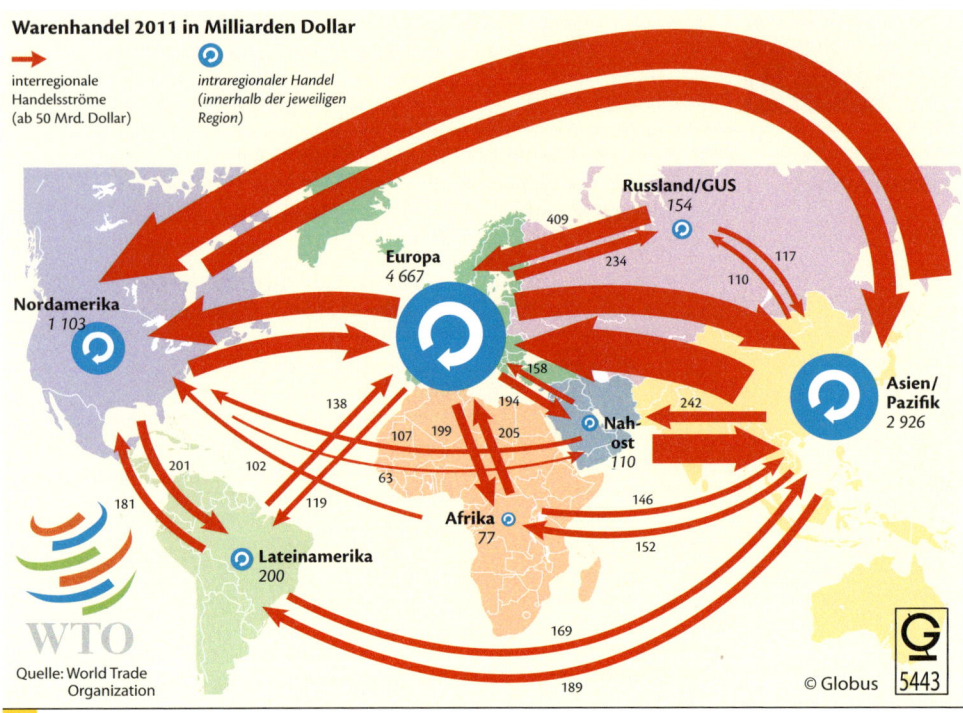

Warenhandel 2011 in Milliarden Dollar

→ interregionale Handelsströme (ab 50 Mrd. Dollar)

🔄 intraregionaler Handel (innerhalb der jeweiligen Region)

Quelle: World Trade Organization

© Globus 5443

M 1 *Weltweite Handelsströme*

---

check-it

- weltweite Handelsströme beschreiben
- Voraussetzungen für die Entwicklung des Welthandels erläutern
- Begriff „Globalisierung" erklären
- Welthandel als Motor der Globalisierung erörtern
- thematische Karten und Diagramme auswerten

Entwicklung des Welthandels

Der Welthandel ist in den letzten Jahrzehnten stark gewachsen, und zwar weitaus stärker als die Güterproduktion. Waren und Güter werden weltweit ausgetauscht. Wir können Autos, Handys, Kleidung und Obst aus allen Teilen der Welt bei uns kaufen, und bei uns produzierte Waren werden in viele andere Länder der Erde exportiert. Von entscheidender Bedeutung für die Zu-

nahme des Welthandels waren der technische Fortschritt sowie die damit verbundenen Verbesserungen im Transport- und Kommunikationswesen. Im Jahr 2008 kostete der Seetransport eines Fernsehers von China nach Europa zehn US-Dollar und der eines Staubsaugers einen US-Dollar.

Mangel und Überschuss – Motoren des Welthandels

Internationaler Handel wird betrieben, wenn ein bestimmtes Gut in einem Land nicht existiert oder nicht produziert werden kann. Aufgrund unterschiedlicher Ressourcen und wirtschaftlicher Faktoren – zum Beispiel dem Vorkommen von Bodenschätzen, klimatischen Bedingungen sowie der Infrastruktur – verfügen Regionen über Waren, für die in anderen Ländern ein Bedarf besteht. Diese werden dann gehandelt.

Neben dem Mangel an bestimmten Gütern ist aber auch die Überproduktion von Gütern ein Grund für internationalen Handel. Überproduktion ist häufig die Folge von Spezialisierung. Jedes Land beziehungsweise jedes Unternehmen produziert in hohen Stückzahlen das, was es am kostengünstigsten erzeugen kann, und verkauft die Überschüsse ins Ausland.

Welthandel als Motor der Globalisierung

Die Ausweitung und Intensivierung des Handels mit Gütern und Dienstleistungen, der Austausch von Kapital, Wissen und Technologien sowie die Tätigkeit multinationaler Unternehmen haben zu einer engen Verflechtung bestimmter Teile der Erde und ihrer Menschen geführt. Diesen Prozess bezeichnet man als **Globalisierung**. Sie wird geprägt durch eine Vielzahl weltweiter Verbindungen von Staaten, Gesellschaften, Unternehmen und Einzelpersonen – sowohl auf wirtschaftlichem als auch auf gesellschaftlichem und kulturellem Gebiet. Entscheidungen, die in einem Teil der Welt getroffen werden, können Auswirkungen auf weit ent-

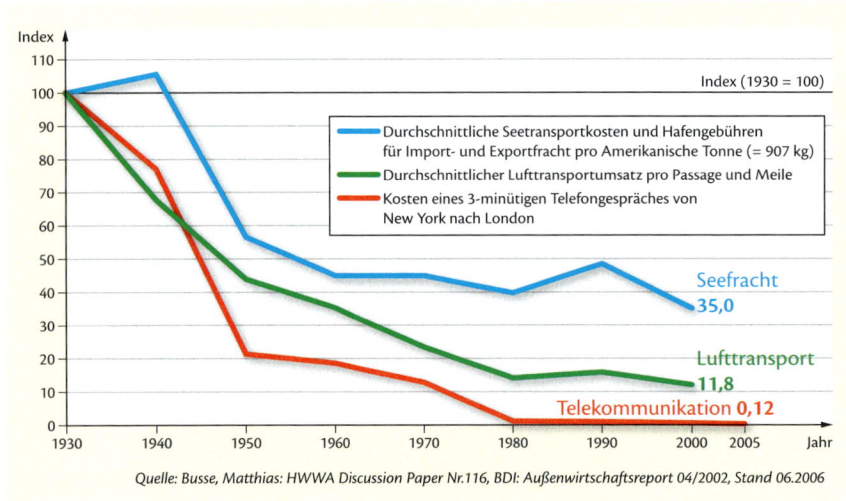

Quelle: Busse, Matthias: HWWA Discussion Paper Nr.116, BDI: Außenwirtschaftsreport 04/2002, Stand 06.2006

M 2 *Kostenentwicklung im Welthandel (1930–2005)*

fernte Gebiete haben. Der Kauf eines T-Shirts in Deutschland hat beispielsweise Folgen für das Einkommen sowohl der Baumwollproduzenten in Afrika als auch der Näherinnen in Asien. Jede Kaufentscheidung wirkt sich auf Produktion, Warentransporte und damit auch auf Energieverbrauch, Verkehrs- und Umweltbelastungen aus.

Welthandel auf Seewegen

Seit Anfang der 1970er-Jahre hat sich der Weltseehandel nahezu verdoppelt. Der größte Teil der Welthandelsgüter wird über den Seeweg transportiert. Man baut heute Spezialschiffe, die hinsichtlich der Größe, der Geschwindigkeit und der technischen Ausstattung optimal an die zu transportierenden Güter angepasst sind.

Handelsschiffe wählen aus wirtschaftlichen Gründen den kürzesten Weg. So bilden sich Seewege heraus, die oft von Hunderten von Schiffen in dichter Reihenfolge befahren werden. Die Meerengen und großen Seekanäle bilden Nadelöhre des Seeverkehrs.

1 Benenne die Wirtschaftsräume der Erde, zwischen denen die Haupthandelsströme verlaufen (**M 1**, S. 142/143 **M 1**).

2 Ordne die Handelsnationen den Wirtschaftsräumen zu (**M 1**, **M 4**).

3 Verfolge die Schifffahrtsrouten für Erdöl vom Persischen Golf a) nach Schanghai und b) nach Rotterdam. Nenne Häfen, Meere, Meerengen und Seekanäle entlang der Routen (Karte S. 135 unten, S. 142/143 **M 1**).

4 Erläutere, welche Engstellen der Welthandel passieren muss (Karte S. 135 unten, S. 142/143 **M 1**).

5 Beschreibe die Entwicklung des Welthandels und erkläre, wodurch diese Entwicklung ermöglicht wurde (**M 2**, **M 3**, S. 142 **M 2**).

6 „Entfernungen verlieren an Bedeutung." – Nimm ausführlich Stellung zu dieser Aussage (**M 2**, **M 3**).

7 Erörtere, inwiefern der Welthandel der Motor der Globalisierung ist (**M 1** bis **M 4**).

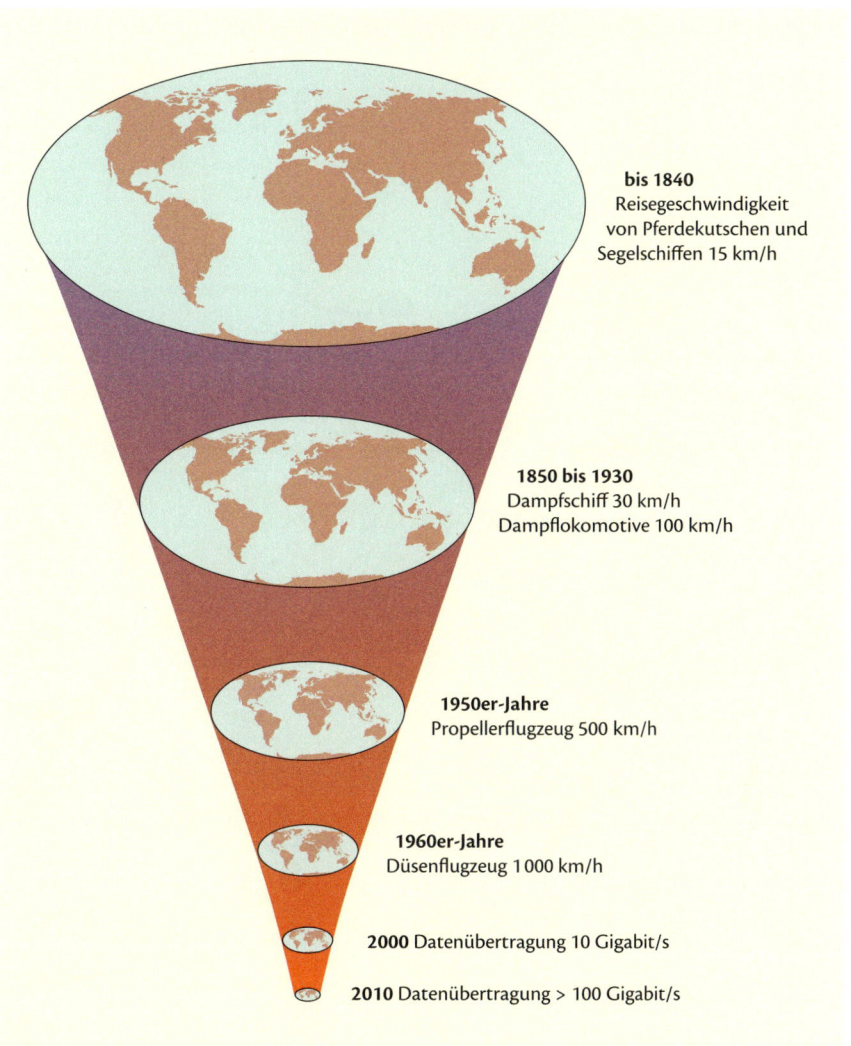

bis 1840
Reisegeschwindigkeit von Pferdekutschen und Segelschiffen 15 km/h

1850 bis 1930
Dampfschiff 30 km/h
Dampflokomotive 100 km/h

1950er-Jahre
Propellerflugzeug 500 km/h

1960er-Jahre
Düsenflugzeug 1 000 km/h

2000 Datenübertragung 10 Gigabit/s

2010 Datenübertragung > 100 Gigabit/s

M 3 *Die Welt rückt zusammen*

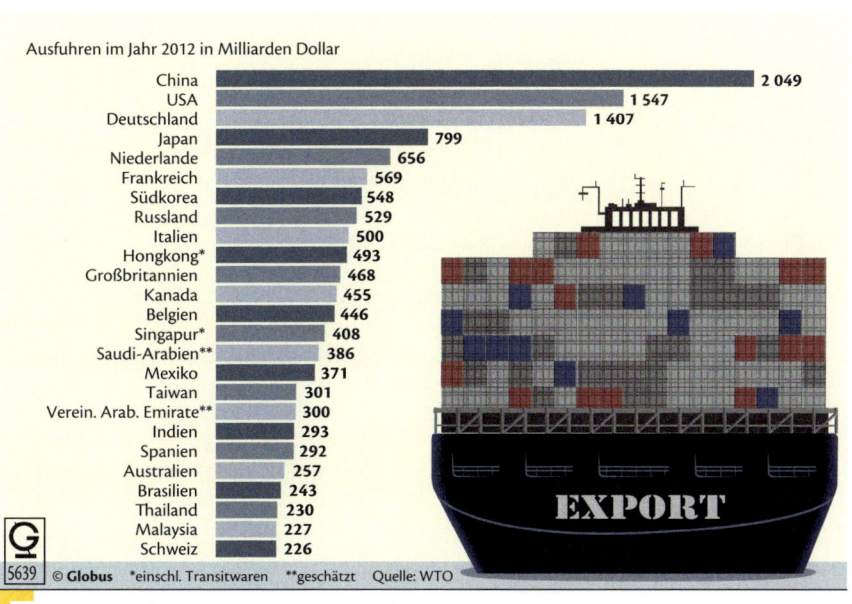

Ausfuhren im Jahr 2012 in Milliarden Dollar

China	2 049
USA	1 547
Deutschland	1 407
Japan	799
Niederlande	656
Frankreich	569
Südkorea	548
Russland	529
Italien	500
Hongkong*	493
Großbritannien	468
Kanada	455
Belgien	446
Singapur*	408
Saudi-Arabien**	386
Mexiko	371
Taiwan	301
Verein. Arab. Emirate**	300
Indien	293
Spanien	292
Australien	257
Brasilien	243
Thailand	230
Malaysia	227
Schweiz	226

5639 © **Globus** *einschl. Transitwaren **geschätzt Quelle: WTO

EXPORT

M 4 *Die größten Exporteure der Welt*

WEBCODE: UE644339-141

Hauptwege des Welthandels

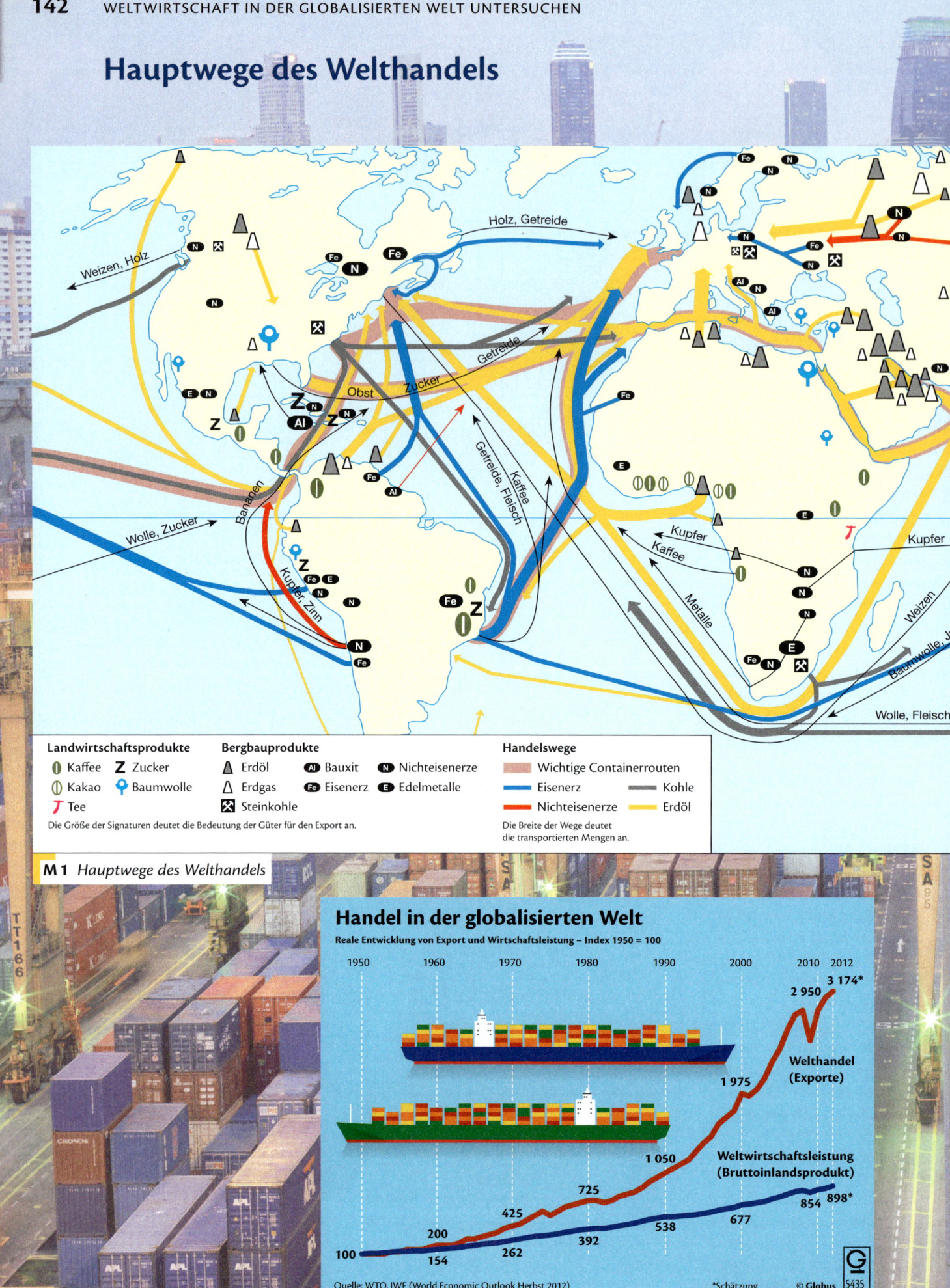

Landwirtschaftsprodukte
- 🌿 Kaffee **Z** Zucker
- 🌿 Kakao 🔵 Baumwolle
- 𝒯 Tee

Bergbauprodukte
- 🔺 Erdöl **Al** Bauxit **N** Nichteisenerze
- 🔺 Erdgas **Fe** Eisenerz **E** Edelmetalle
- ⚒ Steinkohle

Handelswege
- Wichtige Containerrouten
- Eisenerz
- Nichteisenerze
- Kohle
- Erdöl

Die Größe der Signaturen deutet die Bedeutung der Güter für den Export an.

Die Breite der Wege deutet die transportierten Mengen an.

M 1 *Hauptwege des Welthandels*

Handel in der globalisierten Welt

Reale Entwicklung von Export und Wirtschaftsleistung – Index 1950 = 100

| 1950 | 1960 | 1970 | 1980 | 1990 | 2000 | 2010 | 2012 |

3 174*
2 950

Welthandel (Exporte)

1 975
1 050

Weltwirtschaftsleistung (Bruttoinlandsprodukt)

725
425
200
154   262   392   538   677   854   898*
100

Quelle: WTO, IWF (World Economic Outlook Herbst 2012)

*Schätzung   © Globus 5435

M 2 *Exporte und Weltwirtschaftsleistung (1950–2012)*

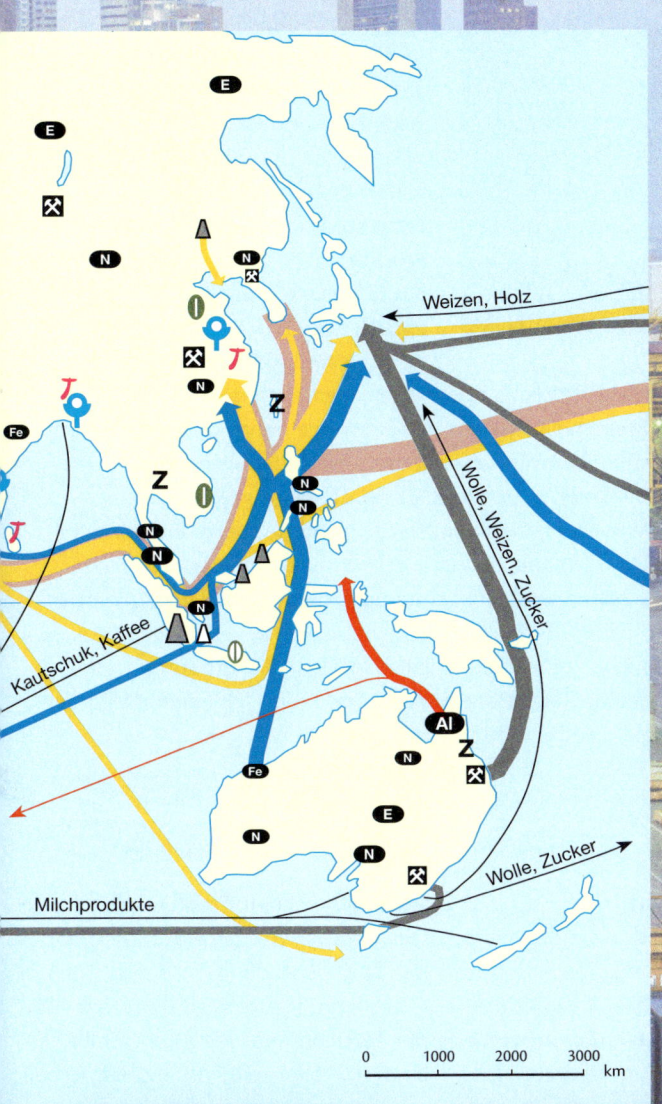

Die größten Containerhäfen im Jahr 2011	
Schanghai, China	31,5
Singapur	29,9
Hongkong, China	24,4
Shenzhen, China	22,6
Pusan, Korea	16,2
Ningpo, China	14,7
Kanton, China	14,4
Tsingtau, China	13,0
Dubai, Ver. Arab. Emirate	13
Rotterdam, Niederlande	11,9
Tientsin, China	11,5
Kaohsiung, Taiwan	9,7
Port Kelang, Malaysia	9,6
Hamburg, Deutschland	9
Antwerpen, Belgien	8,7
Los Angeles, USA	7,9
Tanjung Pelepas, Malaysia	7,5
Xiamen, China	6,5
Dalian, China	6,4
Long Beach, USA	6,1

Die größten Containerhäfen im Jahr 2011
nach Umschlag
in Millionen Standard-Container TEU

1 TEU = 20-Fuß-Container
Länge: 6,1 m
Breite: 2,4 m
Höhe: 2,6 m

Quelle: Hafen Hamburg

M 4 *Die größten Containerhäfen (2011)*

Container – Transportbehälter der Globalisierung

Vor mehr als 50 Jahren trat der Container seinen Siegeszug als Transportbehälter an. Der amerikanische Transportunternehmer Malcolm McLean soll sich darüber geärgert haben, dass er jedes Teil einzeln von einem Verkehrsmittel auf das andere verladen musste. Deshalb entwickelte er eine Box, in der die Waren verstaut werden konnten. Beim Transport wurde dann nur noch die gesamte Kiste vom Lkw auf die Bahn und das Schiff verladen. Das ersparte viel Zeit und Arbeitskräfte.

Mit Ausnahme der Rohstoffe wie Öl und Eisenerz werden die meisten Güter im Welthandel in Containern transportiert.

M 5 *Container und Globalisierung*

Waren des Welthandels

Exporte im Jahr 2010: **14,9 Billionen Dollar**
darunter in Milliarden Dollar

wiss.-techn. Instrumente 332
Erze, Mineralien 339
Nichteisen-Metalle 339
Eisen und Stahl 421
pharmazeut. Produkte 461
Textilien, Bekleidung 602
Konsumgüter u.a. 879
Halbwaren 941
Chemieprodukte 1 092
Kraftfahrzeuge 1 244
Nahrungsmittel, Agrarprodukte 1 362
EDV, Telekommunikation, Büromaschinen 1 603
Energierohstoffe 2 348
Maschinen, Kraftwerke, Schiffe u.a. 2 388

Quelle: WTO

© Globus 4858

M 3 *Exportgüter im Welthandel (2010)*

Weltreise einer Jeans

Eigentlich bestehe ich ja nur aus ein bis zwei Metern Denimstoff, sechs Nieten, einem Lederetikett, 274 Metern Nähgarn, etwas Futterstoff für die Taschen und einem Reißverschluss. Aber bis ich als fertige Jeanshose im Laden liege, habe ich (oder Teile von mir) bereits eine mehrere Monate lange, weite Reise hinter mir: Meine Geschichte beginnt auf einer Baumwollplantage in Kasachstan. Nach der Ernte wird die Baumwolle, aus der ich einmal werden soll, in die Türkei versandt. Zu Garn gesponnen geht die weite Reise weiter bis nach Taiwan, wo mein Garn in Färbereien die typische indigoblaue Farbe erhält. Nun geht es wieder zurück nach Europa. In Polen wird aus dem blauen Garn der feste Denimstoff gewebt. Mein Stoff reist anschließend weiter nach Frankreich. Dort kommen die nächsten Einzelteile her: das Innenfutter sowie die Schildchen mit den Wasch- und Bügelanleitungen. Wenn alle meine Einzelteile zusammen sind und auch noch das Schnittmuster vorliegt, das

in der Unternehmenszentrale entworfen wird, geht die Reise weiter nach Asien auf die Philippinen. Dort nähen mich in riesigen Sälen viele Näherinnen zu einer modischen Jeans zusammen – für zwei Euro pro Stunde.

Als fertige Hose reise ich abermals zurück nach Europa. Mein erstes Ziel ist Griechenland. Um die typische Jeans-Optik zu bekommen, werde ich dort entweder mit Steinen gewaschen, mit Schmirgelpapier abgerieben oder mit einer dünnen weißen Farbschicht besprüht und im Backofen getrocknet, um waschfest zu werden.

Von Griechenland aus geht die Reise weiter im Lkw nach Deutschland. In der Unternehmenszentrale werde ich schon erwartet. Nachdem ich noch einmal genau kontrolliert worden bin, geht die Reise weiter in die Geschäfte – nicht nur in Deutschland, sondern in ganz Europa. Hier ist meine Reise erst einmal zu Ende – bis ich einen Käufer finde, der dann mit mir weiter auf Reisen geht …

M 1 *Reisetagebuch einer Jeans*

---

check-it
- Reisewege einer Jeans auf einer Weltkarte verorten
- Ursachen und Folgen der internationalen Arbeitsteilung erläutern
- unterschiedliche Produktionsbedingungen beurteilen

Textilien auf Reisen

Die Textil- und Bekleidungsindustrie in den Industrieländern begann schon in den 1960er-Jahren, ihre Produktionsstandorte in Billiglohnländer zu verlagern. So wurde Mittelamerika zur Nähstube der USA, Japan ließ in den südostasiatischen Staaten nähen und westeuropäische Textilunternehmer in den Mittelmeerländern, später auch in Osteuropa. Heute wird der größte Teil der Textilien weltweit in Entwicklungsländern hergestellt, oft in Heimarbeit oder kleinen Hinterhof-Nähstuben.

Zum Nähen von Textilien in Massenproduktion benötigt man nur gering qualifizierte Arbeitskräfte. Deshalb wurde dieser Produktionsschritt als Erstes in Entwicklungsländer verlagert. Der Designentwurf, die Materialveredelung sowie die Endkontrolle und Lagerhaltung verblieben in den Unternehmenszentralen in den Industriestaaten. Erst in jüngster Zeit werden in Entwicklungs- und Schwellenländern zunehmend auch Qualitätsprodukte erzeugt und somit weitere Produktionsschritte dorthin verlagert.

Produktionsbedingungen in Entwicklungsländern

Modefirmen und Bekleidungshäuser lassen ihre Kleidungsstücke bevorzugt in Entwicklungsländern herstellen, da dort die Produktionskosten wesentlich

---

Von wegen tote Hose!

Im Jahr 2008 importierte Deutschland 141,5 Millionen Jeans
für insgesamt 1,4 Milliarden Euro aus dem Ausland

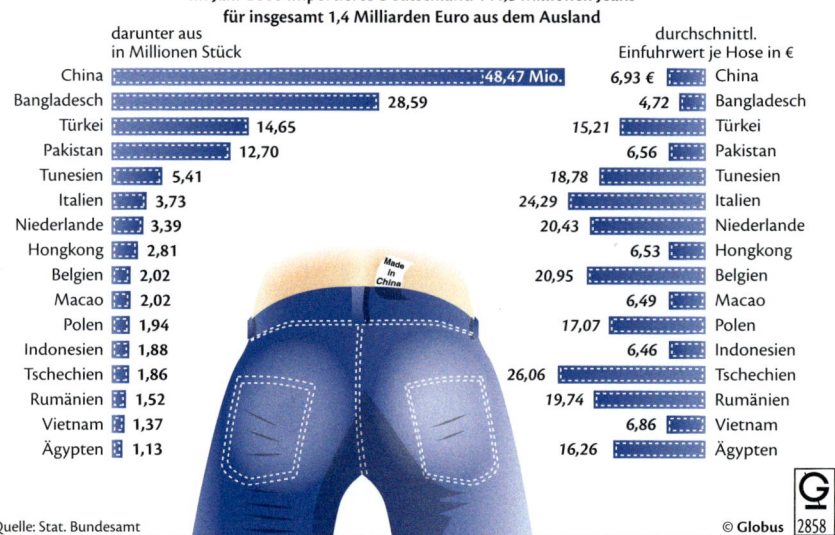

darunter aus in Millionen Stück		durchschnittl. Einfuhrwert je Hose in €
China	148,47 Mio.	6,93 € China
Bangladesch	28,59	4,72 Bangladesch
Türkei	14,65	15,21 Türkei
Pakistan	12,70	6,56 Pakistan
Tunesien	5,41	18,78 Tunesien
Italien	3,73	24,29 Italien
Niederlande	3,39	20,43 Niederlande
Hongkong	2,81	6,53 Hongkong
Belgien	2,02	20,95 Belgien
Macao	2,02	6,49 Macao
Polen	1,94	17,07 Polen
Indonesien	1,88	6,46 Indonesien
Tschechien	1,86	26,06 Tschechien
Rumänien	1,52	19,74 Rumänien
Vietnam	1,37	6,86 Vietnam
Ägypten	1,13	16,26 Ägypten

Quelle: Stat. Bundesamt

© Globus 2858

M 2 *Jeansimporte nach Deutschland (2008)*

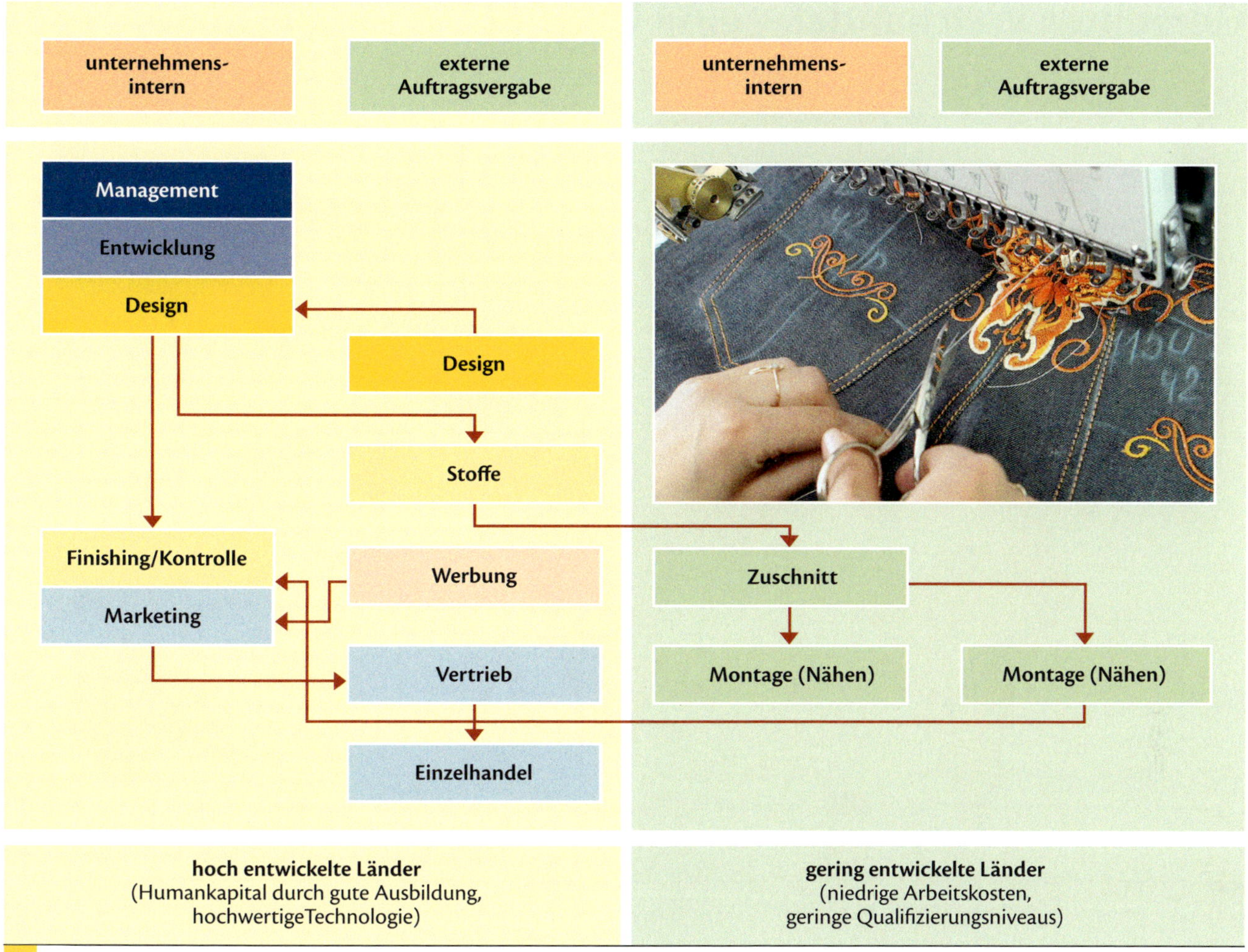

unternehmens-intern	externe Auftragsvergabe	unternehmens-intern	externe Auftragsvergabe

Management			
Entwicklung			
Design	→	Design	
		Stoffe	
Finishing/Kontrolle	Werbung	Zuschnitt	
Marketing		Montage (Nähen)	Montage (Nähen)
	Vertrieb		
	Einzelhandel		

hoch entwickelte Länder (Humankapital durch gute Ausbildung, hochwertigeTechnologie)	gering entwickelte Länder (niedrige Arbeitskosten, geringe Qualifizierungsniveaus)

M 3 *Internationale Arbeitsteilung in der Textilindustrie*

niedriger sind als in den Industriestaaten. Doch für diese niedrigen Produktionskosten zahlen die Arbeitskräfte oft einen hohen Preis:

- sehr lange Arbeitszeiten (60 Stunden und mehr pro Woche) bei sehr niedrigen Löhnen,
- unzureichende oder fehlende soziale Absicherung,
- Unfallgefahr und Gesundheitsschäden durch mangelhafte Sicherheitsvorschriften,
- Umwelt- und Gesundheitsschäden durch fehlende staatliche Auflagen,
- Kinderarbeit.

M 4 *Textilfabrik in China*

1 Zeichne in eine Weltkarte die Reisewege der Jeans ein (**M 1**).

2 Erkläre, warum die Produktion von Textilien hauptsächlich in Entwicklungs- und Schwellenländern stattfindet (**M 1** bis **M 3**).

3 Erläutere, welche positiven und negativen Auswirkungen die internationale Arbeitsteilung für Industrie- und Entwicklungsländer hat (**M 1** bis **M 4**).

4 Beurteile die Produktionsbedingungen in der Textilindustrie der Entwicklungs- und Schwellenländer (**M 2** bis **M 4**).

WEBCODE: UE644339-145

Gerechter Welthandel – eine Utopie?

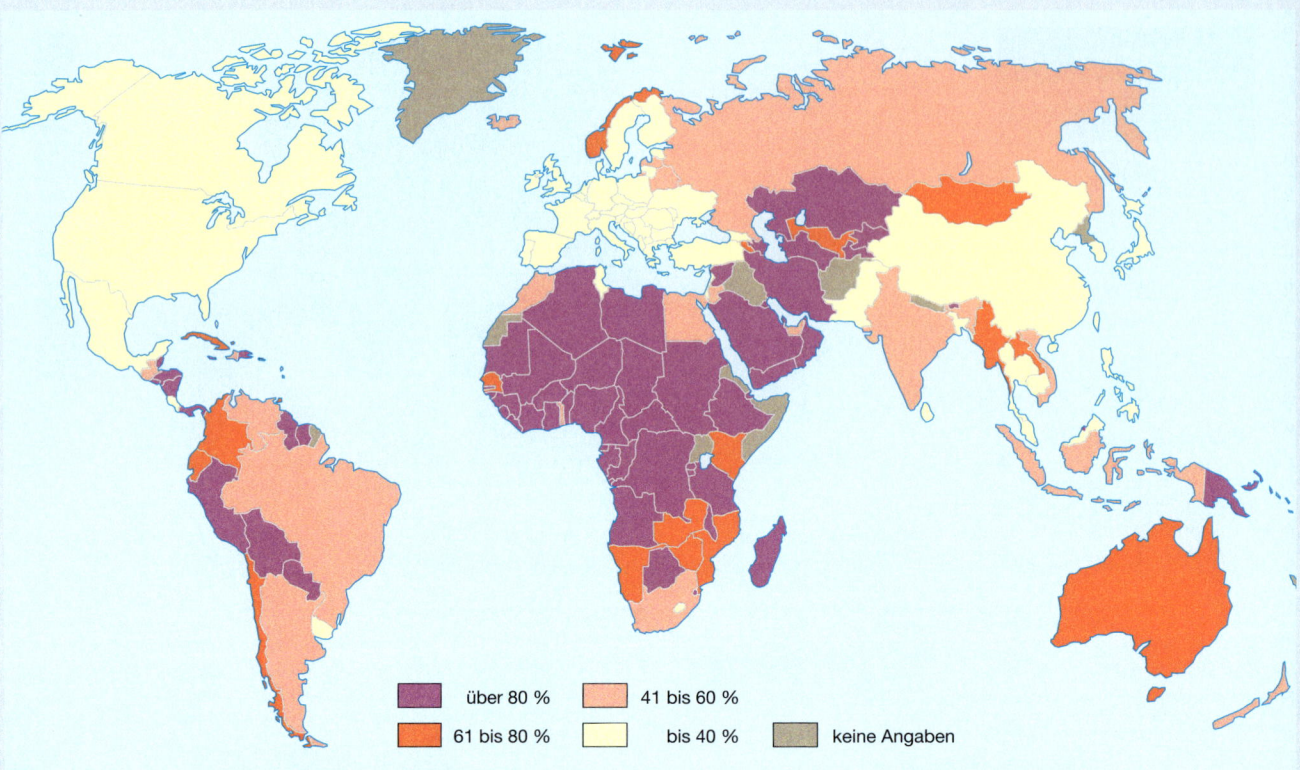

über 80 %	41 bis 60 %	
61 bis 80 %	bis 40 %	keine Angaben

M 1 *Rohstoffexporte in Prozent des Gesamtexports (2007)*

check-it
- geographische Lage der Staaten mit besonders hohem Anteil an Rohstoffexporten beschreiben
- Entwicklung der Rohstoffpreise erläutern
- Auswirkungen schwankender Rohstoffpreise für rohstoffexportierende Länder analysieren
- Chancen einer veränderten Wirtschaftsordnung beurteilen

Export ist nicht gleich Export

Jedes Land der Erde ist darauf angewiesen, Rohstoffe und Fertigprodukte aus dem Ausland zu beziehen. Die Einfuhren sollen möglichst mit dem Geld bezahlt werden, das man mit Exporten oder Dienstleistungen – zum Beispiel dem Tourismus – verdient.

Obwohl 80 Prozent der Bevölkerung in Entwicklungs- und Schwellenländern wohnen, kommt nur etwa ein Drittel der Exporte von dort. Besonders benachteiligt sind die am wenigsten entwickelten Länder, immerhin 49 Staaten, auf die 2007 nur 0,9 Prozent der weltweiten Exporte entfielen.

Zahlreiche Entwicklungsländer exportieren überwiegend Rohstoffe, um ihre Fertigproduktimporte wie Maschinen, Anlagen oder Fahrzeuge aus den Industriestaaten bezahlen zu können. Wird der Wert der Exportgüter (Rohstoffe) mit dem Wert der Importprodukte (Industriegüter) zu Weltmarktpreisen verglichen, so erhält man die **Terms of Trade.** Obwohl auch die Preise für Rohstoffe seit einigen Jahren steigen, verschlechtert sich das Austauschverhältnis für viele Entwicklungsländer. Sie erhalten für die gleiche Menge an exportierten Rohstoffen immer weniger Industriegüter wie Maschinen oder Fahrzeuge, die sie zur Modernisierung der Wirtschaft benötigen, um auf dem Weltmarkt besser konkurrenzfähig zu werden.

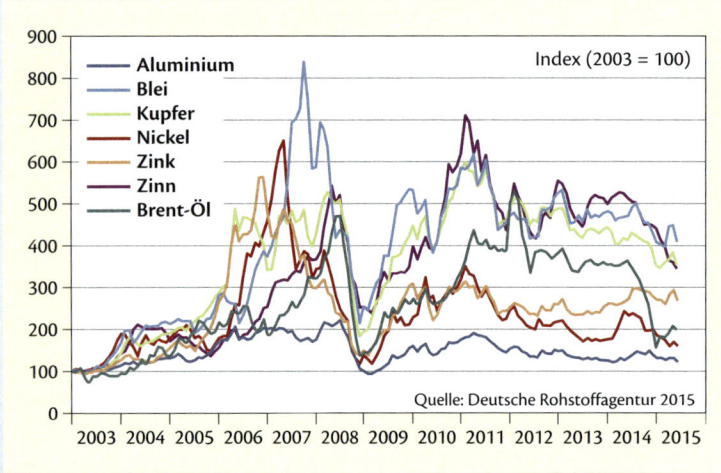

M 2 *Rohstoffpreisentwicklung an den Warenbörsen (2003 bis 2015)*

Gerechter Welthandel – aber wie?

Die Abhängigkeit von den Rohstoffexporten hat vor allem für Entwicklungsländer mit überwiegend landwirtschaftlicher Produktion schwerwiegende Nachteile. Die Preise für Industriegüter sind höher als die für Rohstoffe. Wegen der starken Preisschwankungen für Rohstoffe sind finanzielle Planungen schwierig. Sinken die Rohstoffpreise, so müssen überwiegend vom Export abhängige Länder Schulden machen. Viele Entwicklungs- und auch Schwellenländer sind gegenüber ausländischen Regierungen und Banken so hoch verschuldet, dass eine Rückzahlung dieser Gelder praktisch unmöglich ist. Die hohen Schulden behindern die Entwicklung in den betroffenen Ländern, da zum Beispiel für das Bildungs- und Gesundheitswesen kein Geld vorhanden ist.

In jüngster Zeit haben deshalb die führenden Industriestaaten der Erde beschlossen, den ärmsten Entwicklungsländern ihre Schulden ganz oder zum Teil zu erlassen, wenn diese sich verpflichten, die eingesparten Gelder für die Entwicklung des Landes zu verwenden.

Nach Ansicht der Welthandelsorganisation (WTO) wird nur ein freier Welthandel zu mehr Gerechtigkeit führen. Der Abbau von **Subventionen** und **Zollschranken** in den Industriestaaten würde den Entwicklungsländern den ungehinderten Zugang zu den Absatzmärkten ermöglichen. Gleichzeitig müsste aber die Exportstruktur der Rohstoff exportierenden Länder sich so verändern, dass mehr Halbfertig- und Fertigprodukte exportiert werden – zum Beispiel durch den Aufbau eigener Industrien. ▮

M 3 *Welthandelsorganisation – Regeln für den Welthandel*

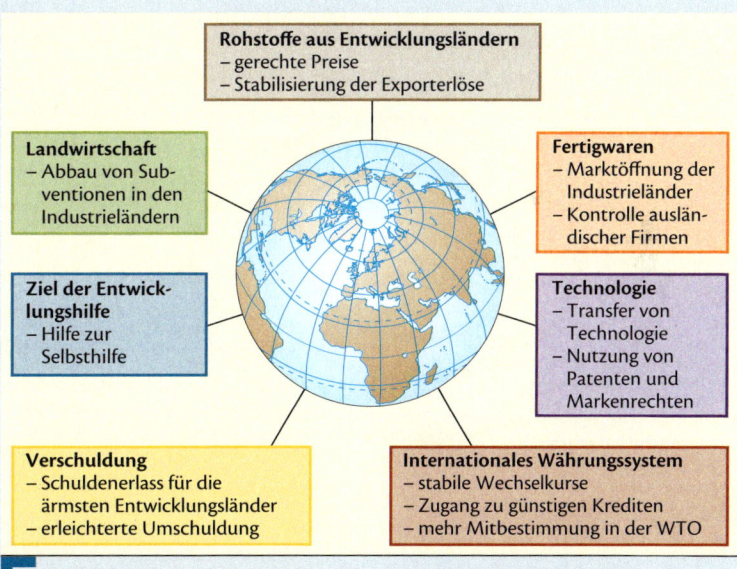

M 4 *Vorschläge für eine veränderte Weltwirtschaftsordnung*

1 Beschreibe die geographische Lage der Staaten, deren Rohstoffanteil am Export über 60 Prozent liegt, und erkläre, warum Norwegen als einziges europäisches Land zu dieser Gruppe gehört (**M 1**, S. 142 **M 1**, Karte S. 220).

2 Erläutere die Entwicklung der Rohstoffpreise und benenne die Länder, für die sich die Terms of Trade besonders ungünstig entwickelt haben (**M 2**).

3 Bildet Gruppen und wählt je eines der überwiegend Rohstoffe exportierenden Länder aus. Analysiert anhand eures Länderbeispiels die Auswirkungen schwankender Rohstoffpreise auf die Wirtschaft des Landes (**M 1**, **M 2**, Webcode).

4 Werte die Karikatur aus, indem du erläuterst, welche Aufgaben die Welthandelsorganisation hat (**M 3**, *Karikaturen auswerten*).

5 Nimm Stellung zu den Vorschlägen für eine veränderte Weltwirtschaftsordnung und beurteile die Chancen für ihre Umsetzung (**M 4**).

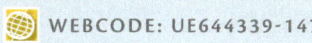 WEBCODE: UE644339-147

Wir erstellen ein Wirkungsgefüge

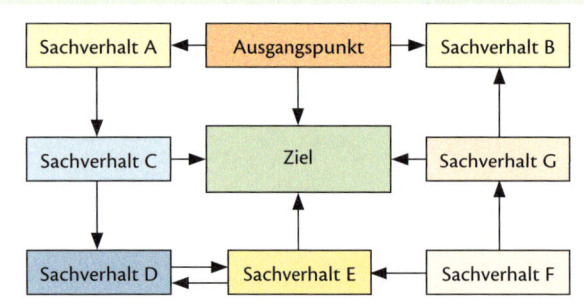

M 1 *Aufbau eines Fließschemas/Fließdiagramms*

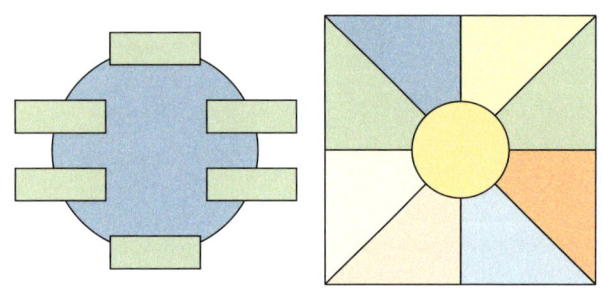

M 2 *Kreis- und Sektorendiagramm*

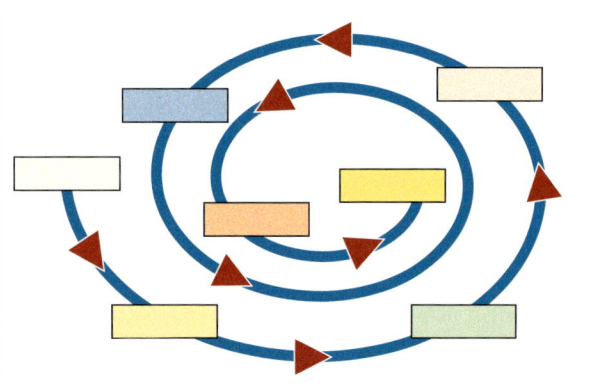

M 3 *Spiraldiagramm*

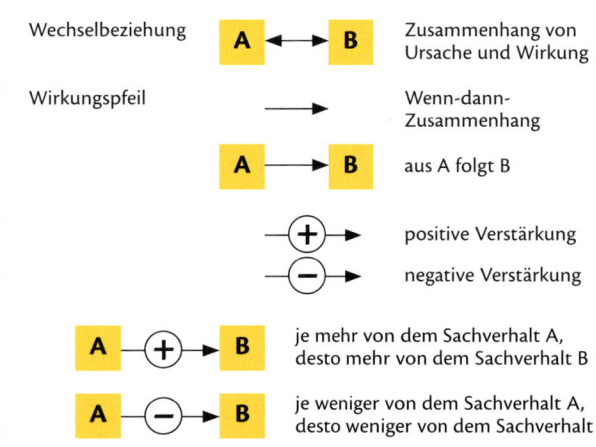

M 4 *Pfeildiagramme*

Oft sind in Texten nicht alle Sachverhalte und Zusammenhänge auf den ersten Blick zu erkennen. Das gilt besonders, wenn viele Faktoren ineinandergreifen oder der Zusammenhang von Ursachen und Auswirkungen dargestellt wird. Dann ist es hilfreich, komplexe Sachverhalte in eine schnell nachvollziehbare Abfolge zu bringen und die Verflechtungen anschaulich darzustellen. Hierfür eignet sich ein Strukturdiagramm oder ein Wirkungsgefüge am besten. Manchmal werden auch die Begriffe „Fließschema" oder „Fließdiagramm" verwendet.

Checkliste zum Erstellen eines Wirkungsgefüges

1. Lies den Text durch. Markiere die Schlüsselwörter oder schreibe sie auf ein Extrablatt.
   Beschränke dich bei der Auswahl auf wenige Schlüsselwörter.
2. Fasse die Schlüsselwörter zu Sachverhalten zusammen.
3. Überlege, ob ein Fließdiagramm mit Ausgangspunkt und Ziel, ein Kreislauf oder eine andere Darstellungsart für dein Thema am besten geeignet ist.
4. Entscheide dich für eine Darstellungsart.
5. Setze die Sachverhalte in Kästchen. Ordne zusammengehörende Erscheinungen immer benachbart an. Fülle die Kästchen je nach ihrer Bedeutung mit unterschiedlichen Farben.
6. Überlege, in welchem Verhältnis die einzelnen Sachverhalte zueinander stehen.
7. Verbinde die Kästchen mit Pfeilen, um die Zusammenhänge darzustellen.
   Verwende unterschiedlich starke und/oder farbige Pfeile sowie + oder – zur Verstärkung der Aussage.
   Schreibe zur Verdeutlichung kurze Erläuterungen an die Pfeile.
8. Füge am Ende ein Kästchen ein, in dem du das Ergebnis kurz zusammenfasst.

Tipps für die Präsentation

a) Erstellen einer Overheadfolie „per Hand"
- Präsentiere nicht gleich ein fertiges Wirkungsgefüge.
- Lege die Kästchen für die Sachverhalte groß genug an, fülle aber nicht gleich alle Kästchen aus.
- Schreibe die Inhalte gut leserlich und mit großer Schrift.
- Verbinde während deines Vortrages die Kästchen mit Pfeilen. Verwende für die Pfeile ein Lineal.

b) Erstellen mit dem Computer
   Mit einem Grafikprogramm oder einer Präsentationssoftware wie PowerPoint kannst du leicht ein Wirkungsgefüge erstellen. Wenn du mit Word arbeitest, findest du unter „Einfügen Schematische Darstellungen" eine Diagrammsammlung. Außerdem kannst du unter „Einfügen → Grafik → Auto-Formen" Pfeile und Fließdiagramme aufrufen.

Industrie in asiatischen Schwellenländern

Die Schwellenländer verdanken ihren fortgeschrittenen Entwicklungsstand hauptsächlich ihrer erfolgreichen Industrialisierungspolitik. Meist begannen sie ihre Industrialisierung auf der Basis arbeitsintensiver Exportindustrien, anfangs mithilfe ausländischen Kapitals. Inzwischen treten sie teilweise selbst als Investoren in anderen Ländern auf. Hierzu zählen z. B. Malaysia, Thailand. [...]

Einige Schwellenländer werden von internationalen Organisationen [...] zu den Industriestaaten gezählt: Singapur, Hongkong, Taiwan, Südkorea. [...]

Den „alten", insbesondere den europäischen Industrieländern ist durch die Schwellenländer auf dem Weltmarkt eine starke Konkurrenz erwachsen, insbesondere bei Massengütern und Produkten, die mit ausgereifter Technologie durch angelernte Arbeitskräfte in großen Serien hergestellt werden können (z. B. Textilien, [...] Schuhe, Elektrogeräte, Spielzeug, elektronische Bauteile).

Investoren in die Industrie der Schwellenländer sind vielfach Unternehmer aus den traditionellen Industriestaaten, immer stärker aber auch Angehörige der kapitalkräftigen Oberschichten der betreffenden Länder selbst.

2008/2009 konnten fast alle Schwellenländer ihren industriellen Aufbau mit hohen Wachstumsraten [...] fortsetzen.

(Quelle: Der Fischer Weltalmanach 2010, S. 707, Autor: Mario von Baratta, gekürzt; Markierungen nicht im Original)

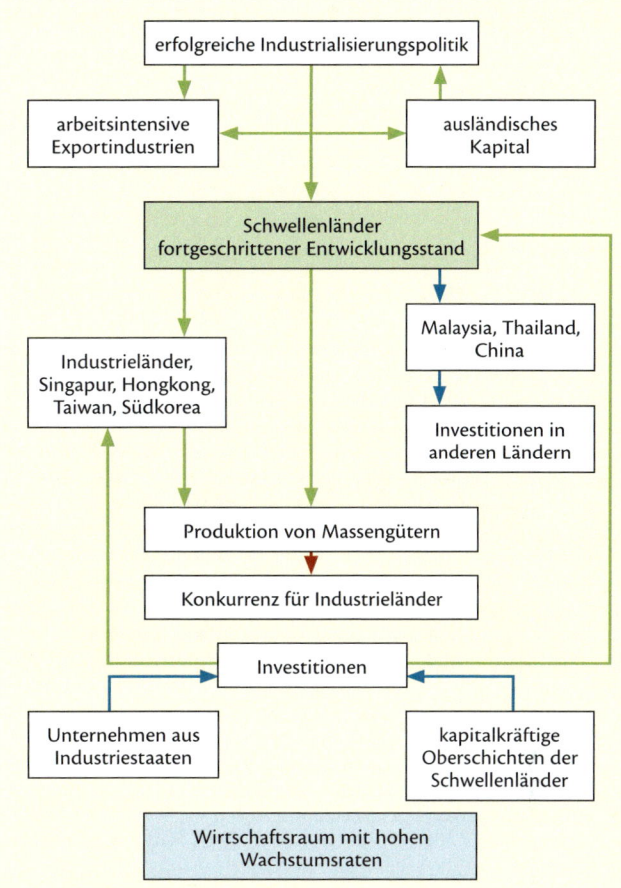

M 5 *Beispiel für die Umsetzung eines Textes in ein Wirkungsgefüge*

Die Verlagerung arbeitsintensiver Produktionsprozesse ist nur eine der Auswirkungen der Globalisierung. Bereits seit den 1980er-Jahren verlagern Großunternehmen ihre Produktion oder Teile davon nach Asien. Auch einige mittelständische Unternehmen sind dorthin gegangen. Besonders häufig verlagern die Elektroindustrie, der Fahrzeugbau und die Textilindustrie.

Das Hauptmotiv für eine geplante oder tatsächliche Produktionsverlagerung sind die hohen Arbeitskosten am Standort des Unternehmens. Als weiteren Verlagerungsgrund geben die Unternehmen zu hohe Steuern und Abgaben an.

Viele Unternehmen, die im internationalen Wettbewerb stehen, können die hohen Kosten nicht mehr verkraften. Sie sind andererseits daran interessiert, den Heimatmarkt weiterhin zu beliefern und komplette Produkte für den Weltmarkt kostengünstig herzustellen. China und Indien dagegen werben mit niedrigen Lohnkosten. Sie räumen Steuervorteile ein, wie andere asiatische Länder auch, und geben staatliche Zuschüsse.

Deshalb ist zum Beispiel China als Produktionsstandort für arbeitsintensive Erzeugnisse sehr attraktiv. Aber bei den Rohstoffpreisen liegt es wegen der hohen Nachfrage zum Teil schon über den weltweit üblichen Preisen. Auch die Transportkosten steigen rasch.

Unternehmen, die sich mit dem Gedanken der Fertigung in Asien tragen, stehen vor vielen Problemen. Die Entscheidung für oder gegen eine Verlagerung wird nicht allein durch die Kosten der Produktionsfaktoren wie Personal, Material und Kapital bestimmt. Die Suche nach dem richtigen Standort ist auch gekoppelt an eine gut ausgebaute Infrastruktur und leistungsfähige Lieferanten. Außerdem muss bedacht werden, ob nur Produkte eingekauft, eigene Fabriken aufgebaut oder Beteiligungen an vorhandenen Unternehmen erworben werden sollen.

Den Chancen bei einer Verlagerung stehen jedoch Risiken gegenüber. Oft sind es Qualitätsprobleme, hohe Zusatzkosten oder Lieferengpässe. Ferner können politische Entwicklungen, aber auch Korruption, soziale Spannungen und der Diebstahl von Know-how die Produktion beeinträchtigen. Zudem wird es immer schwieriger, gut ausgebildete Manager mit Sprach-, Markt- und Branchenkenntnissen zu finden. Der Weg nach Asien kann folglich teuer werden.

M 6 *Produktionsverlagerung nach Asien*

---

1 Erstelle ein Wirkungsgefüge zum Thema „Produktionsverlagerung nach Asien" (**M 6**).

 WEBCODE: UE644339-149

Singapur – internationales Handels- und Finanzzentrum

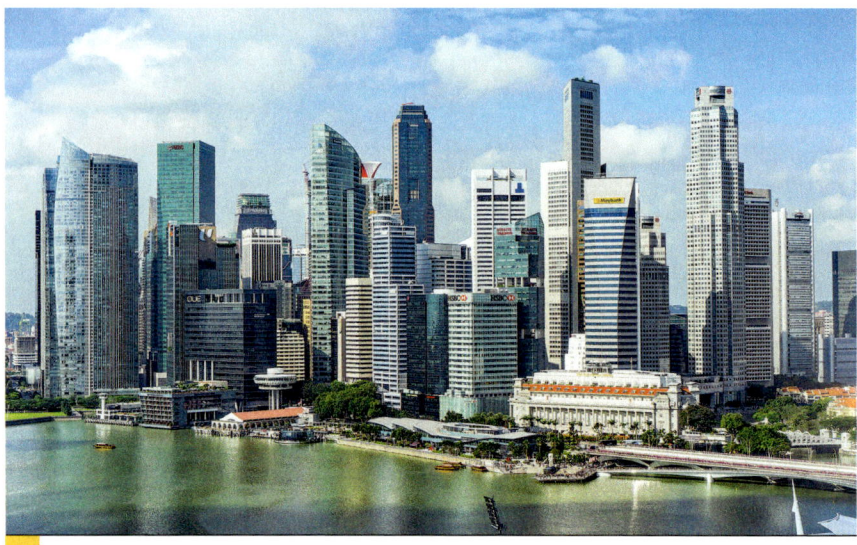

M 1 *Der Business-District von Singapur*

check-it
- Lage des Stadtstaates beschreiben
- wirtschaftliche Entwicklung erläutern
- Bedeutung Singapurs als Finanz- und Handelszentrum beurteilen
- Grenzen des Wachstums erörtern

Globales Wirtschaftszentrum

Singapur hat sich, seit es 1965 zu einem unabhängigen Stadtstaat wurde, zu einem bedeutenden internationalen Finanz- und Handelszentrum entwickelt. Nach der Unabhängigkeit von Großbritannien hatte man internationale Firmen und Investoren durch sehr niedrige Löhne angelockt. Sie produzierten zunächst Textilien, später auch elektronische Geräte für den Export. In den 1980er-Jahren erhöhte die Singapurer Regierung die Löhne drastisch. Dadurch erreichte man, dass sich nur noch Firmen niederließen, die hochwertige Produkte zum Beispiel der Elektronik- und Biotechnologie-Branche herstellen. Singapur bemüht sich darum, durch die verstärkte Nutzung von Wissenschaft und Hochtechnologie seinen Spitzenplatz in der Weltwirtschaft zu bewahren. Die Förderung der Bildung und Forschung nimmt mittlerweile eine zentrale Rolle ein. So stehen in Singapur hoch spezialisierte Fachkräfte im Bereich der Zukunftstechnologien wie Biotechnologie, Gentechnik und Computertechnologie zur Verfügung.

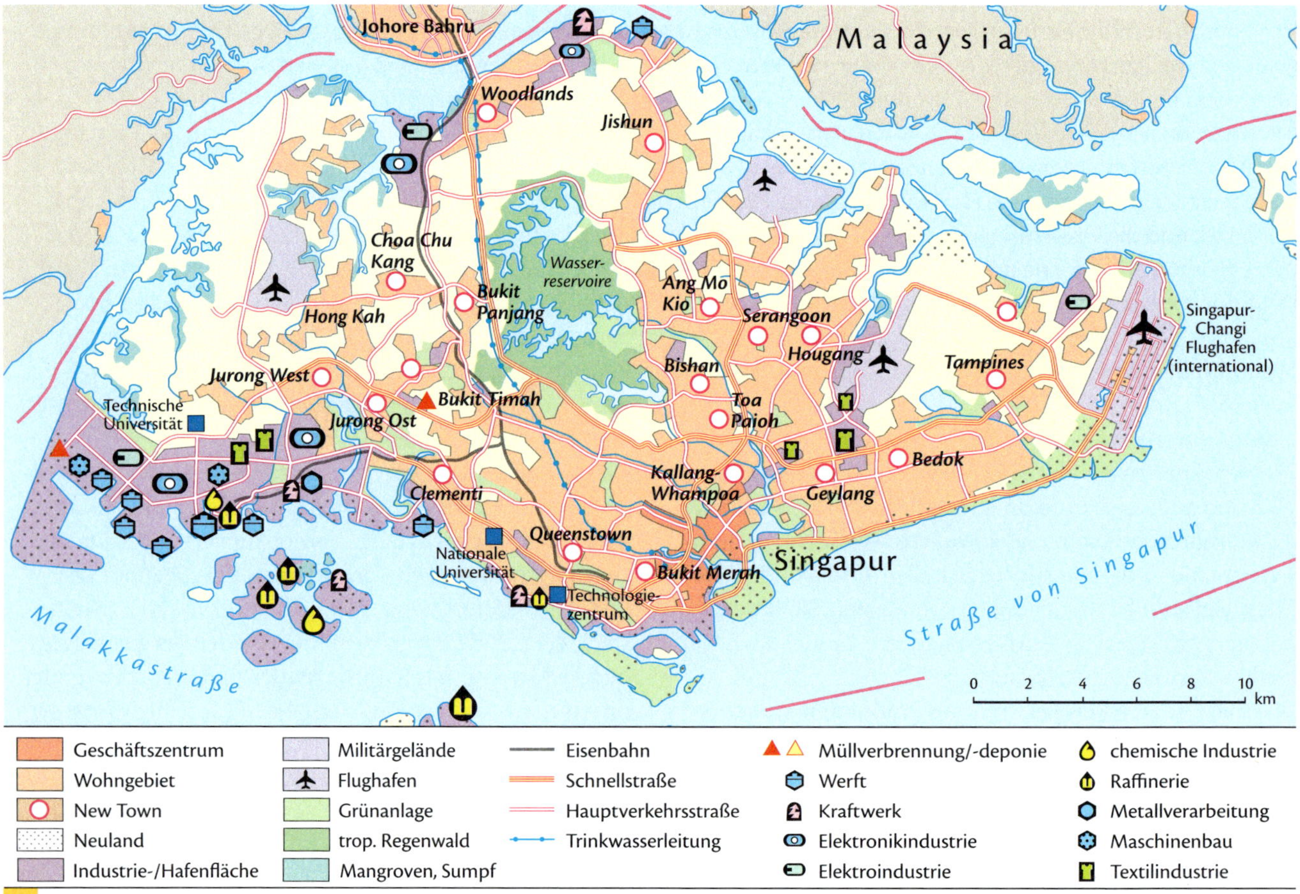
Johore Bahru
Malaysia
Woodlands
Jishun
Choa Chu Kang
Wasser-reservoire
Bukit Panjang
Ang Mo Kio
Serangoon
Hong Kah
Hougang
Bishan
Tampines
Singapur-Changi Flughafen (international)
Jurong West
Bukit Timah
Toa Payoh
Technische Universität
Jurong Ost
Kallang-Whampoa
Bedok
Geylang
Clementi
Queenstown
Nationale Universität
Bukit Merah
Singapur
Technologie-zentrum
Straße von Singapur
Malakkastraße
0 2 4 6 8 10 km
Geschäftszentrum
Wohngebiet
New Town
Neuland
Industrie-/Hafenfläche
Militärgelände
Flughafen
Grünanlage
trop. Regenwald
Mangroven, Sumpf
Eisenbahn
Schnellstraße
Hauptverkehrsstraße
Trinkwasserleitung
Müllverbrennung/-deponie
Werft
Kraftwerk
Elektronikindustrie
Elektroindustrie
chemische Industrie
Raffinerie
Metallverarbeitung
Maschinenbau
Textilindustrie

M 2 *Der Stadtstaat Singapur*

M 3 *Der Containerhafen von Singapur*

Internationaler Finanzplatz

Singapur ist, gemessen an der Zahl der vertretenen Banken, einer der größten Finanzplätze der Welt. Neben Banken, Versicherungen und anderen Finanzdienstleistern spielt auch die Singapurer Börse eine wichtige Rolle vor allem für den südostasiatischen Raum. Da Singapur geographisch günstig zwischen den Zeitzonen der wichtigen Industrieregionen Japan, Europa und den USA liegt, können von hier aus Geschäfte rund um die Uhr betrieben werden.

Größter Containerhafen der Welt

Der Hafen Singapurs liegt sehr günstig an einer der Hauptrouten des internationalen Schiffsverkehrs. Täglich durchqueren rund 2000 Schiffe die Malakka-Straße, die den Indischen mit dem Pazifischen Ozean verbindet. Der Hafen war schon während der britischen Kolonialherrschaft ein wichtiger Knotenpunkt des Welthandels zwischen Asien, Europa und den USA.

Heute ist der Singapurer Hafen der größte Containerhafen der Welt. Daneben ist er ein wichtiger Umschlagplatz für Mineralölprodukte. Täglich stauen sich vor Singapur lange Reihen von Containerschiffen, die auf die Einfahrt in den Hafen warten. Pro Jahr fahren mehr als 130 000 Schiffe aus über 100 Ländern den Hafen an.

1 Beschreibe die geographische Lage Singapurs (**M 2**, Karten S. 135 unten und 213).

2 Erläutere die wirtschaftliche Entwicklung Singapurs (**M 4**, **M 5**).

3 Beurteile die Lage Singapurs als internationaler Handelsplatz (**M 1** bis **M 3**, S. 142/143 **M 1** und **M 4**, Karte S. 135 unten).

4 Erörtere, welche Probleme bei weiterem Wachstum auf Singapur zukommen könnten (**M 2**, **M 6**).

5 Singapur – globales Zentrum und größter Containerhafen der Erde. Bewerte die Bedeutung des Containers für die Entwicklung Singapurs und des Welthandels (**M 3**, S. 143 **M 4** und **M 5**).

Jahr	Bevölkerung (in Mio.)
1970	2,075
1980	2,414
1990	3,047
2000	4,078
2009	4,990
2012	5,312

M 6 *Bevölkerungsentwicklung Singapurs (1970–2012)*

WEBCODE: UE644339-151

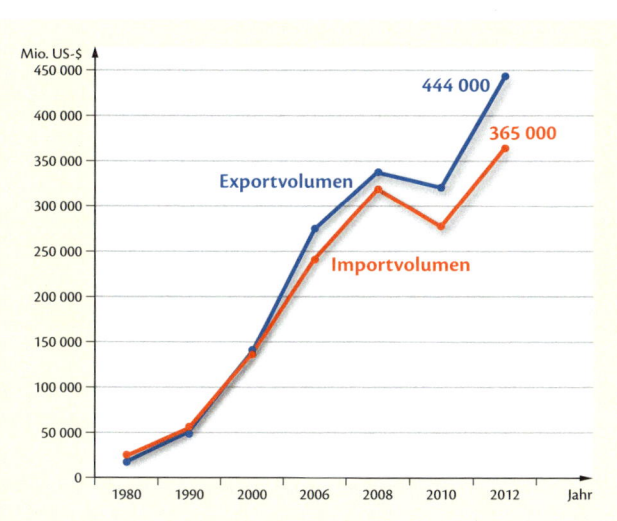

M 4 *Entwicklung des Import- und Exportvolumens Singapurs*

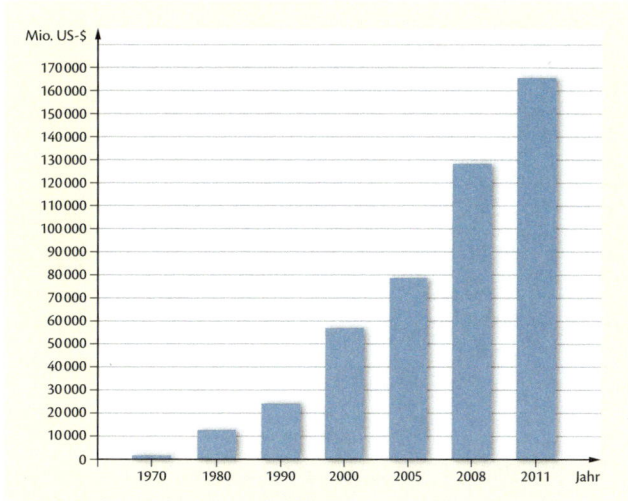

M 5 *Entwicklung des Dienstleistungssektors in Singapur*

Computer und Internet erobern die Welt

M 1 *Mitarbeiter einer Internet-Firma im Silicon Valley*

check-it _____

- geographische Lage des Silicon Valley beschreiben
- Entwicklung des Silicon Valley als Hightech-Standort erläutern
- Bedeutung des Internets für die Globalisierung erklären
- weltweiten Zugang zum Internet bewerten

Silicon Valley – Geburtsort des Computers

In Kalifornien, etwa 30 Kilometer südlich von San Francisco, beginnt das Silicon Valley. Es wurde nach dem Rohstoff Silizium (engl.: *silicon*) benannt, dem Grundstoff für die Mikrochipherstellung.

1939 gründeten zwei Studenten der Stanford-Universität im Silicon Valley die Firma Hewlett-Packard, die heute eine der größten Computerfirmen der Welt ist. Weitere Firmen der Hightech-Branche folgten. 1951 wurde auf dem Gelände der Stanford-Universität ein Gewerbepark errichtet, sodass eine sehr enge Zusammenarbeit zwischen Unternehmen und Forschungseinrichtungen möglich wurde. Auf diese Weise entstanden einige der größten Computerunternehmen der Welt. Das Gebiet, das den Spitznamen „Silicon Valley" bekam, entwickelte sich zu einem der am schnellsten wachsenden Industriegebiete der USA und zu einem weltweiten Zentrum der Computerindustrie. Von dort aus eroberten der Computer und das Internet die Welt.

Das Internet – weltweit verbunden

In den 1960er-Jahren ließ das amerikanische Verteidigungsministerium nach einem Kommunikationsmittel forschen, das selbst durch einen Atombombenangriff nicht ausgeschaltet werden konnte. So entstand 1973 das Internet, ein dezentrales weltweites Netzwerk voneinander unabhängiger Computer. Im Prinzip kann in diesem Netzwerk jeder Computer mit jedem anderen kommunizieren.

Das Internet nutzte man zunächst nur für wissenschaftliche und militärische Zwecke. Für private Haushalte und Firmen ist es erst zugänglich, seit 1989 in Genf das World Wide Web (WWW) entwickelt wurde, das die Orientierung im Netz vereinfacht. Seitdem steigt die Zahl der Internetnutzer weltweit von Jahr zu Jahr an (2012 2,4 Mrd.).

Das Internet – globale Information und Kommunikation

Eine enge wirtschaftliche Verflechtung von Regionen, Staaten und Kontinenten ist nur möglich, wenn man schnell, einfach und relativ preiswert miteinander kommunizieren kann. Ideale Voraussetzungen hierfür bietet das Internet. Es ermöglicht, dass Menschen

Kartenlegende (M 2)

- Siedlungsfläche
- Forschungsuniversität
- Internationaler Flughafen
- Flughafen
- Hafen

0   10   20 km

Berkeley · CONTRA COSTA COUNTY · Oakland · San Francisco · San Francisco Bay · Livermore · SAN JOAQUIN COUNTY · ALAMEDA COUNTY · Palo Alto · Milpitas · Mountain View · Los Altos · Los Altos Hills · Sunnyvale · Sta. Clara · San Jose · SANTA · DIABLO RANGE · STANISLAUS COUNTY · SAN MATEO COUNTY · Cupertino · Saratoga · Campbell · Monte Sereno · Los Gatos · CLARA · Coyote Creek · SILICON VALLEY · Morgan Hill · SANTA CRUZ COUNTY · SANTA CRUZ MOUNTAINS · COUNTY · Gilroy · Santa Cruz · Pazifischer Ozean · Monterey Bay · SAN BENITO COUNTY

M 2 *Silicon Valley*

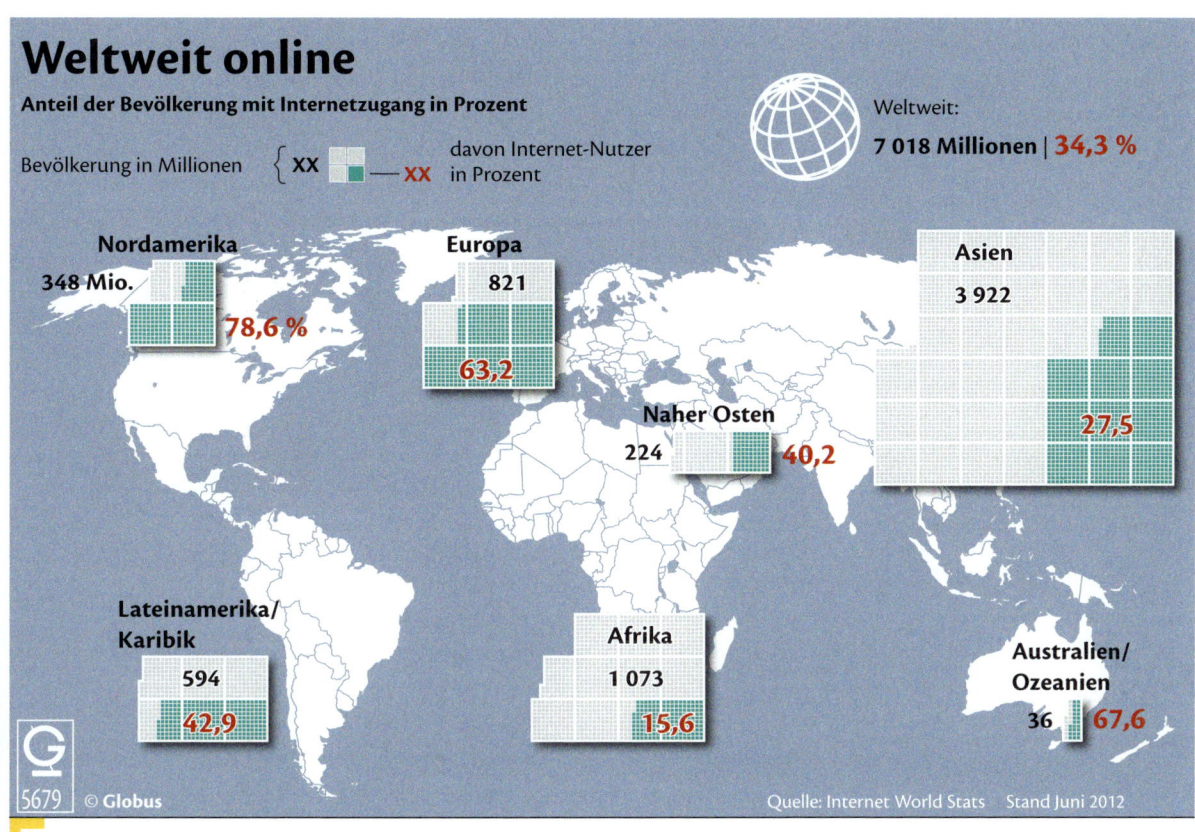

Weltweit online

Anteil der Bevölkerung mit Internetzugang in Prozent

Bevölkerung in Millionen { XX — davon Internet-Nutzer XX in Prozent

Weltweit:
7 018 Millionen | 34,3 %

Nordamerika
348 Mio. — **78,6 %**

Europa
821 — **63,2**

Naher Osten
224 — **40,2**

Asien
3 922 — **27,5**

Lateinamerika/Karibik
594 — **42,9**

Afrika
1 073 — **15,6**

Australien/Ozeanien
36 — **67,6**

5679 © Globus

Quelle: Internet World Stats   Stand Juni 2012

M 3 *Zugang zum Internet weltweit*

überall auf der Welt zur gleichen Zeit die gleichen Informationen zur Verfügung stehen. Geschäftsabschlüsse können ohne lange Postwege durch einen Mausklick in Sekundenschnelle auch auf anderen Kontinenten getätigt werden.

Man spricht deshalb auch vom „Global Village", denn alle Menschen auf der Erde können mithilfe dieser Kommunikationstechnologie so eng zusammenrücken, als würden sie im gleichen Dorf leben. Der Kollege in Indien ist genauso schnell per E-Mail zu erreichen wie der Kollege im Nachbarbüro. Wissenschaftler, Professoren und Studenten können nicht nur die Bibliotheken vor Ort nutzen, sondern sie können weltweit auf Informationen zugreifen – per Mausklick. Viele Menschen, vor allem in den armen Ländern Afrikas und Asiens, sind von der globalen Kommunikation jedoch weitgehend ausgeschlossen. Die Länder verfügen unter anderem nicht über die leistungsstarken Telefonnetze, die für die Internet-Nutzung erforder-

lich sind. Das Internet ist aber eine wichtige Voraussetzung für wirtschaftliches Wachstum.

1 Beschreibe die geographische Lage des Silicon Valley (**M 2,** Karte S. 216/217).

2 Erläutere anhand eines Wirkungsgefüges die Entwicklung des Silicon Valley zum Zentrum der Computerindustrie (**M 1, M 2**).

3 Erkläre an einem Beispiel, welche Rolle das Internet für die Globalisierung spielt (**M 3**).

4 Sortiere die Regionen nach dem Anteil der Bevölkerung mit Internetzugang. Erläutere, welche Regionen kaum Zugang zum Internet haben, und vergleiche mit den Start- und Zielregionen des Welthandels und der Transportrouten (**M 3**, Karten S. 142/143 **M 1** und S. 135 unten).

5 Bewerte anhand deiner Auflistung den weltweiten Zugang zum Internet (**M 3, M 4**).

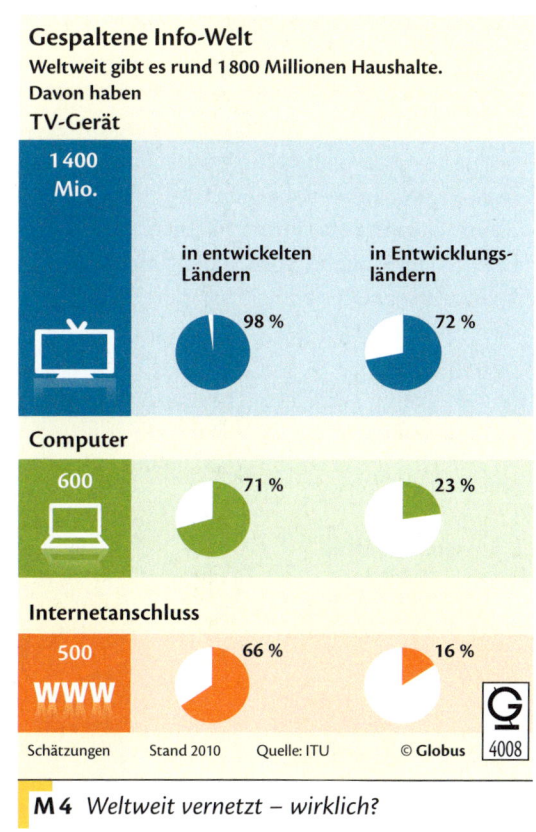

Gespaltene Info-Welt

**Weltweit gibt es rund 1 800 Millionen Haushalte.
Davon haben**

TV-Gerät
1 400 Mio.

	in entwickelten Ländern	in Entwicklungsländern
	98 %	72 %

Computer
600

| | 71 % | 23 % |

Internetanschluss
500 WWW

| | 66 % | 16 % |

Schätzungen   Stand 2010   Quelle: ITU   © Globus   4008

M 4 *Weltweit vernetzt – wirklich?*

WEBCODE: UE644339-153

Global Player – das Beispiel Siemens

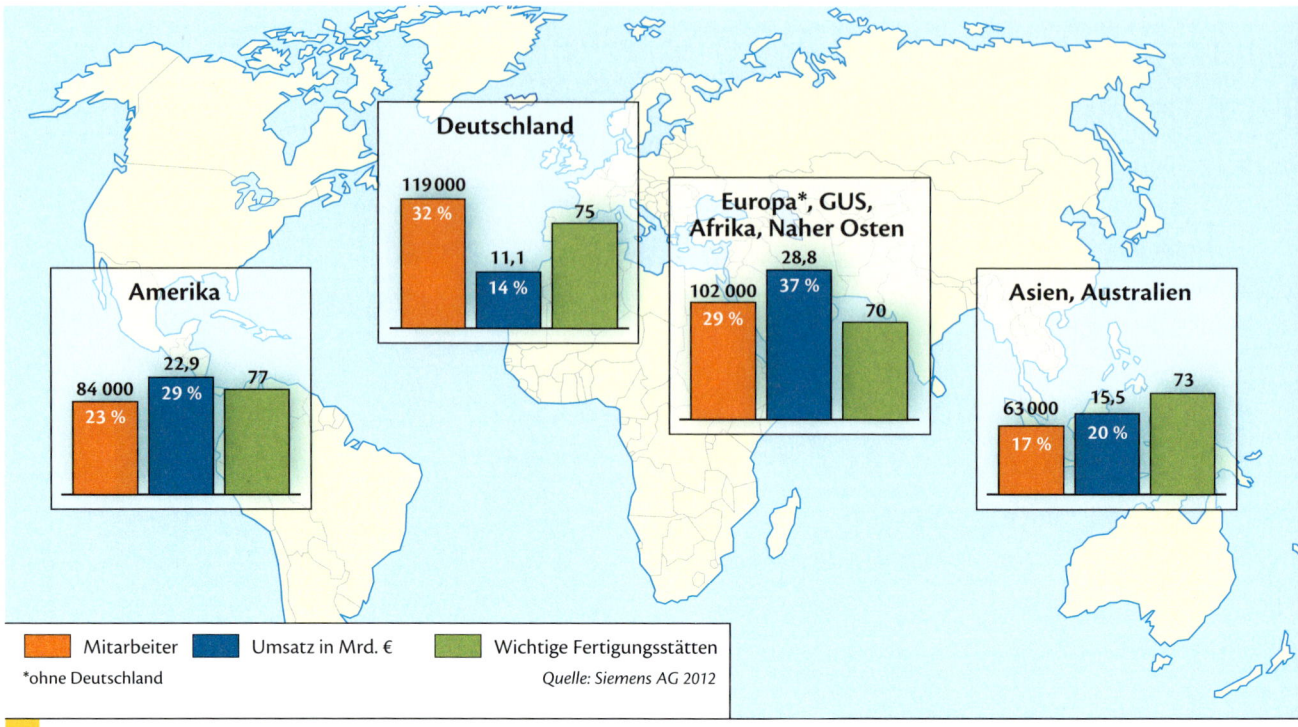

M 1 *Weltweite Standorte der Firma Siemens*

Weltkonzerne (**Global Player**) nehmen nicht nur durch Export und Import an der Weltwirtschaft teil, sondern ihre Betriebe produzieren in verschiedenen Teilen der Welt und sind international verflochten. Die Zahl der multinationalen Unternehmen stieg seit 1980 von 17 000 auf über 70 000 an. Oft sind Unternehmenszusammenschlüsse oder -übernahmen ein Instrument auf dem Weg zum Global Player. Gründet eine Firma ein Tochterunternehmen im Ausland, spricht man von Direktinvestitionen. Daneben gibt es Joint Ventures, das heißt Beteiligungen an ausländischen Unternehmen.

M 2 *Global Player*

check-it _____
- Verteilung der Standorte von Siemens charakterisieren
- Merkmale eines Global Player am Beispiel Siemens erläutern
- Bedeutung der Global Player für die Globalisierung erörtern
- Präsentation eines Global Player erstellen

Siemens – ein deutscher Weltkonzern

Die Firma Siemens, die ihre Firmenzentrale in München und Berlin hat, zählt zu den weltweit größten und traditionsreichsten Firmen der Elektrotechnik und Elektronik. Im Jahr 2013 arbei-

teten etwa 370 000 Mitarbeiter in über 190 Ländern der Erde für Siemens. Schon im 19. Jahrhundert gründete das Unternehmen Niederlassungen in anderen Ländern, trotzdem arbeitet heute noch etwa ein Drittel der Mitarbeiter in Deutschland.

Vom Waren- zum Arbeitsplatzexport

Im Zuge der internationalen Arbeitsteilung ist Siemens zu einem multinationalen Unternehmen geworden.
Neben den günstigeren Produktionskosten in Billiglohnländern veranlasste Siemens auch die Nähe zu ausländi-

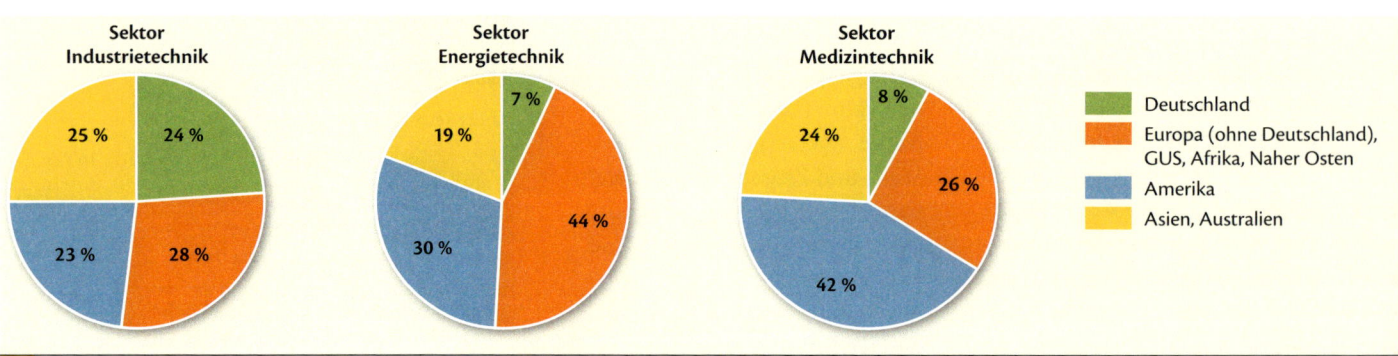

M 3 *Umsatz der Firma Siemens nach Sektoren und Regionen (2012)*

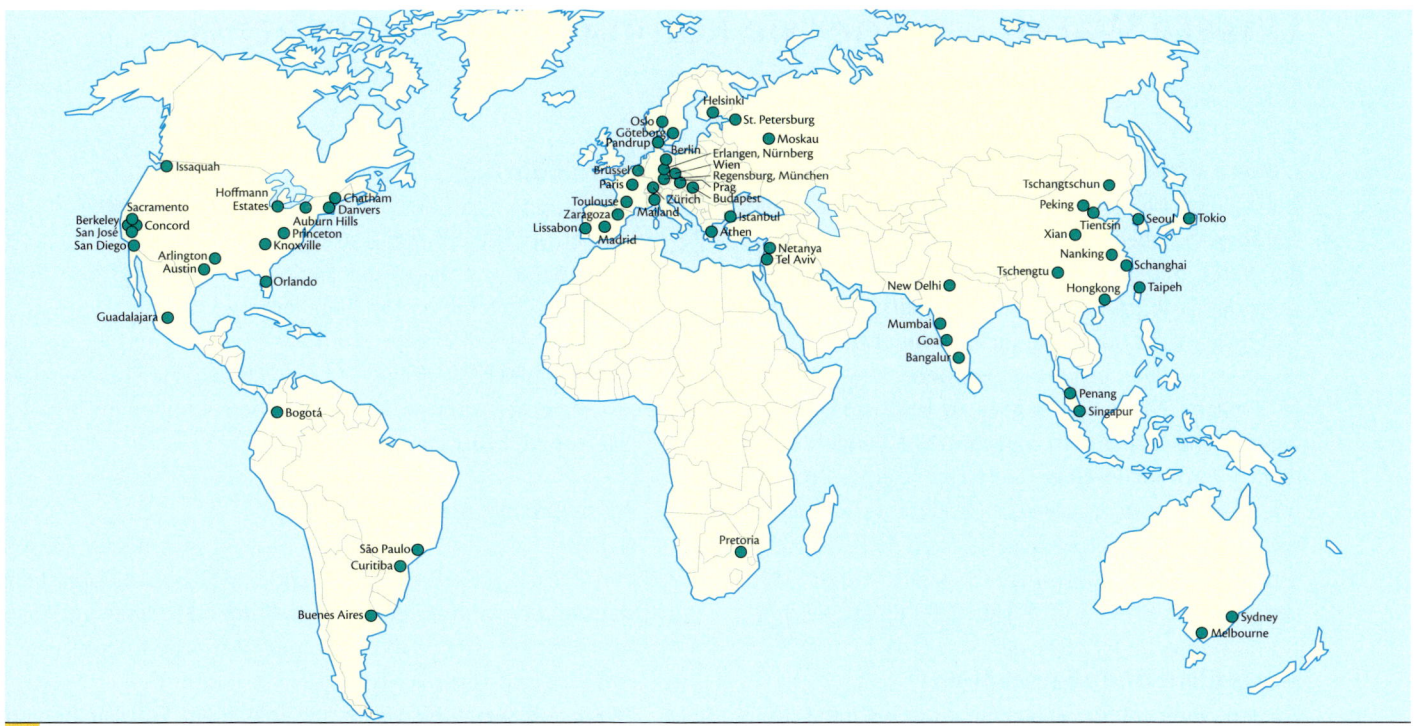

M 4 *Forschungs- und Entwicklungsstandorte von Siemens*

schen Kunden sowie der schnellere Service dazu, Niederlassungen im Ausland zu gründen. Außerdem hat Siemens sich schon früh mit asiatischen oder lateinamerikanischen Firmen zusammengeschlossen, um dort Produkte verkaufen zu können.

Produktionsstätten und Vertriebsniederlassungen in anderen Ländern können ganz gezielt auf die Anforderungen vor Ort eingehen. Es kann zudem kostengünstiger produziert werden, da die Löhne niedriger sind und Transportkosten entfallen.

Während anfangs nur einfache Arbeiten ins Ausland verlagert wurden, unterhält Siemens heute auch Forschungs- und Entwicklungsabteilungen in 30 Ländern der Erde.

Weltkonzerne – Träger der Globalisierung?

Global Player spielen wegen ihrer **Direktinvestitionen** in vielen Ländern eine wichtige Rolle bei der Globalisierung. Sie konzentrieren sich jedoch meist in ausgewählten Zentren von Entwicklungs- und Schwellenländern, wo sie ähnliche Bedingungen vorfinden wie in ihren Herkunftsländern. Da die Entscheidungen der Global Player in den Unternehmenszentralen getroffen werden, gehen diese häufig an den

Bedürfnissen der Menschen in den Zielländern der Direktinvestitionen vorbei. Zudem achten die Global Player nicht immer darauf, dass an allen Standorten Umwelt- und Sozialstandards eingehalten werden. ▌

1 Charakterisiere die Verteilung der Standorte des Siemens-Konzerns weltweit (**M 1, M 3, M 4**).

2 Erläutere am Beispiel Siemens, was man unter einem Global Player versteht (**M 1–M 5**).

3 Erörtere die Bedeutung der Global Player für die Globalisierung. Unterscheide dabei zwischen den Herkunftsländern der Global Player und den Zielgebieten der Direktinvestitionen (**M 1–M 5**).

4 Bildet Gruppen und wählt je einen Weltkonzern aus (z. B. Volkswagen, BASF, Toyota, Microsoft, Adidas, Coca Cola, Sony). Informiert euch im Internet über weltweite Standorte und Produkte und präsentiert eure Ergebnisse auf Wandzeitungen.

🌐 WEBCODE: UE644339-155

M 5 *Produktion von Waschmaschinen in China*

Unsere Waren – woher sie kommen, wohin sie gehen

Unsere Waren – Made in ...?

Ganz gleich, ob wir Bekleidung, Elektronikartikel, Haushaltswaren oder Lebensmittel einkaufen – wir bringen in der Regel Waren mit nach Hause, die in den verschiedensten Ländern der Erde produziert wurden. Selbst Waren deutscher Unternehmen sind häufig nicht mehr „Made in Germany", da sie im Ausland produziert wurden.

Die Angabe „Made in ..." gibt an, in welchem Land die letzten wesentlichen Verarbeitungsschritte durchgeführt wurden. Ist der Verbraucher über die Herkunft eines Produkts informiert, so kann er zum Beispiel Rückschlüsse auf Transportwege oder Herstellungsbedingungen ziehen. Die Kaufentscheidung der Konsumenten kann somit durch die geographische Herkunftsangabe beeinflusst werden.

Ausgedient und abgeschoben

Unsere Waren gehen jedoch nicht nur während der Produktion auf Reisen. Auch mit Altkleidern, Elektronikschrott, Altautos und ausgemusterten Containerschiffen ist in den Entwicklungsländern noch ein gutes Geschäft zu machen.

Vorbereitung der Erkundung

Ihr sollt euch auf Spurensuche und Erkundung begeben, wo die Produkte in den Einkaufsmärkten herkommen und welchen Weg sie nehmen, nachdem sie entsorgt werden.

Bildet dazu zunächst Gruppen. Jede Gruppe wählt ein Thema aus und bearbeitet es. Ihr könnt euch dabei an den in **M 1** genannten Beispielen orientieren.

Durchführung

Die Gruppen, die die Herkunft der Produkte untersuchen, können in Bekleidungsgeschäften, Elektronikmärkten und Supermärkten anhand der Herkunftsangabe auf den Produkten recherchieren, wo diese jeweils produziert wurden. Den Weg der entsorgten Produkte kann man mithilfe der Internetrecherche verfolgen. Aber auch örtliche Entsorgungsunternehmen können Auskunft geben, wohin zum Beispiel Elektronikschrott weiterverkauft wird.

Auswertung und Präsentation

Nachdem die Recherche abgeschlossen ist, müssen die Ergebnisse ausgewertet und den anderen Gruppen vorgestellt werden. Im Rahmen einer Ausstellung oder eines Vortrags könnt ihr sie aber auch der Schule und/oder interessierten Eltern präsentieren.

Bei der Auswertung könnt ihr folgenden Fragestellungen nachgehen:

- In welchen Ländern wird die untersuchte Produktgruppe besonders häufig produziert?
- Vergleicht, ob es Länder gibt, aus denen mehrere Produktgruppen kommen.
- In welchen Ländern beziehungsweise Regionen werden die Produktgruppen hauptsächlich entsorgt?
- Werden sie weiterverarbeitet und unter welchen Bedingungen geschieht dies?
- Berechnet die Länge der Transportwege a) für die neu produzierten und b) für die entsorgten Produkte.
- Verfolgt den Weg eines Produkts vom Rohstoff über die Herstellung und den Gebrauch bis zur Entsorgung. ▌

Herkunft der Waren
- Kleidung (z. B. Jeans, T-Shirts, Schuhe),
- Lebensmittel,
- Elektronikartikel (z. B. MP3-Player, Fernseher, Spielekonsolen, Fotoapparate, Handys).

Entsorgung der Waren
- Textilien,
- Elektronikschrott,
- Fahrzeuge

M 1 *Auf Spurensuche zur Herkunft von Waren*

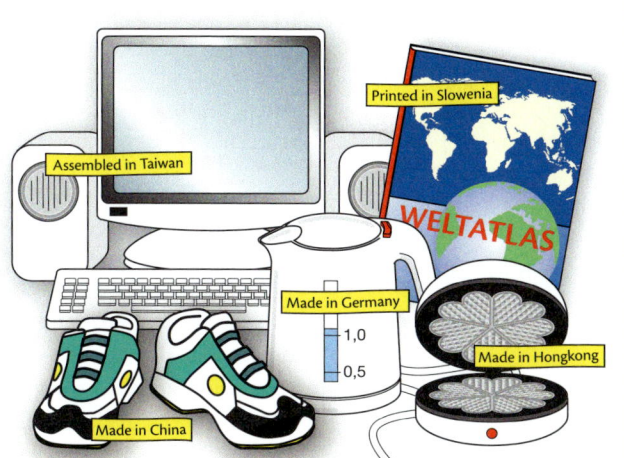

M 2 *Produktionsländer – woher die Waren kommen*

Billig-Konkurrenz von draußen
Prozent der deutschen Einfuhren

█ heute (2004)   █ morgen (2015*)

Schuhe	98 % (kein Wert für 2015)
Fernsehgeräte	77 / 90
Kühlschränke	48 / 80 bis 90
Speicherchips	35 / 60
Sofas	15 / 50
Auto-Lenkräder	2 / 50
Autos	8 / 21
Auslegeware, Teppichrollen	15 / 20
Papier	5 / 15
Kunststoffverpackungen	3 / 12
Autositze	2 / 10

*Prognose   Quelle: BCG   © Globus   9555

M 3 *Anteil importierter Waren an in Deutschland verkauften Produkten (nach Warengruppen, in Prozent)*

Allein in Deutschland landen jedes Jahr über 700 000 Tonnen Kleidung in Altkleider-Containern. Viele dieser entsorgten Kleidungsstücke treten eine weite Reise an.

Gebrauchte Kleidung wird weltweit vermarktet. Die Kleidungsstücke, die noch in einem gut tragbaren Zustand sind, werden in Container verladen und vor allem in die ärmeren Länder Afrikas oder Asiens verschifft, wo sie auf Märkten verkauft werden. Der Handel mit Altkleidern bietet vielen Menschen in der Dritten Welt eine Verdienstmöglichkeit, denn Second-Hand-Kleidung ist sehr begehrt.

M 4 *Altkleider auf Reisen*

Obwohl Gesetze vorschreiben, dass Elektronikschrott dort fachgerecht entsorgt werden muss, wo er entstanden ist, gelangen Tonnen von Computer-Müll nach China, Indien und Afrika. Berge von Elektronikmüll säumen viele Straßen. Die Geräte werden vor allem von Frauen und Jugendlichen zerlegt. Diese verkaufen noch verwertbare Teile wie Kupfer und verbrennen den Rest. So haben sie ein kleines Einkommen – jedoch zu einem hohen Preis. Beim Verbrennen der Elektronikteile werden giftige Stoffe freigesetzt, die die Gesundheit der Menschen, aber auch die Umwelt schwer schädigen.

M 5 *Computerschrott – begehrt, aber gefährlich*

WEBCODE: UE644339-157

Globalisierung – Wohlstand für alle?

M 1 *Global Player – wer gewinnt?*

check-it
- Wirtschaftsräume hinsichtlich ihrer Teilhabe an der Globalisierung analysieren
- regionale Unterschiede erläutern
- Chancen der bisher von der Entwicklung benachteiligten Regionen beurteilen
- Chancen und Gefahren der Globalisierung erörtern
- Kartogramm auswerten

Ungleichmäßige Entwicklung

Die stürmische Zunahme des Welthandels und die immer engere weltweite Verflechtung der Güterherstellung haben in den letzten Jahren zu einem Wachstum der Weltwirtschaft geführt. Es verteilt sich jedoch nicht gleichmäßig auf die Wirtschaftsräume der Erde. Gewinner der Globalisierung sind derzeit die Industriestaaten und einige Länder Ost- und Südostasiens. Dort konzentrieren sich die Firmenzentralen

der Global Player, die Hauptquartiere internationaler Organisationen, internationale Finanzinstitutionen sowie Forschungs- und Bildungseinrichtungen von Weltrang. Unternehmerische Entscheidungen, die global wirksam sind, werden dort getroffen.

Auch in den Industriestaaten wie Deutschland finden durch die Prozesse der Globalisierung Veränderungen statt. In den letzten Jahren ist es zu einer Umstrukturierung der Produktion gekommen, die zum Verlust vieler Arbeitsplätze geführt hat. Zahlreiche Bereiche der industriellen Produktion, aber auch Dienstleistungen wie Callcenter werden in Länder verlagert, die kostengünstiger sind. Die Produktion von Waren, für die niedrig qualifizierte Arbeit ausreicht, wie zum Beispiel die Herstellung von Textilien oder Spielzeug, findet in den westlichen Industriestaaten kaum noch statt. Nur die Produktion technologisch höher entwickelter Produkte kann noch in den Industriestaaten gehalten werden. Das setzt aber voraus, dass die Arbeitskräfte sehr gut ausgebildet und hoch qualifiziert sind.

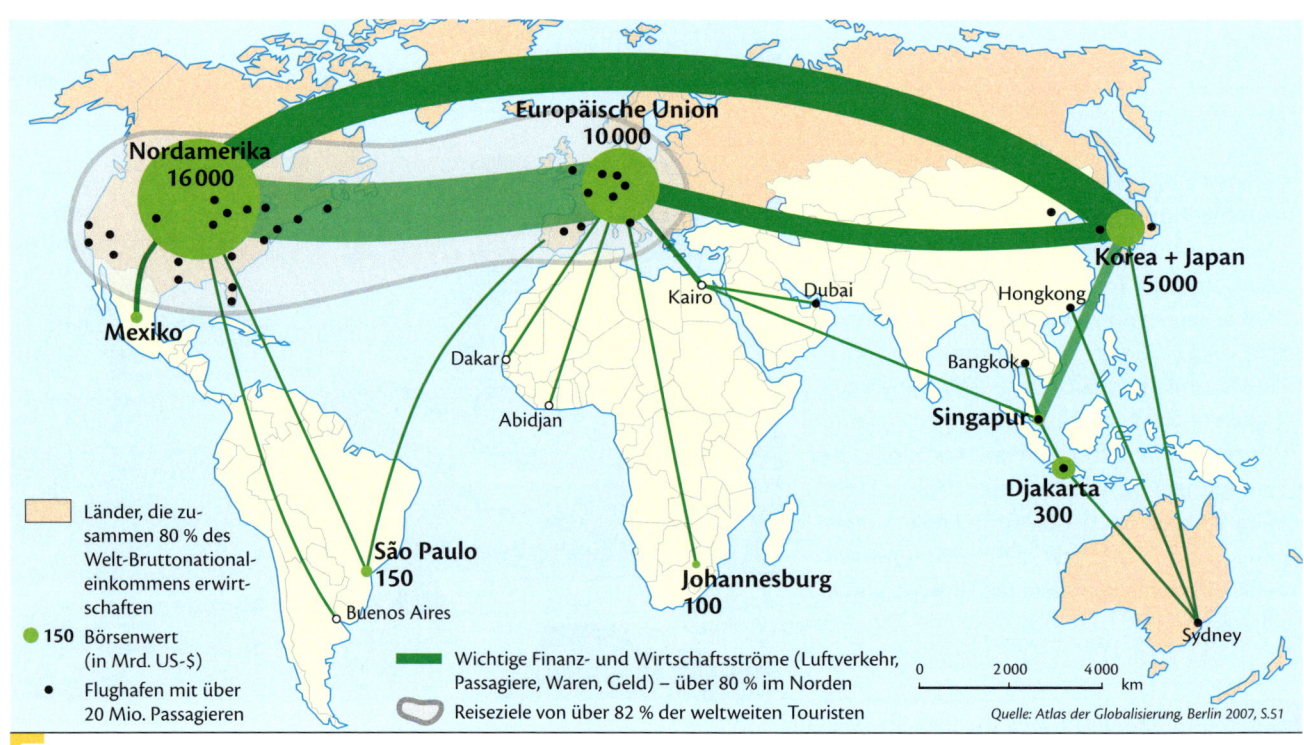

M 2 *Waren-, Finanz- und Touristenströme weltweit (2005)*

Der Süden – Verlierer der Globalisierung?

Die Globalisierung bietet aber auch Chancen für die Entwicklungs- und Schwellenländer. Dort ist das Lohnniveau deutlich niedriger und es steht eine Vielzahl von Arbeitskräften für einfache Produktionsschritte zur Verfügung. Die niedrigen Produktionskosten sind zum Teil auch die Folge völlig unzureichender oder fehlender Arbeitsschutz- und Sozialstandards sowie sehr geringer Umweltschutzauflagen. So gehen die positiven Entwicklungen wie Wirtschaftswachstum und steigender Lebensstandard häufig auf Kosten der Gesundheit der Arbeiterinnen und Arbeiter sowie der Umwelt.

Wer erfolgreich am globalen Handel und der globalen Herstellung von Waren teilhaben will, für den sind Online-Verbindungen und Internet unverzichtbar. In vielen Entwicklungsländern vor allem Schwarzafrikas sowie in ländlichen Regionen Lateinamerikas und Asiens gibt es jedoch kaum Internetanschlüsse, denn es fehlen die technischen Voraussetzungen und eine flächendeckende Stromversorgung. ▪

M 3 *Die weltweite Entwicklung der Produktivität*

1 Analysiere die Kontinente hinsichtlich ihrer Teilhabe an der Globalisierung. Erstelle dazu eine Tabelle (**M 2**, S. 142/143 **M 1**, S. 146 **M 1**, S. 153 **M 3**, S. 135 unten).

2 Werte deine Tabelle aus und erläutere dabei die regionalen Unterschiede.

3 Beurteile die Zukunftschancen der bisher in der Entwicklung benachteiligten Regionen (**M 3, M 4**).

4 Erörtere anhand eines Kontinents, einer Region oder eines Staates die Chancen und Gefahren der Globalisierung. Präsentiere die Ergebnisse der Klasse.

5 Beantworte anhand deiner Ergebnisse begründet die Frage in der Überschrift dieser Doppelseite (**M 1 – M 4**).

WEBCODE: UE644339-159

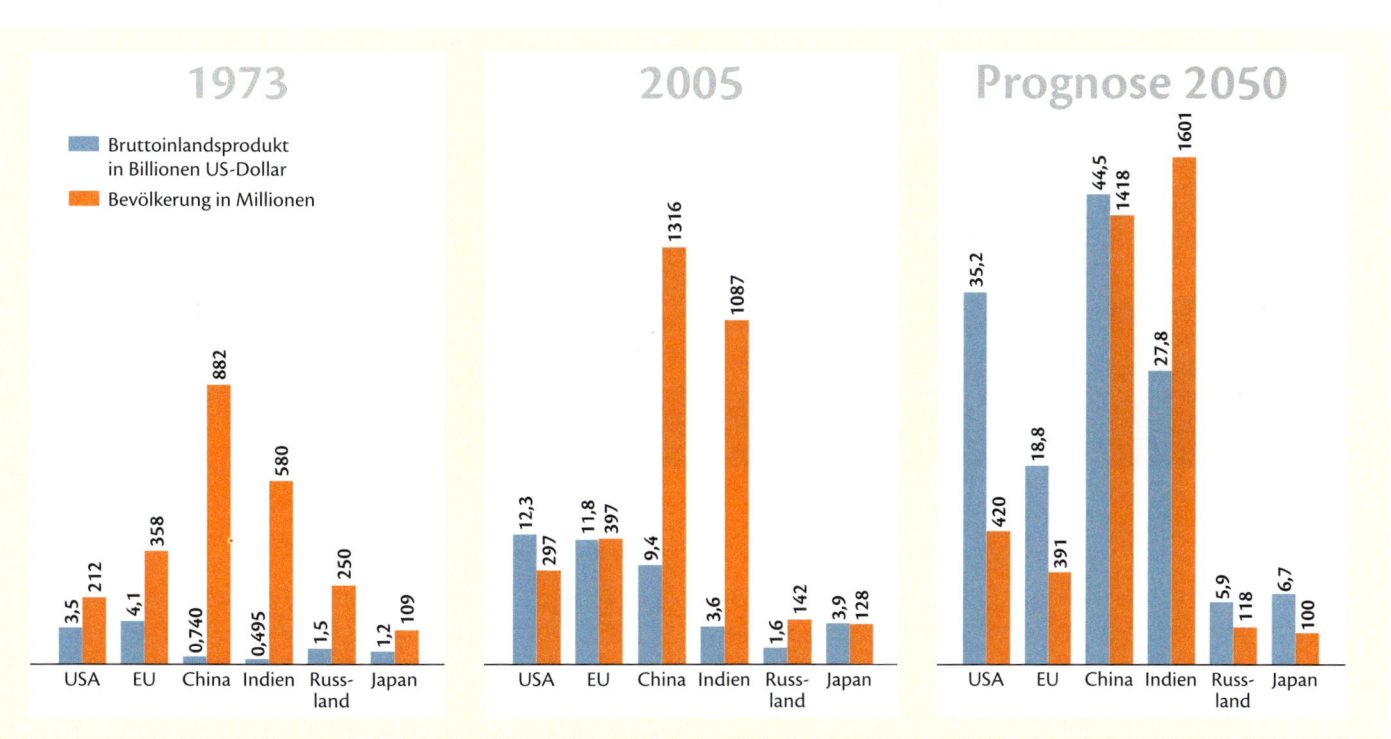

M 4 *Wirtschafts- und Bevölkerungsentwicklung ausgewählter Regionen 1973–2050*

Geo-Check: Weltwirtschaft in der globalisierten Welt untersuchen

Sich orientieren

Dieses Gebiet im Westen der USA verdankt seinen Spitznamen einem Rohstoff, den man für die Herstellung von Computer-Bauteilen verwendet. Dort wurden die ersten Computer zunächst in kleinen Garagenfirmen entwickelt und gebaut und viele der bekanntesten Computer- und Softwareunternehmen haben dort ihren Firmensitz. Das Tal ist einer der bedeutendsten Hightech-Standorte weltweit. Von dort aus eroberten Computer und Internet die Welt und machten die Globalisierung erst möglich.

M 1 *„Geburtsort" von Computer und Internet*

Die über 4,5 Mio. Einwohner des Stadtstaates leben in relativ großem Wohlstand. Durch den wirtschaftlichen Erfolg als Finanz- und Handelszentrum und Umschlagplatz für Waren hat sich die Stadt zu einer Global City mit dem größten Containerhafen der Welt entwickelt. Sie gilt zugleich als die sauberste Stadt der Region, denn strenge Gesetze stellen selbst das Wegwerfen von Kaugummipapier und Zigarettenkippen auf den Straßen unter sehr hohe Strafen.

M 2 *Stadtstaat*

1 Benenne die gesuchten Städte beziehungsweise Regionen und gib an, auf welchem Kontinent sie jeweils liegen (**M 1, M 2**).

2 Wenn du die folgenden Buchstaben aus den Lösungswörtern in die richtige Reihenfolge bringst, erhältst du den Kontinent, von dem aus die meisten Waren auf die Reise gehen:
M 1: 2., 9. und 12. Buchstabe
M 2: 1. und 3. Buchstabe

Erde: Luftdruck und Winde

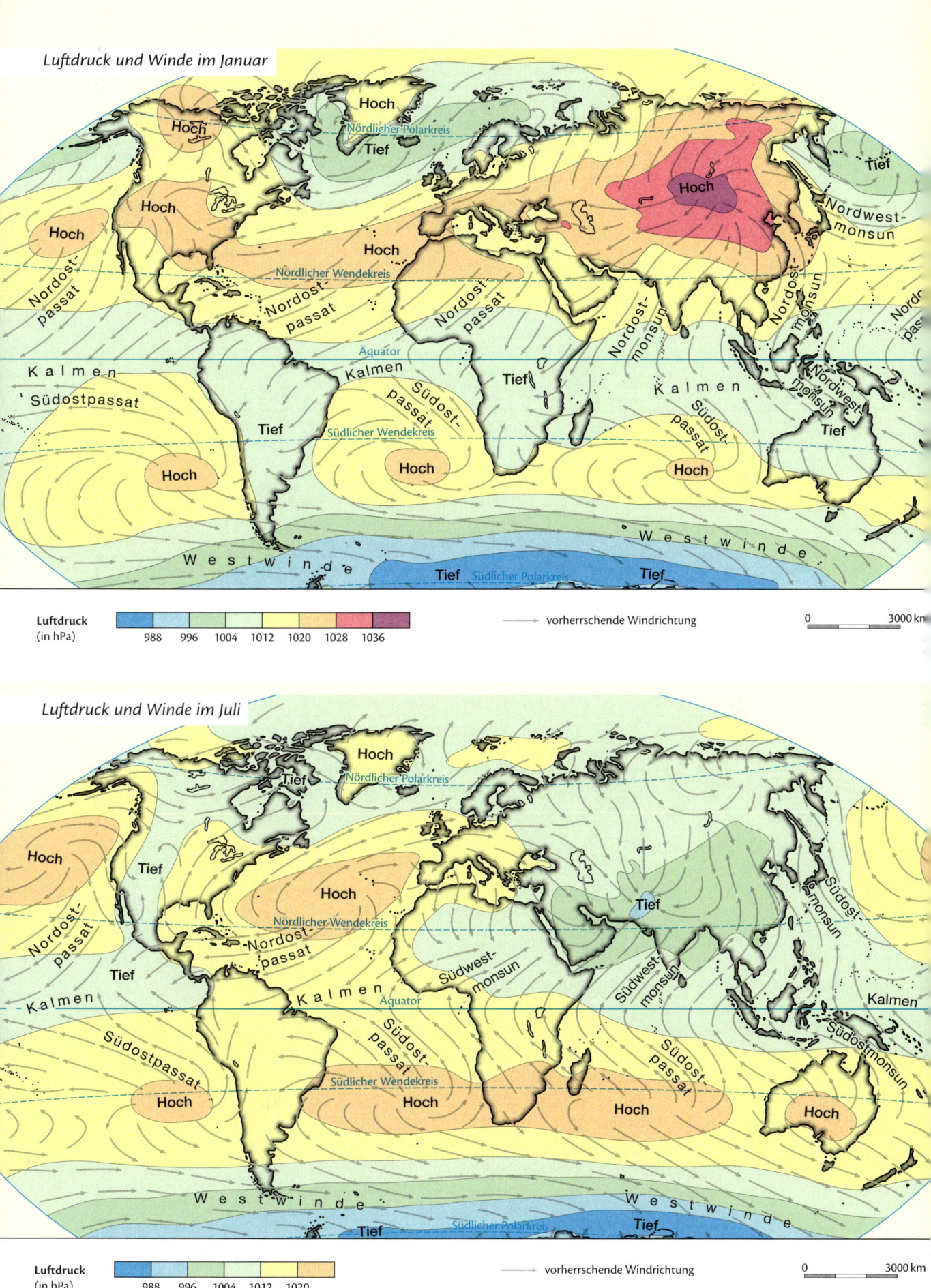

Luftdruck und Winde im Januar

Luftdruck (in hPa)

988 996 1004 1012 1020 1028 1036

→ vorherrschende Windrichtung

0 ____ 3000 km

Luftdruck und Winde im Juli

Luftdruck (in hPa)

988 996 1004 1012 1020

→ vorherrschende Windrichtung

0 ____ 3000 km

Sich verständigen, beurteilen und handeln

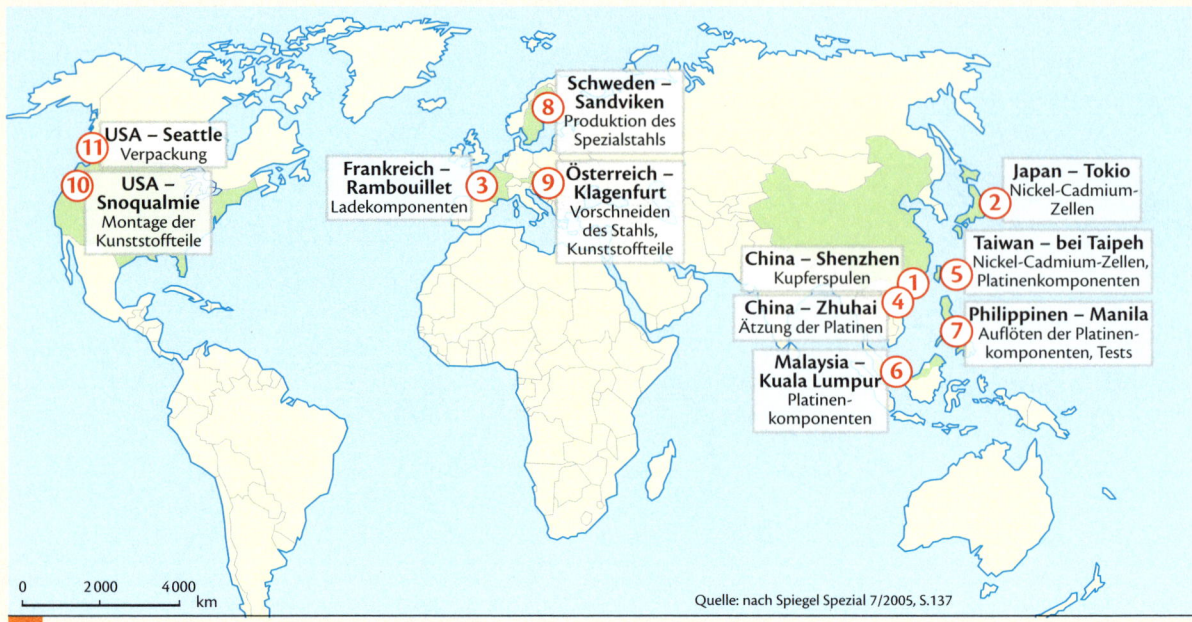

M 6 *Weltreise einer elektrischen Zahnbürste*

Zulieferung/Produktions-schritt	Land A	Land B	Entfer-nung (km)	Trans-port-mittel	Trans-portierte Tonnen	CO_2-Aus-stoß
Kupferspulen	China	Philippinen		Schiff	2	
Nickel-Cadmium-Zellen	Japan	Philippinen		Schiff	3	
Ladekomponenten	Frankreich	Philippinen		Flugzeug	2	
Platinen	China	Philippinen		Schiff	2	
Nickel-Cadmium-Zellen und Platinenkomponenten	Taiwan	Philippinen		Schiff	3	
Platinenkomponenten	Malaysia	Philippinen		Schiff	1	
Fertigstellung der Platinen, Tests	Philippinen	USA		Schiff	10	
Produktion des Stahls	Schweden	Österreich		Eisenbahn	10	
Bearbeitung des Stahls und Kunststoffs	Österreich	USA		Flugzeug	8	
Montage	USA	USA		Lkw	15	

M 7 *Weltreise der Komponenten einer elektrischen Zahnbürste während der Produktion*

7 Ergänze die Tabelle (**M 7**). Miss dazu auf einer Weltkarte die Entfernungen zwischen den angegebenen Orten (Luftlinie) und berechne jeweils den CO_2-Ausstoß (**M 6, M 8**).

8 Werte die Tabelle aus und gib an, wie viele Kilometer die Komponenten der Zahnbürste zurückgelegt haben bis zur Fertigstellung des Produkts (**M 7**).

9 Erörtere, ob die Wahl der angegebenen Verkehrsmittel jeweils sinnvoll war. Beachte dabei sowohl Zeit und Entfernung als auch die Menge des transportierten Gutes (**M 7**).

10 Beurteilt die Folgen der Globalisierung für die Umwelt (**M 7**).

Transportmittel	CO_2-Ausstoß
Flugzeug	50 kg
Lkw	6 kg
Eisenbahn	3 kg
Schiff	1 kg

M 8 *Durchschnittlicher CO_2-Ausstoß bei Gütertransporten auf 100 km pro geladene Tonne*

Wissen und verstehen

3 Nenne zu jedem dieser Begriffe mindestens zwei Merkmale (**M 3**).

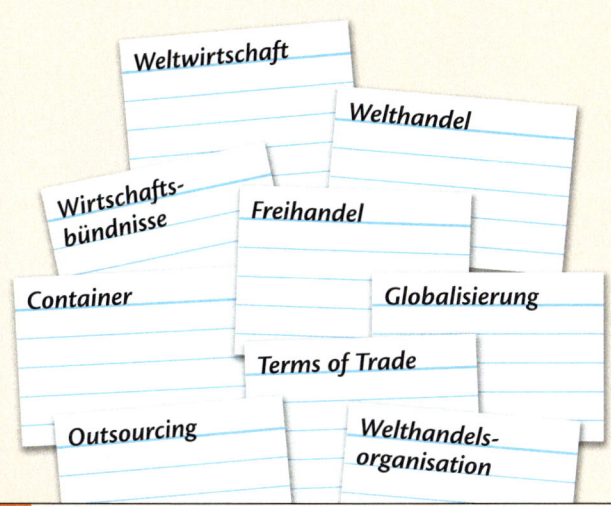

M 3 *Geo-Begriffestapel*

4 Sortiere die Aussagen in richtige und falsche Aussagen. Verbessere die falschen Aussagen und schreibe sie richtig auf.

Richtig oder falsch?

- Die internationale Arbeitsteilung führt zu einer optimalen Nutzung der Ressourcen jedes Landes.
- Mangel und Überproduktion behindern den Handel.
- Der größte Teil der Welthandelsgüter wird mit dem Lkw transportiert.
- Die Globalisierung wurde durch bessere Transport- und Kommunikationsbedingungen ermöglicht.
- Die Welthandelsorganisation setzt sich für Zollschranken ein, um die Industrieländer vor Billigprodukten aus Entwicklungsländern zu schützen.
- Silikon ist ein wichtiger Rohstoff für die Computerherstellung und gab der Region im Westen der USA ihren Namen.
- Global Player nehmen unter anderem durch Direktinvestitionen Einfluss auf die Empfängerländer.
- Siemens hat als Global Player keine Entwicklungs- und Forschungseinrichtungen im Ausland.
- Das Wachstum Singapurs wird durch seine Lage begrenzt.

Können und anwenden

5 Erstelle ein Wirkungsgefüge zum Thema „Auswirkungen der internationalen Arbeitsteilung" (**M 4**).

In den Entwicklungsländern werden viele Arbeitsplätze geschaffen, darunter auch viele qualifizierte. Trotz Niedriglohn sind die Löhne bei den Global Players höher als bei der einheimischen Wirtschaft der Entwicklungsländer. Langfristig findet eine Übertragung von Kapital, Know-how und Technologie in die Entwicklungsländer statt. Die einheimischen Unternehmen in den Entwicklungsländern übernehmen Dienstleistungen oder andere Aufgaben für die Global Player. Langfristig findet auch eine Übertragung von Arbeits- und Umweltstandards aus den Industrieländern in die Entwicklungsländer statt. Umweltsünden der Industrieländer in der Vergangenheit werden nicht wiederholt, weil man aus den Erfahrungen der Vergangenheit gelernt hat.
Umweltschäden werden in den Entwicklungsländern in Kauf genommen, um Global Player ins Land zu locken. Diese rechnen mit niedrigen Kosten in den Entwicklungsländern, weil die soziale Absicherung der Arbeiter fehlt. Die Regierungen an den Standorten in den Entwicklungsländern haben wenig Einfluss auf die Wirtschaftsentwicklung. Die Global Player treffen Entscheidungen wie zum Beispiel Unternehmensschließungen ohne Rücksicht auf die jeweilige Region.

M 4 *Auswirkungen der internationalen Arbeitsteilung*

6 Erläutere das Wirkungsgefüge zum Thema „Gründe und Folgen von Direktinvestitionen" (**M 5**)

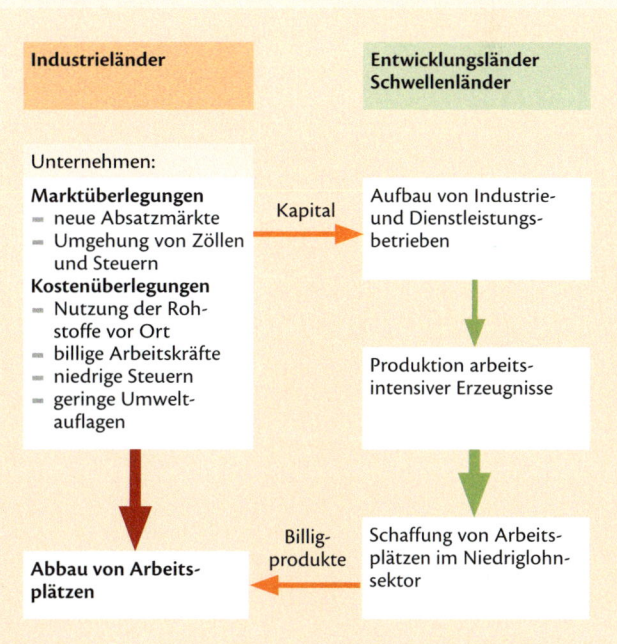

M 5 *Gründe und Folgen von Direktinvestitionen*

7 Ursachen und mögliche Auswirkungen des Klimawandels erklären

Die Atmosphäre – der verwundbarste Teil der Erde

Die Lufthülle der Erde ist deshalb so verwundbar, weil sie so dünn ist. Würde man einen Globus mit einer Lackschicht überziehen, wäre die Farbe so dick wie die Erdatmosphäre im Vergleich zur Erdkugel. Der Mensch ist in der Lage, die Zusammensetzung der Atmosphäre zu verändern.

Blick aus dem Weltraum auf ein Wolkenband über dem Indischen Ozean (Space Shuttle Discovery 1999)

Der Treibhauseffekt

Der natürliche Treibhauseffekt

Die Strahlung der Sonne dringt durch die **Atmosphäre** zur Erdoberfläche und erwärmt sie. Von der Erdoberfläche wird nun Wärmestrahlung in das Weltall zurückgesendet. Einige Spurengase in der Atmosphäre, darunter vor allem **Kohlenstoffdioxid (CO_2)** und Wasserdampf, können diese Wärmestrahlung aufnehmen und dadurch die Energie in der Atmosphäre speichern.

Durch diesen natürlichen Treibhauseffekt erhöht sich die Temperatur der unteren Atmosphärenschichten um etwa 33 Grad Celsius, sodass auf der Erde eine durchschnittliche Temperatur von 15 Grad Celsius erreicht wird. Ohne diesen natürlichen Treibhauseffekt wäre es nämlich auf der Erde sehr kalt – minus 18 Grad Celsius im Durchschnitt – und Leben wäre auf unserem Planeten kaum möglich. Der natürliche Treibhauseffekt ist also lebensnotwendig.

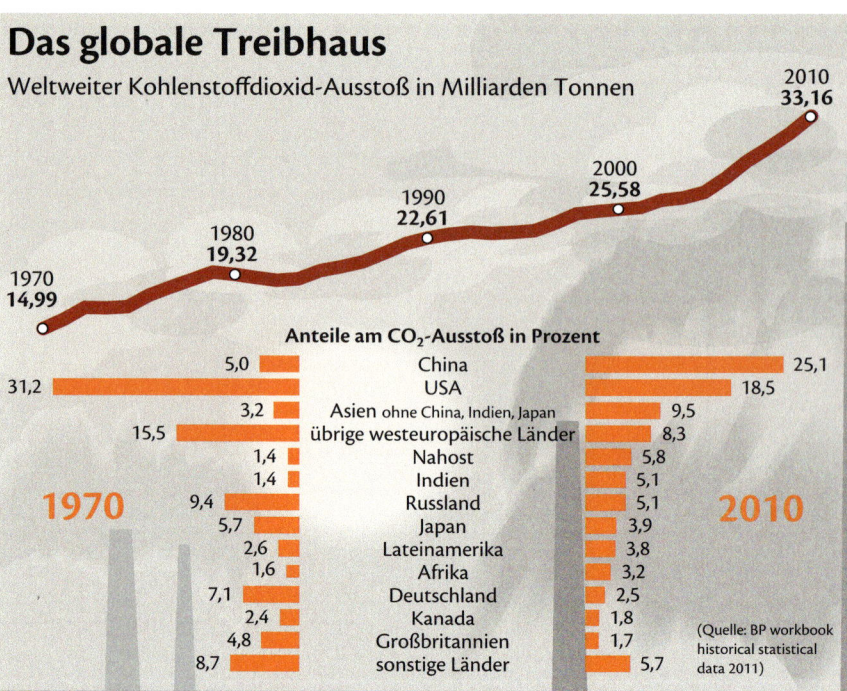

Das globale Treibhaus

Weltweiter Kohlenstoffdioxid-Ausstoß in Milliarden Tonnen

Jahr	Wert
1970	14,99
1980	19,32
1990	22,61
2000	25,58
2010	33,16

Anteile am CO_2-Ausstoß in Prozent

	1970	Land	2010
	5,0	China	25,1
	31,2	USA	18,5
	3,2	Asien ohne China, Indien, Japan	9,5
	15,5	übrige westeuropäische Länder	8,3
	1,4	Nahost	5,8
	1,4	Indien	5,1
	9,4	Russland	5,1
	5,7	Japan	3,9
	2,6	Lateinamerika	3,8
	1,6	Afrika	3,2
	7,1	Deutschland	2,5
	2,4	Kanada	1,8
	4,8	Großbritannien	1,7
	8,7	sonstige Länder	5,7

(Quelle: BP workbook historical statistical data 2011)

M2 *Die größten Treibhausgaserzeuger*

GEGEN DIE GLOBALE ERWÄRMUNG HABE ICH DIE KLIMA-ANLAGE

M1 *Karikatur*

Der anthropogene Treibhauseffekt

Im Zuge der Industrialisierung wurden und werden vom Menschen **Treibhausgase** produziert, die sich in der Atmosphäre anreichern. Dieser anthropogene Treibhauseffekt verstärkt den natürlichen Treibhauseffekt und lässt die Temperaturen auf der Erde ansteigen. Treibhausgase sind vor allem Kohlenstoffdioxid, Methan, Lachgas und Fluorchlorkohlenwasserstoffe.

Kohlen(stoff)dioxid (CO_2) entsteht durch die Verbrennung fossiler Energieträger wie Kohle, Öl oder Gas.

Methan (CH_4) entsteht bei der Zersetzung organischer Stoffe unter Luftabschluss. Moore, Nassreisfelder und Müllkippen tragen zur Methanbildung bei. Auch die Ausweitung der Rinderhaltung verstärkt den Treibhauseffekt, denn beim Wiederkäuen erzeugen die Tiere Methangas. Ein Rind verursacht pro Tag rund 250 Liter Methan. Weltweit grasen inzwischen mehr als drei

Milliarden Rinder, Schafe und Ziegen auf den Weiden und tragen so auch zur Verstärkung des Treibhauseffektes bei.

Die verschiedenen **Fluorchlorkohlenwasserstoffe (FCKW)** werden als Kühlmittel, Treibgas in Sprühdosen und zum Aufschäumen von Kunststoff verwendet.

Messung der Treibhausgase

Die Konzentration der wichtigsten Treibhausgase wird seit Januar 2009 auch vom Weltraum aus überwacht. Aktuelle Daten zur Verteilung und Konzentration von Kohlenstoffdioxid und Methan liefert der Satellit Ibuki, der die Erde in 666 Kilometern Höhe 14-mal täglich umrundet. Er überfliegt alle drei Tage dieselben Stellen. So können Gaskonzentrationen an 56 000 Punkten, in einer Höhe von bis zu drei Kilometern über der Erdoberfläche, gemessen werden. ▮

	Anteil der Treibhausgase am Treibhauseffekt	Verweildauer in der Atmosphäre	Zunahme der Konzentration seit Beginn der Industrialisierung
Kohlenstoffdioxid CO_2	64 %	50–200 Jahre	+ 28 %
Methan CH_4	20 %	9–15 Jahre	+ 146 %
Lachgas N_2O	6 %	120 Jahre	+ 13 %
Fluorchlorkohlenwasserstoffe FCKW u. a.	10 %	264 Jahre	+ 13 %

M 3 *Treibhausgase*

1 Benenne die Treibhausgase und beschreibe ihre Auswirkungen auf das Klima. Fertige dazu eine Tabelle an (**M 3**).

2 Erläutere den natürlichen und den anthropogenen Treibhauseffekt (**M 4**).

3 Werte die Karikatur aus und formuliere deren Aussage in zwei bis drei Sätzen (**M 1**, **2**).

4 Beurteile die Entwicklung der Treibhausgas-Emissionen (**M 2**, **M 3**).

5 Erörtere die Notwendigkeit und den Erfolg von Maßnahmen zur Vermeidung der Treibhausgase (**M 2**).

WEBCODE: UE644339-167

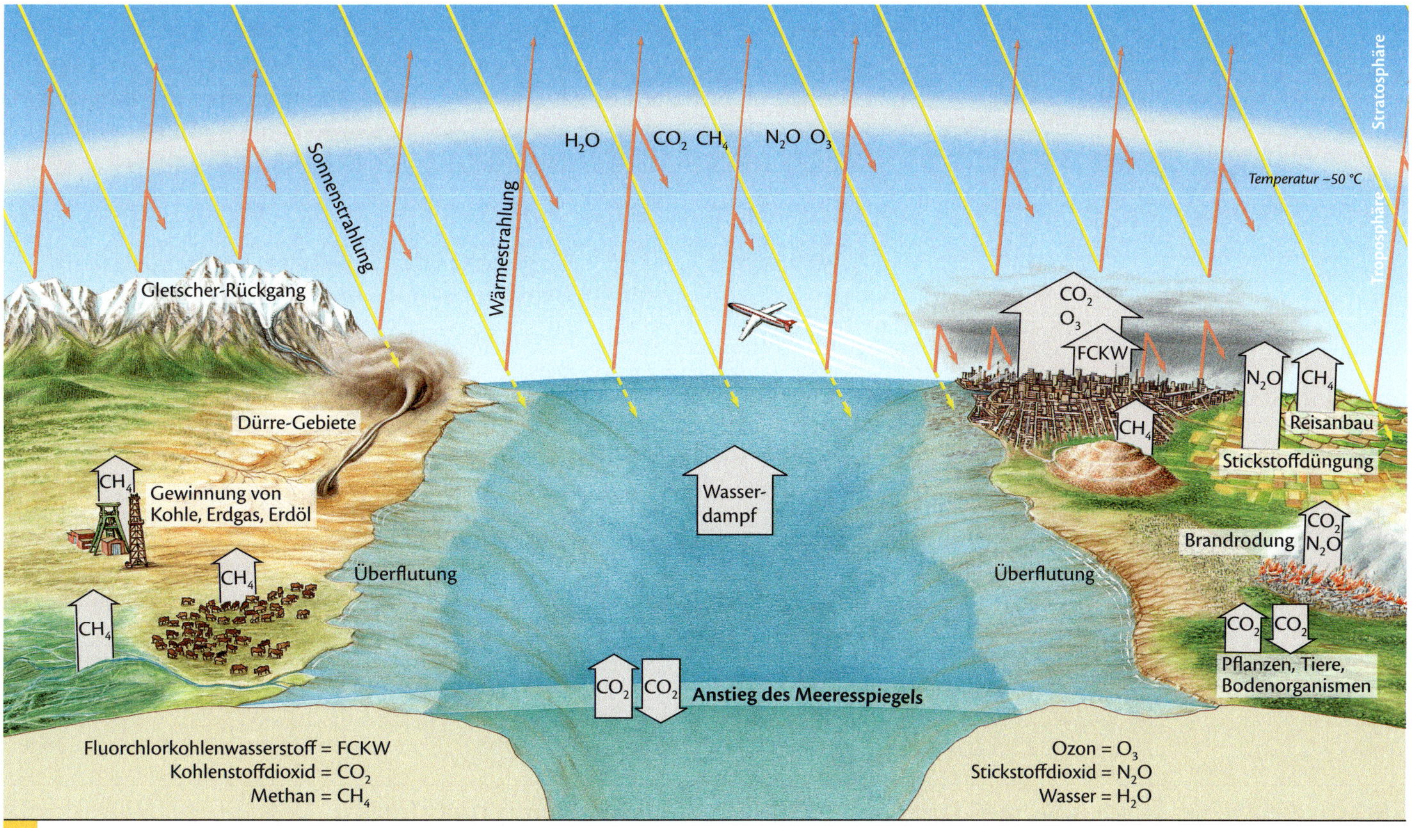

M 4 *Der anthropogene Treibhauseffekt*

Kohlenstoffdioxid – lebensnotwendig, aber gefährlich

Das Europäische Projekt **GeoCarbon** misst die Konzentrationen von Kohlenstoffdioxid (CO_2) und Methan (CH_4) in der Atmosphäre, auf dem Land und im Ozean. Am 1.10.2011 begann die 36 Monate dauernde koordinierte und kontinuierliche Aufnahme von Daten, die dann der Wissenschaft und der Politik zur Verfügung gestellt werden. Die wissenschaftlichen Erkenntnisse können zur Verringerung von Unsicherheiten beitragen und der Politik helfen, die richtigen Entscheidungen zu treffen.

Die europäischen Daten werden in internationale Projekte aufgenommen, sodass eine globale Darstellung der Konzentrationen von Kohlenstoffdioxid und Methan weltweit möglich wird.

M 1 *GeoCarbon: Erforschung der Kohlenstoffbilanz*

---

check-it
- Bedeutung des Kohlenstoffs erklären
- Kohlenstoffkreislauf erläutern
- Kohlenstoffsenke und Kohlenstoffquelle vergleichen
- Schaubild auswerten
- Folgen der industriellen Entwicklung beurteilen

Lebensnotwendiger Kohlenstoff
Pflanzen nutzen das in der Luft enthaltene Kohlenstoffdioxid (CO_2) zur Photosynthese. Für viele Pflanzen ist dies die einzige Kohlenstoffquelle. Bei der Photosynthese geben die Pflanzen Sauerstoff an die Luft ab, der für alle Lebewesen lebensnotwendig ist. Alle Organismen eines Ökosystems sind Tag und Nacht mit Atmung beschäftigt, während die Photosynthese an die Verfügbarkeit von Licht in den Tagstunden gebunden ist. In der Regel wird das Kohlenstoffdioxid am Tag verbraucht und in der Nacht freigesetzt.

Die Landmassen der Erde mit den großen Waldvorkommen befinden sich überwiegend auf der Nordhalbkugel. Durch die Fäulnisprozesse nach dem Laubabwurf wird verstärkt Kohlenstoffdioxid freigesetzt. Deshalb sind im Winterhalbjahr dort die **Kohlenstoffdioxidemissionen** größer.

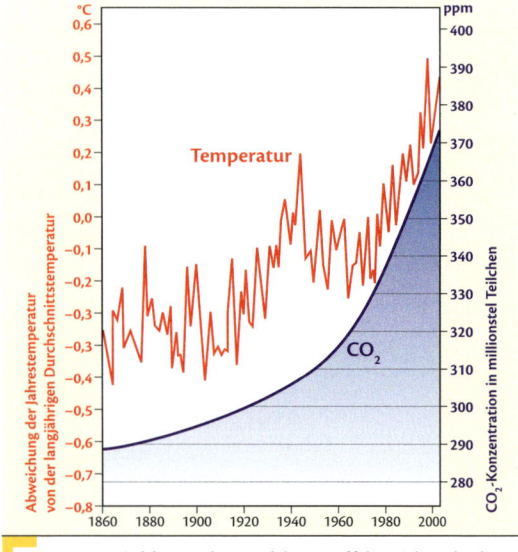

M 2 *Entwicklung des Kohlenstoffdioxid-Gehalts und der Durchschnittstemperatur seit 1860*

M 3 *Wichtige CO_2-Verursacher in Deutschland*

Verursacher	Eingesetzte Energieträger	Beispiele für Energiewandler, die CO_2 freisetzen	
Verkehr	Flugtreibstoffe, Diesel, Benzin	Dieselmotor, Ottomotor, Düsentriebwerk	17 %
Haushalte, Kleinverbraucher	Heizöl, Gas, feste Brennstoffe	Raumheizungsanlagen	24 %
Industrie	Öl, Gas, feste Brennstoffe	Industriefeuerungen, Anlagen zur Gewinnung von Prozesswärme	24 %
Kraftwerke, Heizkraftwerke	Kohle	Kohlekraftwerke	35 %

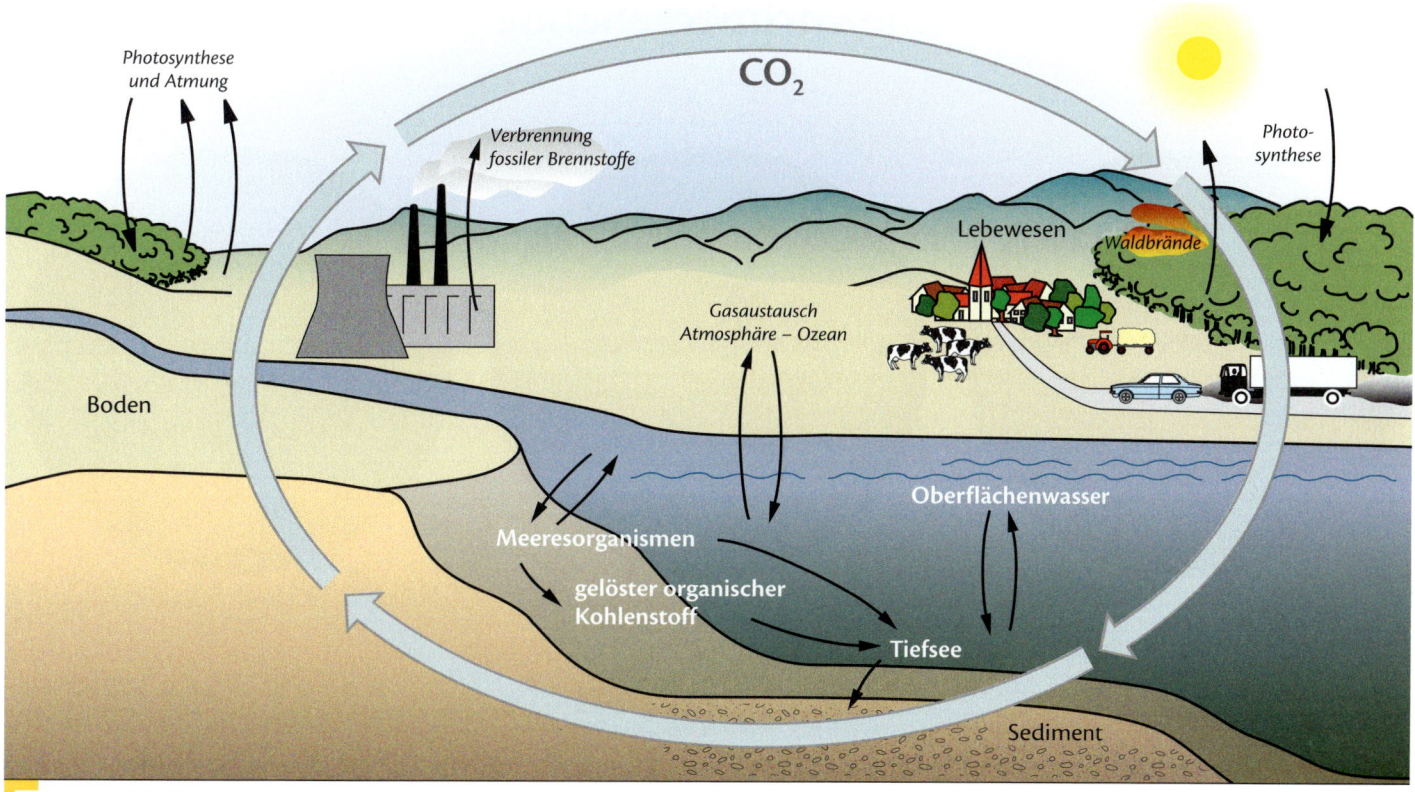

M 4 *Der globale Kohlenstoffkreislauf*

Der Kohlenstoffkreislauf

Das Kohlenstoffdioxid ist einem ewigen Kreislauf unterworfen, in Gesteinen, Böden, Luft, Wasser und Lebewesen. Das Kohlendioxid der Luft steht zum Beispiel in einem Gleichgewicht mit dem im Meerwasser gelösten Kohlenstoffdioxid. Auf ein Molekül in der Luft kommen etwa 50 Moleküle Kohlenstoffdioxid in den Ozeanen.

Kohlenstoffsenke oder Kohlenstoffquelle?

Wälder können Kohlenstoffdioxid aufnehmen und verringern somit die in der Atmosphäre enthaltene Menge an Kohlenstoffdioxid. Sie werden deshalb als **Kohlenstoffsenke** bezeichnet. Dies führt zu heftigen Diskussionen zwischen Wissenschaftlern und Politikern, denn durch Aufforstung von Wäldern kann zusätzlicher Kohlenstoff gespeichert werden. Nach etwa fünfzehn bis hundert Jahren kehrt das Kohlenstoffdioxid aber in die Atmosphäre zurück und wird dann zur **Kohlenstoffquelle**. Neuere Untersuchungen zeigen, dass Meere bei einer Erwärmung weniger Kohlenstoffdioxid aufnehmen, gleichzeitig aber Böden eine größere Menge dieses Stoffes speichern können.

Gefährlicher Kohlenstoff

Die Konzentration von Kohlstoffdioxid in der Atmosphäre hat sich seit Beginn der Industrialisierung im 19. Jahrhundert durch die Verbrennung fossiler Energieträger wie Kohle und Erdöl nahezu verdoppelt. Der damit verbundene Klimawandel macht den Kohlenstoffkreislauf heute zu einem Schwerpunkt der Forschung am Ökosystem Erde.

1 Erläutere den Kohlenstoffkreislauf (**M 4**).
2 Erkläre die Bedeutung des Kohlenstoffs für das Leben auf der Erde (**M 2** bis **M 4**).
3 Verdeutliche den Unterschied zwischen Kohlenstoffsenke und Kohlenstoffquelle (**M 3**, **M 4**).
4 Vergleiche die Kohlendioxidemissionen und formuliere mindestens drei Ergebnissätze (**M 5**, **M 6**).
5 Führe eine Internetrecherche durch und informiere dich zum aktuellen Stand des GeoCarbon-Projekts (**M 1**, 🔎).

CO₂-Emissionen 2012 in Mio. t

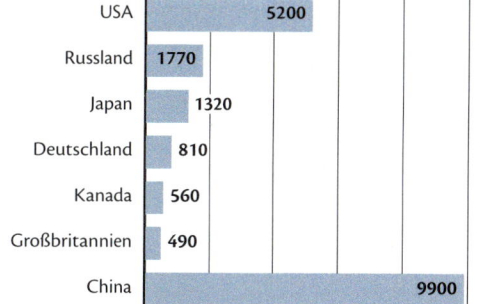

Quelle: PBL 2013

M 5 *Kohlenstoffdioxid-Emissionen (2011)*

CO₂-Emissionen je Einwohner 2012 in t

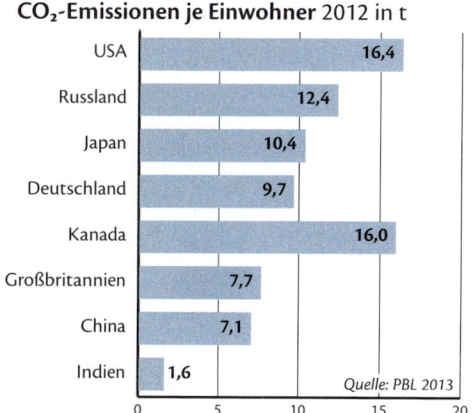

Quelle: PBL 2013

M 6 *Kohlenstoffdioxid-Emissionen pro Einwohner (2011)*

Das Ozonloch – eine vorübergehende Erscheinung?

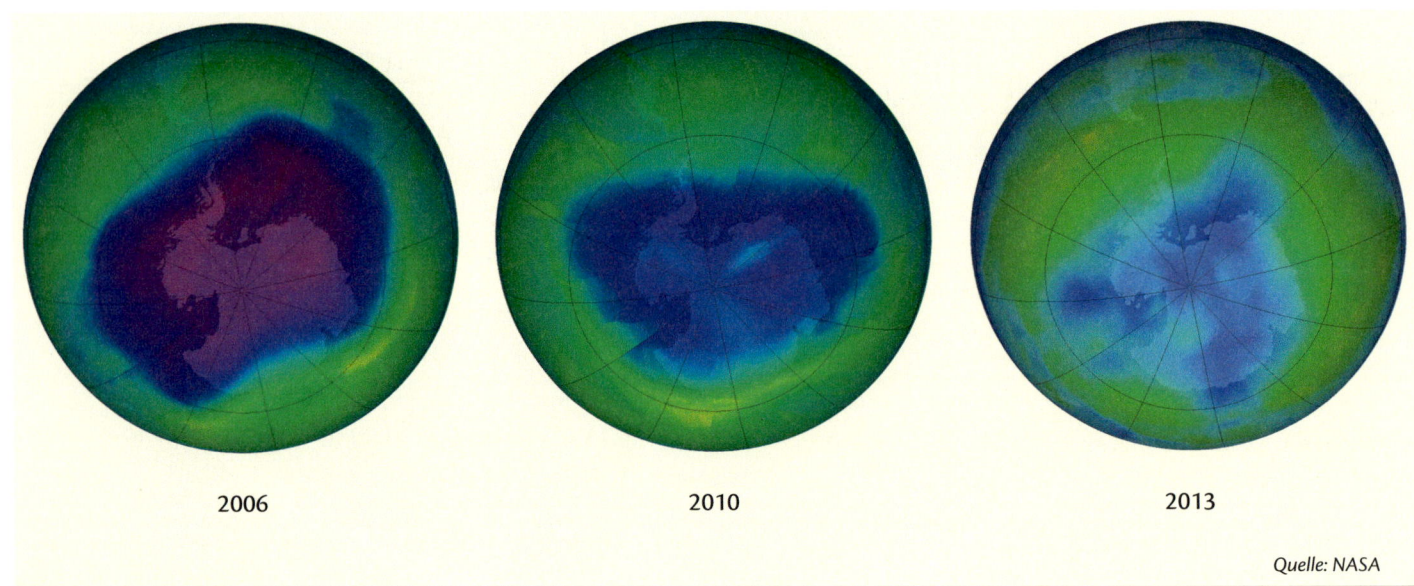

2006   2010   2013

Quelle: NASA

M 1 *Das Ozonloch über der Antarktis*

check-it _____
- Lage des Ozonlochs beschreiben
- Entstehung von Ozonsmog und Ozonloch erklären
- Auswirkungen hoher Ozonkonzentrationen erläutern
- Möglichkeiten des Ozonschutzes erörtern

Was ist Ozon?

Ozon (O_3) ist ein Molekül aus drei Sauerstoffatomen, deren Bindungskräfte jedoch so gering sind, dass sie schon durch Sonnenlicht oder das Anstoßen an andere Sauerstoffmoleküle wieder aufgehoben werden können. Infolgedessen kann sich nie der gesamte Sauerstoff in der Atmosphäre in Ozon umwandeln.

Ozon in der Atmosphäre

In der Atmosphäre befindet sich in 15 bis 30 Kilometern Höhe die Ozonschicht. Sie enthält etwa 75 Prozent des atmosphärischen Ozons und schützt die Erde vor ultravioletten Strahlungen. Diese können beim Menschen Sonnenbrand oder Hautkrebs verursachen, bei Pflanzen zu Missbildungen führen und bei Tieren zu Au-

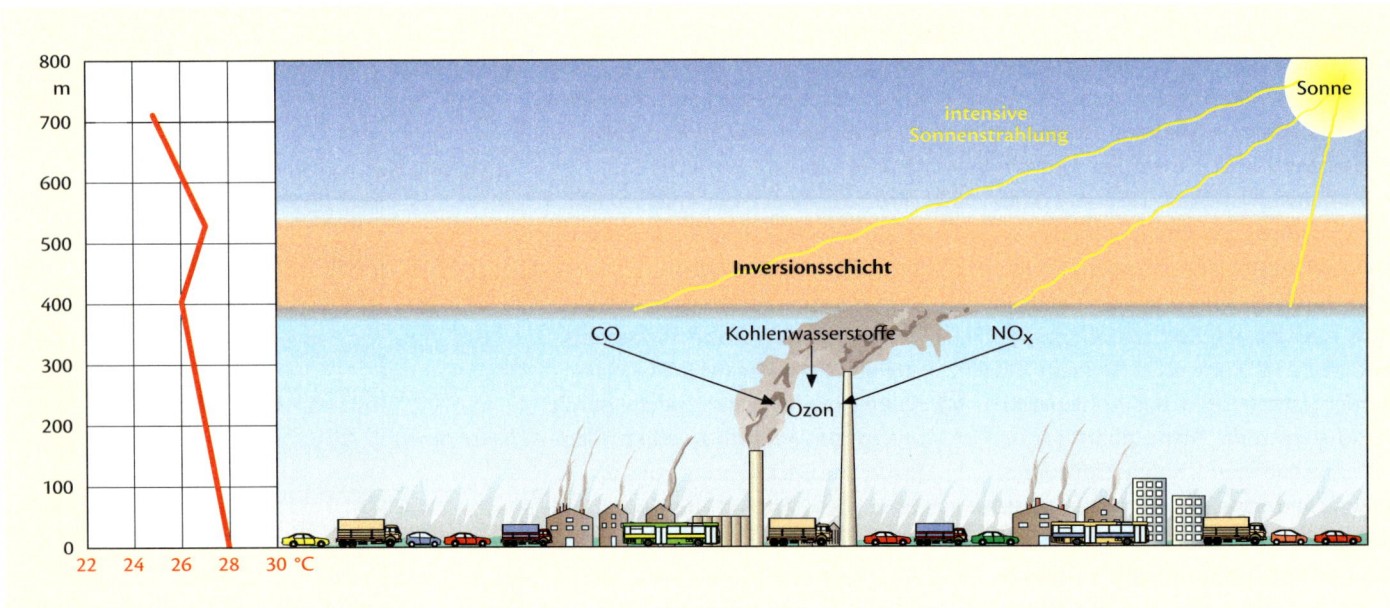

M 2 *Die Entstehung von Ozonsmog*

genleiden. Die Teile der Atmosphäre, in denen die Ozonschicht stark ausgedünnt ist, werden als **Ozonloch** bezeichnet. Diese Erscheinung wurde erstmals 1980 beschrieben.

Das Ozonloch

Unter anderem zerstören Treibhausgase die schützende Ozonschicht. Fluorchlorkohlenwasserstoffe (FCKW) heizen nicht nur das Weltklima an, sondern entziehen der Atmosphäre auch Wärme, die für die Aufrechterhaltung von Ozon wichtig ist. Wo die Atmosphäre kalt ist, entstehen Ozonlöcher. Deshalb bildet sich das Ozonloch auch jährlich im Winter über dem Südpol. Da dort der Winter sechs Monate dauert und praktisch kein Luftaustausch stattfindet, erkaltet die Atmosphäre auf unter minus 80 Grad Celsius. Bei diesen Temperaturen löst sich die Ozonschicht auf.

Das Ozonloch ist eine Erscheinung, die bisher nur über der Antarktis auftrat. Im Winter 2010 wurden in der Arktis sehr tiefe Temperaturen in der oberen Atmosphäre gemessen und zum ersten Mal sprach man auch hier von einem Ozonloch.

Ozon und Treibhauseffekt

Das Ozon ist in bodennahen Schichten regional unterschiedlich verteilt, in höheren Schichten der Atmosphäre jedoch relativ gleichmäßig. Gründe hierfür sind die längere Lebensdauer der Spurengase sowie der ungehinderte Lufttransport in den oberen Gasschichten der Atmosphäre. In Bodennähe können die Spurengase einen Tag, in acht Kilometern Höhe hingegen mehrere Wochen überdauern. Beim Ozon selbst sind die Unterschiede noch größer.

Das so entstandene Ozon ist nach Kohlenstoffdioxid und Methan seit Beginn der Industrialisierung zum drittwichtigsten anthropogenen Treibhausgas geworden.

In Australien sind die Folgen des Ozonlochs seit einigen Jahren zu beobachten. Wegen der Sonnenbrand- und

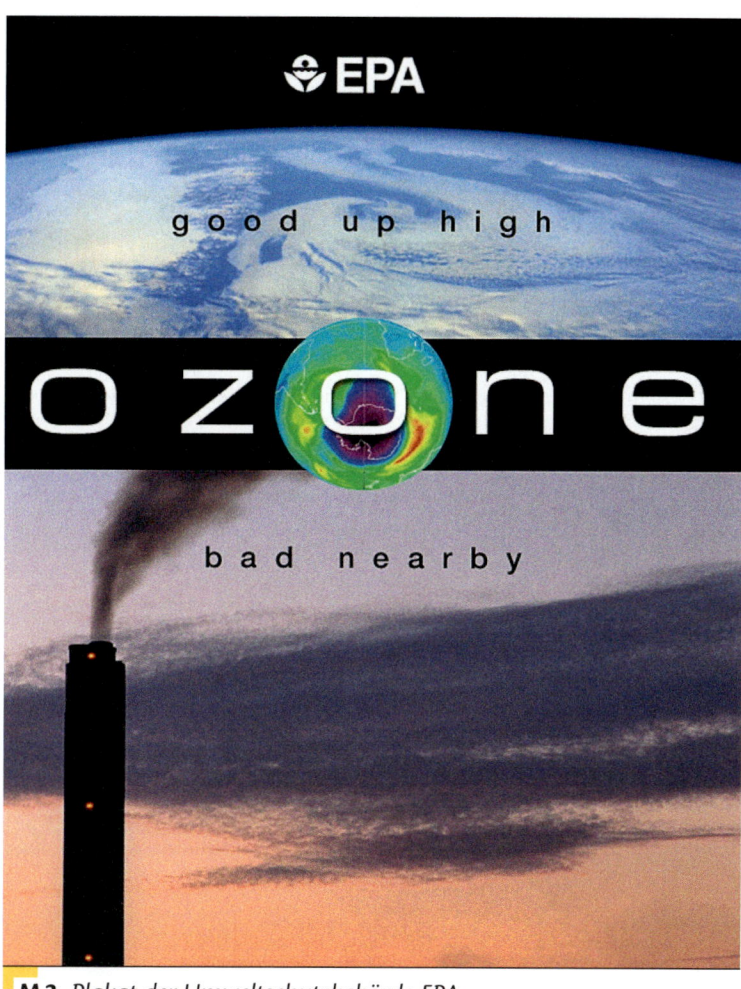

M 3 *Plakat der Umweltschutzbehörde EPA (US Environmental Protection Agency) der USA*

Hautkrebsgefahr werden deshalb in Australien Kopf- und Armbedeckung empfohlen.

20 Jahre Ozonschutzmaßnahmen

In Deutschland gilt seit 1991 eine Verordnung, die den Einsatz von Fluorchlorkohlenwasserstoffen regelt. Diese wurden als Kältemittel für Kühl- und Gefriergeräte, Wärmepumpen und Klimaanlagen sowie als Verschäumungsmittel für Kunststoffe, Reinigungsmittel und als Treibgas für Spraydosen eingesetzt. Im Vergleich zu Kohlenstoffdioxid besitzen die Fluorchlorkohlenwasserstoffe ein 3000- bis 8000-fach höheres Potenzial für die globale Erwärmung der Erde.

Aus den Verboten von Fluorchlorkohlenwasserstoffen können keine kurzfristigen Effekte erwartet werden. Es dauert rund 15 Jahre, bis diese in die höheren Teile der Atmosphäre gelan-

gen und dort ihre schädigende Wirkung entfalten.

1 Beschreibe die Entwicklung des Ozonlochs über der Antarktis (M 1).
2 Erkläre, wie Ozonsmog entsteht, und erläutere die Auswirkungen von Ozonsmog für Mensch und Natur (M 2).
3 Nenne Staaten, die vom Ozonloch besonders betroffen sind, und erörtere Möglichkeiten zum Schutz der Ozonschicht (M 1, M 3, *Eine Internetrecherche durchführen*).
4 Diskutiert den Aussagewert des Plakates der Umweltschutzbehörde der USA (M 3,).

 WEBCODE: UE644339-171

Palmen in Deutschland?

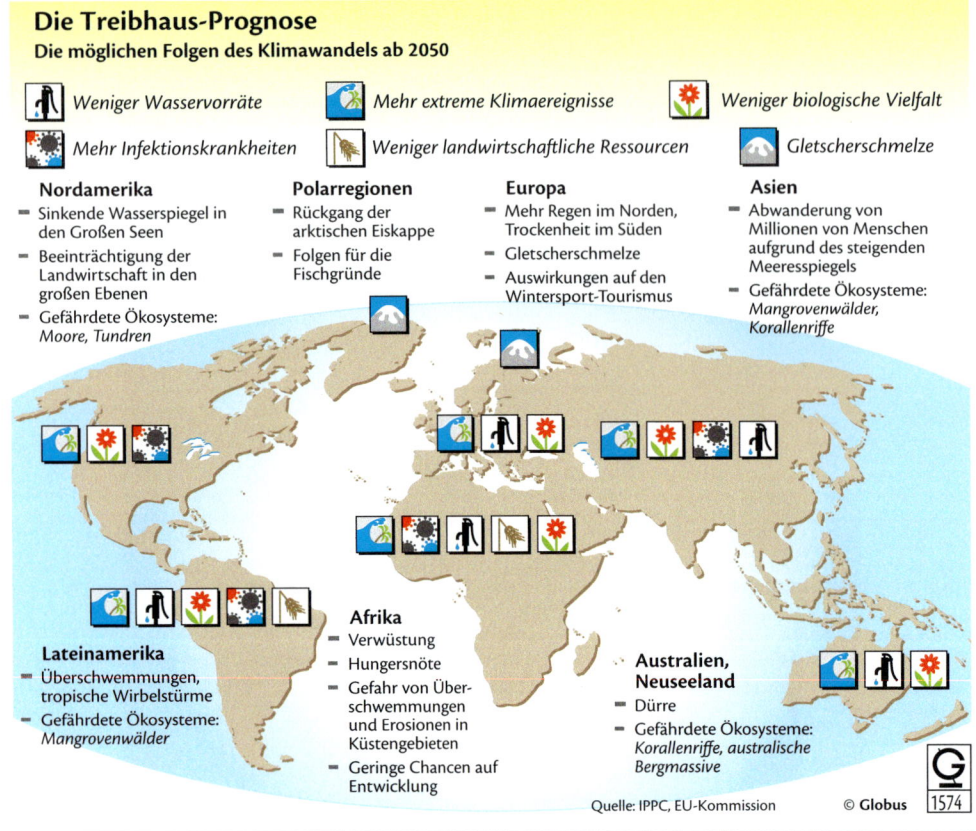

M 1 *Mögliche Folgen des Klimawandels*

M 2 *Möglicher Meeresspiegelanstieg an der Nordseeküste*

check-it _____
- mögliche Auswirkungen des Klimawandels benennen und verorten
- Folgen des Temperaturanstiegs erläutern
- thematische Karte auswerten
- Auswirkungen des Klimawandels beurteilen

Negative und positive Auswirkungen

Die Zunahme extremer Wetter- und Klimaereignisse wird als praktisch sicher, sehr wahrscheinlich oder wahrscheinlich eingestuft. Als „praktisch sicher" gilt, dass es über den meisten Landflächen wärmere und weniger kalte Tage und Nächte sowie wärmere und häufiger heiße Tage und Nächte geben wird. Als „sehr wahrscheinlich" gilt, dass Wärmeperioden und Hitzewellen über den meisten Landflächen zunehmen werden, ebenso Starkniederschlagsereignisse. Als „wahrscheinlich" gilt, dass sich von Dürre betroffene Gebiete ausweiten, sodass die Zahl der von Hunger bedrohten Länder – meist arme Länder mit hohem Bevölkerungswachstum – zunehmen wird. Die Aktivität und Häufigkeit tropischer Stürme und damit verbunden ein extrem hoher Meeresspiegelanstieg treten vermehrt auf.

Die Artenvielfalt ist durch den Klimawandel bedroht. Viele Tierarten werden aussterben und die Korallenriffe in den Meeren zerstört. Neue Tier- und Pflanzenarten aus wärmeren Klimazonen siedeln sich in einst kälteren Gebieten an und verändern so das Landschaftsbild. Tropische Krankheiten, zum Beispiel die Malaria, breiten sich auch in Europa stärker aus.

Als positive Auswirkungen werden eine Abnahme kältebedingter Krankheiten und Sterbefälle, reduzierter Heizenergiebedarf oder mehr Ackerland in Permafrost-Regionen, zum Beispiel in Sibirien, erwartet. Allerdings könnte eine steigende Zahl von Klimaflüchtlingen den Weltfrieden bedrohen.

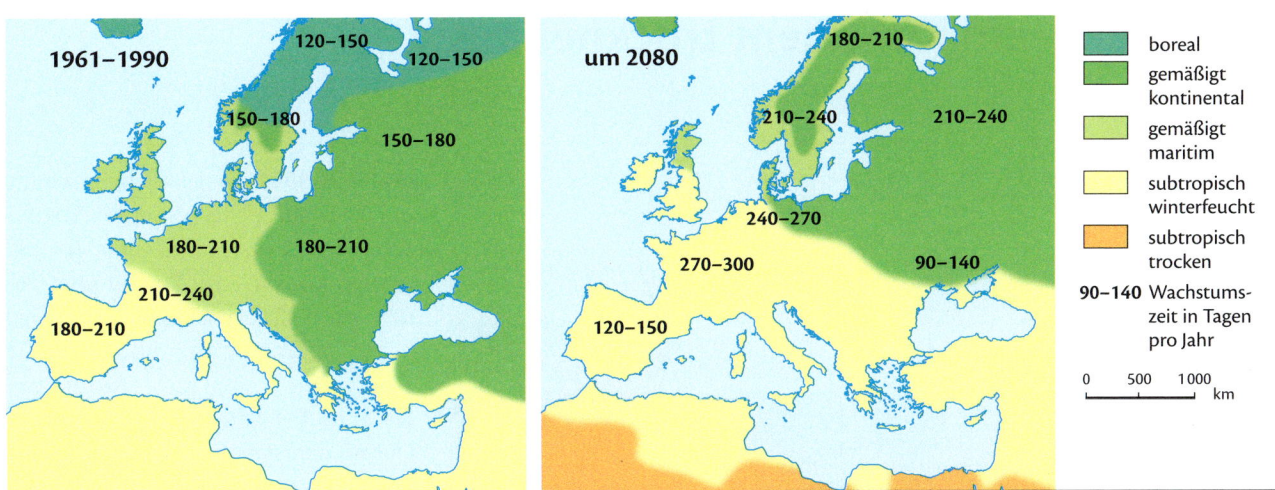

boreal	
gemäßigt kontinental	
gemäßigt maritim	
subtropisch winterfeucht	
subtropisch trocken	

90–140 Wachstumszeit in Tagen pro Jahr

M 3 *Mögliche Verschiebung von Klimazonen und Wachstumszeiten in Europa bis 2080*

Anpassungen an sich verändernde Lebensumstände

Veränderte Lebensumstände erfordern Anpassung und Handeln der gesamten Menschheit. Bestimmte Regionen werden dabei mehr betroffen sein als andere. Folgende Maßnahmen zur Anpassung an die veränderten Bedingungen könnten erforderlich sein:

- Umsiedlung und Anpassung von Nutzpflanzen, nachhaltige Landwirtschaft,
- verbesserte Bodenbewirtschaftung,
- Baumpflanzungen zur Erosionsbekämpfung und zum Bodenschutz,
- vermehrter Einsatz von Pestiziden, da in den milden Wintern Schädlinge überleben,
- erweiterte Regenwassernutzung,
- Nutzung neuer Wasserspeicherungs- und Wasserschutztechniken,
- Umsiedlung von Küstenbewohnern,
- Verstärkung der Deiche und Sturmflutbarrieren,
- Landgewinnung als Puffer gegen den zu erwartenden Meeresspiegelanstieg,
- Aktionspläne der Gesundheitsbehörden bei Hitzewellen und anderen Notsituationen,
- Erweiterung des Angebots an Tourismusattraktionen, zum Beispiel durch Verlagerung von Skipisten in höhere Lagen,
- Neuplanung von Straßen, Schienen und anderen Infrastruktureinrichtungen,
- Nutzung alternativer Energiequellen und Verringerung des Energieverbrauchs.

Extreme Wetterereignisse

„Die Wetterkapriolen des abgelaufenen Jahres spiegeln für Experten den längst eingesetzten Klimawandel. Schon jetzt ist das Jahr 2012 das neuntheißeste seit Beginn der modernen Wettererfassung im Jahr 1850. […]

Das Jahr sei von überdurchschnittlich hohen Temperaturen und extremen Wetterereignissen geprägt gewesen. Der Mix aus Hitzewellen und Trockenheit habe zahlreiche Waldbrände auf der Nordhalbkugel ausgelöst. Von einem ‚Vorgeschmack auf unser künftiges Klima‘ sprach der stellvertretende WMO-Generalsekretär, Jeremiah Lengoasa.

Hitze und Trockenheit brachen dem Bericht zufolge vor allem über die Nordhalbkugel herein. Der Frühling bescherte Teilen Europas und der USA Rekordtemperaturen: Für die Deutschen war es zum Beispiel der drittheißeste und dritttrockenste März seit Messbeginn.

Während der Sommer im Norden Europas kälter als gewöhnlich ausfiel, war er im Süden und Südosten des Kontinents überdurchschnittlich warm." […]

(Quelle: Die Welt vom 28.11.2012, Autorin: Denise Donnebaum)

M 4 *Der Klimawandel ist im Jahr 2012 längst Realität*

1 Benenne zunächst allgemein mögliche Auswirkungen des Klimawandels und ordne diesen Beispiele zu (**M 1** bis **M 3**).

2 Zeige Auswirkungen des Klimawandels für Deutschland auf. Zeichne dazu eine Mindmap (**M 2**, **M 3**, **2**).

3 Beurteile, welche Bedeutung der Klimawandel für Nordwestdeutschland hat (**M 2**, **M 3**).

4 Benenne mögliche Handlungen, die sich für dich durch die räumlichen Auswirkungen des Klimawandels ergeben könnten (**M 1** bis **M 4**).

5 Nimm Stellung zu der Alternative, schwimmende Häuser zu bauen: Wäre hiermit das Problem eines Meeresspiegelanstiegs gelöst (**M 5**)?

 WEBCODE: UE644339-173

M 5 *Haus des ersten deutschen schwimmenden Wohnparks auf dem Geierswalder See (Oberlausitz) im Sommer 2009*

Australien – ein Kontinent trocknet aus

M 1 *Jahrtausend-Dürre am Murray-River: 2002 bis 2009*

check-it _____
- Merkmale und Auswirkungen des Klimawandels erläutern
- Anpassungen Australiens an den Klimawandel erklären
- thematische Karten auswerten
- Strategien zur Anpassung an den Klimawandel beurteilen
_____

Hitze, Dürre, Buschfeuer, Überschwemmungen

Australien leidet unter Wetterextre-
men, die immer heftiger werden und
größere Flächen des Landes betreffen.
Die Anzeichen des Klimawandels sind
nicht zu übersehen. Die Temperaturen
sind seit 1950 im Jahresdurchschnitt
um 0,9 Grad Celsius gestiegen. Prognosen gehen davon aus, dass die Temperaturen im Jahr 2030 1 Grad über denen von 1990 liegen. Die Niederschläge
haben abgenommen und durch die
Trockenheit breiten sich **Dürren** aus,
die zum Teil jahrelang anhalten. Die
Dürren bedrohen nicht nur die Landwirtschaft, sondern auch die Trinkwasserversorgung in den wachsenden
Städten. Deshalb sind viele neue Meer-
wasser-Entsalzungsanlagen im Bau.
Eine Folge von extremer Trockenheit
sind verheerende Buschfeuer, die jährlich in großen Teilen Australiens wüten.
Sie vernichten Acker-, Weideland,
Obstbäume und Weinstöcke, Dörfer
und fordern oft auch Menschenleben.
Im Februar 2009 forderten die Buschfeuer 200 Menschenleben und vernich-
teten 350 000 Hektar landwirtschaftliche Nutzfläche. Anfang 2013 zerstörten
Buschfeuer 55 000 Hektar Ackerland,
30 000 Hektar Wald und viele Häuser.
Im Gegensatz dazu treten aber auch
flutartige Überschwemmungen auf, die
große Teile des Landes im Süden und
Nordosten erfassen können.

Auswirkungen auf die Landwirtschaft

Die australische Landwirtschaft hat eine hohe wirtschaftliche Bedeutung
und ist hoch produktiv. Drei Viertel der
landwirtschaftlichen Erzeugnisse, vor
allem Weizen und Fleisch, werden exportiert. Die Landwirtschaft ist aber im
trockenen Australien auf Wasser zur
Bewässerung angewiesen. Rund 70 %
des knappen Süßwassers fließen auf die
Äcker und in die Obstplantagen. Wasserrechte müssen die Farmer für viel
Geld kaufen. Sie nehmen dazu Kredite
auf, die abbezahlt werden müssen. Deshalb machen sich wassersparende Be-
wässerungsformen wie die Tröpfchen-
bewässerung bezahlt.
Bei lang anhaltenden Dürren sind die
Schäden für die Landwirte allerdings
oft so stark, dass das Einkommen aus
der Landwirtschaft nicht mehr zum Leben reicht. Die Landwirte sind dann ge-

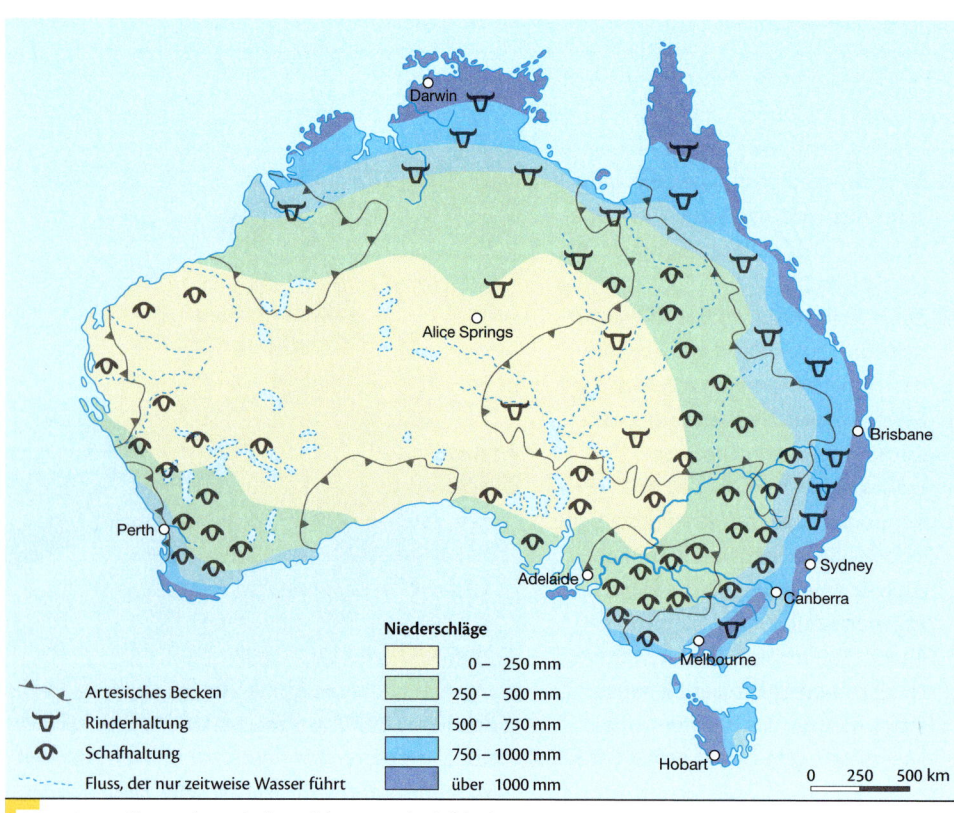

Niederschläge

Artesisches Becken
Rinderhaltung
Schafhaltung
Fluss, der nur zeitweise Wasser führt

	0 – 250 mm
	250 – 500 mm
	500 – 750 mm
	750 – 1000 mm
	über 1000 mm

0   250   500 km

M 2 *Verteilung der Niederschläge und Viehhaltung*

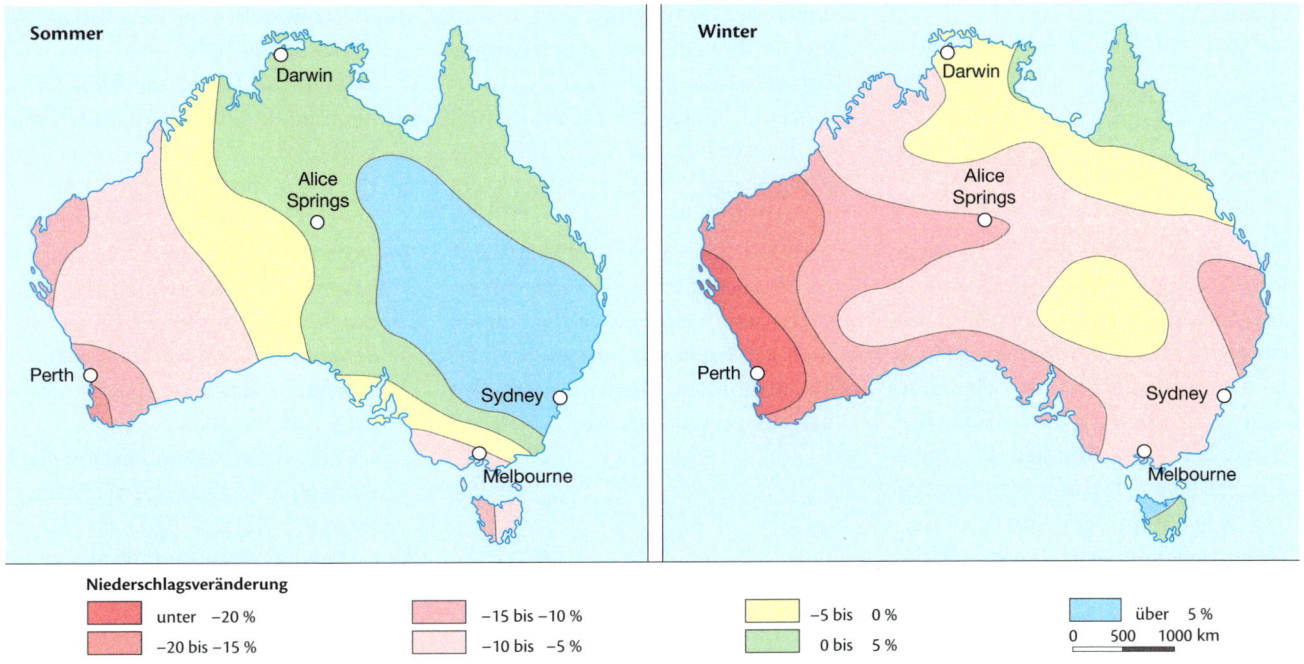

M 3 Erwartete Veränderungen Ende des 21. Jahrhunderts im Vergleich zu Ende des 20. Jahrhunderts

zwungen, ihre Betriebe zu verkaufen oder einfach aufzugeben.

Anpassen und mit dem Klimawandel leben

Die australische Regierung möchte, dass die Ackerflächen, die stark von Dürren gefährdet sind, aufgegeben werden. Neue Farmen sollen in Regionen mit höherem Niederschlag entstehen. Sollte es in Zukunft zu einem Mangel an Weizen kommen, könnten die Australier prob-

lemlos dieses Produkt aus Neuseeland importieren, denn dort werden trotz Klimaerwärmung gute Anbaubedingungen vorherrschen. Die Australier werden nicht Hunger leiden müssen, so wie die Menschen in ähnlich trockenen Ländern auf dem afrikanischen Kontinent. Veränderungen sind in der Energiewirtschaft geplant. Der Kohlenstoffdioxidausstoß ist gemessen an der Einwohnerzahl weltweit am höchsten. Mit dem Beitritt des Landes zum Kyoto-

Protokoll im Jahr 2007 hat sich Australien zur Reduktion von Treibhausgasen verpflichtet und sich das ehrgeizige Ziel gesetzt eine Solarstrom-Weltmacht zu werden. Die Voraussetzungen dafür scheinen vorhanden zu sein: 3000 Sonnenstunden jährlich und Investitionen von etwa 1,4 Milliarden Australischen Dollar in Solarprojekte.

1 Beschreibe die Verteilung und die erwarteten Veränderungen der Niederschläge in Australien (**M 2**, **M 3**).

2 Erläutere Auswirkungen der großen Dürrezeit zu Beginn unseres Jahrhunderts (**M 1**, **M 2**, **M 4**).

3 Erstelle eine Tabelle, in der du die Folgen des Klimawandels für Australien und Anpassungsstrategien gegenüberstellst. Beurteile deren Erfolgschancen (**M 1** bis **M 5**).

4 In Bergwerken werden Kanarienvögel als Warnung vor Gefahren mitgenommen. In Bezug auf den Klimawandel wird vom Kontinent Australien als „Kanarienvogel im Minenschacht" gesprochen. Erkläre diese Aussage.

Australien im siebten Jahr der Dürre: Landwirte verzweifelt

Die Trockenheit treibt die Getreidepreise weltweit. Denn „Down Under" ist der zweitgrößte Weizenexporteur. [...]

Wenn Australiens Landwirtschaft niest, erkältet sich der Weltgetreidemarkt. So geschehen in diesem Jahr. Mit einer Weizenausfuhr von jährlich rund 25 Millionen Tonnen ist „Down Under" in normalen Zeiten der zweitgrößte Weizenexporteur der Welt. Doch durch die verheerendste Dürre seit 100 Jahren hat es bei der jüngsten Ernte Ausfälle von rund 50 Prozent gegeben: Nur 13 Millionen Tonnen Weizen befanden sich am Ende der Ernte in Australiens Silos. [...]

Noch härter trifft die Dürre jedoch Australiens nationale Ökonomie und die Landwirtschaft selbst, mit mehr als 400 000 Beschäftigten einer der wichtigsten Wirtschaftszweige des Landes. Deshalb unternimmt Australien derzeit viel, um die Landwirtschaft für den Klimawandel zu rüsten. [...]

(Quelle: Hamburger Abendblatt von 19.6.2008, Autor: Wilhelm Josef Krechting)

M 4 Im siebten Jahr der Dürre

Wir orientieren uns in Australien

Der Staat Australien gehört mit einer Fläche von 7,69 Mio. km² zum kleinsten Kontinent der Erde, der den gleichen Namen hat. Die Einwohner sind zu 95 Prozent europäischer Herkunft, 1,3 Prozent kommen aus Asien und 2,2 Prozent sind Aborigines (Ureinwohner). Etwa 20 Prozent der Bevölkerung ist in Europa oder Asien geboren. Die Australier bezeichnen das trockene und flache Landesinnere als „Outback". „Down Under" (engl.) ist eine augenzwinkernde Eigenbetitelung der Australier für ihr Land, das für uns Europäer „irgendwo da unten" liegt.

Die größte Fläche des Landes nimmt das Ostaustralische Bergland, die Great Divding Range, ein. Es ist meist nicht mehr als 1000 Meter hoch. Im Westen erstreckt sich ein Berg- und Hügelland, das Westaustralische Tafelland, mit etwa 500 Metern Höhe. Zwischen diesen beiden großen Naturräumen liegt das Mittelaustralische Tiefland mit dem Großen Artesischen Becken.

1 Beschreibe die Lage von Australien (Karte S. 216/217).

2 Benenne die Flüsse und Seen, Gebirge, Inseln und Meere (**M 1**, Karte S. 215).

3 Übertrage die Silben in dein Arbeitsheft (**M 3**). Finde die Lösungswörter. Streiche die zum jeweiligen Lösungswort gehörenden Silben durch.

4 Benenne die Großräume, Landschaften und größten Städte (**M 5**, Karte S. 215).

5 Lokalisiere Sydney und beschreibe die geographische Lage der Stadt (**M 4**, **M 5**, Karte S. 215).

6 Erkläre die Verteilung der Städte in Australien.

WEBCODE: UE644339-176

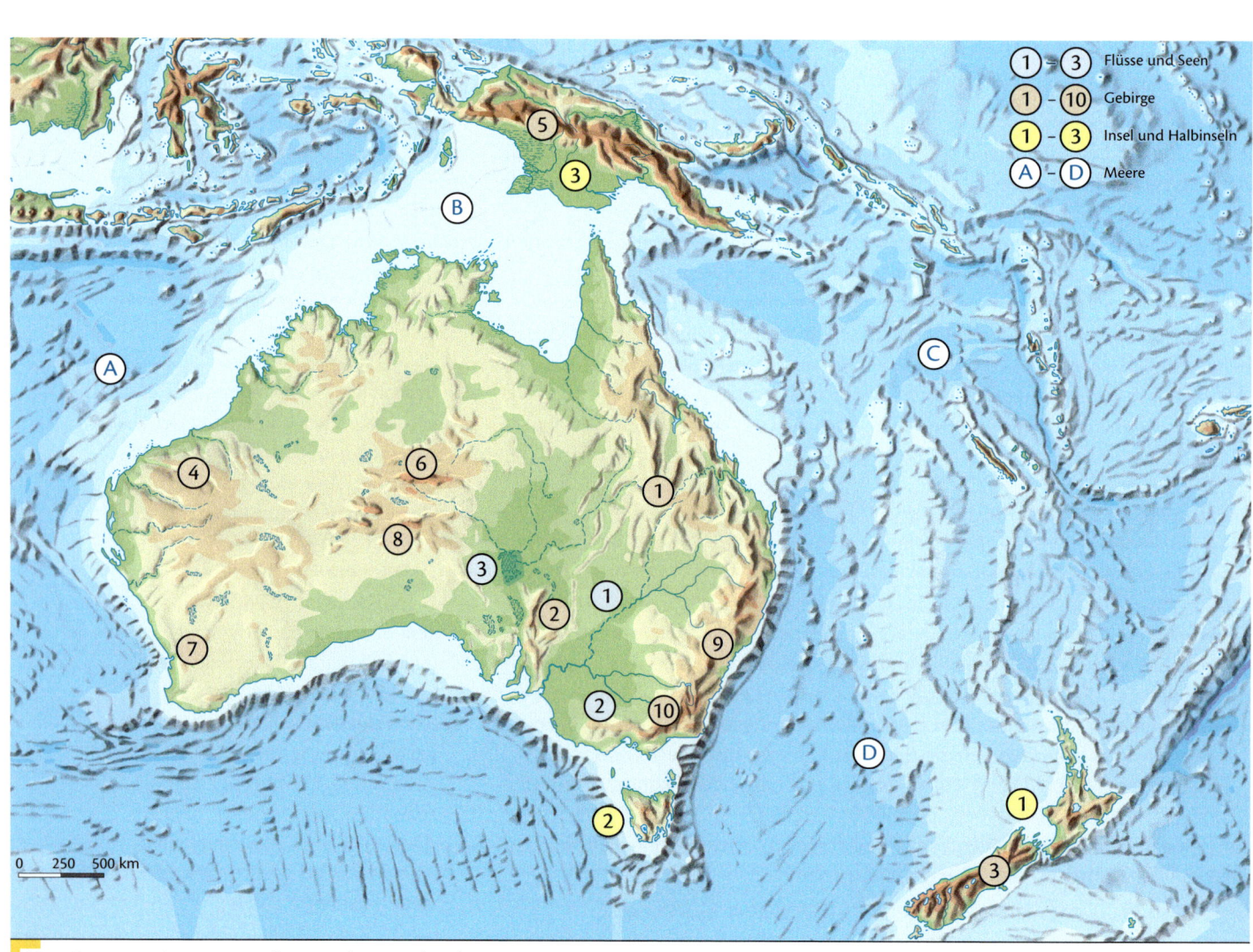

M 1 *Stumme Karte Australiens und Neuseelands*

Länder: Australien, Papua-Neuguinea und Tasmanien (Neuseeland und Pazifikinseln werden Ozeanien zugeordnet)

Ausdehnung:
Nord-Süd-Richtung ca. 3700 km, West-Ost-Richtung ca. 4000 km

Landhöhen:
durchschnittlich 300 m (Australien), min. −16 m (Eyresee, South Australia), max. 4509 m (Mt. Wilhelm, Papua-Neuguinea)

Fläche: 8,52 Mio. km²

Längste Flüsse:

- Darling 2740 km,
- Murray 2570 km,
- Murrumbidgee 2160 km

Höchster Berg:
Mount Kosciuszko (2230 m)

Gesamtbevölkerung: 29,4 Mio. Einwohner (Australien 22,5 Mio. Einwohner)

Einwohner pro km²: 3

Größte Städte:

- Sydney (New South Wales, Australien) 4,119 Mio. Einwohner,
- Melbourne (Victoria, Australien) 3,592 Mio. Einwohner,
- Brisbane (Queensland, Australien) 1,763 Mio. Einwohner.

M 2 *Steckbrief: Kontinent Australien (2013)*

ERS ROCK BACK GU RU TAS MA NIEN PA NEU NEA LING TON EU KA TUS IN DI SCHER O AN TO CAN BER RA AY OUT PUA LYP ZE WEL GUI RIA VIC KÄN

1 Zweitgrößter Monolith der Welt.
2 Bezeichnung der Australier für das Landesinnere.
3 Wappentier Australiens.
4 Insel vor der Südostspitze Australiens.
5 Land im Norden Australiens, das zum Kontinent Australien gehört.
6 Hauptstadt Neuseelands.
7 Bevorzugtes Futter der Koala-Bären.
8 Ozean vor Westaustralien.
9 Bundesstaat in Australien.
10 Hauptstadt Australiens.

M 3 *Silbenrätsel*

M 4 *Sydney*

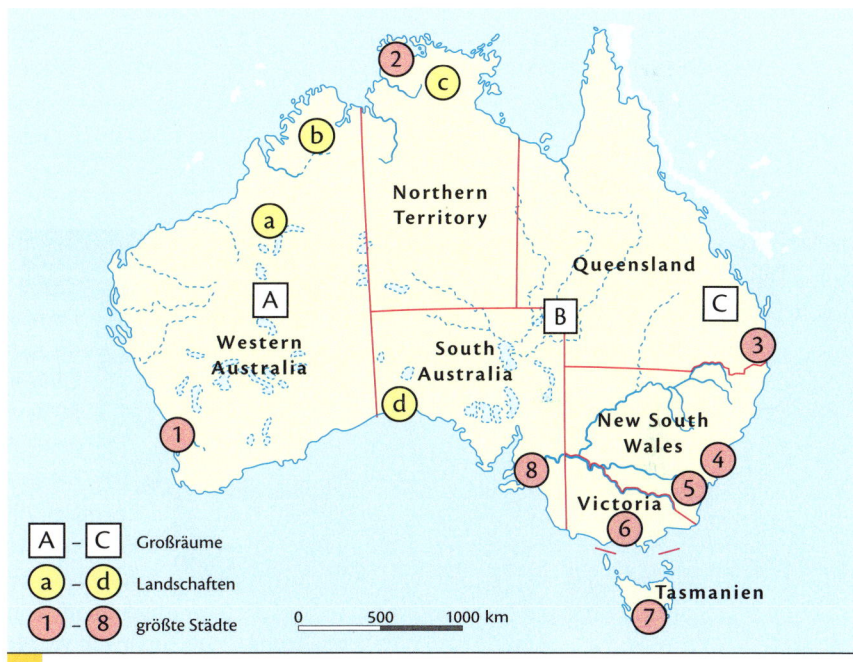

M 5 *Naturräume, Landschaften und größte Städte*

- **Giftigste Meeresbewohner:**
  Seewespe und Blauring-Krake an der Australischen Pazifikküste
- **Giftigste Schlange der Welt:**
  der Taipan
- **Größter Monolith der Welt:**
  Mount Augustus in Westaustralien (717 Meter hoch, acht Kilometer lang, bedeckt eine Fläche von 4795 Hektar).
- **Drittgrößte Wüstenfläche**
  (nach Eiswüste der Antarktis und Sahara)
- Kontinent mit der geringsten Bevölkerungsdichte

M 6 *Rekorde in Australien*

WEBCODE: UE644339-177

Klimaschutz geht uns alle an – ein Gruppenpuzzle

Das Gruppenpuzzle

Beim Gruppenpuzzle werden vorbereitete Wissensinhalte in mehreren Phasen in jeweils neu zusammengesetzten Kleingruppen erarbeitet. Dabei werdet ihr zu Experten.

Folgende Problemstellung bildet den Ausgangspunkt: Klimaschutz betrifft nicht nur die Politiker.

Dazu werden vier Bereiche des Klimaschutzes bearbeitet:

- **Teilbereich 1:** Positionen und Ziele von Nichtregierungsorganisationen.
  Weltweit operierende nichtstaatliche Organisationen – Non-Governmental Organizations (NGOs) – versuchen, mit teilweise spektakulären Aktionen auf den Klimawandel aufmerksam zu machen.
- **Teilbereich 2:** Positionen und Ziele der internationalen Politik.
  Mit Entscheidungen auf der nationalen und internationalen Ebene werden Ziele des Klimaschutzes umgesetzt.
- **Teilbereich 3:** Technische Innovationen.
  Die Industrienationen entwickeln Konzepte, die die Zunahme der Treibhausgase in der Atmosphäre verringern sollen. Informiert euch bei Kraftwerksbetreibern, wie diese mit Kohlenstoffdioxidemissionen umgehen.
- **Teilbereich 4:** Eigene Handlungsmöglichkeiten.
  Klimaschutz findet vor Ort und im persönlichen Bereich statt. Auch ihr könnt dazu beitragen, dass das Klima geschützt wird.

Teilbereich 2: Entwicklung des internationalen Klimaschutzes

November 2013 Warschau, 19. Weltklimakonferenz (19th Conference of the Parties/COP 19)

Dezember 2012 Doha: Das Kyoto-Protokoll wird bis Ende 2020 nahtlos weitergeführt. Die EU und 10 weitere Länder haben sich zu Reduktionszielen von 2013 bis Ende 2020 verpflichtet. Japan, Neuseeland und Russland haben keine festen Reduktionsziele mehr. Kanada ist aus Kyoto II ausgetreten und die USA sind wieder nicht dabei.

Dezember 2011 Durban: Uneinigkeit über das Abschlussprotokoll führen zur Verlängerung der Konferenz. Im Anschluss tritt Kanada aus dem Kyoto-Protokoll aus.

Dezember 2010 Cancún: Die Laufzeit des Kyoto-Protokolls bis zum Jahr 2012 sowie ein Waldschutzprogramm und ein Hilfsfonds für Entwicklungsländer werden beschlossen.

Dezember 2009 Kopenhagen: Eine Nachfolgeregelung für das Kyoto-Protokoll wird nicht erreicht und die unverbindliche „Kopenhagener Vereinbarung" wird zur Kenntnis genommen.

Dezember 2007 Bali: Australien ratifiziert das Kyoto-Protokoll.

16. Februar 2005 Das Kyoto-Protokoll tritt in Kraft.

Herbst 2004 Moskau: Russland ratifiziert das Protokoll.

Juli und November 2001 Bonn/Marrakesch: Die Vertragsstaaten einigen sich endgültig über Einzelheiten.

März 2001 Washington: Die US-Regierung verkündet den Ausstieg der USA aus dem Protokoll.

2000 Den Haag: Die Verhandlungen über die Details scheitern zunächst und werden auf später vertagt.

1997 Kyoto: Die Vertragsstaaten beschließen das Kyoto-Protokoll zur Reduktion von Treibhausgas-Emissionen.

1995 Berlin: 1. Konferenz der Vertragsstaaten der Klima-Rahmenkonvention: Die Verhandlungen beginnen.

1994 Klima-Rahmenkonvention tritt in Kraft.

1992 Rio de Janeiro: UN-Konferenz zu „Umwelt und Entwicklung": Die Agenda 21 und Klima-Rahmenkonventionen werden unterzeichnet.

1990 Auf die Treibhausgas-Emissionen dieses Jahres bezieht sich das Kyoto-Protokoll.

Ablauf und Durchführung des Gruppenpuzzles

- **Phase 1:** Einführung in das Thema und Einteilung in Stammgruppen.
  Klärt den Ablauf des Gruppenpuzzles und bildet Stammgruppen mit vier bis fünf Schülern.
- **Phase 2:** Verteilen der Teilbereiche des Themas.
  Besprecht in den Stammgruppen das Gesamtthema und ordnet jedem Gruppenmitglied einen Teilbereich zu.
- **Phase 3:** Arbeit in den Expertengruppen.
  Findet euch mit den Schülern, die sich mit dem gleichen Bereich befassen, zu Expertengruppen zum Bearbeiten zusammen. Recherchiert dazu im Internet. Teilaufgaben könnt ihr auch zu Hause erledigen.

- **Phase 4:** Rückkehr in die Stammgruppe.
  Danach kehrt ihr als „Experten" in die Stammgruppe zurück und berichtet über eure Ergebnisse.
- **Phase 5:** Präsentation der Gruppenergebnisse.
  Erarbeitet in der Stammgruppe eine Präsentation eures Themas. Diskutiert eure Gruppenergebnisse und beurteilt den Verlauf der Arbeitsprozesse in den Gruppen. Ihr könnt die Gruppenergebnisse z. B. in Form einer Wandzeitung oder eines Lernplakates zusammenstellen.

TIPP: Falls wenig Zeit zur Verfügung steht, können gleich Expertengruppen gebildet werden. Die Phase 2 fällt dann weg.

Teilbereich 4: Mein Beitrag zum Klimaschutz

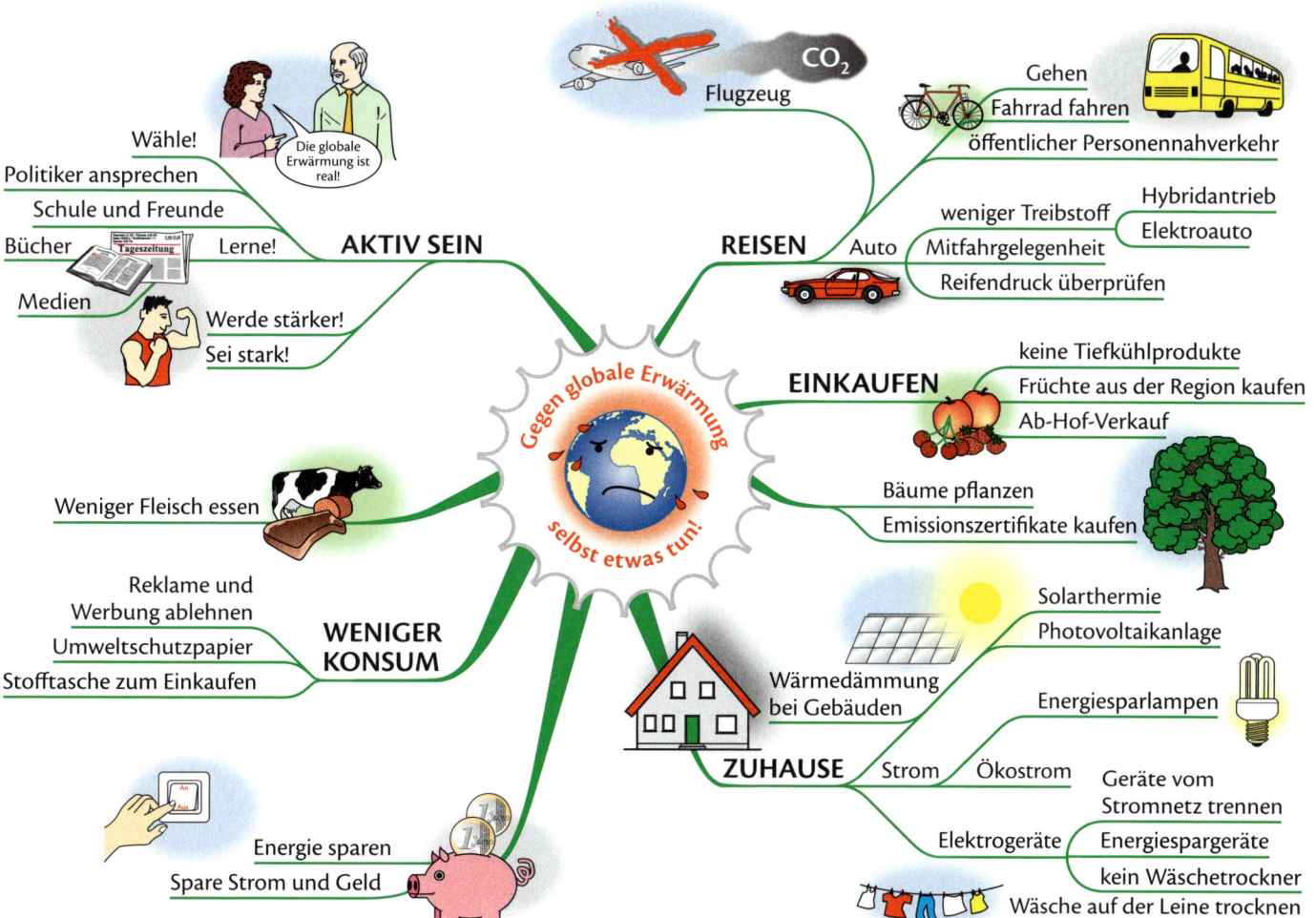

Geo-Check: Ursachen und mögliche Auswirkungen des Klimawandels erklären

Sich orientieren

M 1 *Folgen des Klimawandels*

1 Ordne mögliche Folgen des Klimawandels den in der Weltkarte verzeichneten Gebieten und Kontinenten zu. (**M 1**).
- Der Lebensraum der Eisbären wird bedroht.
- Das Ökosystem der Tundra ist gefährdet.
- Die Gefahr von Überschwemmungen durch tropische Wirbelstürme wächst.

- Das Eis taut.
- Hungersnöte und Verwüstung nehmen zu.
- Der Lebensraum der Pinguine wird bedroht.
- Das Ökosystem der Korallenriffe ist gefährdet.
- Die Gletscher in den Alpen schmelzen weiter ab.
- Der Wasserspiegel in den großen Seen wird sinken.
- Küstennahe Gebiete werden überflutet.

Wissen und verstehen

2 Ordne jedem dieser Begriffe (**M 2**) mindestens zwei Merkmale zu.

M 2 *Geo-Begriffestapel*

3 Sortiere die Aussagen in richtige und falsche Aussagen. Verbessere die falschen Aussagen und schreibe sie richtig auf.

Richtig oder falsch?
- Die Jahresmitteltemperaturen auf der Erde sind seit Jahrhunderten unverändert.
- Schnee- und Eisflächen haben keinen Einfluss auf den Wärmehaushalt der Erde.
- Durch den Treibhauseffekt kühlt sich die Atmosphäre ab.
- Der Klimawandel ist ausschließlich auf anthropogene Ursachen zurückzuführen.
- Kohlenstoffdioxid, Methan, Lachgas und Fluorchlorkohlenwasserstoffe sind Treibhausgase.
- Das Ozonloch entsteht jeden Monat über der Antarktis.
- Der Klimawandel hat ausschließlich negative Auswirkungen.
- Australiens Landwirtschaft verzeichnet Veränderungen durch den Klimawandel.

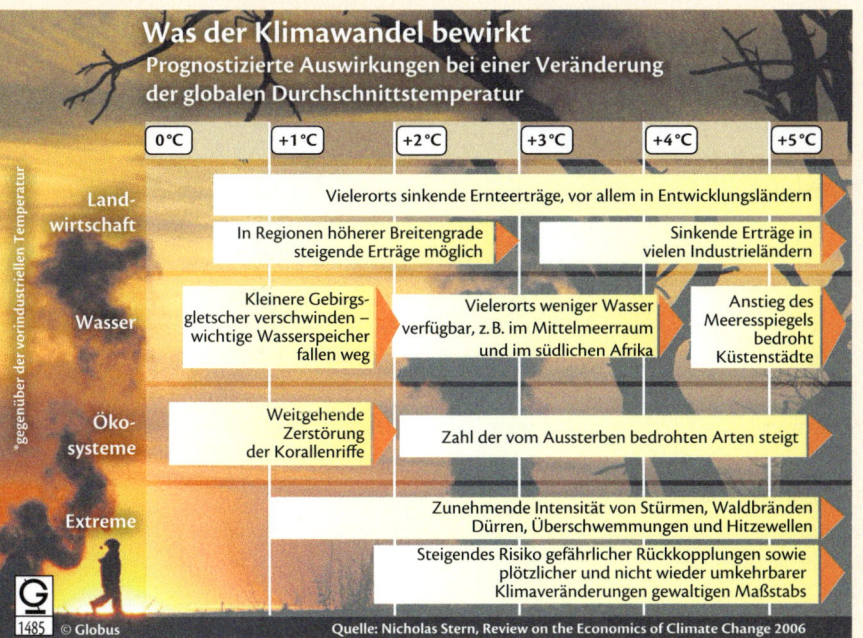

Was der Klimawandel bewirkt
Prognostizierte Auswirkungen bei einer Veränderung der globalen Durchschnittstemperatur

*gegenüber der vorindustriellen Temperatur

	0°C	+1°C	+2°C	+3°C	+4°C	+5°C
Land-wirtschaft		Vielerorts sinkende Ernteerträge, vor allem in Entwicklungsländern				
		In Regionen höherer Breitengrade steigende Erträge möglich		Sinkende Erträge in vielen Industrieländern		
Wasser		Kleinere Gebirgs-gletscher verschwinden – wichtige Wasserspeicher fallen weg	Vielerorts weniger Wasser verfügbar, z.B. im Mittelmeerraum und im südlichen Afrika	Anstieg des Meeresspiegels bedroht Küstenstädte		
Öko-systeme		Weitgehende Zerstörung der Korallenriffe	Zahl der vom Aussterben bedrohten Arten steigt			
Extreme			Zunehmende Intensität von Stürmen, Waldbränden Dürren, Überschwemmungen und Hitzewellen			
			Steigendes Risiko gefährlicher Rückkopplungen sowie plötzlicher und nicht wieder umkehrbarer Klimaveränderungen gewaltigen Maßstabs			

G 1485 © Globus   Quelle: Nicholas Stern, Review on the Economics of Climate Change 2006

M 3 *Auswirkungen des Klimawandels*

4 Die Auswirkungen durch den Klimawandel verändern sich mit dem Grad der globalen Erwärmung. Erstelle eine Tabelle, in der du die Veränderungen in der Landwirtschaft, bei Wasser, Ökosystemen und Extremen zuordnest (**M 3**).

Sich verständigen, beurteilen und handeln

5 Werte die Karikatur aus (**M 4**, 🔎 *Karikaturen auswerten*).

6 Beurteile den Inhalt der Zeitungsmeldung hinsichtlich der Reaktionen auf den Klimawandel in Niedersachsen (**M 5**).

M 4 *Ein Blick in die Zukunft*

Betroffenheit und Herausforderungen

„[...] Deiche an der deutschen Nord- und Ostseeküste sind für den Schutz gegen Hochwasserstände ausgelegt, wie sie bei Sturmfluten auftreten können: auf der Basis von Erfahrungen aus der Vergangenheit schützen Deiche derzeit vor Hochwasser, wie es im Durchschnitt etwa einmal in 350 Jahren auftritt. Durch den künftigen Meeresspiegelanstieg könnten Sturmfluten mit Hochwasserständen häufiger vorkommen: bis Mitte des 21. Jahrhunderts können Hochwasserstände, die derzeit einmal in 350 Jahren auftreten, künftig einmal in 100 Jahren vorkommen. An manchen Küstenabschnitten könnten solche Hochwasserstände sogar noch häufiger auftreten – genau dort, wo schon heute ein geringeres Schutzniveau als durchschnittlich besteht.

Insbesondere der Meeresspiegelanstieg sowie das Risiko zunehmender Extremwetterereignisse zeigen deutlich die Notwendigkeit auf, dass die Küstenregionen sich künftig verstärkt an den Klimawandel anpassen müssen. Hier sind sowohl Politiker und Unternehmen als auch die Haushalte vor Ort gefragt.
[...] Raumplanung und Integriertes Küstenzonenmanagement müssen das alte Leitbild „Verteidigung um jeden Preis" überprüfen und in Richtung des neuen Leitbilds „Mit dem Wasser leben" weiterentwickeln. [...]"

(Quelle: Jesko Hirschfeld, Esther Hoffmann und Martin Welp: Anpassung an den Klimawandel: Küstenschutz (Themenblatt). Herausgeber Umweltbundesamt 2012 [http://www.anpassung.net])

M 5 *Anpassung an Klimaänderung in Deutschland*

Lösungstipps zu den Aufgaben

Kapitel 1 Entwicklungsstand von Ländern charakterisieren

S. 15

2 Erkläre, welche Kennzeichen für die Einteilung von Ländern verwendet werden (**M 4**, Karten S. 11).
▶ Verwende dazu die Begriffe „Human Development Index" (HDI) und jährliches Pro-Kopf-Einkommen.

3 Beschreibe die Verteilung von Ländern mit unterschiedlichem Entwicklungsstand auf der Erde. Lege eine Tabelle an und ordne jeweils fünf Länderbeispiele zu (**M 5**, Karten S. 11).
▶ Die Tabelle könnte so aussehen:

Länder mit einem hohen Entwicklungsstand (Industrieländer)	Länder mit einem mittleren Entwicklungsstand (Schwellenländer)	Länder mit einem niedrigen Entwicklungsstand (Entwicklungsländer)
…	…	…
…	…	…
…	…	…
…	…	…
…	…	…

5 „Unsere Erde – Eine Welt oder eine geteilte Welt?" Nimm Stellung zu dieser Frage (**M 3** bis **M 5**).
▶ Finde Gründe, warum in der Aussage betont wird, dass wir **in einer Welt** leben. Suche nun Gründe, warum unsere Welt eine geteilte Welt ist. Denke dabei daran, welche Unterschiede es in den Ländern der Erde gibt. Beachte auch den Text auf S. 15 und die Karten auf Seite 11.

S. 17

1 Beschreibe die geographische Lage von Bangladesch (Karten S. 208/209 und S. 212).
▶ Beachte dabei die Lage im Kontinent Asien, zum Ozean, die Nachbarländer, die Gewässer, die Landeshauptstadt und weitere große Städte.

3 Stelle die Klimadaten von Chittagong in einem Diagramm dar und werte es aus (**M 5**).
▶ Benutze die folgende Checkliste:
Zeichnen des Klimadiagramms
1. Schritt: Erstellen des Diagrammrahmens
Zeichne eine 12 cm lange Grundachse. Trage die 12 Monate mit den Anfangsbuchstaben ein. Zeichne zwei 16 cm hohe Hochachsen. Beschrifte die linke Hochachse mit den Temperaturwerten in Zehnerschritten

von 0 bis 30 °C (Maßstab: 1 Grad entspricht 2 Millimeter.) und die rechte Hochachse mit Niederschlagswerten in Zwanzigerschritten von 0 bis 700 mm (Maßstab: Ein Millimeter Niederschlag entspricht einem Millimeter.). Beachte, dass sich null Grad und null Millimeter Niederschlag auf einer Linie befinden und dass der Maßstab ab 100 mm Niederschlag verkürzt wird (Maßstab: Zehn Millimeter Niederschlag entsprechen einem Millimeter.).

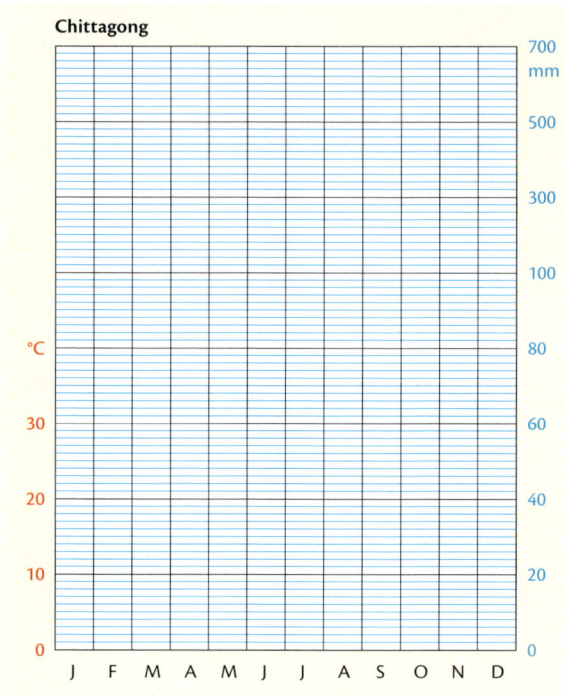

2. Schritt: Zeichnen des Temperaturdiagramms
Markiere die Höhe der Monatsmitteltemperatur im jeweiligen Monat mit einem Punkt. Verbinde mit einem roten Stift alle Punkte zu einer Kurve.
3. Schritt: Zeichnen des Niederschlagsdiagramms
Markiere die Monatsniederschlagssummen durch einen Strich über dem jeweiligen Monat. Verbinde die Striche durch eine senkrechte Linie mit der Nulllinie zu Niederschlagssäulen. Verdeutliche mit einem gelben Stift den Bereich, wo die Niederschlagssäulen unter der Temperaturkurve liegen.
▶ **Auswerten des Klimadiagramms**
1. Schritt: Temperatur
– Ermittle den wärmsten Monat und den kältesten Monat des Jahres (Monat, Temperatur in °C).
– Berechne die Jahresschwankung der Temperatur.
– Beschreibe den Verlauf der Temperaturkurve.
2. Schritt: Niederschläge
– Ermittle den niederschlagsreichsten Monat und den niederschlagsärmsten Monat (Monat, Niederschläge in mm).
– Beschreibe die Verteilung der Niederschläge über das Jahr.

3. Schritt: Humide und aride Monate
- Ermittle die Monate, in denen die Niederschlags-säulen bis über die Temperaturkurve reichen.
- Ermittle die Monate, in denen die Niederschlags-säulen unter der Temperaturkurve liegen.

4. Schritt: Klimazone
Ordne das Klimadiagramm einer Klimazone zu.

S. 19

1 Beschreibe Malaysias geographische Lage (Karten S. 208/209 und 213).
▶ Beachte dabei:
- die Lage im Kontinent Asien,
- die Lage zum Ozean,
- die Nachbarländer,
- die Landeshauptstadt
- und weitere große Städte.

5 Fertige eine Tabelle an, in der du Gunst- und Ungunst-faktoren für die gesellschaftliche Entwicklung in Malaysia gegenüberstellst (**M 2** bis **M 4**).
▶ Die Tabelle könnte so aussehen:
Gesellschaftliche Entwicklung in Malaysia

Gunstfaktoren	Ungunstfaktoren
…	große Zahl von Menschen, die Bildungschancen nicht nutzen können
Bekämpfung der Armut durch höhere Einkommen	…
…	…

6 Beurteile, ob Malaysia bereits als ein „Schwellenland" be-zeichnet werden kann (**M 2** bis **M 4**).
▶ Folgende Merkmale sollte deine Beurteilung berücksich-tigen:
- den HDI,
- das Bruttonationaleinkommen pro Einwohner sowie Anteil von Landwirtschaft, Industrie und Dienstleis-tungen daran,
- die Art der Waren, die exportiert werden,
- das Bevölkerungswachstum,
- den Bildungsstand der Bevölkerung.

S. 23

4 „Indien hat viele Gesichter." Beurteile die Richtigkeit die-ser Aussage und begründe deine Meinung (**M 1** bis **M 7**).
▶ Deine Begründung sollte mindestens folgende Gesichts-punkte enthalten:

- Entwicklung von Landwirtschaft, Industrie und Dienstleistungsbereich,
- Lebensbedingungen der Bevölkerung,
- Stellung der Frauen in der indischen Gesellschaft,
- Bildungsniveau,
- Unterschiede zwischen dem Leben in der Stadt und auf dem Land,
- Kastenwesen.

S. 25

2 Vergleiche die Daten in der Tabelle und benenne Ursa-chen der illegalen Einwanderung von Mexikanern in die USA (**M 5**).
▶ Beachte dabei vor allem die Wirtschaftskraft, die Ar-beitslosigkeit und das Einkommen. Lies dazu auch den Textabschnitt „Ohne die Illegalen geht es nicht".

Kapitel 2 Entwicklung und Verteilung der Weltbevölkerung erläutern

S. 35

3 Wachstumsrate, Geburtenrate und Sterberate: Benenne Merkmale der Begriffe und bringe sie in einen Zusam-menhang (**M 3**).
▶ Beachte auch das Lexikon (S. 195–197).

5 Vergleiche die Geburten- und Sterberaten. Entwickle eine Tabelle, die alle fünf Phasen des Modells des demo-graphischen Übergangs und Beispiele für Länder, Län-dergruppen und Regionen beinhaltet (**M 4**).
▶ Beachte auch das Lexikon (S. 195–197). Die Tabelle könnte so aussehen:
Phasen des demographischen Übergangs

	Gesellschaftsform	Beispiele
Phase I	Agrargesellschaft	…
Phase II	…	…
Phase III	…	…
Phase IV	…	…
Phase V	…	USA, Industrieländer, Australien

6 Wenn die Wachstumsrate der Bevölkerung sinkt, nimmt die Bevölkerungszahl nicht unbedingt ab. Prüfe die Rich-tigkeit dieser Aussage und begründe deine Meinung (**M 2–M 4**).
▶ Als Beispiel für die Überprüfung der Aussage und deine Begründung ist Brasilien gut geeignet.

Bei der Begründung solltest du folgende Fragen beantworten:
- In welcher Phase des demographischen Übergangs ist Brasilien?
- Was bedeutet das für die Wachstums-, die Geburten- und die Sterberate?
- Warum wächst die Bevölkerungszahl in Brasilien bis 2050 weiter?

S. 37

2 Fertige ein Wirkungsgefüge über die Ursachen und Auswirkungen des Bevölkerungswachstums in Indien an (S. 22/23).
▶ Gehe dabei nach der Schrittfolge zum Erstellen eines Wirkungsgefüges auf S. 148 vor. Das Wirkungsgefüge könnte folgendermaßen aussehen:

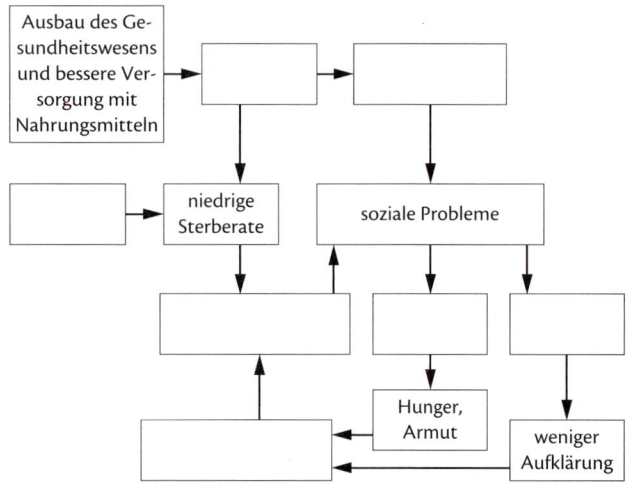

4 Beurteile die Erfolgsaussichten der Programme zur Familienplanung in Indien (**M 1**, **M 3** bis **M 5**).
▶ Beachte dabei:
- die durchschnittliche Kinderzahl pro Frau in **M 4**,
- das Heiratsalter,
- die Bildung von Frauen,
- die Unterschiede zwischen Städten und ländlichen Gebieten.

S. 39

2 Stelle die Ursachen und Auswirkungen der chinesischen Bevölkerungspolitik in einem Fließdiagramm dar (**M 2**, **M 3**, **2**).
▶ Beachte dazu die Arbeitstechnik *Fließdiagramme zeichnen*. Das Fließdiagramm könnte folgendermaßen aussehen:

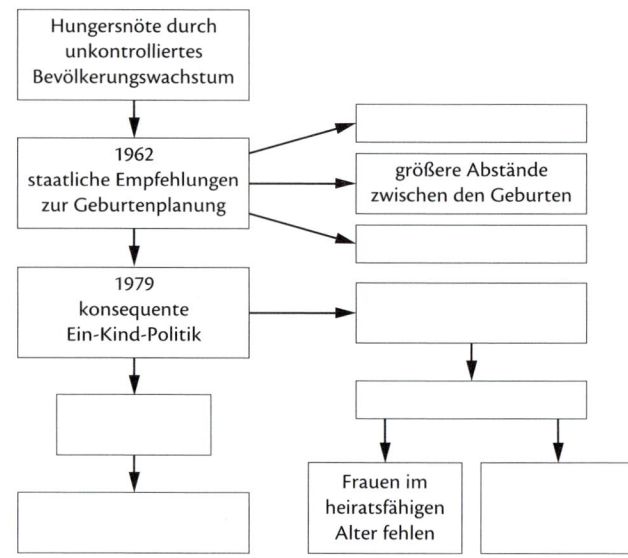

4 Erläutere die Folgen, die sich aus dem Missverhältnis der Geschlechter in China ergeben (**M 3** bis **M 7**).
▶ Denke dabei zum Beispiel an die Zusammensetzung von Kindergartengruppen und Schulklassen, an die Familien und die Erziehung von Einzelkindern und an Eheschließungen.

5 Beurteile die Maßnahmen der Bevölkerungspolitik in China (**M 1–M 6**).
▶ Mögliche Gesichtspunkte für die Beurteilung:
- das Verhältnis von neugeborenen Jungen und Mädchen und die sich daraus ergebenden Auswirkungen für die Erziehung und für Eheschließungen,
- der Altersaufbau und die Folgen für die Wirtschaft,
- die Unterschiede zwischen Städten und ländlichen Gebieten,
- die Lösung von Problemen durch die Einwanderung von Ausländern,
- Maßnahmen, mit denen der chinesische Staat die Probleme der Ein-Kind-Politik zu lösen versucht.

S. 43

4 Erörtere Auswirkungen der Bevölkerungsentwicklung für Deutschland (**M 1** bis **M 3**, S. 41 **M 3** bis **M 5**).
▶ Die Problemstellung, zu der du Argumente finden und Standpunkte äußern sollst, heißt: „weniger, älter und internationaler".

5 Charakterisiere die Migration in Deutschland.
▶ Verwende die Begriffe Migration, Einwanderungsland und Auswanderungsland.

S. 45

2 Erkläre die Unterschiede in den beiden Welten (**M 1**, **M 2**).
▶ Beachte dabei die unterschiedlichen Merkmale der Bevölkerungsentwicklung in Industrie- und Entwicklungsländern auf S. 34/35.

4 Erörtere die Probleme einer alternden bzw. jungen Gesellschaft (**M 1** bis **M 3**).
▶ Informationen dazu kannst du auch dem Text entnehmen.
Gesichtspunkte für die Erörterung könnten sein:
– Schulbildung und Berufsbildung,
– Arbeitsmarkt und Alterssicherung,
– Ernährung und Versorgung mit Nahrungsmitteln,
– Wohnen,
– soziale und kulturelle Einrichtungen.

S. 47

3 Erläutere Vor- und Nachteile der Migration für die Herkunfts- und Zielländer (**M 6**).
▶ Die Tabelle könnte so aussehen:

	Herkunftsländer der Migranten	Zielländer der Migranten
Vorteile	…	Zunahme der Bevölkerungszahl im arbeitsfähigen Alter …
Nachteile	auch höher Qualifizierte verlassen ihr Heimatland …	…

4 Erörtere die Problematik von Migration am Beispiel der Zuwanderung nach Europa (**M 3** bis **M 5**).
▶ Berücksichtige bei der Erörterung folgende Sachverhalte:
– Herkunft der Migranten, die nach Europa kommen,
– regionale Unterschiede in Europa,
– Qualifikation der Migranten,
– Ursachen für deren Wanderung nach Europa,
– Gefahren auf dem Weg nach Europa,
– Probleme, die in den Zuwanderungsländern entstehen können.

5 Recherchiert im Internet über die Grundlagen, Aufgaben sowie Aktionen des UN-Flüchtlingshilfswerks UNHCR und berichtet darüber ( ).
▶ Hilfe bietet dir die Arbeitstechnik *Eine Internetrecherche durchführen*.

S. 49

5 Trage die 30 bedeutendsten Global Cities in eine Weltkarte ein und erläutere deren Verteilung (**M 5**).
▶ Bei der Erläuterung solltest du beachten, auf welchen Kontinenten und in welchen Ländern die Städte liegen, ob es sich um Industrie-, Schwellen- oder Entwicklungsländer handelt. Hilfe bietet auch das Kapitel 1 und die Karten auf Seite 11.

6 Nimm Stellung zur Aussage: Tokio ist eine Global City und eine Megastadt.
▶ Beachte dazu auch das Lexikon und **M 4** auf Seite 49.

S. 51

5 Kennzeichne die Merkmale und Bedeutung des informellen Sektors für die Stadtbevölkerung in Entwicklungsländern (**M 4**, **M 5**).
▶ Zur Kennzeichnung der Bedeutung des informellen Sektors sind folgende Gesichtspunkte wichtig:
– die Verdienstmöglichkeiten zur Sicherung des Lebensnotwendigen,
– die Anforderungen an die Bildung der im informellen Sektor arbeitenden Menschen,
– die Art der Tätigkeiten bzw. „Berufe" im informellen Sektor,
– die sozialen Probleme und Folgen,
– die wirtschaftliche Bedeutung für die Entwicklungsländer.

S. 53

1 Beschreibe die geographische Lage von Lagos (Karte S. 214).
▶ Die Lagebeschreibung sollte folgende Merkmale beinhalten: Lage der Stadt im Kontinent, zum Meer und zu Nachbarstaaten, Lage in Nigeria, Höhenlage, Lage zum Äquator.

3 Erstelle eine Tabelle zu Ursachen und Folgen des städtischen Wachstums in Lagos und erläutere diese (**M 1**–**M 3**).
▶ Entnimm die notwendigen Informationen auch aus dem Text.

5 Erarbeite eine Präsentation zum Thema „Lagos – Nigerias Wirtschafts- und Kulturzentrum" ( ).
▶ Hilfe bietet dir die Arbeitstechnik *Eine Präsentation erstellen*.

Kapitel 3 Ernährungssicherung diskutieren

S. 63

2 Beschreibe die geographische Lage der Länder, in denen die Hunger- und Ernährungslage ernst bis gravierend ist (Karte S. 59 oben).

▶ Beachte dabei zum Beispiel die Kontinente, auf denen diese Länder liegen, die Erdhalbkugel, die Entfernung zum Äquator.

5 Erläutere den Zusammenhang zwischen der Entwicklung der Weltbevölkerung und der Ernährungssituation (**M 6**).

▶ Erläutere, was passieren könnte, wenn die Weltbevölkerung weiter stark wächst. Beachte dabei auch die Entwicklung des verfügbaren Ackerlandes (**M 5**). Vergleiche auch die Entwicklung der Weltbevölkerung und die Entwicklung der Weltgetreideproduktion. Ziehe Schlüsse daraus für die zukünftige Entwicklung der Versorgung mit Nahrungsmitteln.

S. 65

4 Erläutere den Teufelskreis des Hungers in einem zusammenhängenden Text (**M 6**).

▶ Überlege zunächst, wo du beginnen möchtest, und achte dann darauf, dass deine Sätze sinnvoll verknüpft sind. Dazu musst du passende Konjunktionen einfügen (zum Beispiel: weil, obwohl, dadurch, deshalb …). Du könntest so beginnen: „Wo Hunger herrscht, sind die Menschen unterernährt. Unterernährte Mütter gebären unterernährte Kinder, da sie während der Schwangerschaft unterversorgt waren. …"

S. 67

1 Beschreibe die geographische Lage Indonesiens (Karten S. 208/209 und 213).

▶ Beachte dabei zum Beispiel den Kontinent, die Erdhalbkugel, die Entfernung zum Äquator, die Nähe zu Meeren, Gebirgen und großen Flüssen.

3 Erkläre den Einfluss natürlicher und gesellschaftlicher Faktoren auf die Ernährungslage in Indonesien (**M 1**, **M 2**, Karte S. 59).

▶ Entnimm die notwendigen Informationen auch aus dem Text. Beachte dabei
   – Klima (**M 2**),
   – Boden,
   – Oberflächenformen,
   – Bevölkerungswachstum,
   – Bildung und
   – wirtschaftliche Lage der Landbevölkerung.

Informationen dazu findest du im Textabschnitt „Verbesserungen in Bildung und Gesundheit" sowie in **M 5**.

S. 69

1 Beschreibe und erläutere die Lage der Hauptfischfanggebiete (**M 2**, **M 3**).

▶ Benenne die Meere, die Nähe zu Küsten, Kontinenten und Staaten, an die die Hauptfischfanggebiete grenzen. Hinweise zur Erläuterung der Lage findest du im Textabschnitt „Lebensraum Meer".

2 Erläutere, warum das Nahrungsangebot für Fische nicht in allen Meeren gleich ist (**M 2**).

▶ Hinweise hierzu findest du in dem Textabschnitt „Lebensraum Meer".

5 Erstelle eine Tabelle, in die du Maßnahmen gegen Überfischung einträgst sowie ihre Vor- und Nachteile (**M 1**, **M 4**).

▶ Die Tabelle könnte folgendermaßen aussehen:

Maßnahme	Vorteil	Nachteil
Festlegung der Fangmenge	…	…

Hinweise hierzu findest du im Textabschnitt „Maßnahmen gegen Überfischung".

S. 71

4 Führt in der Klasse eine Pro-und-Kontra-Diskussion durch zum Thema „Gentechnisch veränderte Pflanzen gegen den Hunger!?" (**M 3**, **M 4**, ▨).

▶ Berücksichtige bei der Diskussion die Tabelle aus Aufgabe 3. Beachte dazu außerdem die Arbeitstechnik *Eine Pro-und-Kontra-Diskussion führen*.

S. 73

1 Erkläre, was man unter nachhaltigem Wirtschaften versteht (**M 1**, **M 3**).

▶ Beachte dabei sowohl den Umgang mit den natürlichen Ressourcen als auch die Folgen für den Menschen. Hinweise hierzu findest du in dem Textabschnitt „Nachhaltiges Wirtschaften als Chance für die Zukunft".

4 Beschreibe das Zusammenwirken der verschiedenen Bereiche bei den Maßnahmen zur Ernährungssicherung (**M 3**).

▶ Gehe dabei so vor: Lies dir die vier Bereiche aufmerksam durch und überlege, wie sie miteinander in Beziehung stehen. Nimm einzelne Punkte heraus, wie zum Beispiel die Verbesserung landwirtschaftlicher Anbaumethoden, und überlege, welche Maßnahmen aus den anderen drei

Bereichen umgesetzt werden müssten, damit die Verbesserung der Anbaumethoden gelingt.

6 Nimm begründet Stellung zu der Aussage, dass nachhaltiges Wirtschaften unbedingt erforderlich ist (**M 1** bis **M 4**).
▶ Erläutere zum Beispiel, welche Folgen es für die Ernährungssicherung in den Entwicklungsländern hätte, wenn nicht nachhaltig gewirtschaftet würde. Beachte dabei die Folgen für die natürlichen Ressourcen und die Menschen.

Kapitel 4 Nachhaltige Nutzung von Ressourcen beurteilen

S. 91

2 Erkläre, warum Trinkwasser ein knapper Rohstoff ist (**M 2** bis **M 4**, Karte S. 87 unten).
▶ Beachte, welches Wasser nur als Trinkwasser nutzbar ist. Weitere Hinweise findest du im Textabschnitt „Wasserressourcen der Erde".

3 Erstelle eine Mindmap zu den Folgen des Wassermangels (🔎).
▶ Beachte die Arbeitstechnik *Eine Mindmap erstellen*.

S. 93

1 Beschreibe die geographische Lage Anatoliens (Karte S. 200/201).
▶ Beachte dabei die Lage innerhalb der Türkei, die Nachbarstaaten, die Nähe zu Gebirgen, Flüssen und Meeren.

4 Vergleiche die Satellitenbilder und erläutere, was sich durch den Bau des Atatürk-Staudamms verändert hat (**M 1** bis **M 3**).
▶ Berücksichtige beim Vergleich der Satellitenbilder, wie sich der Flusslauf und der Pflanzenbewuchs verändert haben.

S. 95

1 Definiere die Begriffe „Ressource", „Reserve" und „Rohstoff" (**M 2**).
▶ Hinweise hierzu erhältst du im Textabschnitt „Rohstoff, Ressource oder Reserve?".

2 Erkläre, warum immer mehr Ressourcen genutzt werden. Berücksichtige dabei besonders die Situation in Deutschland (**M 1**, **M 2**).
▶ Hinweise hierzu findest du auch im Textabschnitt „Rohstoffverbraucher Deutschland".

4 Erläutere Deutschlands Interesse an erhöhten Forschungsanstrengungen in Bezug auf Rohstoffe (**M 3** bis **M 5**, Karte S. 87 oben).
▶ Berücksichtige dabei, woher Deutschland seine Rohstoffe überwiegend bekommt und welche Probleme sich daraus ergeben.

S. 97

1 Beschreibe die Lage der Länder Asiens mit hohem Rohstoffbedarf (**M 6**, **M 7**, Karte S. 208/209).
▶ Berücksichtige dabei zum Beispiel
– die Erdhalbkugel,
– die Längen- und Breitenkreise,
– die Lage innerhalb des Kontinents,
– angrenzende Meere,
– die Höhenlage.

3 Begründe den steigenden Rohstoffverbrauch (**M 1** bis **M 5**).
▶ Beachte dabei vor allem
– die Bevölkerungsentwicklung,
– die Wirtschaftsentwicklung,
– die Entwicklung des Lebensstandards und
– die Rohstoffvorkommen (Karte S. 210/211).

4 Zeichne mithilfe der Daten Säulendiagramme und werte sie aus (**M 4**).
▶ Nimm kariertes Papier und zeichne eine senkrechte und eine waagerechte Achse. Lege zunächst fest, welche Werte du auf welcher Achse eintragen möchtest. Bestimme nun den Maßstab für deine Säulen (zum Beispiel 1 cm pro 100 Mio. t). Zeichne die Säulen für die einzelnen Zahlenwerte und beschrifte sie. Gib dem Diagramm eine Überschrift.

5 Werte die Karten zu den Rohstoffimporten aus (**M 6**, **M 7**).
▶ Dabei kannst du so vorgehen: Betrachte zunächst die Säulen und erläutere, welche Staaten welche Mengen eines Rohstoffs importieren müssen. Betrachte dann die Pfeile und nenne die wichtigsten Rohstofflieferanten der einzelnen Staaten.

S. 99

3 Erläutere die Zielsetzungen des Seerechts sowie die Einteilung des Weltmeeres in Wirtschaftszonen (**M 4**).
▶ Hinweise hierzu findest du auch im Textabschnitt „Das Seerecht". Werte **M 4** aus, indem du bei „1 Küstenstaat" beginnst. Erläutere zu jedem Bereich die Entfernung zur Küste, wer ihn nutzen darf und was erlaubt und verboten ist.

5 Fasse Pro- und Kontra-Argumente zur Nutzung der Rohstoffe aus dem Meer zusammen und nimm dazu Stellung.
▶ Sammle Argumente, die für eine Nutzung der Rohstoffe aus dem Meer sprechen, und solche, die gegen eine Nutzung sprechen. Anregungen findest du in den Texten auf S. 98/99. Vergleiche die Argumente miteinander und nimm Stellung, welcher Meinung du dich anschließen kannst. Begründe deine Stellungnahme.

S. 105

2 Erkläre die Entstehung von Braun- und Steinkohle sowie Erdöl und Erdgas (**M 2, M 3**).
▶ Beginne jeweils mit der oberen Abbildung und beschreibe die Ausgangssituation. Beschreibe, welche Teile sich heben oder senken und wie sich das auf Land und Meer auswirkt. Beachte, aus welchem Material sich Kohle und Erdöl bilden und unter welchen Bedingungen dies geschieht. Weitere Hinweise findest du in den Textabschnitten „Entstehung von Kohle" und „Entstehung von Erdöl und Erdgas".

3 Vergleiche die bisherige Förderung mit den Reserven und Ressourcen (**M 1, M 4**).
▶ Du kannst zum Beispiel berechnen, wie lange die Ressourcen noch reichen bei gleichbleibender Förderung. Du kannst Kontinente und Regionen benennen, die über besonders große beziehungsweise besonders geringe Ressourcen verfügen.

4 Erläutere die Notwendigkeit einer nachhaltigen Nutzung fossiler Energieträger anhand eines Beispiels (**M 1, M 4**).
▶ Hinweise hierzu erhältst du im Textabschnitt „Nachhaltige Nutzung".

S. 107

1 Werte die Karikatur aus (**M 1,** 🖉).
▶ Beachte die Arbeitstechnik *Karikaturen auswerten*.

2 Bildet sechs Gruppen und wählt je einen der regenerativen Energieträger aus. Informiert euch über Umfang und Art der Nutzung, Vor- und Nachteile. Stellt die Ergebnisse der Klasse vor und vergleicht die Energieträger (**M 2** bis **M 4,** 🖉).
▶ Beachte die Arbeitstechnik *Eine Internetrecherche durchführen*.

S. 109

2 Erläutere Ursachen und Folgen der Erdöl- und Erdgasförderung für Mensch und Umwelt (**M 1**).

▶ Hinweise hierzu findest du in dem Textabschnitt „Zerstörung der Umwelt".

4 Vergleiche den Verlauf verschiedener Gasleitungen nach Deutschland. Fertige eine Tabelle an, in der du die Länder erfasst, die von den Gasleitungen durchquert werden (**M 3,** Karte S. 204/205).
▶ Liste die Länder auf, durch die Pipelines auf dem Weg nach Deutschland verlaufen, und beurteile, was die günstigste Verbindung ist. Beachte dabei sowohl die Entfernung als auch die Jahresleistung und die Anzahl der Länder, die jeweils durchquert werden müssen.

5 Ermittle die Entfernung von den westsibirischen Erdgaslagerstätten bis an die deutsche Grenze (**M 3,** Karte S. 204/205).
▶ Dabei kannst du so vorgehen: Miss mit dem Lineal auf der Karte die Strecke von den Fördergebieten in Russland bis Deutschland Luftlinie. Miss auf der Maßstabsleiste nach, wie viele Kilometer ein Zentimeter auf der Karte angibt, und berechne danach die tatsächliche Entfernung.

S. 111

5 Benenne die größten Städte Asiens und ordne sie einem Großraum zu. Lege dazu eine Tabelle an (**M 5**).
▶ Die Tabelle könnte folgendermaßen aussehen:

Großraum	Städte
…	…

Kapitel 5 Veränderungen im Ruhrgebiet analysieren

S. 119

2 Charakterisiere den wirtschaftlichen Aufstieg und die Bedeutung des Ruhrgebietes (**M 1** bis **M 5**).
▶ Lies dazu auch den Text und teile die Entwicklung des Ruhrgebietes in folgende Abschnitte ein:
- Aufstieg zu einem industriellen Ballungsraum im 19. Jahrhundert,
- Bedeutung des Ruhrgebietes bis Ende der 50er-Jahre des 20. Jahrhunderts.

3 Erläutere die Krise des Steinkohlenbergbaus und der Stahlindustrie im Ruhrgebiet (**M 4** bis **M 6**).
▶ Lies dazu auch den Text. Die Erläuterung sollte folgende Gesichtspunkte umfassen:
- Ursachen und Merkmale der wirtschaftlichen Krise ab den 60er-Jahren,

– Folgen der Krise für den Steinkohlenbergbau und die Stahlindustrie,
– Folgen der Krise für die Bevölkerung im Ruhrgebiet.

5 Stelle die wirtschaftliche Ausgangssituation, die Ursachen der Krise und deren Auswirkungen in einem Fließdiagramm dar und erläutere dieses (**M 1** bis **M 6**, 🔎).
▶ Beachte die Arbeitstechnik *Fließdiagramme zeichnen*.

S. 121

3 Erläutere Maßnahmen des Strukturwandels im Ruhrgebiet (**M 1**–**M 6**).
▶ Die Erläuterung sollten folgende Fragen beantworten:
– Wann begann der Strukturwandel im Ruhrgebiet?
– Welche Maßnahmen kennzeichnen den Strukturwandel?
– Wie hat sich die Arbeitswelt verändert?
– Wie hat sich die Lebensqualität verändert?
– Welche Probleme treten auf?
– Wo liegen die Perspektiven des Ruhrgebietes?

4 Bildet Gruppen und informiert euch im Internet über den „Zukunftsstandort Phoenix" (**M 1**, **M 2**, **M 4**). Gestaltet Werbeplakate zur Entwicklung dieses Standortes. Hebt darauf die besonders zukunftsträchtigen Bereiche (Berufe) hervor (🔎).
▶ Beachtet dazu die Arbeitstechnik *Eine Internetrecherche durchführen*.

5 Erarbeitet eine Präsentation, in der ihr den Wandel vom „Kohlenpott" zu einem modernen Wirtschaftsraum mit guter Lebensqualität darstellt (🔎).
▶ Hilfe findet ihr in der Arbeitstechnik *Eine Präsentation erstellen*.

S. 123

3 Benenne Gemeinsamkeiten und Unterschiede der beiden Beispiele (**M 1** bis **M 3**).
▶ Nutzt dazu den Text auf S. 122/123. Ihr könnt dazu auch im Internet recherchieren.
Der Vergleich sollte folgende Fragen beantworten:
– Wie wurden die Flächen früher genutzt?
– Erfolgte ein Abriss und Neubau oder eine Umnutzung der alten Industrieanlagen?
– Wie werden die Fläche bzw. die Gebäude heute genutzt?
– Welche Arbeitsplätze sind entstanden? Gehören sie zur Industrie oder zu den Dienstleistungen?

S. 127

1 Informiere dich über die Arbeitsbereiche von Preussag und TUI und vergleiche sie (**M 5**, 🔎).
▶ Beachtet dazu die Arbeitstechnik *Eine Internetrecherche durchführen*.

2 Arbeitet in Gruppen. Analysiert den Prozess des Strukturwandels eines Unternehmens am Beispiel der TUI (**M 1** bis **M 5**).
▶ Bei der Analyse solltet ihr folgende Inhalte in ihrer zeitlichen Zuordnung beachten:
– Was produziert das Unternehmen bzw. in welchen Geschäftsfeldern ist es tätig?
– Wie wurde und wird das Unternehmen durch Zu- und Verkäufe umgebaut?
– Wie verändert sich der Name des Unternehmens?
– Wie wird das Unternehmen in Zukunft aussehen?

Kapitel 6 Weltwirtschaft in der globalisierten Welt untersuchen

S. 139

5 Vergleiche die weltwirtschaftliche Stellung der Hauptakteure mit der der Wirtschaftsbündnisse (**M 2**, **M 3**).
▶ Untersuche, welche der in **M 2** genannten Staaten du einem der in **M 3** genannten Wirtschaftsbündnisse zuordnen kannst. Vergleiche anschließend die Wirtschaftsleistung der noch verbliebenen Staaten mit der der Wirtschaftsbündnisse.

6 Bewerte die Bedeutung der Wirtschaftsbündnisse für einen fairen Welthandel (**M 3**, **M 4**).
▶ Hinweise hierzu findest du im Textabschnitt „Wirtschaftsbündnisse". Beachte, welche Ziele Wirtschaftsbündnisse verfolgen, und überlege, ob diese Ziele mit einem fairen Welthandel übereinstimmen.

S. 141

4 Erläutere, welche Engstellen der Welthandel passieren muss (Karte S. 135 unten, S. 142/143 **M 1**).
▶ Untersuche, wo besonders viele Schiffe unterwegs sind. Überprüfe, ob es auf diesen Routen Meerengen, Kanäle oder Hafenstädte gibt, und nenne sie.

6 „Entfernungen verlieren an Bedeutung." – Nimm ausführlich Stellung zu dieser Aussage (**M 2**, **M 3**).
▶ Betrachte dabei sowohl die Geschwindigkeit, in der Waren und Nachrichten transportiert werden können, als auch die dabei entstehenden Kosten.

7 Erörtere, inwiefern der Welthandel der Motor der Globalisierung ist (**M 1** bis **M 4**).
▶ Hinweise hierzu findest du im Textabschnitt „Welthandel als Motor der Globalisierung".

S. 145

2 Erkläre, warum die Produktion von Textilien hauptsächlich in Entwicklungs- und Schwellenländern stattfindet (**M 1** bis **M 3**).
▶ Betrachte dabei die Arbeitskosten, die Ausbildung der Arbeitskräfte sowie die Produktionsbedingungen.

3 Erläutere, welche positiven und negativen Auswirkungen die internationale Arbeitsteilung für Industrie- und Entwicklungsländer hat (**M 1** bis **M 4**).
▶ Erstelle eine Tabelle, in die du die Auswirkungen einträgst:

	Positive Auswirkungen	Negative Auswirkungen
Industrieländer	...	...
Entwicklungsländer	...	...

Betrachte die Auswirkungen auf den Preis des Produktes, die Lohnkosten, die Arbeitsplätze sowie die Entwicklung des Verkehrs.

4 Beurteile die Produktionsbedingungen in der Textilindustrie der Entwicklungs- und Schwellenländer (**M 2** bis **M 4**).
▶ Hinweise hierzu findest du im Textabschnitt „Produktionsbedingungen in Entwicklungsländern".

S. 151

1 Beschreibe die geographische Lage Singapurs (**M 2**, Karten S. 135 unten und 213).
▶ Berücksichtige dabei zum Beispiel
 – den Kontinent,
 – Nachbarstaaten,
 – die Lage zum Meer,
 – Breitengrad,
 – Höhenlage,
 – Ausdehnung.

4 Erörtere, welche Probleme bei weiterem Wachstum auf Singapur zukommen könnten (**M 2**, **M 6**).
▶ Beachte dabei die geographische Lage und die Grenzen Singapurs.

S. 153

1 Beschreibe die geographische Lage des Silicon Valley (**M 2**, Karte S. 216/217).
▶ Berücksichtige dabei zum Beispiel den Staat, die Nähe zu großen Städten, die Lage zum Meer, Höhenlage, Ausdehnung.

2 Erläutere anhand eines Wirkungsgefüges die Entwicklung des Silicon Valley zum Zentrum der Computerindustrie (**M 1**, **M 2**).
▶ Gehe dabei nach der Schrittfolge zum Erstellen eines Wirkungsgefüges auf S. 148 vor.

S. 155

1 Charakterisiere die Verteilung der Standorte des Siemens-Konzerns weltweit (**M 1**, **M 3**, **M 4**).
▶ Nenne die Kontinente, auf denen sich Standorte des Siemens-Konzerns befinden. Erläutere, wo es besonders viele Standorte gibt und wo nur wenige bis gar keine, und versuche eine Erklärung für diese Verteilung zu finden.

3 Erörtere die Bedeutung der Global Player für die Globalisierung. Unterscheide dabei zwischen den Herkunftsländern der Global Player und den Zielgebieten der Direktinvestitionen (**M 1**–**M 5**).
▶ Weitere Hinweise findest du im Textabschnitt „ Weltkonzerne – Träger der Globalisierung?".

S. 159

1 Analysiere die Kontinente hinsichtlich ihrer Teilhabe an der Globalisierung. Erstelle dazu eine Tabelle (**M 2**, S. 142/143 **M 1**, S. 146 **M 1**, S. 153 **M 3**, S. 135 unten).
▶ Die Tabelle könnte folgendermaßen aussehen:

Merkmale	Europa	Nordamerika	Südamerika	Asien	Afrika	Australien
Anteil an Waren-, Finanz- und Touristenströmen						
Teilnahme am Welthandel						
Rohstoffexporte						
Datenströme						

Kapitel 7 **Ursachen und mögliche Auswirkungen des Klimawandels erklären**

S. 167

2 Erläutere den natürlichen und den anthropogenen Treibhauseffekt (**M 4**).
▶ Lies dazu die entsprechenden Textabschnitte. Begründe, warum der natürliche Treibhauseffekt lebensnotwendig ist. Erkläre, wodurch dieser verstärkt wird und wie der anthropogene Treibhauseffekt entsteht. Benenne auch die Treibhausgase.

3 Werte die Karikatur aus und formuliere deren Aussage in zwei bis drei Sätzen (**M 1**, 🖉).
▶ Beachte die Arbeitstechnik *Karikaturen auswerten*.

5 Erörtere die Notwendigkeit und den Erfolg von Maßnahmen zur Vermeidung der Treibhausgase (**M 2**).
▶ Beachte dabei auch die Verweildauer der Treibhausgase in der Atmosphäre.

S. 169

1 Erläutere den Kohlenstoffkreislauf (**M 3**, **M 4**).
▶ Beginne bei der Erläuterung des Kohlenstoffkreislaufes bei der Verbrennung fossiler Brennstoffe, zum Beispiel von Kohle, Erdöl und Erdgas in Kraftwerken und der Industrie. Überlege davon ausgehend, wohin dieser Kohlenstoff gelangt und welche weiteren Kohlenstoffquellen es gibt.

3 Verdeutliche den Unterschied zwischen Kohlenstoffsenke und Kohlenstoffquelle (**M 3**, **M 4**).
▶ Erkläre zunächst, was eine „Kohlenstoffquelle" ist und wo diese zu finden ist. Erkläre nun, was unter einer „Kohlenstoffsenke" verstanden wird. Benenne die Unterschiede zwischen beiden.

4 Vergleiche die Kohlendioxidemissionen und formuliere mindestens drei Ergebnissätze (**M 5**, **M 6**).
▶ Begründe dabei, warum die Staaten in den Diagrammen an unterschiedlichen Positionen auftreten. Verwende auch die Begriffe Industrieland und Schwellenland.

5 Führe eine Internetrecherche durch und informiere dich zum aktuellen Stand des GeoCarbon-Projekts (**M 1**, 🖉).
▶ Beachte dazu die Arbeitstechnik *Eine Internetrecherche durchführen.*

S. 171

2 Erkläre, wie Ozonsmog entsteht, und erläutere die Auswirkungen von Ozonsmog für Mensch und Natur (**M 2**).
▶ Entnimm die wichtigsten Informationen aus dem Text.

4 Diskutiert den Aussagewert des Plakates der Umweltschutzbehörde der USA (**M 3**, 🖉).
▶ Bedenkt, wie Ozonsmog entsteht und wer wichtige Verursacher sind. In die Diskussion kann auch die Aussage: „Lokal denken – global handeln" einbezogen werden. Beachtet dazu die Arbeitstechnik *Eine Diskussion führen*.

S. 173

1 Benenne zunächst allgemein mögliche Auswirkungen des Klimawandels und ordne diesen Beispiele zu (**M 1** bis **M 3**).
▶ Ein mögliche Ordnung der Auswirkungen des Klimawandels könnten folgende Themen sein:
  – Auswirkungen für die Küsten,
  – Auswirkungen für die Wirtschaft,
  – Auswirkungen für Temperaturen und Niederschläge,
  – Auswirkungen für den Menschen,
  – Auswirkungen für Ökosysteme.

2 Zeige Auswirkungen des Klimawandels für Deutschland auf. Zeichne dazu eine Mindmap (**M 2**, **M 3**, 🖉).
▶ Beachte die Arbeitstechnik *Eine Mindmap erstellen*.

S. 175

2 Erläutere Auswirkungen der großen Dürrezeit zu Beginn unseres Jahrhunderts (**M 1**, **M 2**, **M 4**).
▶ Bedenke dabei: Auswirkungen auf die Menschen, die Natur und die Wirtschaft, Auswirkungen auf Australien und weltweit.

3 Erstelle eine Tabelle, in der du die Folgen des Klimawandels für Australien und Anpassungsstrategien gegenüberstellst. Beurteile deren Erfolgschancen (**M 1** bis **M 5**).
▶ Lies dazu auch den Text. Die Tabelle könnte so aussehen:

Folgen des Klimawandels	Anpassungsstrategien Australiens
Ackerbau ist von Dürre stark gefährdet.	Neue Farmen sollen in Regionen mit höheren Niederschlägen entstehen. Import von Weizen aus Neuseeland.

S. 176

6 Erkläre die Verteilung der Städte in Australien.
▶ Berücksichtige, dass Australien eine Insel ist, und die natürlichen Bedingungen in den unterschiedlichen Landesteilen.

Arbeitstechniken

Eine Pro-und-Kontra-Diskussion führen

In einer Pro-und-Kontra-Diskussion werden unterschiedliche Positionen kurz und prägnant einander gegenübergestellt und argumentativ begründet. Die Arbeitstechnik eignet sich für strittige Sachverhalte, die aus eurer Sicht kontrovers diskutiert werden können. Dabei müsst ihr auch Sichtweisen und Begründungen vertreten, die vielleicht nicht eurer eigenen Meinung entsprechen.

A Vorbereitungen:

Folgende Rollen müssen vorab festgelegt werden: Moderator, zwei Anwälte und ein bis vier Sachverständige. Alle übrigen Schüler bilden das Publikum. Der Moderator erhält einen Ablaufplan.

Sachverständige und Anwälte bereiten sich in vorgelagerten Arbeitsgruppen intensiv auf ihre Aufgabe vor. Das spätere Publikum kann daran beteiligt werden.

B Ablauf:

Eine Pro-und-Kontra-Diskussion kann in sieben Phasen unterteilt werden:

1 Eröffnung (5 Min.): Der Moderator eröffnet die Diskussion, begrüßt die Teilnehmer, verweist auf die Spielregeln und nennt das Thema.

2 Erste Abstimmung (5 Min.): Vor der Diskussion stimmt das Publikum das erste Mal geheim über eine strittige Frage im Rahmen des Themas ab. Das Ergebnis wird festgehalten.

3 Plädoyers (2 Min.): Die Anwälte halten Eingangsplädoyers: Sowohl der Pro-Anwalt als auch der Kontra-Anwalt erhalten dafür eine Minute Zeit. Beide begründen ihre Position und werben um Zustimmung.

4 Befragung der Sachverständigen (5 bis 20 Min.): Maximal vier Sachverständige, die nicht diskutieren dürfen, sondern nur auf Fragen antworten, werden von den Anwälten abwechselnd befragt.

5 Schlussplädoyers (2 Min.): Jeder Anwalt erhält wiederum eine Minute Zeit, um nochmals seine Position zu verdeutlichen, indem er auf die Aussagen der Sachverständigen eingeht.

6 Zweite Abstimmung (5 Min.): Nach der Diskussion stimmt das Publikum erneut über die strittige Frage ab, um festzustellen, ob einige Zuhörer ihre Meinung geändert haben.

7 Auswertungsgespräch (20 bis 30 Min.): Im Anschluss an eine Pro-und-Kontra-Diskussion findet eine Auswertung statt. Bei diesem Gespräch werden die Plausibilität und Überzeugungskraft der Argumente diskutiert.

C Tipps zur Umsetzung:

Das Thema sollte auf eine Entscheidungsfrage zugespitzt werden, damit aus der Pro-und-Kontra-Diskussion keine ausufernde Debatte wird. Vor einer solchen Diskussion solltet ihr mit dem Problem bereits vertraut sein und unterschiedliche Positionen kennengelernt haben.

Wichtig ist es, genau zuzuhören, abzuwarten, Aussagen der Gesprächspartner genau wiederzugeben, sie zu kommentieren, Gegenthesen zu bilden oder stützende Argumente zu finden.

Fließdiagramme zeichnen

Mit Fließdiagrammen können Abläufe und Entwicklungen anschaulich dargestellt werden, wie bei diesem Beispiel die Nahrungskette im Watt.

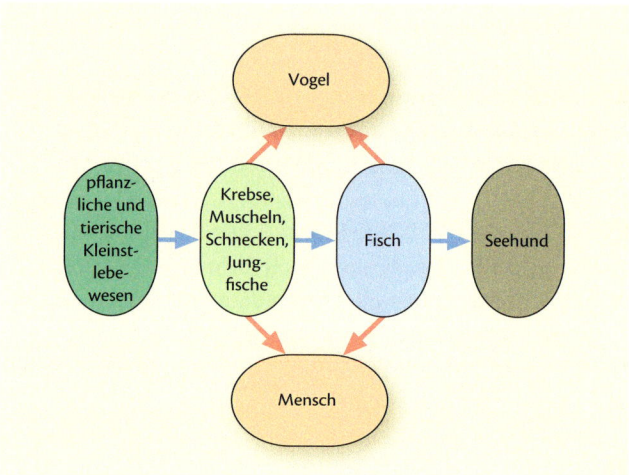

Fließdiagramm: Die Nahrungskette im Watt

Eine Internetrecherche durchführen

Eine gute Möglichkeit, Informationen zu beschaffen, bietet das Internet. Allerdings solltet ihr folgende Hinweise bei der Arbeit mit dem Internet beachten.

Zunächst solltet ihr prüfen, ob die Internetrecherche sinnvoll ist. Sie kann sinnvoll sein, wenn

- ihr schnell Informationen benötigt,
- ihr aktuelles Datenmaterial sucht,
- ihr Material benötigt, über das die örtlichen Bibliotheken nicht oder nicht so schnell verfügen können,
- ihr vielleicht noch nicht genau wisst, welche Informationen es zu einem Thema gibt.

Wie finde ich was im Internet?

Am einfachsten ist es, wenn man die Adresse kennt. Sehr häufig wird inzwischen in Zeitungen, Zeitschriften und im Fernsehen die Internetadresse angegeben – sie beginnt mit „www". Achtet darauf, die Adresse genau anzugeben – vor allem die Punkte. Manche Adressen sind naheliegend:
www.deutschland.de
Viele Adressen sind hingegen unbekannt. Sie müssen über „Suchmaschinen" herausgefunden werden.
Wichtige Suchmaschinen sind: www.google.de, www.metager.de, www.yahoo.de
Und die bekanntesten Suchmaschinen für Kinder findet ihr unter: www.blindekuh.de oder www.fragfinn.de

Mit Suchmaschinen arbeiten

1. Schritt: Gib den Namen der gewünschten Suchmaschine ein.

2. Schritt: Auf der Startseite der Suchmaschine gibst du den Suchbegriff ein: „Wattenmeer". Die Suchmaschine durchforstet das ganze Web und du erhältst innerhalb kürzester Zeit auf dem Bildschirm eine Liste mit Internetadressen. An der Statuszeile kannst du ablesen, wie viele Einträge diese Liste umfasst.

3. Schritt: Die Liste ist zu lang? Du kannst deine Auswahl auch durch zwei oder mehr Suchbegriffe einschränken (z. B. „Gefährdungen", „Naturschutzpark").

4. Schritt: Sobald du eine vielversprechende Adresse hast, klickst du mit dem Mauszeiger auf diesen Link. Findest du unter der angezeigten Seite Informationen, die du zur Lösung deiner Fragestellung gebrauchen kannst, solltest du sie komplett oder in Auszügen auf der Festplatte deines Computers speichern und ausdrucken. Gib die Adresse dieser Seite als „Quelle" an, auch wenn du nur Auszüge verwendest. **Und Achtung:** Jeder kann im Internet Inhalte ungeprüft veröffentlichen. Du musst also auch prüfen, von wem die Informationen stammen und – soweit dies geht – ob sie sachlich richtig sind.

Karikaturen auswerten

Karikaturen sind bewusst übertriebene Darstellungen eines Sachverhalts oder eines Problems. Um die Aussage einer Karikatur herauszufinden, musst du so vorgehen:

- Betrachte die Karikatur genau und beschreibe, was dargestellt wird. Welche Bedeutung haben die dargestellten Personen und Gegenstände?
- Stelle fest, auf welchen Sachverhalt, welches Problem sich die Karikatur bezieht.
- Wie sieht der Zeichner die Situation/das Problem? Welche Meinung hast du zur Aussage der Karikatur?

Arbeitsergebnisse in bildlicher Form präsentieren

Bilder und Zeichnungen können einprägsamer als Texte sein. Dabei gibt es verschiedene Möglichkeiten:

1 **Das Plakat:** Auf einem Plakat könnt ihr zum Beispiel Bilder, Zeitungsschlagzeilen, Tabellen und Grafiken befestigen. Auf lange Texte solltet ihr bei einem Plakat verzichten. Oft wirkt ein Plakat besser, wenn es nicht rechteckig ist, sondern in einer interessanten Form das Thema wiedergibt.

2 **Die Collage** besteht vorwiegend aus Bildern. Diese sollten sehr aussagekräftig sein, Situationen überspitzen und auf ein Problem hinweisen. Besonders ihre Anordnung kann den Betrachter neugierig machen.

3 **Die (gestaltete) Landkarte** ist so etwas wie ein Plakat in Form eines Landes oder Kontinents. Sie bietet sich als Präsentationsform an, wenn das Thema sich auf ein Land oder einen Erdteil bezieht.

4 **Die Ausstellung** richtet sich meist an die gesamte Schule, manchmal auch an Eltern und Mitbürger. In der Vorbereitung sind folgende Fragen zu klären:

- Wo ist ein geeigneter Ort (Flur, Pausenhalle, Aula)?
- Wen könnte das Thema interessieren?
- Woher bekommen wir Pinn- und Stellwände sowie Schaukästen?
- Wie wollen wir das Thema präsentieren?
- Wie soll die Ausstellung angekündigt werden (Aushänge, Schüler- oder Lokalzeitung)?
- Wie erhalten wir eine Rückmeldung zu unserer Ausstellung (Buch für Eintragungen, Fragebögen)?

Eine Mindmap erstellen

Eine Mindmap ist eine Gedankenlandkarte. Sie hilft, Informationen zu ordnen und besser im Gedächtnis zu behalten. Bei einer Mindmap fängt man in der Mitte an. Mindmaps bestehen aus Hauptästen und Nebenästen. Es werden immer nur Stichwörter aufgeschrieben.

Grundstruktur einer Mindmap

Eine Mindmap zu erstellen, funktioniert in drei Schritten:
- Nehmt ein unliniertes Blatt Papier und schreibt euer Thema/den zentralen Begriff in die Mitte des Blattes.
- Überlegt, welche wichtigen Dinge/Oberbegriffe euch zu dem Thema einfallen. Von der Mitte ausgehend zeichnet ihr für jeden gefundenen Oberbegriff die Hauptstränge (Äste) und an jedem Ast notiert ihr den Oberbegriff.
- Von den Ästen gehen Zweige ab, an denen ihr die untergeordneten Gesichtspunkte und Begriffe notieren könnt.
- Tipp: Verwende für deine Mindmap Druckbuchstaben. Sie sind leichter zu entziffern als Schreibschrift.

Einen Kurzvortrag, ein Kurzreferat halten

Ein Kurzvortrag ist eine mündliche Form der Präsentation, also der Darstellung eines Themas. Ein Kurzvortrag ist in drei Abschnitte gegliedert: Einleitung – Hauptteil – Schluss. Wenn du einen Kurzvortrag zu einem bestimmten Thema halten sollst, beachte folgende Schritte:

1. **Das Thema/Problem erfassen:** Wie genau lautet das Thema deines Vortrages? Formuliere eine passende Überschrift oder Fragestellung.
2. **Informationen recherchieren, sammeln und ordnen:** Informationsquellen können dein Schulbuch, weitere Bücher aus Bibliotheken oder das Internet sein. Angesichts der Fülle der Informationen musst du Schwerpunkte festlegen und das vorhandene Material sortieren.
3. Erstelle eine **Gliederung** für dein Referat. Bedenke, dass es sich um einen kurzen Vortrag handelt (etwa fünf bis zehn Minuten).
4. Du kannst bei deinem Vortrag auch **Anschauungsmaterial** einsetzen: Bilder, Gegenstände, Tabellen, ein Poster oder Ähnliches sowie Schlüsselwörter an die Tafel schreiben.
5. Referate sollen **frei vorgetragen** werden. Dabei hilft dir eine Zusammenstellung der wichtigsten Stichwörter auf Karteikarten. Achte dabei auf eine gut lesbare und große Schrift. Beschränke dich auf das Wesentliche. Vermeide komplizierte und verschachtelte Sätze.
6. Damit euer Minireferat gelingt, müsst ihr den Vortrag **üben**. Es empfiehlt sich, alles einem Freund oder einer Freundin oder der Familie vorzutragen.
7. **Tipps für den eigentlichen Vortrag:**
   - Stelle dich so hin, dass dich alle sehen können.
   - Versuche frei zu sprechen.
   - Orientiere dich an deinen Stichwörtern.
   - Schau beim Sprechen die Zuhörer/Mitschüler an.
8. Nach dem Vortrag können die Zuhörer **Rückfragen** stellen, um Begriffe und Sachverhalte präzisieren zu können.

Tipps zum Erstellen von Plakaten und Folien

- **Überschrift:** Jedes Plakat/jede Folie hat einen Namen.
- **Große Schrift:** Nur so ist der Text auch lesbar. Bei Plakaten am besten dicke Stifte verwenden.
- **Struktur:** Der Aufbau muss mit einem Blick erkennbar sein. Da helfen
  - Blockbildung,
  - Trennlinien,
  - Kästen.

Erstellen eines Plakats

- Sinneinheiten sollen räumlich nah beieinander stehen.
- **Wichtiges hervorheben:** Dies lässt sich durch farbige Schrift, Unterstreichen, Umrahmen oder Schraffieren erreichen.

- **Farben:** Sie beleben das Plakat/die Folie. Pro Darstellung maximal drei Farben verwenden.
- **Bild schlägt Wort:** Nicht nur Text, sondern auch Schemazeichnungen, Diagramme oder Bilder verwenden.
- **Mut zur Lücke:** Auch Freiflächen sind Gestaltungselemente. Mindestens ein Drittel freilassen.
- **Fernwirkung:** Aus mindestens fünf Metern Entfernung müssen Plakate noch gut lesbar sein. Bei Folien sollte dies auch vom hinteren Bereich des Raumes möglich sein.

Eine Präsentation erstellen

1. Schritt: Lege das Thema deiner Präsentation fest.
2. Schritt: Besorge dir Informationen zu deinem Thema. Achtung: Wenn du Materialien in deine Präsentation übernimmst, musst du die Quelle angeben.
3. Schritt: Erstelle eine Gliederung der Präsentation. Achte dabei darauf, dass sie sinnvoll aufgebaut und der Raum auf einer Karte lokalisiert werden kann. Überlege dir einen Einstieg, der neugierig auf das Thema macht und das Interesse der Zuschauer/Zuhörer weckt.
4. Schritt: Lege fest, welches Präsentationsmedium du einsetzen willst, und stelle sicher, dass die erforderlichen Geräte zur Verfügung stehen.
5. Schritt: Stelle die Präsentation zusammen. Ordne die Materialien in der richtigen Reihenfolge deinem Vortragstext zu. Achte darauf, dass Abbildungen gut erkennbar sowie Text und Zahlen in Grafiken und Diagrammen lesbar sind.
6. Schritt: Übe deine Präsentation, denn sie sollte möglichst frei vorgetragen und nicht abgelesen werden. Beachte, dass die Medien deinen Vortrag nur unterstützen sollen. Setze sie sparsam an den Stellen ein, an denen es sinnvoll ist.

Tipps zum richtigen Präsentieren

- Schaue in Richtung der Zuschauer/Zuhörer. Achte darauf, dass du nicht nur auf den Bildschirm oder die Präsentationswand schaust.
- Versuche frei zu sprechen und nicht abzulesen. Das gelingt besser, wenn du dir Stichpunkte auf Merkzetteln notierst.
- Unterstütze deine Präsentation durch sinnvolle Gestik und Bewegung. Dadurch wirkt das Vorgetragene lebendiger und interessanter.
- Rede laut, deutlich und nicht zu schnell. Bedenke, dass die Zuhörer deine Präsentation zum ersten Mal hören/sehen und alles verstehen wollen.
- Fasse am Ende die Ergebnisse noch einmal kurz zusammen.
- Gib dem Publikum die Möglichkeit, am Schluss Fragen zu stellen.

Lexikon

Asyl: mehrdeutiger Begriff, unter dem man einen Zufluchtsort oder einen Schutz vor Verfolgung und Gefahr, aber auch eine (vorübergehende) Aufnahme von Verfolgten versteht (z. B. „Kirchenasyl"). Gemäß der Genfer → *Flüchtlingskonvention* von 1951 sind Flüchtlinge Menschen, die sich außerhalb ihres Heimatstaates (Ursprungsland) aufhalten und eine berechtigte (nachweisbare oder sehr wahrscheinliche) Furcht haben müssen, aufgrund ihrer Hautfarbe, Religion, Nationalität, politischen Gesinnung oder Zugehörigkeit zu einer (sozialen) Gruppe verfolgt zu werden. Auch wenn Armut, Naturkatastrophen und wirtschaftliche Not zu einer → *Migration* führen, sind sie als Asylgründe nicht anerkannt.

Bevölkerungsentwicklung: Zusammenwirken von → *Geburtenrate*, → *Sterberate* und Wanderungen in einem Raum.

Bevölkerungsexplosion: starke Zunahme der Bevölkerung in einem Gebiet infolge einer sehr hohen → *Geburtenrate* und einer niedrigen → *Sterberate*.

Binnenmigration: eine → *Migration* innerhalb der Grenzen eines Staates (z. B. infolge wirtschaftlicher Attraktivität eines Zielgebietes).

Biotechnologie: Sammelbezeichnung für verschiedene Bereiche der angewandten Biologie; Biotechnologie wird oft mit → *Gentechnik* gleichgesetzt. Man versteht darunter Methoden der Schädlingsbekämpfung, aber auch der Rekultivierung von durch den Menschen genutzten Räumen.

Bruttonationaleinkommen (BNE): Maß für die wirtschaftliche Leistung einer Volkswirtschaft in einem Jahr in Geldwerten; es umfasst den Wert der Sachgüter und Dienstleistungen, die über einen Markt abgesetzt werden, also nicht die Leistungen im Privathaushalt. Nicht einbezogen werden Produktionen ausländischer Unternehmen im Inland, wohl aber die Erträge von inländischen Unternehmen im Ausland.

Cash-Crop: landwirtschaftliches Erzeugnis, das im Gegensatz zu Agrarprodukten für die Selbstversorgung für den (Welt-)Markt produziert wird.

Demographie: Wissenschaft von der Bevölkerung, ihrer Struktur, Verteilung und Veränderung.

Dienstleistungssektor: → *Wirtschaftssektor*.

Direktinvestitionen: Kapitalanlagen, die von Inländern im Ausland oder von Ausländern im Inland mit dem Ziel vorgenommen werden, Einfluss auf die Geschäftstätigkeit eines Unternehmens auszuüben.

Erdwärme: → *Geothermie*.

Emigrant: Mensch, der ein Land verlässt (Auswanderer).

Emission: Ausstoß von Schadstoffen (z. B. Abgase) bei der Produktion von Waren, durch Kraftwerke, Fahrzeuge usw.

erneuerbare Energie: mitunter auch als „regenerative Energie" bezeichnet. Sie wird aus nicht endlichen Quellen wie Sonne oder Wind gewonnen. Dies ist nicht nur umweltfreundlich, sondern auch eine wirtschaftliche Alternative zu umweltschädlichen und teuren konventionellen oder → *fossilen Energieträgern*. Solarenergie, Windenergie, Wasserkraft und → *Geothermie* sind Beispiele für erneuerbare Energien, die immer mehr an Bedeutung gewinnen.

Flüchtlingskonvention: überstaatliche Anerkennung der Rechte (und Behandlung/Aufnahme) von Menschen, die infolge außerordentlicher Not (Verfolgung) ihren Heimatstaat (ihr Herkunftsgebiet) verlassen haben.

fossiler Energieträger: Torf, Braunkohle, Steinkohle, Erdöl, Erdgas.

Freihandel: Außenhandel (Import und Export), der ohne staatliche Eingriffe erfolgt.

Geburtenrate: Zahl der Lebendgeborenen pro 1000 Einwohner in einem bestimmten Gebiet.

Gentechnik: Wissenschaft bzw. Technik, die sich mit Eingriffen in die Erbmasse beschäftigt; im Ackerbau ist das Ziel der Gentechnik, Pflanzen zu züchten, die u. a. hohe Erträge erbringen und widerstandsfähiger gegenüber Schädlingen sowie Krankheiten sind.

Geothermie (Erdwärme): alternative, → *erneuerbare* Energiequelle; die im Erdinneren gespeicherte Hitze wird zur Stromgewinnung genutzt.

Gigabit: Im Bereich der Datenfernübertragung wird das Bit als Grundeinheit bei der Angabe der Datenübertragungsrate verwendet. ISDN überträgt maximal 64 000 Bit pro Sekunde), Fast Ethernet 100 Mbit/s (100 Millionen Bit pro Sekunde), Gigabit Ethernet übermittelt 1 000 000 000 bit/s.

Global City: Großstadt mit Hauptsitzen von Unternehmen, die von hier aus ihr weltweites wirtschaftliches Handeln steuern und kontrollieren.

Globalisierung: Prozess der zunehmenden weltweiten Verflechtung und Vernetzung von Politik, Kultur, Umwelt, Produktion und Märkten. Der zunehmende technische Fortschritt, insbesondere in der Kommunikationstechnologie, ist als Ursache der Globalisierung zu sehen.

Grüne Revolution: allgemein der Anbau von Nutzpflanzen mit dem Ziel einer Steigerung der Nahrungsmittelproduktion; dafür sollen z. B. neue Saatgutsorten, mineralische Düngemittel, Schädlingsbekämpfungsmaßnahmen oder auch die Ausweitung von Bewässerungsanlagen sorgen. Wegen der häufig hohen Investitionen haben Kleinbetriebe von der Grünen Revolution häufig kaum profitiert.

Handelsbeschränkungen: Eingriffe des Staates, um grenzüberschreitende Güterströme (Import und Export) zu beeinflussen.

HDI: Abkürzung für „Human Development Index", eine Maßzahl für die menschliche Entwicklung eines Staates; der HDI wird jährlich von den Vereinten Nationen (UN) auf einer Skala von 0 bis 1 veröffentlicht. Er umfasst Werte für Einkommen, Lebenserwartung sowie Schulbildung und zeigt den durchschnittlichen Leistungsstand eines Landes an.

Industrialisierungspolitik: politische Rahmenbedingungen des Industrialisierungsprozesses eines Raumes; die Industrialisierung kann z. B. durch staatliche Hilfen gefördert, aber auch durch gesetzliche Beschränkungen (z. B. im Rahmen des Naturschutzes) gehemmt werden. Die jeweilige Industrialisierungspolitik spielte vor allem bei der wirtschaftlichen Aufbauarbeit in den Entwicklungsländern eine große Rolle.

Immigrant: Mensch, der sich für eine längere Zeit oder den Rest seiner Lebenszeit in ein anderes Land begibt (Einwanderer).

informeller Sektor: wirtschaftliche Tätigkeiten der Menschen, die nicht staatlich registriert und kontrolliert sind (Schattenwirtschaft). Er ist eine Folge des Beschäftigungsproblems der Entwicklungsländer und ist gekennzeichnet durch arbeitsintensive Produktion, einfache Tätigkeiten, schlechte Bezahlung und niedrige Qualifikationsanforderungen, die außerhalb des Schulsystems erworben werden.

Kaste: Gruppe von Menschen in Indien, die gleiche oder ähnliche Berufe, Lebensformen und Stellung in der Gesellschaft haben. Jeder Hindu wird in eine Kaste hineingeboren. Die Kasten sind nach einer Rangordnung gestaffelt. Das Kastenwesen ist zwar gesetzlich verboten, spielt aber besonders auf dem Land noch eine große Rolle.

Klimawandel: anthropogen verursachte Klimaänderung, im Gegensatz zu natürlichen Klimaschwankungen.

Maquiladora: (auch: Maquila) Montagebetriebe im Norden Mexikos und in Mittelamerika, die importierte Einzelteile oder Halbfertigware zu Dreiviertel- oder Fertigware für den Export zusammensetzen; sie sind das Ziel zahlreicher → *Mi-granten* und ein stark wachsender Wirtschaftszweig in Niedriglohn-Gebieten.

Migration: Wanderungen von Bevölkerungsgruppen oder einzelnen Personen. Die Migration kann innerhalb eines Landes erfolgen (→ *Binnenmigration*) oder grenzüberschreitend sein. Die Migration hat einen längerfristigen oder endgültigen Wohnortwechsel zum Ziel. Die Gründe für Migrationen sind wirtschaftlicher (z. B. Gastarbeiter) oder sozialer Art (z. B. Minderheiten in einem Land). Migrationen können auch erzwungen sein (z. B. Vertriebene).

nachhaltige Entwicklung: → *Nachhaltigkeit.*

Nachhaltigkeit: Nachhaltigkeit/nachhaltige Entwicklung (sustainable development) ist ein Leitbild für eine zukunftsfähige, langfristig für alle Menschen tragbare Entwicklung; wirtschaftliche Entwicklung, intakte Umwelt und sozialer Zusammenhalt werden als gleichrangige Ziele verstanden.

nachwachsender Rohstoff: Es wird zwischen → *erneuerbaren* (regenerativen, nachwachsenden) und nicht erneuerbaren Rohstoffen unterschieden. Im Sinne der → *Nachhaltigkeit* soll in Zukunft die Nutzung von nachwachsenden Rohstoffen gefördert werden.

Nanotechnologie: Erforschung, Herstellung und Nutzung funktionaler Strukturen im Nanometerbereich (Nano = ein Milliardstel); Nanotechnologie ist vor allem im gesamten IT-Bereich und der Medizin wichtig.

Nichtregierungsorganisation: (engl.: Non-Governmental Organization, NGO) eine von Regierungen unabhängige Hilfsorganisation (z. B. Kirchen, Stiftungen, Umweltorganisationen).

Ozon: Das Sauerstoffmolekül Ozon (O_3) ist für Menschen und Tiere giftig. Aber in 20 bis 30 km Höhe ist es als schützende Ozonschicht vorhanden. Sie filtert die von der Sonne ausgehende UV-Strahlung aus, die Hautkrebs auslösen kann und Chlorophyll (das Grün der Blätter und Pflanzen) zerstört.

Ozonloch: Ausdünnung der Ozonschicht in der Atmospäre, die aber über den Polkappen bereits einer weitgehenden Zerstörung gleichkommt. Hauptverursacher des Ozonabbaus sind FCKW (Fluorchlorkohlenwasserstoffe, die besonders aus Treibgasen stammen) und Methan, die langsam in der Atmosphäre aufsteigen.

Primärenergieverbrauch: Nutzung der Energie, die aus den in der Natur in ihrer ursprünglichen Form vorhandenen Energieträgern (z. B. Steinkohle, Holz, Erdgas, Öl, Wasser,

Sonne, Wind) gewonnen wird; als „Sekundärenergie" wird z. B. die elektrische Energie bezeichnet.

Pull- und Push-Faktoren: Pull-Faktoren sind Merkmale des Zielgebiets, die → *Migranten* bewegen, ihren bisherigen Wohnort zu verlassen; vorrangig sind es Arbeitsmöglichkeiten, Ausbildungschancen usw. Push-Faktoren hingegen kennzeichnen Umstände und Bedingungen in dem Herkunftsgebiet eines Migranten, die ihn zur Wanderung veranlasst haben. Hierzu zählen Arbeitslosigkeit, fehlende berufliche Möglichkeiten, aber auch schlechte Versorgungslage, ungünstige Umweltbedingungen usw.

Recycling: (engl.: Rückführung) Wiederverwertung von Abfallstoffen wie Glas, Metalle, Papier und Kunststoffe; da Rohstoffe zukünftig teurer werden, nimmt die Bedeutung des Recycling auch im Sinne der → *Nachhaltigkeit* zu.

regenerative Energie: → *erneuerbare Energie.*

Reserve: in der Rohstoffwirtschaft diejenigen → *Ressourcen*, für die nachgewiesen ist, dass sie sich wirtschaftlich gewinnen lassen.

Ressource: in der Wirtschaft vor allem die Rohstoffe sowie die für die Produktion zur Verfügung stehenden Mittel (z. B. Arbeitskräfte, Raum).

Schwellenland: Begriff, der seit den 1970er-Jahren verwendet wird, in der gleichen Bedeutung auch Newly Industrialized Countries (NIC); damit werden Länder bezeichnet, die in vielen Bereichen noch als Entwicklungsländer gelten, wirtschaftlich aber auf dem Weg zu Industrienationen sind.

Slum: (engl.) Bezeichnung für ein heruntergekommenes Wohn- oder Elendsviertel; in Entwicklungsländern meist durch Barackensiedlungen am Rande oder innerhalb einer großen Stadt gebildet.

Sonderwirtschaftszone: ein Gebiet innerhalb eines Staates mit abweichendem Wirtschafts- und Steuerrecht. Ziel der Einrichtung einer solchen Freihandelszone ist die Steigerung von in- und ausländischen Investitionen. Sonderwirtschaftszonen wurden z. B. in den letzten Jahren in China, Indien, Nordkorea, Uruguay, Russland, Vietnam, Polen, den Vereinigten Arabischen Emiraten und Kasachstan eingerichtet.

Sterberate: Zahl der Gestorbenen pro 1000 Einwohner eines bestimmten Gebietes.

Terms of Trade: Verhältnis der Exportpreise und der Importpreise eines Landes, bezogen auf ein bestimmtes Basisjahr; Terms of Trade geben an, wie viele Mengeneinheiten an Importgütern ein Land für eine Mengeneinheit seiner Exportgüter auf dem Weltmarkt kaufen kann.

Tigerstaaten: Zunächst wurden unter dem Begriff die asiatischen → *Schwellenländer* Südkorea, Taiwan, die frühere → *Sonderwirtschaftszone* Hongkong und Singapur verstanden. Es handelte sich um Staaten, die ein großes Wirtschaftswachstum und einen raschen (staatlich geförderten) Industrialisierungsprozess aufwiesen.

Treibhauseffekt: Spurengase in der Atmosphäre schwächen die Sonneneinstrahlung im sichtbaren Spektralbereich kaum, absorbieren aber die von der Erdoberfläche zurückgestrahlte Wärmestrahlung im Infrarotbereich und geben sie partiell an die Erdoberfläche zurück. Dadurch ergibt sich ein natürlicher Treibhauseffekt der Atmosphäre.

Treibhausgas: Gas in der Atmosphäre, wie Kohlenstoffdioxid, Wasserdampf, Methan, → *Ozon* u. a., die die Wärmerückstrahlung von der Erdoberfläche in das All verhindern. Die natürliche Treibhausgaskonzentration in der Atmosphäre sorgt dafür, dass auf unserem Planeten statt eisiger Weltraumkälte eine durchschnittliche Temperatur von 15 °C herrscht. Der zusätzliche Ausstoß von Treibhausgasen durch menschliche Aktivitäten heizt das Klima jedoch weiter auf und hat einen → *Klimawandel* zur Folge.

Wasserhaushalt: In Zahlen wird der Wasserkreislauf für die gesamte Erde oder für Teilgebiete ermittelt. Seine Größen sind Niederschlag, Abfluss und Verdunstung.

Welthandelsorganisation (World Trade Organization, WTO): internationale Organisation, die sich mit der Förderung sowie Überwachung von Welthandels- und Weltwirtschaftsbeziehungen befasst; 1994 gegründet.

Wirtschaftssektor: Die Wirtschaft wird in drei Tätigkeitsschwerpunkte untergliedert. Der primäre Sektor setzt sich aus der Land- und Forstwirtschaft, Fischerei sowie dem Bergbau zusammen; im sekundären Sektor werden Rohstoffe be- und verarbeitet (Industrie, Bauwesen); im tertiären Sektor werden Dienstleistungen zusammengefasst. Eine Dienstleistung ist ein nicht materielles, nicht lagerfähiges Wirtschaftsgut. Es lassen sich haushaltsorientierte und unternehmensorientierte Dienstleistungsbereiche unterscheiden. Beispiele für haushaltsorientierte Dienstleistungen sind: Körperpflege, Gesundheitswesen, Bildungs- und Schulwesen sowie Verwaltung; für unternehmensorientierte Dienstleistungen: Finanzdienste, Transport, Ingenieurbüros usw.

Sachregister

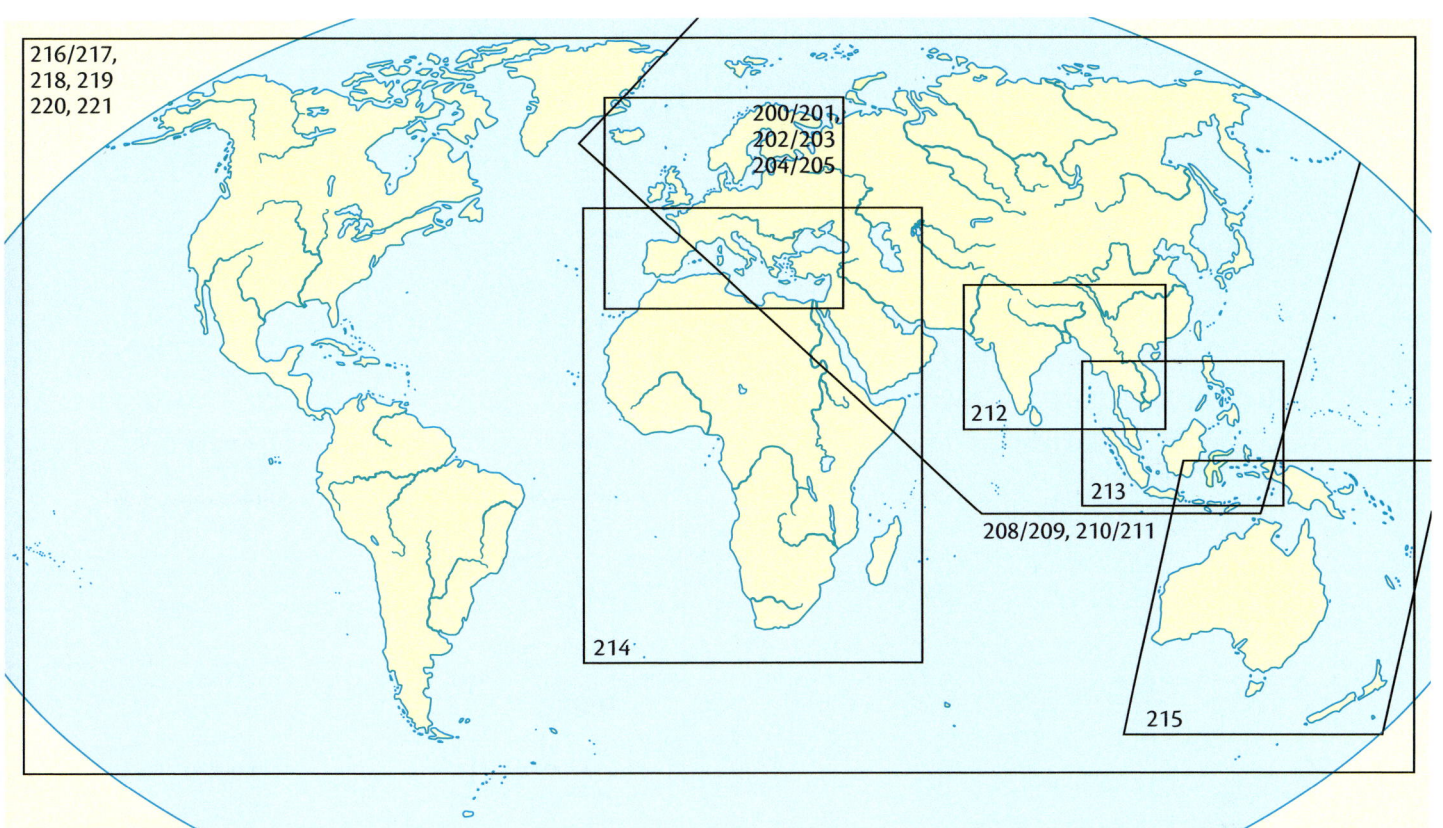

216/217,
218, 219
220, 221

200/201,
202/203
204/205

212

213

208/209, 210/211

214

215

Gewässer und Meere: ATLANTISCHER OZEAN, Europäisches Nordmeer, Nordsee, Norwegisches Becken, Islandbecken, Reykjanesrücken, Westeuropäisches Becken, Der Kanal, Straße von Dover, Sankt-Georgs-Kanal, Irische See, Skagerrak, Kattegat, Golf von Biskaya, Azorenschwelle, Mittelmeer, Tyrrhenisches Meer, Adriatisches Meer, Ionisches Meer, Straße von Sizilien, Kleine Syrte, Große Syrte, Nördlicher Polarkreis

Länder: ISLAND, NORWEGEN, SCHWEDEN, DÄNEMARK, GROSSBRITANNIEN, IRLAND, NIEDERLANDE, BELGIEN, LUXEMBURG, DEUTSCHLAND, FRANKREICH, SCHWEIZ, LIECHTENSTEIN, ÖSTERREICH, TSCHECHISCHE REPUBLIK, SLOWENIEN, KROATIEN, BOSNIEN, ITALIEN, SAN MARINO, MONACO, ANDORRA, SPANIEN, PORTUGAL, MAROKKO, ALGERIEN, TUNESIEN, LIBYEN, MALTA, UNGARN

Orte: Reykjavík, Akureyri, Vatnajökull 2119, Trondheim, Galdhøpiggen 2469, Bergen, Oslo, Stavanger, Göteborg, Kopenhagen, Malmö, Bornholm, Kiel, Rostock, Stettin, Hamburg, Hannover, Berlin, Leipzig, Dresden, Prag, Köln, Dortmund, Bonn, Frankfurt, Nürnberg, München, Wien, Budapest, Stuttgart, Straßburg, Bern, Zürich, Innsbruck, Graz, Großglockner 3797, Laibach (Ljubljana), Zagreb, Split, Aberdeen, Edinburgh, Glasgow, Belfast, Newcastle, Dublin, Cork, Liverpool, Manchester, Sheffield, Birmingham, Bristol, Southampton, London, Land's End, Ben Nevis 1343, Brest, Le Havre, Paris, Orléans, Nantes, Bordeaux, Limoges, Lyon, Toulouse, Marseille, Nizza, Genua, Turin, Mailand, Bologna, Venedig, Florenz, Rom (Roma), Neapel, Bari, Foggia, Cagliari, Palermo, Messina, Catania, Sardinien, Korsika, A Coruña, Santander, Bilbao, Porto, Lissabon (Lisboa), Madrid, Zaragoza, Barcelona, Valencia, Palma, Mallorca, Murcia, Sevilla, Málaga, Gibraltar, Sierra Nevada 3481, Maladeta 3404, Tanger, Tetuan, Kenitra, Rabat, Casablanca, Meknès, Fès, Oujda, Oran, Sidi-bel-Abbès, Algier, Skikda, Annaba, Constantine, Sétif, Biskra, Tunis, Biserta, Sfax, Gabès, Dscherba, Tripolis, Misurata, Marrakesch, Agadir, Safi, Beni Mellal, Hoher Atlas 4165, Saharaatlas, Tellatlas, Hochland der Schotts, Dschebel Toubkal, Amsterdam, Rotterdam, Brüssel, Apenninen, Dinarisches Gebirge, Pyrenäen, Meseta, Zentralmassiv, Bretagne, Hebriden, Shetlandinseln, Orkneyinseln, Färöer, Lofoten, Vestfjord, Rockall, Azoren, Kanarische Inseln, Sardinien, Korsika, Kap Finisterre, Kap Blanc, Mont Blanc 4807, Vesuv

Höhenzahlen/Tiefenzahlen: 492, 3930, 435, 91, 13, 20, 809, 377, 6325, 5668, 4070, 2672, 2710, 2914, 2308, 2328, 3404, 3481, 2119, 1343, 1277, 24, 968, 3340, 3785, 5121

Legende

Orte		Eisenbahn
■ über 1 000 000 Einwohner		····· Fährverbindung
▪ 500 000 – 1 000 000 Einwohner		— Autobahn und andere
● 100 000 – 500 000 Einwohner		Fernverkehrsstraße
○ unter 100 000 Einwohner		
Rom Hauptstadt eines Staates		
— Staatsgrenze		

Kanal · Stausee · Sumpf, Moor · Salzbecken · Gletscher
·3797 Höhenzahl · 5121 Tiefenzahl · Ruinenstätte

Meerestiefen: 6000 4000 2000 200 0
Landhöhen: unter 0 0 100 200 500 1000 2000 4000 m

1 : 16 500 000
km 0 100 200 300 400 500 600 700 800 900 1000
1 cm ≙ 165 km

westl. 0 östl. Länge von Greenwich

© Cornelsen

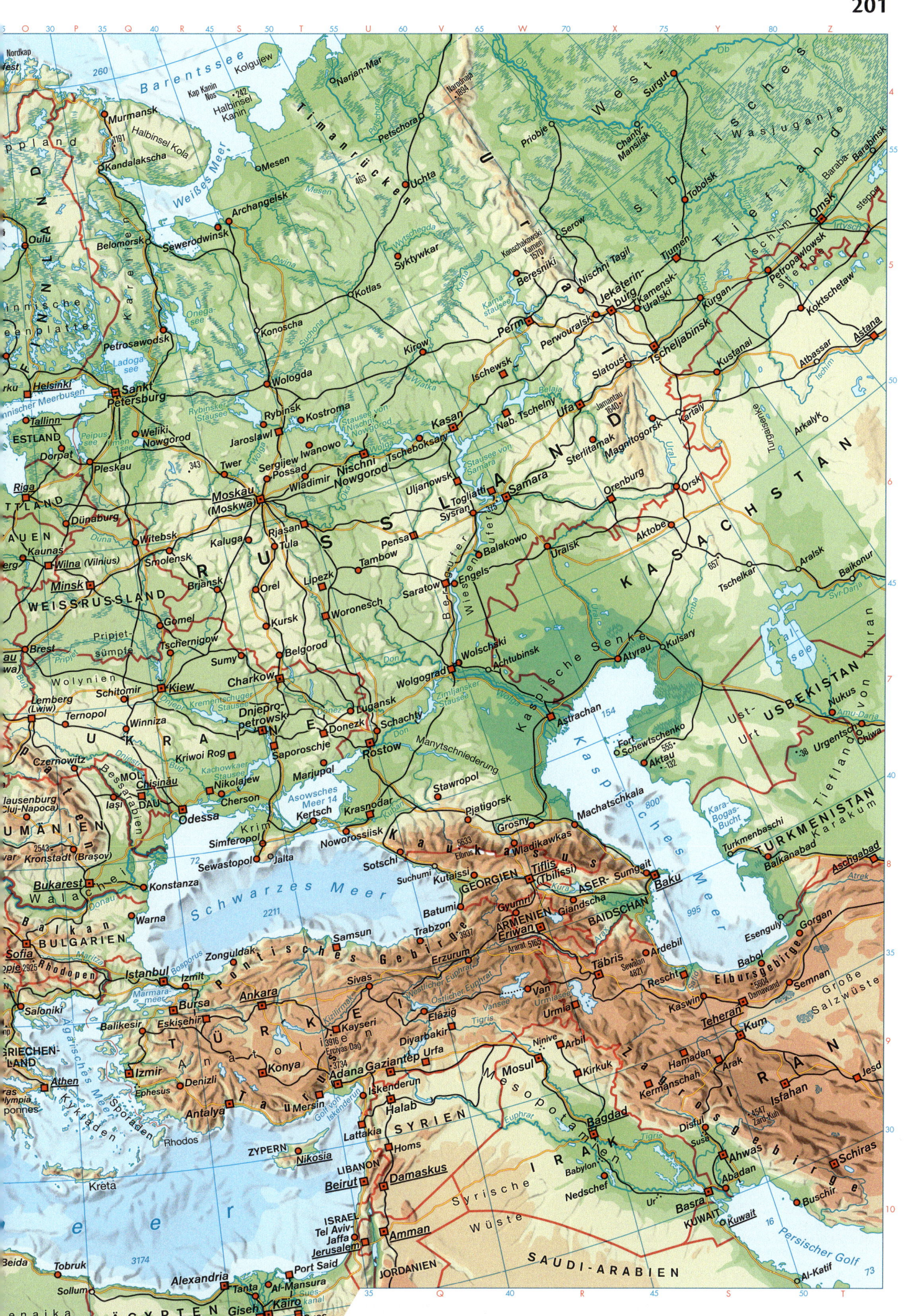

① **Staaten in Europa**

ISLAND — Reykjavík

ATLANTISCHER OZEAN

Europäisches Nordmeer
Nördlicher Polarkreis
Färöer (dän.)
Shetlandinseln (brit.)

NORWEGEN — Hammerfest, Narvik, Trondheim, Bergen, Oslo
SCHWEDEN — Luleå, Uppsala, Stockholm, Göteborg
FINNLAND — Turku, Helsinki
Murmansk, St. Pet..., Nowgoro..., Pleskau (Pskow)

Nord-see
Ostsee

GROSS-BRITANNIEN — Aberdeen, Glasgow, Edinburgh, Newcastle, Belfast, Liverpool, Manchester, Sheffield, Birmingham, Bristol, London
IRLAND — Dublin

DÄNEMARK — Kopenhagen (København), Malmö

ESTLAND — Tallinn (Reval)
LETTLAND — Riga
LITAUEN — Kaunas, Wilna (Vilnius)
WEISSRUSS... — Minsk
Königsberg (Kaliningrad) (zu Russland)

NIEDER-LANDE — Amsterdam, Den Haag
BELGIEN — Brüssel (Bruxelles/Brussel), Lille
Kanalinseln (brit.)

DEUTSCH-LAND — Hamburg, Bremen, Hannover, Berlin, Düsseldorf, Köln, Leipzig, Dresden, Frankfurt, Stuttgart, München
Danzig (Gdańsk), Stettin (Szczecin)

POLEN — Posen (Poznań), Łódź, Warschau (Warszawa), Breslau (Wrocław), Lublin, Krakau (Kraków), Lemberg (Lwiw), Schitо...

LUXEM-BURG — Luxemburg

FRANK-REICH — Brest, Le Havre, Reims, Paris, Nantes, Straßburg (Strasbourg), Dijon, Bordeaux, Lyon, Toulouse, Marseille, Nizza

TSCHECHISCHE REP. — Prag (Praha), Brünn (Brno)
SLOWAKEI — Pressburg (Bratislava)
ÖSTERREICH — Wien, Graz
UNGARN — Budapest
LIECHTENSTEIN — Vaduz
SCHWEIZ — Bern, Zürich

SLOWENIEN — Laibach (Ljubljana)
KROATIEN — Zagreb
BOSNIEN-HERZEGOWINA — Sarajevo
SERBIEN — Belgrad (Beograd)
MONTENEGRO — Podgorica
KOSOVO — Priština
MAZEDONIEN — Skopje
ALBANIEN — Tirana
RUMÄNIEN — Temesvar (Timişoara), Kronst..., Bukarest (Bucureşti), Iaşi
BULGARIEN — Sofia (Sofija), Plovdiv
GRIECHENLAND — Saloniki (Thessaloniki), Patras, Athen (Athinä), Kret...

ITALIEN — Turin (Torino), Mailand (Milano), Venedig (Venezia), Genua (Genova), Bologna, Florenz (Firenze), SAN MARINO, VATIKANSTADT Rom (Roma), Neapel (Napoli), Bari, Palermo, Messina, Catania
Korsika, Sardinien, Sizilien, Cagliari

SPANIEN — A Coruña, Bilbao, Valladolid, Zaragoza, Madrid, Barcelona, Valencia, Murcia, Sevilla, Córdoba, Málaga, Cádiz
PORTUGAL — Porto, Lissabon (Lisboa)
ANDORRA
Balearen, Palma
Gibraltar (brit.), Ceuta (span.)

MONACO

MALTA — Valletta

MAROKKO — Tanger, Rabat, Casablanca
ALGERIEN — Oran, Melilla (span.), Algier, Constantine, Biskra, Annaba
TUNESIEN — Tunis, Sfax
LIBYEN — Tripolis, Bengasi

Mittel-meer

westl. 0 östl. Länge von Greenwich

Legende

| Staatsgrenze |
| Grenzlinie gemäß des Dayton-Abkommens in Bosnien-Herzegowina |
| *Berlin* Hauptstadt eines Staates |
| *Den Haag* Regierungssitz eines Staates |

Orte
■ über 1 000 000 Einwohner
■ 500 000 – 1 000 000 Einwohner
■ 100 000 – 500 000 Einwohner
○ unter 100 000 Einwohner

1 : 16 500 000
0 100 200 300 400 500 600 700 800 900 1000 km   1 cm ≙ 165 km

© Cornelsen

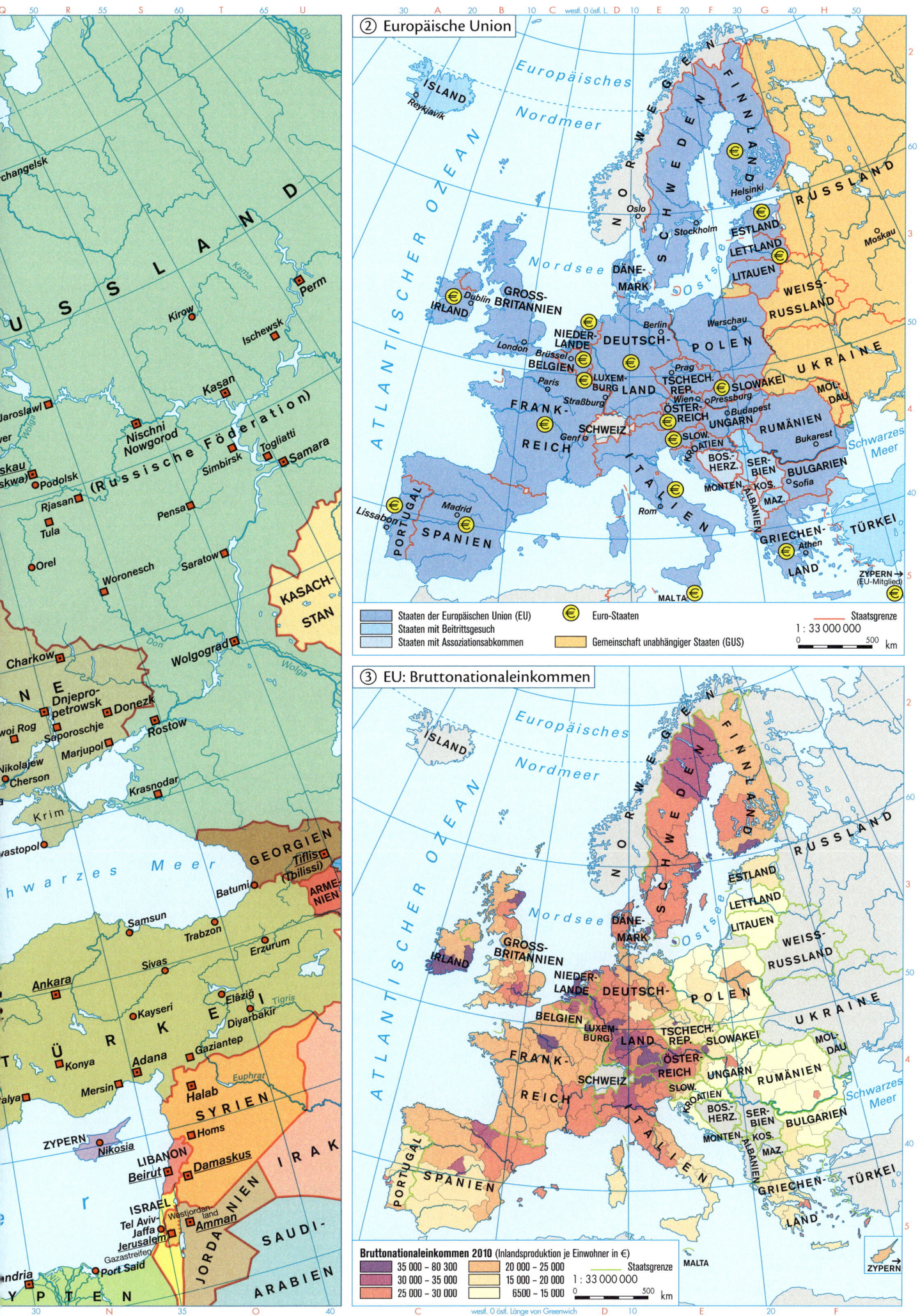

② Europäische Union

ISLAND
Reykjavik

Europäisches Nordmeer

NORWEGEN
SCHWEDEN
FINNLAND
Oslo
Stockholm
Helsinki

ATLANTISCHER OZEAN

RUSSLAND
Moskau

ESTLAND
LETTLAND
LITAUEN

WEISS-RUSSLAND

GROSS-BRITANNIEN
IRLAND
Dublin
London
NIEDER-LANDE
BELGIEN
Brüssel
Berlin
Warschau
DEUTSCH-LAND
POLEN

LUXEM-BURG
Paris
Straßburg
FRANK-REICH
SCHWEIZ
Genf
TSCHECH. REP.
Prag
Wien
Pressburg
SLOWAKEI
UKRAINE
MOL-DAU

ÖSTER-REICH
UNGARN
Budapest
RUMÄNIEN
Bukarest

Schwarzes Meer

ITALIEN
SLOW.
KROATIEN
BOS.-HERZ.
SER-BIEN
BULGARIEN
Sofia

MONTEN.
KOS.
ALBANIEN
MAZ.

Rom
PORTUGAL
Lissabon
Madrid
SPANIEN

GRIECHEN-LAND
Athen
TÜRKEI

ZYPERN →
(EU-Mitglied)

MALTA

■ Staaten der Europäischen Union (EU)	€ Euro-Staaten	— Staatsgrenze
■ Staaten mit Beitrittsgesuch		1 : 33 000 000
■ Staaten mit Assoziationsabkommen	■ Gemeinschaft unabhängiger Staaten (GUS)	0 500 km

③ EU: Bruttonationaleinkommen

ISLAND

Europäisches Nordmeer

NORWEGEN
SCHWEDEN
FINNLAND

ATLANTISCHER OZEAN

RUSSLAND

ESTLAND
LETTLAND
LITAUEN

WEISS-RUSSLAND

Nordsee
Ostsee

IRLAND
GROSS-BRITANNIEN
NIEDER-LANDE
DEUTSCH-LAND
POLEN
UKRAINE

BELGIEN
LUXEM-BURG
TSCHECH. REP.
SLOWAKEI
MOL-DAU

FRANK-REICH
SCHWEIZ
ÖSTER-REICH
UNGARN
RUMÄNIEN

SLOW.
KROATIEN
BOS.-HERZ.
SER-BIEN
BULGARIEN

MONTEN.
KOS.
MAZ.
ALBANIEN

Schwarzes Meer

ITALIEN

PORTUGAL
SPANIEN

GRIECHEN-LAND
TÜRKEI

MALTA

ZYPERN

Bruttonationaleinkommen 2010 (Inlandsproduktion je Einwohner in €)

■ 35 000 – 80 300	■ 20 000 – 25 000	— Staatsgrenze
■ 30 000 – 35 000	■ 15 000 – 20 000	1 : 33 000 000
■ 25 000 – 30 000	■ 6500 – 15 000	0 500 km

westl. 0 östl. Länge von Greenwich

(Left map, Russia/Middle East region:)

rchangelsk
Perm
Kirow
Ischewsk
Jaroslawl
Kasan
ver
Nischni Nowgorod
Simbirsk
Togliatti
Samara
kau
skwa)
Podolsk
(Russische Föderation)
Rjasan
Pensa
Tula
Orel
Woronesch
Saratow
Wolgograd

KASACH-STAN

Charkow
Dnjepro-petrowsk
Donezk
NE
woi Rog
Saporoschje
Rostow
Krasnodar
Marjupol
Nikolajew
Cherson
Krim
vastopol
hwarzes Meer

GEORGIEN
Tiflis (Tbilissi)
Batumi
ARME-NIEN

Samsun
Trabzon
Erzurum
Ankara
Sivas
Elâziğ
Tigris
Kayseri
Diyarbakir
TÜRKEI
Konya
Adana
Gaziantep
alya
Mersin
Halab
Euphrat
SYRIEN
Homs
ZYPERN
Nikosia
LIBANON
Beirut
Damaskus
IRAK
ISRAEL
Tel Aviv-Jaffa
Westjordan-land
Amman
Jerusalem
Gazastreifen
JORDANIEN
SAUDI-
ndria
Port Said
YPTEN
ARABIEN

Q 50 R 55 S 60 T 65 U
30 N 35 O 40

Legende

Fels- und Eisregion	Hartlaubgewächse der Subtropen und Macchie
Heide, Fjell und Tundra	Steppe
Nördlicher Nadelwald (z. T. Taiga)	Halbwüste und Wüste
Laub- und Laubmischwald	
Ertragreiches Ackerland mit vorwiegend Getreideanbau	Zitrusfrüchte
Übriges Ackerland	Tee
Obst- und Weinbau	Baumwolle
Bewässerungskulturen und Oasen	Dattelpalmen
Grünland	Reis
	Hauptfischfanggebiet

Bergbau

Steinkohle		Cu	Kupfer
Braunkohle		Zn	Zink
Erdöl		Pb	Blei
Erdgas		Al	Bauxit
Fe	Eisenerz	Hg	Quecksilber
Mn	Mangan	Pt	Platin
Ni	Nickel		Schwefelkies
Cr	Chrom	P	Phosphat

Industrie

Eisenverhüttung, Stahlherstellung			Elektroindustrie
Buntmetallverhüttung			Chemische Industrie
Aluminiumherstellung			Gummiindustrie
Metall verarbeitende Industrie			Erdölraffinerie
Maschinenindustrie			Textilindustrie
Kraftfahrzeugindustrie			Bekleidungsindustrie
Schiffbau			Holzindustrie
Flugzeugbau			Papierindustrie
Wasserkraftwerk			Nahrungsmittelindustrie
Wärmekraftwerk			Erdölpipeline
Kernkraftwerk			Erdgaspipeline
Fremdenverkehrsort			Fischereihafen
			Staatsgrenze

1 : 16 500 000

0 100 200 300 400 500 600 700 800 900 1000 km   1 cm ≙ 165 km

© Cornelsen

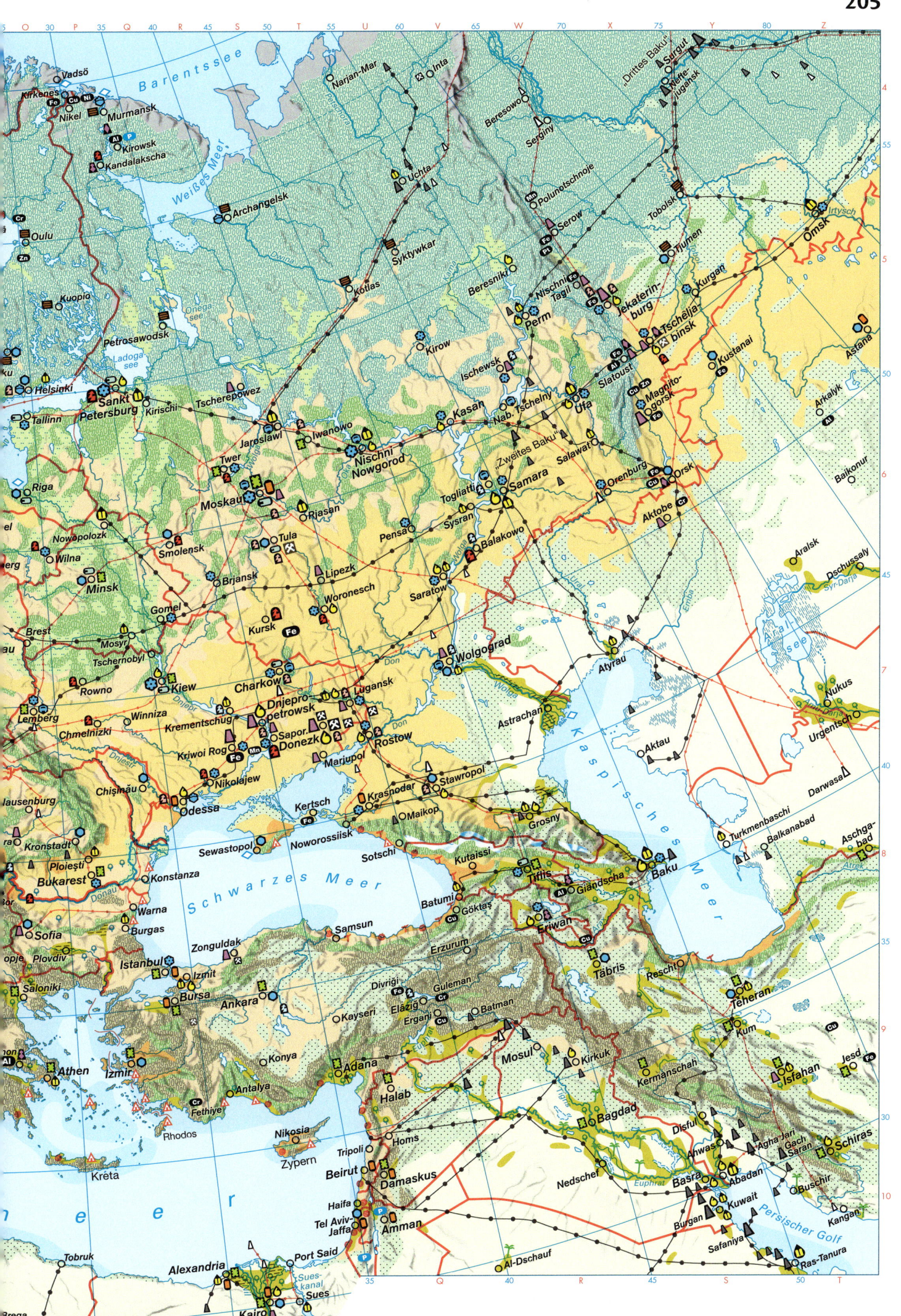

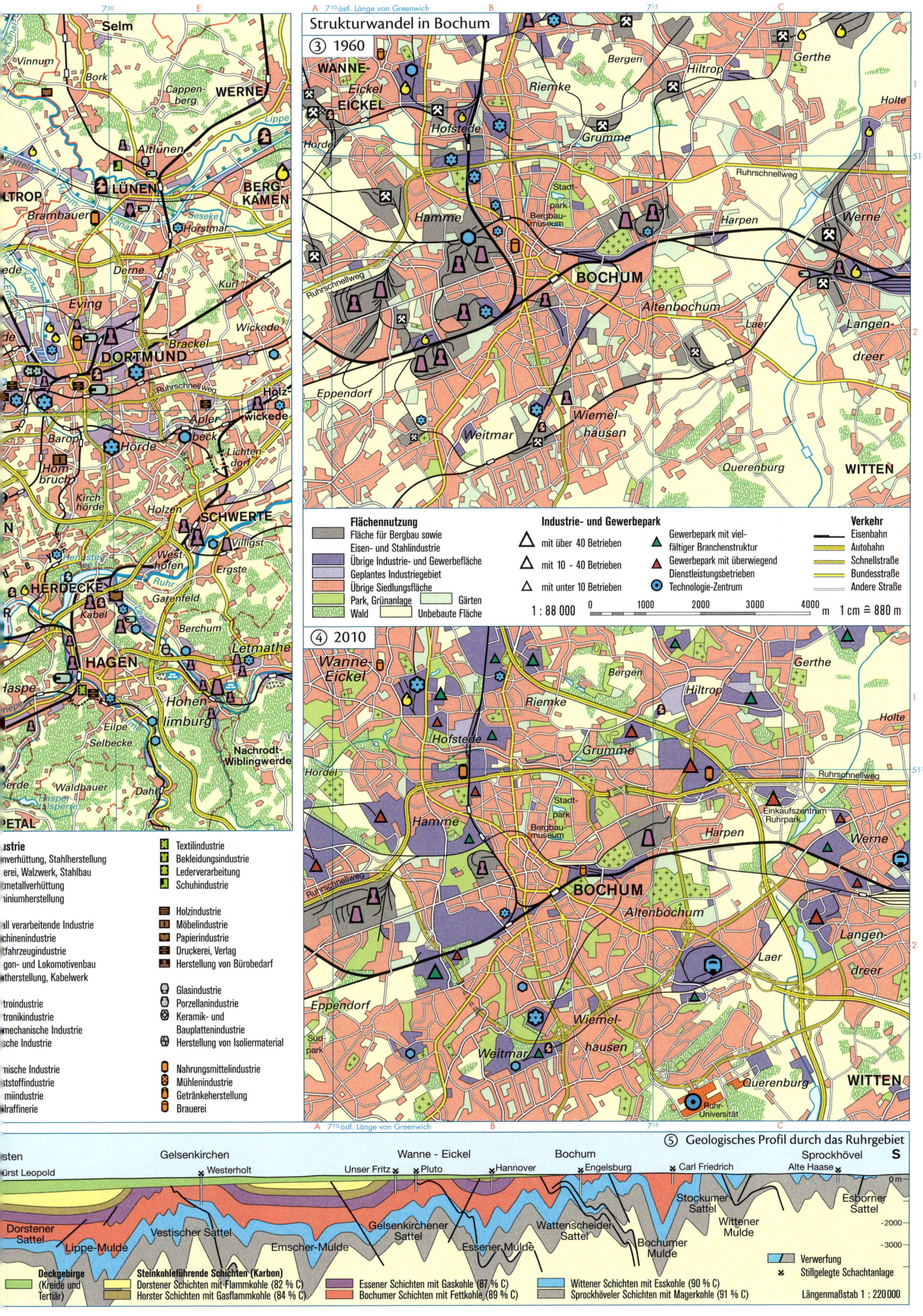

Strukturwandel in Bochum

③ 1960

④ 2010

⑤ Geologisches Profil durch das Ruhrgebiet

① Asien: Staaten

INDIEN Unabhängiger Staat
1947 Jahr der Unabhängigkeit

ARM. = Armenien 1991	**GE.** = Georgien 1991	**LIB.** = Libanon 1941
AS. = Aserbaidschan 1991	**IS.** = Israel 1948	**V.A.E.** = Vereinigte Arabische Emirate 1971
BD. = Bangladesch 1971	**JORD.** = Jordanien 1946	**ZYP.** = Zypern 1960
BH. = Bhutan	**KAMB.** = Kambodscha 1954	

② Bevölkerungsdichte

über 200 Einwohner auf 1 km²	10 – 20 Einwohner auf 1 km²
100 – 200 Einwohner auf 1 km²	1 – 10 Einwohner auf 1 km²
50 – 100 Einwohner auf 1 km²	weniger als 1 Einwohner auf 1 km²
20 – 50 Einwohner auf 1 km²	Orte über 1 000 000 Einwohner

Orte
- über 1 000 000 Einwohner
- 500 000 – 1 000 000 Einwohner
- 100 000 – 500 000 Einwohner
- unter 100 000 Einwohner

Peking Hauptstadt eines Staates

Eisenba...
Staatsg...
Kanal
Wasser...
Stausee...

© Cornelsen

60 östl. Länge von Greenwich

1 : 77 000 000   0   1000   2000   3000 km   1 cm ≙ 770 km

③ Physische Karte

Sumpf   Korallenriff   •8848 Höhenzahl   ᴊᴄ Pass

Salzsumpf   Gletscher   *4039* Tiefenzahl

Meerestiefen

| 6000 | 4000 | 2000 | 200 | | 0 | 200 | 500 | 1000 | 2000 | 4000 m |

Landhöhen

unter 0

1 : 38 500 000   0   500   1000   1500   2000 km   1 cm ≙ 385 km

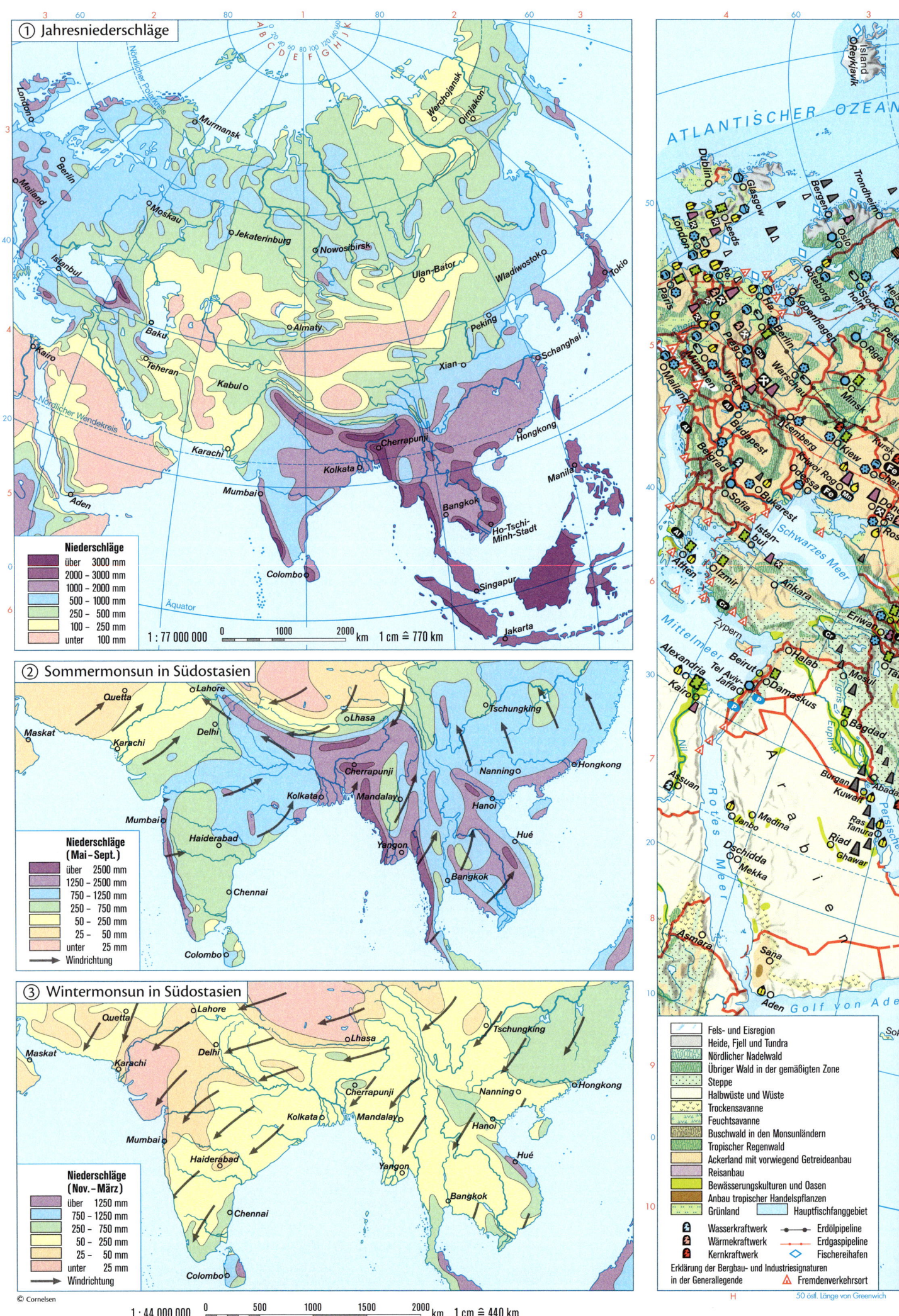

① Jahresniederschläge

Niederschläge
- über 3000 mm
- 2000 – 3000 mm
- 1000 – 2000 mm
- 500 – 1000 mm
- 250 – 500 mm
- 100 – 250 mm
- unter 100 mm

1 : 77 000 000   0   1000   2000 km   1 cm ≙ 770 km

② Sommermonsun in Südostasien

Niederschläge (Mai – Sept.)
- über 2500 mm
- 1250 – 2500 mm
- 750 – 1250 mm
- 250 – 750 mm
- 50 – 250 mm
- 25 – 50 mm
- unter 25 mm
- → Windrichtung

③ Wintermonsun in Südostasien

Niederschläge (Nov. – März)
- über 1250 mm
- 750 – 1250 mm
- 250 – 750 mm
- 50 – 250 mm
- 25 – 50 mm
- unter 25 mm
- → Windrichtung

© Cornelsen

1 : 44 000 000   0   500   1000   1500   2000 km   1 cm ≙ 440 km

Fels- und Eisregion
Heide, Fjell und Tundra
Nördlicher Nadelwald
Übriger Wald in der gemäßigten Zone
Steppe
Halbwüste und Wüste
Trockensavanne
Feuchtsavanne
Buschwald in den Monsunländern
Tropischer Regenwald
Ackerland mit vorwiegend Getreideanbau
Reisanbau
Bewässerungskulturen und Oasen
Anbau tropischer Handelspflanzen
Grünland   Hauptfischfanggebiet

Wasserkraftwerk   Erdölpipeline
Wärmekraftwerk   Erdgaspipeline
Kernkraftwerk   Fischereihafen

Erklärung der Bergbau- und Industriesignaturen
in der Generallegende   △ Fremdenverkehrsort

50 östl. Länge von Greenwich

④ Wirtschaftskarte

Grönland

Nordpol +

Nordpolarmeer

Barentsee

Nordsibirische Insel

Neusibirische Insel

Spitzbergen
Franz-Josef-Land
Sewernaja Semlja

Nowaja Semlja

PAZIFISCHER OZEAN

Bering-meer

Aleuten

Kamtschatka

Kurilen

Sachalin

Japanisches Meer

Honshu

Ochotskisches Meer

Barentsburg
Murmansk
Archangelsk
Uchta
Workuta
Seröw
Perm
Jekaterinburg
Tscheljabinsk
Ufa
Magnitogorsk
Orsk
Omsk
Karaganda
Dscheskasgan
Balchasch
Urgentsch
Taschkent
Bischkek
Almaty
Samarkand
Duschanbe
Kabul
Kandahar
Rawalpindi
Lahore
Multan
Delhi
Jaipur
Agra
Kanpur
Karachi
Ahmedabad
Indur
Nagpur
Mumbai
Puna
Haiderabad
Bangalur
Chennai
Madurai
Colombo

Norilsk
Surgut
Samotlor
Nowosibirsk
Kemerowo
Nowokusnezk
Ust-Kamenogorsk
Krasnojarsk
Abakan
Irkutsk
Bratsk
Tschita

Mirny
Jakutsk
Bodaibo
Aldan
Werchojansk
Magadan
Anadyr
Komsomolsk
Chabarowsk
Juschno-Sachalinsk

Ulan-Bator

Gobi

Urumtschi
Jümen
Lantschou
Xian
Tschengtu
Kunming

Tibet

Lhasa
Katmandu
Dibrugarh
Dhaka
Chittagong
Mandalay
Yangon

Tschungking
Tschangscha
Kanton
Hongkong

Tsitsikar
Tatsching
Charbin
Hokang
Kihsi
Wladiwostok
Tschangtschun
Schenjang
Anschan
Pjongjang
Seoul
Pusan
Peking
Tientsin
Taijüan
Tsinan
Tschengtschou
Wuhan
Tschengtschou
Dalian
Tsingtau
Nanking
Schanghai
Taipeh
Formosa
Kaohsiung

Kuschiro
Sapporo
Hokkaido
Sendai
Tokio
Nagoja
Osaka
Schikoku
Kitakiuschu
Kiuschu
Nagasaki

Hanoi
Ho-Tschi-Minh-Stadt
Phnom Penh
Bangkok
Phuket
Kuala Lumpur
Singapur
Medan
Dumai
Bintan
Padang
Palembang
Bangka
Belitung
Jakarta
Bandung
Surabaja
Bali
Java

Luzon
Manila
Negros
Mindanao
Davao
Manado
Celebes
Borneo
Lutong
Balikpapan
Banjarmasin
Makassar

Philippinen

Südchinesisches Meer

Aralsee
Balchaschsee
Syrdarja
Amu-Darja
Tarim
Ob
Jenissei
Angara
Amur
Lena
Hwangho
Jangtsekiang
Ganges
Brahmaputra
Indus
Mekong

Golf von Bengalen
Andamanen
Lakkadiven
Maldiven
Ceylon

Arabisches Meer

INDISCHER OZEAN

Nördlicher Polarkreis
Nördlicher Wendekreis
Äquator

1 : 38 500 000

0 500 1000 1500 2000 km   1 cm ≙ 385 km

Legende

Orte
- ■ über 1 000 000 Einwohner
- ■ 500 000 – 1 000 000 Einwohner
- ● 100 000 – 500 000 Einwohner
- ● unter 100 000 Einwohner
- *Algier* Hauptstadt eines Staates

- Eisenbahn
- Autobahn und andere Fernverkehrsstraße
- Piste
- Staatsgrenze

- Stausee
- Wasserfall
- Sumpf
- Salzbecken
- Wadi
- Periodischer Fluss

- Oase
- Ruinenstätte

- •5895 Höhenzahl
- 5759 Tiefenzahl

- Korallenriff
- Nationalpark

Meerestiefen
6000 4000 2000 200 unter 0

Landhöhen
unter 0 100 200 500 1000 2000 4000 m

1 : 38 500 000

0 500 1000 1500 2000 km

1 cm ≙ 385 km

© Cornelsen

② Jahresniederschläge

① Physische Karte

③ Jahrestemperaturen

1 cm ≙ 990 km

1 : 99 000 000

1 : 27 500 000

① Politische Gliederung

A 160 · B · 140 · C · 120 · D · 100 · E · 80 · F · 60 · G · 40 · H · 20 · J

Grönland
(dän.; Selbstverwaltung)

Jan Mayen
(norw.)

Alaska
(USA)

Juneau

Nuuk

ISLAND

Reykjavík

Färöer
(dän.)

K A N A D A

Baffinland

Mackenzie

Vancouver   Winnipeg

Seattle

Neufundland

Minneapolis

Montreal

Ottawa

Saint-Pierre
und Miquelon (frz.)

V E R E I N I G T E

Chicago

Madrid

San Francisco

Saint Louis

New York

Washington

Lissabon

S T A A T E N

Azoren
(port.)

Gibraltar
(brit.)

Los Angeles

(U S A)

Bermudainseln
(brit.)

Madeira
(port.)

Rabat

MAROKKO

Houston

A T L A N T I S C H E R

Mississippi

Kanarische Inseln
(span.)

ALG

H a w a i i - I n.
(USA)

Nördlicher Wendekreis

New
Orleans

Miami

Honolulu

MEXIKO

Havanna

K U B A

BAHAMAS

Sahara

MAURETANIEN

MAL

Revilla-Gigedo-Inseln
(mex.)

Mexiko

JAMAIKA

DOM.REP.

ST. KITTS UND NEVIS

KAP VERDE

Dakar

P A Z I F I S C H E R

BELIZE

HAITI

Puerto
Rico (USA)

ANTIGUA UND BARBUDA

Bamako

BURKINA
FASO

Clippertoninsel
(frz.)

GUATEMALA
EL SALVADOR

HONDURAS

NICARAGUA

Ndl. Antillen

GUADELOUPE (frz.)

DOMINICA

MARTINIQUE (frz.)

ST. LUCIA
ST.VINCENT

BARBADOS

GRENADA

SEN.

GAMBIA

GUINEA-BISSAU

GUINEA

SIERRA LEONE

LIBERIA

CÔTE
D'IVOIRE

GHANA

TO

COSTA RICA

TRINIDAD
U. TOBAGO

Christmas-I.
(brit.)

PANAMA

Caracas

VENEZUELA

SURINAME

Frz. Guayana

Jarvis-I.
(USA)

Äquator

Galápagosinseln
(ecuad.)

Quito

Bogotá

KOLUMBIEN

GUYANA

Sankt Paul
(bras.)

SÃ
UND PR

ECUADOR

Manaus

Fernando de Noronha
(bras.)

Ascension
(brit.)

Marquesas-In.
(frz.)

Amazonas

B R A S I L I E N

Recife

O Z E A N

Tuamotu-In.
(frz.)

Lima

PERÚ

BOLIVIEN

Sankt Helena
(brit.)

Gesellschafts-In.
(frz.)

Tahiti

La Paz

Brasília

Niue
(neus.)

Cook-In.
(neus.)

O Z E A N

Südlicher Wendekreis

Rio de Janeiro

Trindade
(bras.)

Tubuai-In.
(frz.)

PARAGUAY

Asunción

São Paulo

Pitcairn
(brit.)

Sala-y-Gomez
(chil.)

San Félix
(chil.)

Osterinsel
(chil.)

Juan-Fernández-Inseln
(chil.)

Santiago

CHILE

ARGENTINIEN

Buenos
Aires

URUGUAY

Montevideo

Tristan da Cunha
(brit.)

Goughinsel
(brit.)

ARM.	= ARMENIEN	austr.	= australisch
AS.	= ASERBAIDSCHAN	bras.	= brasilianisch
BD.	= BANGLADESCH	brit.	= britisch
BH.	= BHUTAN	chil.	= chilenisch
BU.	= BURUNDI	dän.	= dänisch
DOM. REP.	= DOMINIKANISCHE REPUBLIK	ecuad.	= ecuadorianisch
GE.	= GEORGIEN	frz.	= französisch
IS.	= ISRAEL	ind.	= indisch
JORD.	= JORDANIEN	jap.	= japanisch
KAMB.	= KAMBODSCHA	jem.	= jemenitisch
KIRG.	= KIRGISISTAN	maurit.	= mauritisch
LIB.	= LIBANON	mex.	= mexikanisch
R.	= RUANDA	ndl.	= niederländisch
SEN.	= SENEGAL	neus.	= neuseeländisch
TAD.	= TADSCHIKISTAN	norw.	= norwegisch
V.A.E.	= VEREINIGTE ARABISCHE EMIRATE	port.	= portugiesisch
		russ.	= russisch
		span.	= spanisch
		südafr.	= südafrikanisch

Falklandinseln
(brit.)

Südgeorgien
(brit.)

Punta Arenas

Feuerland

Süd-Sandwich-Inseln
(brit.)

Süd-Orkney-Inseln
(brit.)

Grahamland
(brit.)

Südlicher Pol

Namen der europäischen Staaten vgl. Karte „Staaten in Europa" S. 202/203.
Besitzungen europäischer Staaten in Übersee sind schraffiert.

② Reiche und arme Staaten

③ Mächtegruppen

Maßstab
1 : 264 000 000

Durchschnittliches Pro-Kopf-Einkommen
☐ über 12 196 $ (sehr reicher Staat)
☐ 3946 – 12 196 $ (reicher Staat)
☐ 996 – 3945 $ (armer Staat)
☐ unter 995 $ (sehr armer Staat)
☐ Keine Angaben

Einstufung nach Angaben
der Weltbank 2011

☐ NATO (Nordatlantikpakt)
☐ OAS (Organisation Amerikanischer Staaten)
☐ NATO und OAS

© Cornelsen

Maßstab 1 : 88 000 000

④ Wirtschaftliche Zusammenschlüsse

Maßstab 1 : 264 000 000

Maßstab 1 : 264 000 000

OECD (Organisation für wirtschaftliche Zusammenarbeit und Entwicklung)	
EU (Europäische Union)	
AKP-Staaten (EU-assoziierte Staaten)	
EFTA (Europäische Freihandelszone)	
GUS (Gemeinschaft Unabhängiger Staaten)	

Volksrepublik China	AU (Afrikanische Union)
Arabische Liga	AU und Arabische Liga

▲ NAFTA (Nordamerikanische Freihandelszone)
● APEC (Asiatisch-pazifische Wirtschaftskooperation)

ASEAN (Verband Südostasiatischer Staaten)
Mercosur (Gemeinsamer Markt im Süden Lateinamerikas)
Andengemeinschaft

ECOWAS (Wirtschaftsgemeinschaft Westafrik. Staaten)
● SADC (Entwicklungsgemeinschaft des Südlichen Afrika)
▲ OPEC (Organisation Erdöl exportierender Staaten)

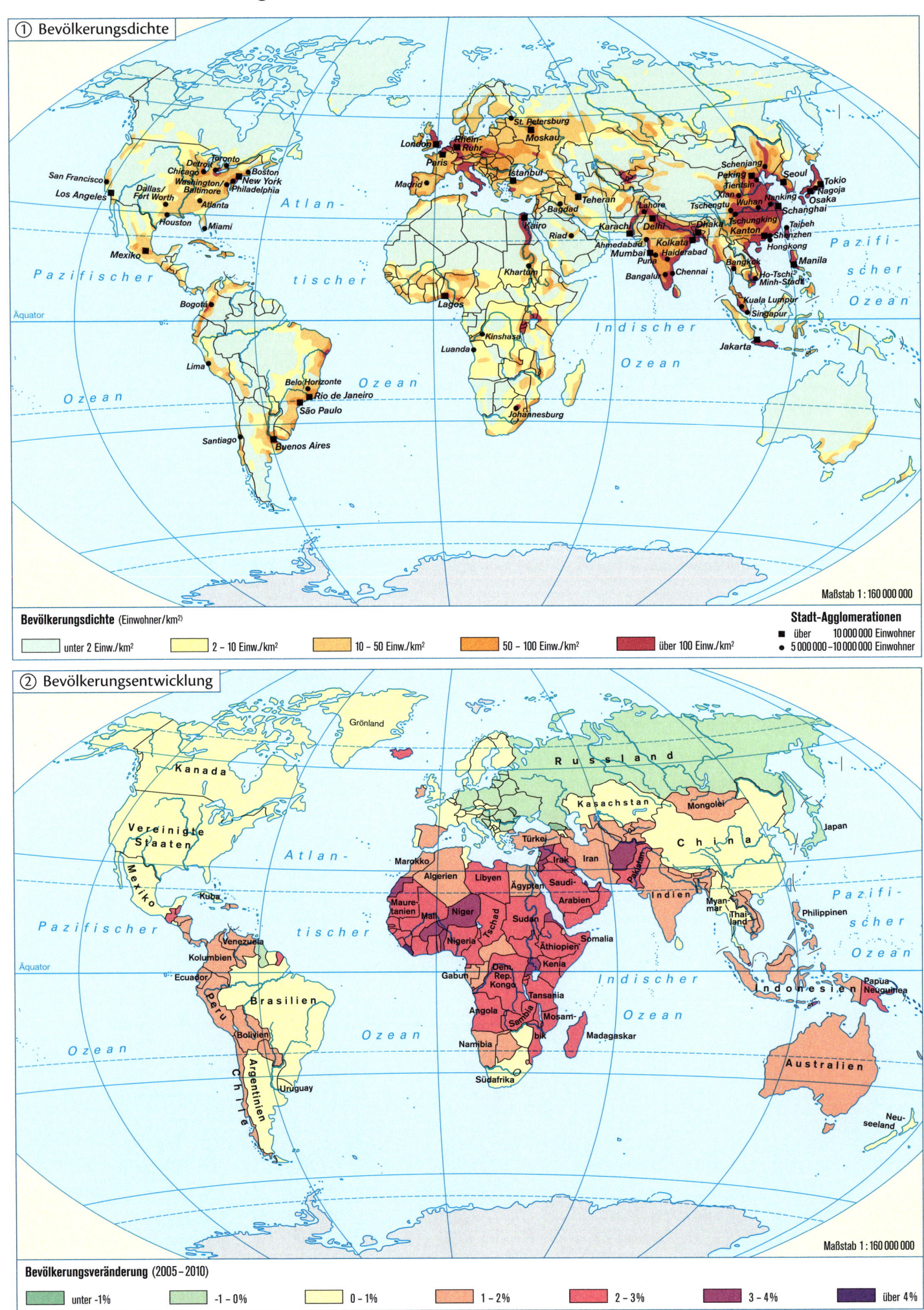

① Bevölkerungsdichte

Bevölkerungsdichte (Einwohner/km²)

unter 2 Einw./km²	2 – 10 Einw./km²	10 – 50 Einw./km²	50 – 100 Einw./km²	über 100 Einw./km²

Stadt-Agglomerationen
■ über 10 000 000 Einwohner
● 5 000 000 – 10 000 000 Einwohner

Maßstab 1 : 160 000 000

② Bevölkerungsentwicklung

Bevölkerungsveränderung (2005 – 2010)

unter -1%	-1 – 0%	0 – 1%	1 – 2%	2 – 3%	3 – 4%	über 4%

Maßstab 1 : 160 000 000

© Cornelsen

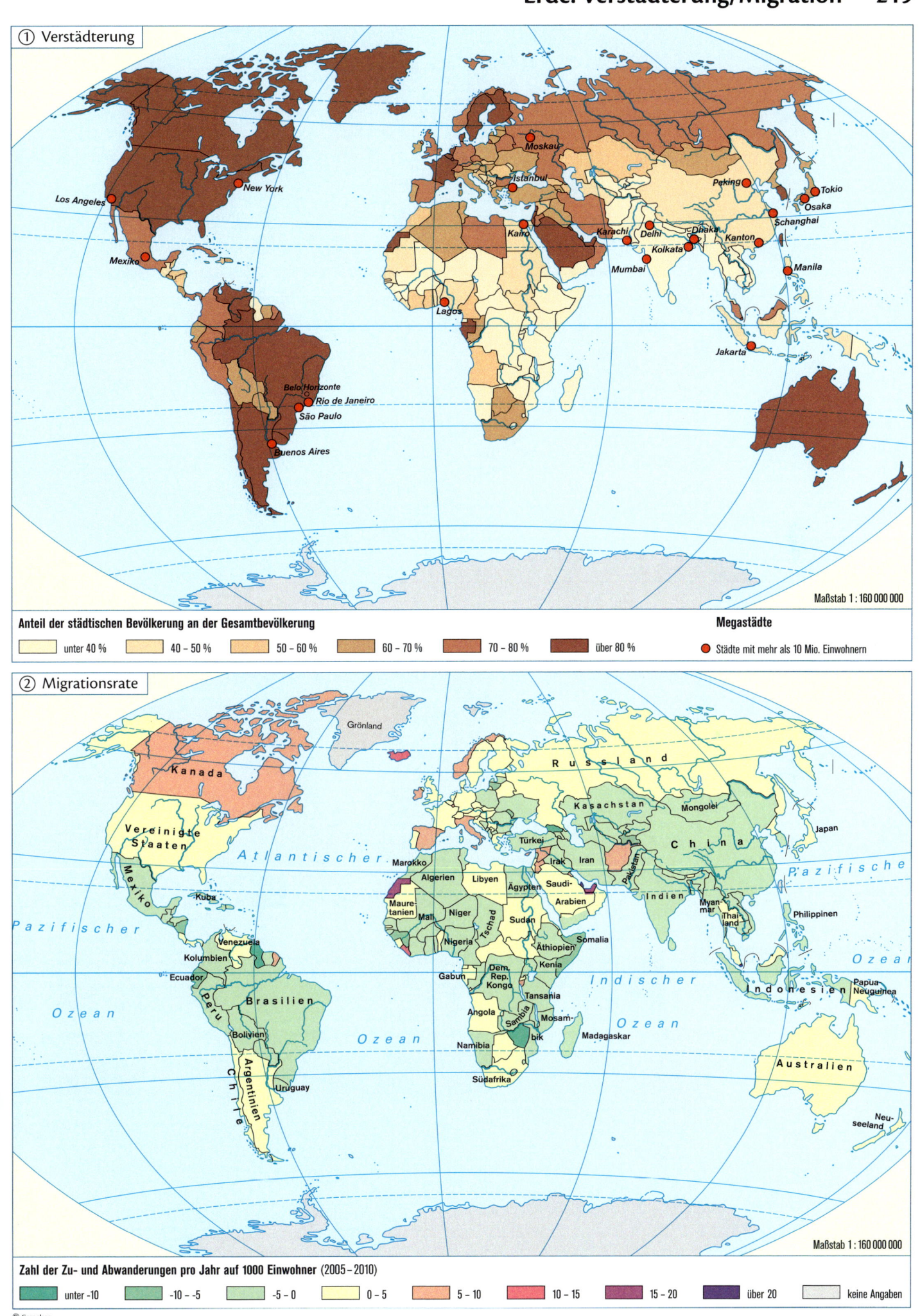

① Verstädterung

Maßstab 1 : 160 000 000

Anteil der städtischen Bevölkerung an der Gesamtbevölkerung

unter 40 %	
40 – 50 %	
50 – 60 %	
60 – 70 %	
70 – 80 %	
über 80 %	

Megastädte

● Städte mit mehr als 10 Mio. Einwohnern

② Migrationsrate

Maßstab 1 : 160 000 000

Zahl der Zu- und Abwanderungen pro Jahr auf 1000 Einwohner (2005 – 2010)

unter -10	
-10 – -5	
-5 – 0	
0 – 5	
5 – 10	
10 – 15	
15 – 20	
über 20	
keine Angaben	

© Cornelsen

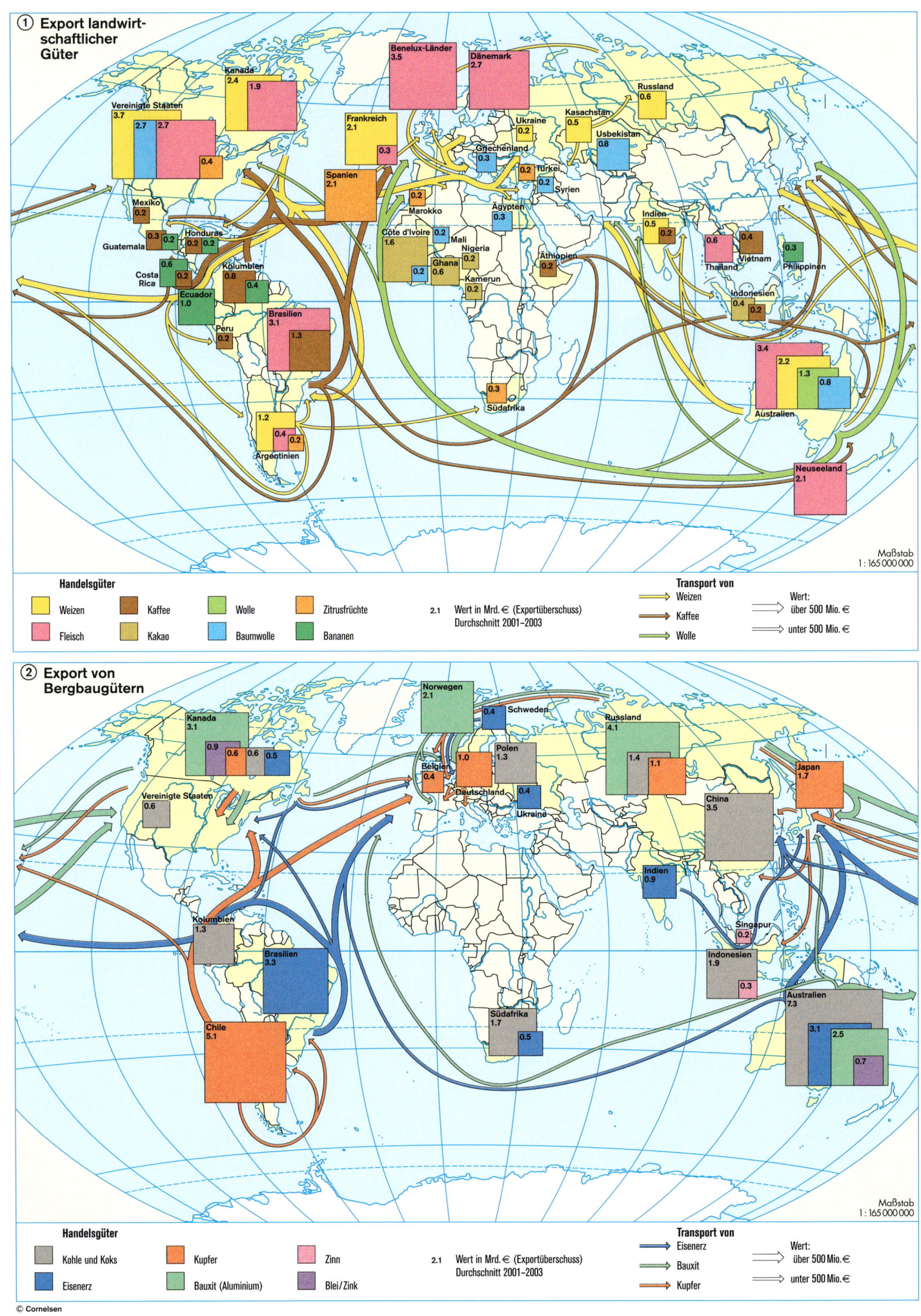

① Export landwirtschaftlicher Güter

Handelsgüter

- Weizen
- Fleisch
- Kaffee
- Kakao
- Wolle
- Baumwolle
- Zitrusfrüchte
- Bananen

2.1 Wert in Mrd. € (Exportüberschuss) Durchschnitt 2001–2003

Transport von
- Weizen
- Kaffee
- Wolle

Wert:
- über 500 Mio. €
- unter 500 Mio. €

Maßstab 1 : 165 000 000

② Export von Bergbaugütern

Handelsgüter

- Kohle und Koks
- Eisenerz
- Kupfer
- Bauxit (Aluminium)
- Zinn
- Blei/Zink

2.1 Wert in Mrd. € (Exportüberschuss) Durchschnitt 2001–2003

Transport von
- Eisenerz
- Bauxit
- Kupfer

Wert:
- über 500 Mio. €
- unter 500 Mio. €

Maßstab 1 : 165 000 000

© Cornelsen

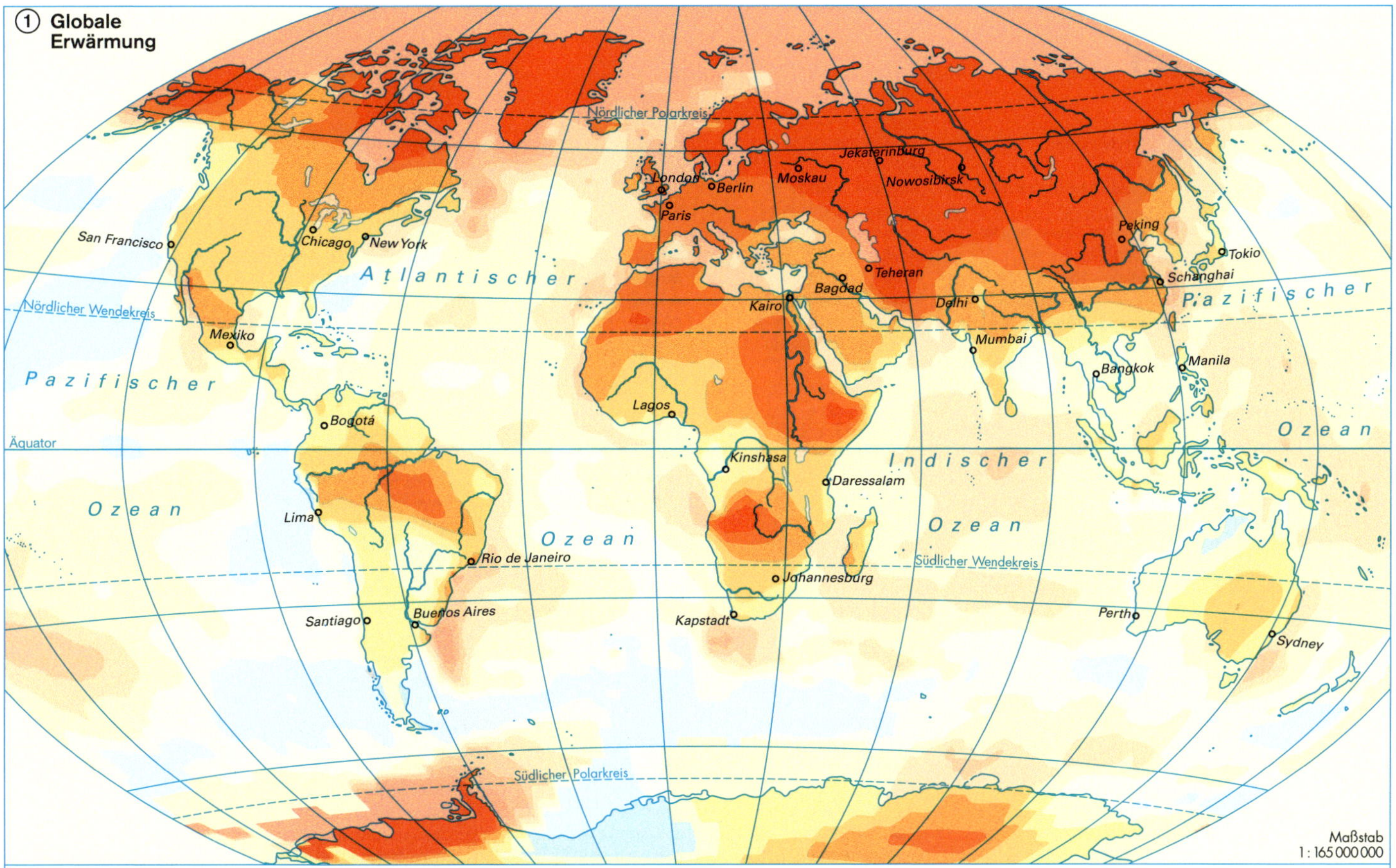

① Globale Erwärmung

Nördlicher Polarkreis

San Francisco   Chicago   New York   London   Berlin   Moskau   Jekaterinburg   Nowosibirsk   Peking   Tokio

Paris   Teheran   Schanghai

Atlantischer   Bagdad   Delhi   *Pazifischer*

Nördlicher Wendekreis   Kairo

Mexiko   Mumbai   Bangkok   Manila

Pazifischer   Lagos   *Ozean*

Bogotá   Kinshasa   *Indischer*

Äquator   Daressalam

Ozean   Lima   *Ozean*   *Ozean*

Rio de Janeiro   Südlicher Wendekreis

Santiago   Buenos Aires   Johannesburg

Kapstadt   Perth

Sydney

Südlicher Polarkreis

Maßstab
1 : 165 000 000

Abweichung der monatlichen Durchsschnittstemperaturen Januar–Dezember 2001–2009 (im Vergleich zu 1950–2000)

unter 0° C	0 – 0,2° C	0,2–0,4° C	0,4–0,6° C	0,6–0,8° C	0,8–1° C	über 1° C

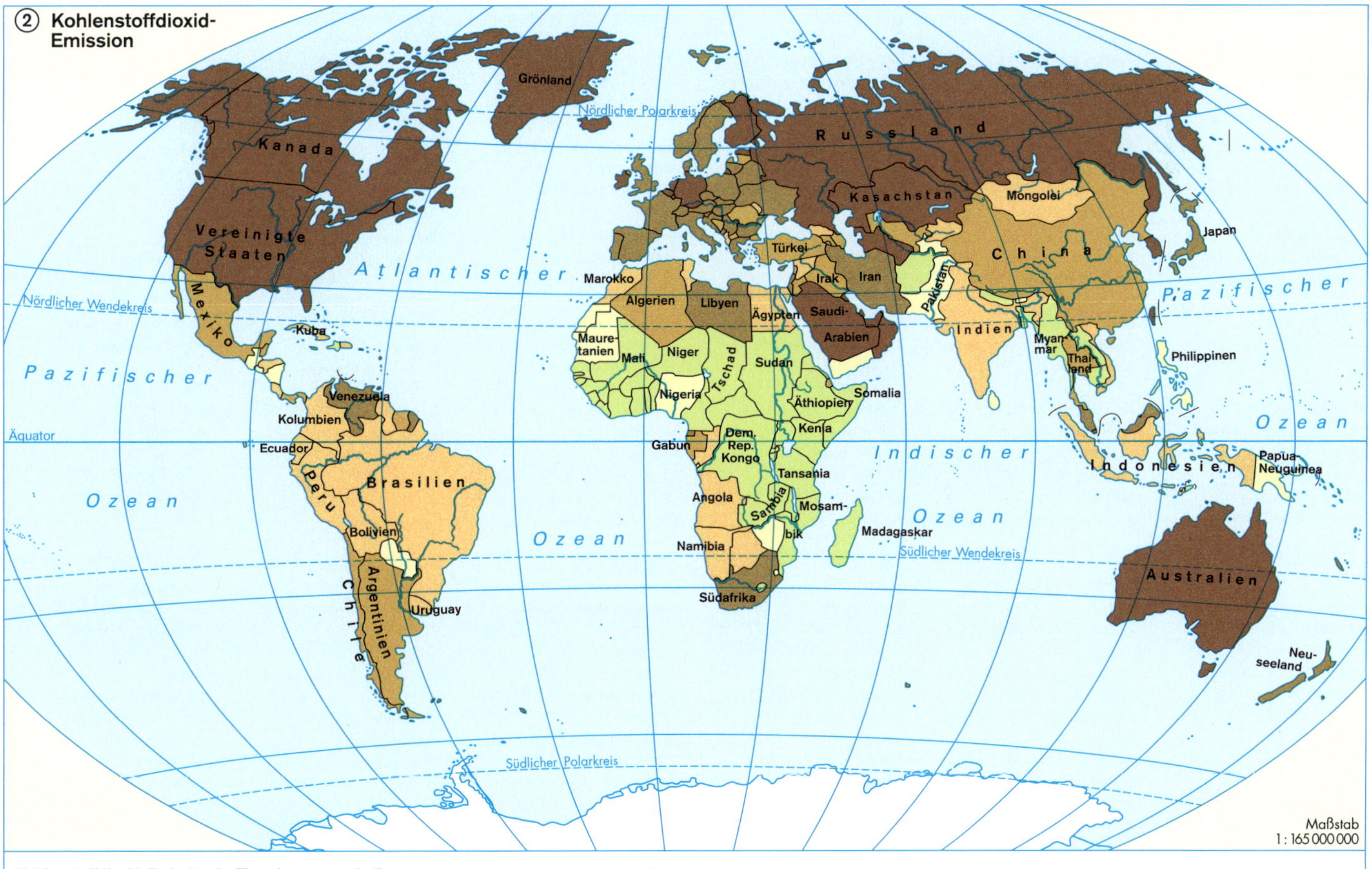

② Kohlenstoffdioxid-Emission

Grönland   Nördlicher Polarkreis   *Russland*

Kanada   Kasachstan   Mongolei

Vereinigte Staaten   Türkei   *China*   Japan

Atlantischer   Marokko   Irak   Iran

Nördlicher Wendekreis   Mexiko   Algerien   Libyen   Ägypten   Saudi-Arabien   Pakistan   Indien   *Pazifischer*

Kuba   Mauretanien   Mali   Niger   Tschad   Sudan   Myanmar   Philippinen

Pazifischer   Venezuela   Nigeria   Äthiopien   Thailand

Kolumbien   Gabun   Dem. Rep. Kongo   Kenia   Somalia

Äquator   Ecuador   Tansania   *Indischer*   *Indonesien*   Papua-Neuguinea

Peru   Brasilien   Angola   Sambia   Mosambik

Ozean   Bolivien   Madagaskar   *Ozean*

Chile   Argentinien   Namibia   Südafrika   Südlicher Wendekreis   *Australien*

Uruguay   Neuseeland

Südlicher Polarkreis

Maßstab
1 : 165 000 000

Kohlenstoffdioxid-Emission je Einwohner 2008 in Tonnen (aus dem Verbrauch durch Energie-Erzeugung)

unter 0,5 t	0,5 – 1 t	1 – 2,5 t	2,5 – 5 t	5 – 10 t	über 10 t

Atlasregister

Bildquellen

action press/INSIDEFOTO SRL: 47 M4;

© AFTINET Australian Fair Trade and Investment Network LTD: 147 M3;

Agrar Koordination Dossier Welternährung 1995: 70 M3;

Agrarmotive Esser, Münster: 101 M4 li.;

Aktion Deutschland Hilft e. V., Bonn: 29 M4 (Logo);

Alamy/© Phil Degginger: 63 M6 o. (Hintergrund);

Bergmoser + Höller/Zahlenbilder, Aachen: 48 M3;

© BGR, Hannover: 98 M2;

Bischöfliches Hilfswerk MISEREOR e. V., Aachen: 29 M4 (Logo);

Brot für die Welt, Berlin: 29 M4 (Logo);

Bundesministerium für wirtschaftliche Zusammenarbeit und Entwicklung (BMZ), Bonn: 27 M8 (Logo);

CARE Deutschland-Luxemburg e. V., Bonn: 29 M4 (Logo);

CARO/Rupert Oberhaeuser: 134 M6;

© Chappatte in „Bilan" (Switzerland) – www.globecartoon. com: 166 M1;

© Climate Action, London/www. climateactionprogramme.org: 178 o. li.;

Corbis: Titelfoto (© Justin Guariglia), 25 M4 (© Kim Kulish);

Cornelsen Verlagsarchiv: 22 M2, 74 M3;

Deutsche Gesellschaft für Internationale Zusammenarbeit (GIZ) GmbH, Bonn: 27 M8 (Logo);

© Deutsche Stiftung Weltbevölkerung, Poster „Eden & Julia": 44 M1 li., 44 M1 re.;

© Deutsche Stiftung Weltbevölkerung: 56 M1;

© Deutsche Welthungerhilfe, Bonn: 69 M4;

Fischer, Peter, Oelixdorf: 36 M1 Mitte;

Föckeler, Philipp, Karlsruhe: 174 M1;

Fotolia.com: 26 M1 (© Andreas Wolf);

Gemeinsam für Afrika, Berlin: 29 M4 (Logo);

Getty Images: 23 M5 (India Today Group), 48 M1 (Flickr/© 2012 Lars B. Misch);

GEOCARBON Consortium/Euro-Mediterranean Center on Climate Change (CMCC): 168 M1 re. + 168 M1 o. li. (oben: M. Ramonet, unten: N. Gruber)

GEOMAR/© Harald Schunk: 168 M1 u. li.;

Gieskes, Volker, Zossen: 4 li.;

Greenpeace/© Karsten Smid: 108 M1;

Hanel, Walter, Bergisch-Gladbach: 158 M1;

iStockfoto.com/Brigitte Magnus: 63 M6 u. (Hintergrund);

KfW Bankengruppe, Frankfurt/M.: 27 M8 (Logo);

laif: 92 M1 (© Ed Kashi), 142/143 (Hintergrund (Wh. auf S. 151 M3) (Justin Guariglia), 160 M1 (© Ed Kashi);

Mauritius Images: 66 M1 (Wh. a. S. 111 M4) (Vidler), 83 M5 (Reinhard),150 M1 (robertharding / Fraser Hall), 170 M1 Mitte (Alamy);

Mester, Gerhard, Wiesbaden: 139 M4;

NASA: 88/89, 164/165, 180 M1 (Hintergrund), 181 M1 u. (3);

NASA Landsat Programm/USGS, Sioux Falls: 92 M2, 92 M3;

Pädagogisches Landesinstitut Rheinland-Pfalz, Speyer (Bildungsserver Rheinland-Pfalz): S. 124/125 WebGIS Screenshots;

picture-alliance: 4 re. (Newscom), 5 (Robert Harding World Imagery), 13 (Bildagentur-online/BL-McPhoto), 24 M1 (AP Images/Matt York), 37 M5 (united archives/Franken), 50 M1 (Mark Henley/Impact Photo), 52 M3 (Ton Koene), 53 M3 o. li. (Golden PixelsLLC), 53 M3 u. li (BSIP/LISSAC), 53 M3 o. re. (Zute Lightfoot/Impact Photo), 54 M3 (Photoshot), 60/61 (Scanpix Bildhuset), 62 M1 (abaca), 76 M1 (BSIP/GYSSELS), 81 unten (o. li.) (africa-

mediaonline), 81 unten (o. re.) (Becker Bredel), 86 M5 (africa-mediaonline), 114 M8 (Bildagentur-online), 144 M1 (maxppp), 177 M4 (Bildagentur Huber/Hallberg), 180 M1 o. (2) (Arco Images GmbH), 180 M1 o. (4) (NHPA/photoshot/John Shaw), 180 u. (1) (Arco Images GmbH), 180 M1 u. (4) (Arco Images GmbH);

picture-alliance/dieKLEINERT.de: 86 M6 (Martin Guhl), 106 M1 (Martin Guhl);

picture-alliance/dpa © dpa: 3 li., 3 re. (Wh. a. S. 14 M2), 22 M1, 26 M3, 62 M3 (Hintergrund), 152 M1, 170 M1 re., 178 u. li.;

picture-alliance/dpa © dpa-Bildarchiv: 64 M3 li., 74 M1;

picture-alliance/dpa © dpa-Bildfunk: 52 M2 (Hintergrund);

picture-alliance/dpa © dpa-Fotoreport: 36 M1 li. (epa afp Singh), 36 M1 re., 81 unten (u. re.), 126 M1, 155 M5, 172 M2 re., 180 M1 u. (1) (Susanne Mayr);

picture-alliance/dpa © dpa-Report: 16 M1, 18 M1, 38 M1, 50 M3 (Hintergrund); 53 M3 u. re., 54 M1, 81 unten (u. li.), 136/137, 138 M1, 145 M3, 145 M4, 157 M4, 160 M2, 170 M1 li., 180 M1 o. (1);

picture-alliance/dpa © epa: 180 M1 o. (3);

picture-alliance/dpa/dpaweb © dpa: 46 M1, 64 M1, 156 M1 li.;

picture-alliance/dpa/dpaweb © dpa-Fotoreport: 12;

picture-alliance/dpa/dpaweb © dpa-Report: 157 M5;

picture-alliance/dpa-Grafik © dpa-infografik: 103 M2, 113 M4;

picture-alliance/dpa-Grafik © Globus-Infografik: 47 M5;

picture-alliance/dpa-infografik © dpa-infografik: 42 M3, 45 M2, 69 M3, 70 M2, 73 M4, 85 M4, 90 M1, 91 M4, 94 M1, 101 M5, 103 M3, 103 M4, 103 M5, 112 M1, 112 M2, 113 M5, 114 M6, 114 M7, 128 M1, 140 M1,

141 M4, 142 M2, 143 M3, 144 M2, 153 M3, 153 M4, 159 M3, 166 M2;

picture-alliance/Globus-Infografik © Globus-Infografik: 157 M3; 172 M1, 181 M3;

picture-alliance/Godong/www. relivision.com: 77 M4, 77 M5;

picture-alliance/ZB © dpa: 14 M1, 156 M1 re.;

picture-alliance/ZB © dpa-Bildarchiv: 131 M4;

picture-alliance/ZB © dpa-Report: 173 M5;

picture-alliance/ZB © ZB-Fotoreport: 130 M1;

picture-alliance/ZB © ZB-FUNKREGIO OST: 131 M5;

Rauch, Hans-Georg, Worpswede: 58 M7;

Regionalverband Ruhr (RVR), Essen: 120 M1, 122 M1;

Regionalverband Ruhr (RVR), Essen 2013: 134 M5;

Reuters: 32/33 (Fayaz Kabli);

Schockemöhle, Johanna, Vechta: 78 M2;

Stadt Bochum, Presse- und Informationsamt: 118 M1, 118 M2;

Stadt Dortmund/Architekturbüro Stegepartner: 120 M2;

Steininger, Hans-Ragnar, Berlin: 100 M1 (Hintergrund);

Stiftung Haus der Geschichte, Bonn / Jupp Wolter (Künstler): 58 M8;

© Stiftung Zollverein: 123 M2;

Stuttmann, Klaus, Berlin: 181 M4;

TechnologieZentrumDortmund/ Hans Blossey: 121 M4;

TransFair e. V., Köln: 27 M8 (Logo);

TUI AG: 126 M2 (© 2009 Club Magic Life), 126 M3 (Logos);

U. S. Environmental Protection Agency/Office of Air and Radiation: 171 M3;

Manfred Vollmer, Essen: 116/117;

VISUM: 16 M2 (Panos Pictures);

World Vision Deutschland e. V., Friedrichsdorf: 29 M4 (Logo)